瀚 海 学 术

CAN现场总线监控系统原理和应用设计

张培仁 杜洪亮 等 编著

中国科学技术大学出版社

内 容 简 介

现场总线能同时满足过程控制和制造业自动化的需求，因而这一技术逐步成为工业数据总线最为活跃的领域之一。CAN现场总线的多主方式、报文重发、极低的误码率等特性在大型远程监控系统中被广泛应用。

本书全面介绍了大型远程监控网络的发展、CAN技术概述、CAN控制结构、PC机与CAN总线的接口、CAN总线底层模块设计等内容，并设计了一个CAN总线通信平台来对CAN总线性能进行全面的测试，从而使读者能全面了解CAN总线系统上层软件和相关数据库的开发。

本书适合相关专业本科生、研究生作为教材使用，对相关研究者及设计人员也有一定的参考价值。

图书在版编目(CIP)数据

CAN现场总线监控系统原理和应用设计/张培仁，杜洪亮等编著. —合肥：中国科学技术大学出版社，2011. 6

ISBN 978-7-312-02827-4

Ⅰ. C… Ⅱ. ① 张… ② 杜… Ⅲ. 总线—监控系统—高等学校—教材 Ⅳ. TP336

中国版本图书馆CIP数据核字(2011)第092387号

出版 中国科学技术大学出版社
安徽省合肥市金寨路96号，230026
网址：http://press.ustc.edu.cn

印刷 合肥晓星印刷有限责任公司

发行 中国科学技术大学出版社

经销 全国新华书店

开本 710 mm×1000 mm 1/16

印张 23

字数 477千

版次 2011年6月第1版

印次 2011年6月第1次印刷

印数 1—2000册

定价 58.00元

前　言

现场总线能同时满足过程控制和制造业自动化的需求，因而这一技术逐步成为工业数据总线最为活跃的领域之一。现场总线的研究与应用已成为工业控制总线的热点。CAN 现场总线以其多主方式、报文自动过滤重发、极低的误码率和高通信速率等特性，在各种低成本、高抗干扰的多机远程监控系统中得到广泛应用。正是由于它的卓越性能和相对较低的成本，使它在各种现场总线控制系统的竞争中占有重要地位。

大型远程 CAN 总线控制网络的设计涉及计算机硬件、计算机软件、模拟电路、通信技术、传感器技术等多个学科，需要设计者具有多方面的专业知识。但是只要坚持理论与实际相结合，就一定能够设计出很好的应用系统。

中国科学技术大学嵌入式系统与控制网络实验室从事嵌入式系统教学与科研工作已有 30 多年历史，从事现场总线控制系统研究也有 10 年历史。本实验室教师、工程师和研究生，在已有的教材基础之上重新编著此书。在编著过程中，做了大量的修改和增删，把 5 年来的最新科研成果编入本书。编著此书一方面是我们室近年来科研教学的总结，另一方面也为今后开设相关课程做好了准备。

在长期计算机与自动控制技术教学过程中，经常遇到学生学习过程中出现"一看就懂、一放就忘、一用就错"的问题。本书在编著过程中尽可能使读者知其然也知其所以然。毛主席在《实践论》中曾写到："感觉到了的东西，我们不能立刻理解它，只有理解了的东西才能更深刻地感觉它。"读者只有深刻理解 CAN 现场总线是如何多主竞争、仲裁和同步的，又如何工作的，以及各种芯片、电路、系统设计者的思路和设计方法，才能使用好、应用好 CAN 现场总线系统，也只有这样才能较好地完成大型远程监控系统程序、算法和硬件的设计。

本书以 C8051F040 系列微控制器为核心设计大型远程监控系统。C8051F040 系列是目前 8 位机中功能最齐全、性能最优秀的一种，它具有大量 SOC 片上系统，并具有完整的模拟信号和数字信号混合系统。

本书的编著得到了新华龙电子有限公司的大力支持和帮助，他们提供了开发机和相应芯片，并提供了大量资料。该公司大学部梁金成工程师为本书的编写做了大量工作。特此感谢新华龙电子有限公司的同行们。

本书是本室几个科研项目的总结，参加这些项目的研究者有许波、王津津、杜洪亮、王亮、颜进军、凌来根、崔军辉、赵松、潘可、杨一敏、张韶全、娄亮、段雄、高飞、史久根、黄捷等同志。

全书由张培仁教授策划、总结审定、校准。各章节编写人员如下：第1、2、3、5章由张培仁执笔，第4章由张培仁和杜洪亮共同执笔，第6章由杜洪亮和王津津共同执笔，第7章由王亮、许波、张培仁共同完成，第8章由张培仁、杜洪亮、王亮共同完成，第9、10章由赵松、张思亮、蒋渊、潘可共同完成。

本书所有程序、电路设计都是经过验证和调试过的，并在教学和科研中使用过。

由于时间紧促，作者水平有限，书中难免存在不足和错误之处，敬请广大读者、同行批评指正。

张培仁

2010年6月于合肥

目　录

第1章　大型远程监控网络系统的发展

1.1　控制网络的发展简史

自动控制系统，随着计算机技术的出现和发展，从传统的模拟控制系统发展到计算机数字控制系统。而随着网络技术的不断发展以及微控制器芯片技术的发展，控制系统又从集中式控制逐渐向分散式控制发展，并将网络引入到控制系统中，组成网络控制系统，实现了控制系统的全数字化、网络化。

20世纪50年代开始出现计算机控制系统。一开始，由于技术的限制，计算机控制系统仍然离不开模拟控制器。直到直接数字控制(DDC)系统发展起来以后，这种情况才得到改变。在DDC系统中，计算机取代了模拟控制器，计算机的输出不再经由模拟控制器间接地作用于被控对象，而是直接地经D/A转换作用于被控对象。

随着控制系统规模不断扩大，以及计算机技术的飞速发展，分布式计算机系统成为可能，分布式控制系统(DCS)应运而生。在DCS中，几台相互关联的计算机连接到同一个网络，形成分布式控制系统。但是，DCS中控制节点之间的关联是松散的，因为实时的控制任务，如对象采样、计算以及执行，是在单个的处理站点中完成的，只有一些开关量信息、监控信息、报警信号等是通过网络传送的，所以，DCS不是完全意义上的网络控制系统。

现场总线的出现促进了现场设备的数字化和网络化，并且使现场控制的功能更为强大。这一改进带来了过程控制系统的开放性，使系统成为具有测量、控制、执行和过程诊断综合能力的控制网络。

网络控制系统(NCS，Networked Control System)，即网络化的控制系统，又称为控制网络。在网络控制系统中，实时的传感器数据以及控制数据都是通过网络传送的，网络节点间相互协调工作，共同完成控制任务。网络控制系统的固有特点就是对象输入、对象输出、控制器输入等信息在传感器、控制器和执行器等网络部件之间的数据交换完全是通过网络进行的。

1.2 现场总线的发展

1. 现场总线的定义

现场总线(Fieldbus)是安装在生产过程区域的现场设备/仪表与控制室内的自动控制装置/系统之间的一种串行数字式多点双向通信的数据总线,其中"生产过程"包括断续生产过程和连续生产过程两类。或者说现场总线是以单个分散的数字化、智能化的测量和控制设备作为网络节点,用总线相连接实现相互信息交换,共同完成自动控制功能的网络系统与控制系统。

2. 现场总线技术产生的意义

现场总线技术是实现现场级控制设备数字化通信的一种工业现场层网络通信技术,是一次工业现场级设备通信的数字化革命。现场总线技术可使用一条通信电缆连接现场设备(智能化、带有通信接口),用数字化通信代替 4～20 mA/24 VDC 信号,完成现场设备控制、监测、远程参数化等功能。

基于现场总线的自动化监控系统采用计算机数字化通信技术,使自控系统与设备加入工厂信息网络,构成企业信息网络底层,使企业信息沟通的覆盖范围一直延伸到生产现场。同时使传感器信号数字化,避免了用微弱模拟信号进行远程传递易受到环境干扰的问题。现场总线是工厂计算机网络到现场级设备的延伸,是支撑现场级与车间级信息集成的技术基础。

现场总线是公开、开放的系统,有统一格式,各个公司可以互联、互接。这对于大型远程复杂控制系统很有意义。

1.3 几种主要的控制总线

从世界范围来看,现场总线技术已经进入一个蓬勃发展的时期,加上当前工业控制领域多种控制网络、多种总线技术的共存局面,广泛应用的现场总线技术就有十多种,而已经发展成熟应用广泛的其他工业总线如 RS－485/422、RS－232、SPI、IEEE 1394、I^2C 总线等,也各具特色,大量应用在各种不同的领域,显示了较强的生命力,因此在现场总线标准统一与完善之前,在设计实际的控制系统时,应对领域内各种常用的控制总线进行分析与比较,合理地进行选择和综合应用。

以下对工业控制领域常见的几种总线,给出简要的介绍和比较。

1.3.1　CAN 总线

CAN 是控制器局域网(Controller Area Network)的简称,最早由德国 Bosch 公司推出,用于汽车内部测量与执行部件之间的数据通信。其总线规范现已被 ISO 国际标准组织定为国际标准。由于得到了 Motorola、Intel、Philip、Siemens、NEC 等公司的支持,广泛应用于离散控制系统。

在国内,主要应用的三种现场总线所占市场份额分别为:CAN 总线超过 60%,LON 总线约 30%,基金会现场总线(FF)接近 10%。

总结 CAN 总线的优点,突出表现在结构简单、稳定性高、抗干扰能力强、扩展性和开放性好以及成本低廉等方面。目前正在向实现较为复杂的高级应用的方向发展。对 CAN 总线更深入的了解请参见第 2 章。

1.3.2　PROFIBUS 总线

PROFIBUS 是德国国家标准 DIN9245 和欧洲标准 EN50170 的现场总线标准。由 PROFIBUS - DP、PROFIBUS - FMS、PROFIBUS - PA 组成了 PROFIBUS 系列。DP 型用于分散外设间的高速数据传输,适合于加工自动化领域的应用。FMS 意为现场信息规范,适用于纺织、楼宇自动化、可编程控制器、低压开关等。而 PA 型则是使用于过程自动化的总线类型,它遵从 IEC1158 - 2 标准。该项技术是由西门子公司为主的 13 家德国工业企业和 5 家科研机构联合制订的标准化规范。采用了 OSI 模型的物理层、数据链路层。FMS 还采用了应用层。传输速率为 9.6 Kbps～12 Mbps,最大传输距离在 12 Mbps 时为 100 m,1.5 Mbps 时为 400 m,可用中继器延长至 10 km。其传输介质可以是双绞线或光缆。最多可挂接 127 个节点。可实现总线供电与本质安全防爆。

1.3.3　LON 总线

LonWorks 技术由美国 Echelon 公司开发研制,并由 Echelon 与 Motorola、东芝公司共同倡导,于 1990 年正式公布。它采用 ISO/OSI 模型的全部 7 层通信协议,采取了面向对象的设计方法,通过网络变量把网络通信设计简化为参数设置;通信速率从 300 bps 到 1.5 Mbps 不等,直接通信距离可达 2700 m(78 Kbps,双绞线);支持双绞线、同轴电缆、光缆、射频、红外、电力线等多种通信介质,并开发了相应的本质安全防爆产品,被誉为“通用控制网络”。

LonWorks 技术所采用的 LonTalk 协议被封装在称为 Neuron 的神经元芯片中而得以实现。Neuron 芯片中有 3 个 8 位 CPU,其中一个用于完成开放互联模型中的第 1、2 层(即物理层、数据链路层)功能,称作媒体访问控制处理器,实现介质访问的控制与处理;第二个 CPU 用于完成第 3～6 层功能,称作网络处理器,进行网络变量的寻址、处理、背景诊断、路径选择、软件计时、网络管理,并负责网络通信控制、收发数据包等;第三个CPU用于执行操作系统服务和用户代码,称为应用处理器。此外,芯片中还具有存储信息缓冲区,用以实现各CPU之间的信息传递,并作为网络缓冲区和应用缓冲区。

Echelon公司的技术策略是鼓励各OEM开发商运用LonWorks技术和Neuron神经元芯片,来开发自己的应用产品。据称目前已经有2600多家公司在不同程度上卷入了LonWorks技术,1000多家公司已经推出了LonWorks产品,并进一步组织起LonMARK互操作协会,开发推广LonWorks技术与产品。LON总线已经被广泛应用于楼宇自动化、家庭自动化、保安系统、办公设备、交通运输、工业过程控制等行业。另外,在开发智能通信接口、智能传感器方面,Neuron神经元芯片也有其独特的优势。

LonWorks技术的优点,主要在于协议高度集成、支持多种串行传输介质、提供完整的硬件和软件开发平台,使得LON总线的应用开发非常便捷;缺点则是结构复杂、价格仍较为昂贵,不适用于注重成本和简单实用的工业控制领域,并且开发者只能按照系统提供的开发模块进行开发,在一定程度上限制了LON总线的应用。LON总线按每个节点交知识产权的费用。

1.3.4 基金会现场总线

除了CAN总线和LON总线外,基金会现场总线FF(Foundation Fieldbus)也是实际应用较为广泛的一种现场总线技术。它在过程自动化领域得到广泛支持,具有良好的发展前景。其前身是以美国Fisher-Rosemount公司为首,联合Foxboro、横河、ABB等80多家公司制定的ISP协议,和以Honeywell公司为首,联合欧洲等地的150多家公司制定的World FIP协议。屈于用户的压力,这两大集团于1994年9月合并,成立了现场总线基金会,致力于开发出国际上统一的现场总线协议。

FF总线以ISO/OSI开放系统互联模型为基础,取其物理层、数据链路层、应用层为FF通信模型的相应层次,并在应用层上增加了用户层。用户层主要针对自动化测控应用的需要,定义了信息存取的统一规则,采用设备描述语言规定了通用的功能块集。由于这些公司是该领域自控设备的主要供应商,对工业底层网络的功能需求了解透彻,也具备足以左右该领域自控设备发展方向的能力,因此由他们组成的基金会所颁布的现场总线规范具有一定的权威性。

FF总线分低速H1和高速H2两种通信速率。其中H1的传输速率为31.25 Kbps,通信距离可达1900 m(可加中继器延长),可支持总线供电,支持本质安全防爆环境。H2的传输速率可为1 Mbps和2.5 Mbps,通信距离分别为750 m和500 m,物理传输介质支持双绞线、光缆和无线发射,协议符合IEC1158-2标准,物理媒介的传输信号采用曼彻斯特编码。

基金会现场总线的主要技术内容,包括FF通信协议,用于完成开放系统互联模型中第2～7层通信协议的通信栈(Communication Stack),用于描述设备特征参数属性以及操作接口的DDL设备描述语言、设备描述字典,用于实现测量、控制、工程量转换等应用功能的功能块,实现系统组态、调度、管理等功能的系统软件技术,以及构筑集成自动化系统、网络系统的系统集成技术。

1.3.5 RS-232/422/485总线

RS-232、RS-422与RS-485都是串行数据接口标准,最初都是由电子工业协会(EIA)制定并发布。RS-232在1962年发布,命名为EIA-232-E,作为工业标准,以保证不同厂家产品之间的兼容。

RS-422由RS-232发展而来,它是为弥补RS-232之不足而提出的。为改进RS-232通信距离短、速率低的缺点,RS-422定义了一种平衡通信接口,将传输速率提高到10 Mbps,传输距离延长到4000英尺(速率低于100 Kbps时),并允许在一条平衡总线上连接最多10个接收器。RS-422是一种单机发送、多机接收的单向、平衡传输规范,被命名为TIA/EIA-422-A标准。

为扩展应用范围,EIA又于1983年在RS-422基础上制定了RS-485标准,增加了多点、双向通信能力,即允许多个发送器连接到同一条总线上,同时增加了发送器的驱动能力和冲突保护特性,扩展了总线共模范围,后命名为TIA/EIA-485-A标准。由于EIA提出的建议标准都是以"RS"作为前缀,所以在通信工业领域,仍然习惯将上述标准以"RS"作前缀称谓。

RS-232、RS-422与RS-485标准只对接口的电气特性做出规定,而不涉及接插件、电缆或协议,在此基础上用户可以建立自己的高层通信协议。因此在视频界的应用,许多厂家都建立了一套高层通信协议,或公开或厂家独家使用。

1.4 CAN总线与其他总线性能的比较

CAN总线(现场总线)是一种全分散、全数字化、标准化、规格化、全透明的总线,不同传感器、不同设备、不同公司网络系统都可以与现场总线相连接。传感器输出已经被数字化,再经过模块发送到CAN总线上去。各种现场总线都有大量校验码,可以在通信过程中查错、纠错。现场总线是多微处理器系统,每个模块都是智能的,可以很好地处理总线竞争、同步等问题。这样系统可靠性就大大提高了。CAN总线与DCS、PCL系统性能的比较如表1.1所示。

表 1.1 CAN总线控制系统与其他控制系统的比较

比较内容	现场总线	DCS系统	PCL系统
数字化	全数字化	半数字化	半数字化
开放性	全开放	封闭	半封闭
硬件分散型	全分散	集中和分散集合	集中
抗干扰	极强(误码率 10^{-11})	较强(误码率 10^{-7})	较强(误码率 10^{-7})
通信协议硬化	全硬化	软件自定义	软件自定义
电缆	2条	众多	众多
微信号损失	很小	较大	较大
校验方式	硬件CRC	奇偶	奇偶
通信速率	1 Mbps	100 Kbps	—
有无控制器	无	有	无
通信距离	10 km	1 km	50 m
软件分散程度	分散	集中	集中
与以太网接口	容易	较容易	较容易
总线方式	多主,主从	主从	集中
接收和发送缓冲区大小	136×32位	2×8位	2×8位
系统中增加模块方式	即插即用	上位机指定,人工完成	上位机指定,人工完成
通信出错定位	硬件定义	无此功能	无此功能
与上位机接口	USB,并行口	RS-232	RS-232
总线短路、断路的影响	自行关闭脱离	损坏系统	损坏系统

CAN现场总线监控系统比目前以RS-485为主的DCS系统在全数字化、全开放、全分散方面有很大优势:

(1) 在强噪音环境下,CAN现场总线的误码率比RS-485总线低。CAN总线发送、回收电平都相互校验,每帧有响应位。硬化CRC校验比RS-485的奇偶校验要可靠得多。有插入位校验,总线在短路或断路时能很快检测出来,从而可及时地关闭与总线的连接,保护各节点。总线在有节点损坏时,不会导致整个总线停止工作。CAN总线也有报文格式校验、报文响应校验,因此CAN总线上的各个节点能够检测到总线每帧上5个以下的随机分布错误、小于15个的突发错误以及任何奇数个数错误。误码率比RS－485总线(DCS)小几个数量级。同时通信出错可以精确定位。

(2) CAN总线无控制器，由3层硬件完成通信协议，并有较大的FIFO缓冲区，这样就比DCS系统(RS－485)更加可靠。总线工作方式，可以主从，也可以多主。监控系统实时报警响应速度高于DCS系统。总线的拓扑结构灵活，可以组成树形或环形，这样通信距离可以更远，更多节点接入可以在一个系统内被集成。

(3) 系统开放性好，有利于不同系统的互联，也有利于原来系统的扩充。所有格式定义都是公开的，不同公司的CAN模块都可以接入。

水利专用CAN总线与通用CAN总线性能的比较如表1.2所示。

表1.2　水利系统高边坡专用CAN总线与工业通用CAN总线的比较

项　目	水利系统高边坡专用CAN总线	工业通用CAN总线
测量精度	可达万分之一	二千分之一
传感器测量辅助装置	有可变恒流源、恒压源	无
每一模块测量传感器数量	16支	1～2支
CAN总线条数	多条，可以组成树形网络	1条
设计思路	按水利水电系统传感器类型设计每一个通道	按I/O、A/D、D/A功能设计
模块与传感器最远的距离	最高可达500 m	几米以内
成本价格	低	多种模块测量一支传感器
与传感器的接线方式	4线、5线制	1线、2线制
使用模块数量	少	多
防雷击模块	通信、传感器、电源都有	无

注：通用CAN总线主要以台湾研华和北京华控自动控制公司的通用CAN总线为例。

通用CAN总线和专用CAN总线在以下方面有所区别：

(1) 专用边坡CAN总线监控系统比通用CAN总线所用模块数量少一半，就可以完成相同任务。

(2) 通用系统用恒流模块、恒压模块、A/D转换模块、D/A转换模块、I/O模块组成一个传感器通道，这样外部连线较多，这是因为通用CAN模块不是专门为水利系统设计的，一般要测物理量距离只有几米，所以传感器测量使用2线制或1线制，而边坡传感器与测量模块距离远(100 m)并且远近不定(决定于地形、传感器与测量模块的距离)，只能采用5线制或者4线制，这样使用通用CAN模块进行测量就将造成较大的随机误差，通常很难达到万分之一的精度。因此通用CAN总线模块测量精度和实用性不如专用CAN总线模块。

(3) 通用CAN总线经常是用一条总线或用中继器延长的一条总线组成测控

系统，专用高边坡CAN总线则可以组成树形或环形结构，这样测量范围、速度以及可接入节点数将大大提高。

(4) 通用CAN总线一般用于工业控制，大部分都是在室内工作，所以没有防雷击的措施；通用CAN总线模块是为一般工业过程的测量所设计的，没有边坡传感器所需要的各种校准、单位转换、(为消除温度影响而设计的)温度补偿算法等软件。这些工作只能在上位机上去做，软件可靠性不如专业边坡CAN总线模块。

1.5 应用实例

1.5.1 水电站高边坡监控系统设计

1. 边坡安全监测系统的意义和现状

我国大约有5000个中小型大坝，水利资源利用率约20%，而在西方很多国家已经达到90%以上。目前在我国还有一大批正在建设的和准备建设的水电站。大坝失事不仅将影响工程的正常施工和运营，还会造成人员财产的损失，在某些情况下甚至会导致社会性灾难。安全监测对大坝的设计、施工、运行有着很重要的作用，而高边坡的安全监测在整个大坝(主要是深山峡谷中建设的大坝)安全监测中占有重要的地位。因此，设计一套边坡安全监测系统有着非常重要的意义，主要表现在：

(1) 高边坡的特征是涉及的区域大、边坡高陡，完全依靠人工监测费时费力，依靠边坡安全监测系统则可以很好地解决这方面的问题。

(2) 采用普通人工观测时，观测人员的责任心及工作经验都将影响监测结果，不可避免地会出现人为误差或错误，可能会对监测资料的后期分析带来不必要的误导和麻烦。另外，高边坡人工监测周期太长，根据以前的合同规定一般10天左右循环测量一遍，而存在边坡稳定问题时，也许边坡失稳仅仅在三五天内就能发生，按照普通人工观测的周期判断，普通人工观测可能无法及时捕捉边坡的变位信息，因而无法及时起到预警预报的作用，可能会为工程造成巨大的损失。这两个问题实际上就是数据的准确性问题和及时性问题，边坡安全监测系统在这两方面都具有很大的优势。

(3) 对高边坡实施人工监测时，监测人员自身的安全问题比较突出。

(4) 安全监测系统能保证监测数据的完整性，这将为今后的设计施工提供可靠的理论基础。

(5) 一座大坝一般可存续100年以上，在运行期内，遇到问题(地震、水灾、战争等)时，需要对大坝进行及时分析从而采取相应措施，只有精确的监测数据(自动化监测)才能提供实时分析、评估以及最优决策支持。

目前我国正在深山峡谷地区建设一批水电站,高边坡的稳定问题是这些工程所面临的共同技术难题,安全监测是掌握边坡稳定状况的有效手段。但是,高边坡监测和常规的大坝监测相比有其特殊性,实现自动化监测存在技术上需要克服的难题,例如拉西瓦大坝的800多个传感器分布在方圆10 km以内,要进行实时监控相当困难。

2. 边坡安全监测系统的要求

以青海拉西瓦水电站大坝高边坡安全监测项目为例介绍边坡安全监测系统的要求。拉西瓦水电站右岸高边坡的相对高差在400米以上,高边坡的工作状态稳定性将直接影响大坝施工、进水口施工的安全以及缆机的正常运行。因此,快速、准确地了解、掌握右岸高边坡变形特性显得尤为重要。对现有监测资料的分析表明,边坡位移受到开挖爆破和降水等环境量的影响较大。特别在坝区施工高峰期或环境条件十分恶劣时,右岸高边坡安全监测采用自动化监测显得更为重要和必要。

根据西北水利勘探设计院的规划报告,监测系统主要要具备以下几个功能和特点:

(1) 监测数据的自动采集和存储;

(2) 监测数据的计算分析、处理与系统整编;

(3) 对边坡进行实时监控;

(4) 计算机远程通信;

(5) 自检及系统硬件故障报警;

(6) 多功能硬、软件,且能兼容不同类型仪器;

(7) 具有人工观测接口和外部数据输入接口。

根据以上实施原则,拉西瓦水电站自动化监测系统应具有数据采集与传输自动化、信息管理自动化、辅助决策智能化等功能,能满足动态监测、实时馈控的要求,并能综合分析枢纽工程安全状况,为反馈设计提供基础信息,为枢纽运行管理和工程调度(运用)决策提供客观、科学、可靠的依据,为充分发挥工程效益提供保证。

1.5.2　大型远程高边坡监控网络的组成结构

水利系统远程监控网络拟采用三级网络:主网(首级网),子网(次级网)和三级网,网络结构见图1.1。

1. 主网结构及功能

主网控制连接中心位于厂房安全监测控制中心内,网络拓扑采用总线式,网络连接介质采用全数字光纤,网络协议采用TCP/IP协议。

主网主要构成包括中央控制室、光纤数字网络和监控子站。

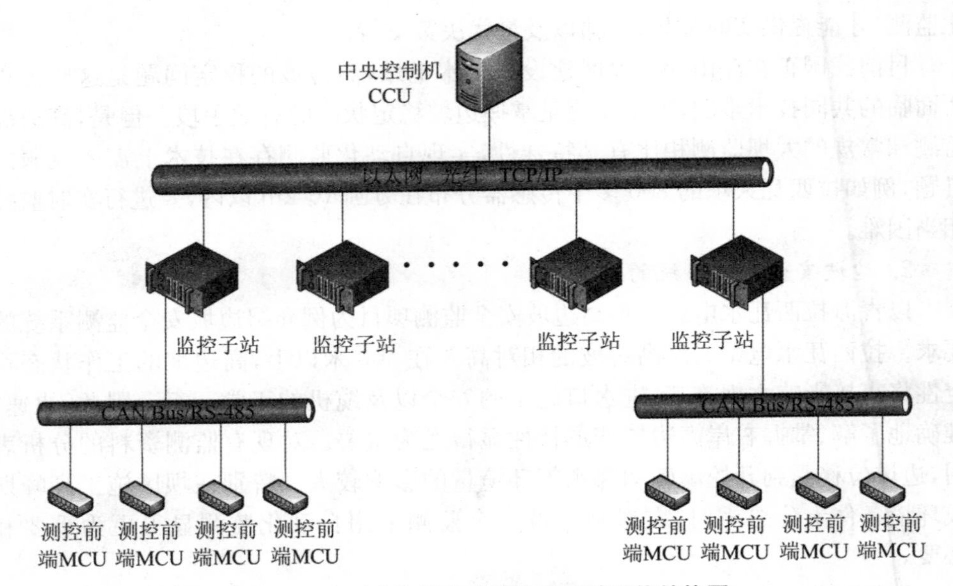

图1.1 大型水电站自动化监测系统网络结构图

中央控制室是水电站自动化监测系统的监测控制中心，规划位于厂房专用安全监测控制室内，主要功能部件见图1.2。

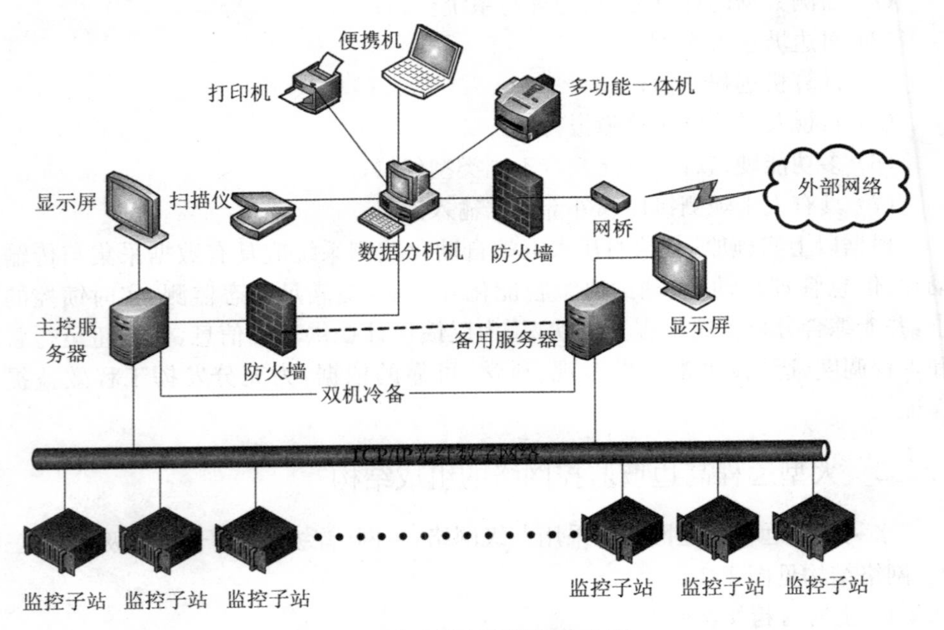

图1.2 中央控制室设备构成图

网络服务器是主网的监控中心，主要完成控制指令发送和监测数据收集的功能。在正常情况下有一台主控服务器，一台备用服务器，主控服务器进行网络控制，并及时将监测数据备份到备用服务器上；若主控服务器发生故障，则备用服务器自动接管网络监控权，维持网络正常工作。

中央控制室及主网采用在线式不间断电源供电，电源容量可满足主网正常工作3天以上。

数据分析机主要完成监测数据的后期整编分析、连接外部网络、连接外设等功能，通过防火墙分别与服务器和外部网络相连接。

2. 子网结构及功能

子网按照工程部位分区、分期建设，网络拓扑结构采用总线式，网络连接采用双绞线或者光纤，网络协议采用 CAN Bus 或者 RS-485，要求通信协议公开。

监控子站的主要功能是根据主网控制指令或者预设指令，通过测控前端(MCU)驱动传感器进行数据采集工作，并将监测数据进行短期存储，当主网发出数据收集指令时，或者根据预设时间，向主网传送监测数据。

考虑到一些工程部位在施工初期敷设网线的条件较差，监控子站有无线监控功能。当网线敷设条件成熟时，再进行网线施工。

监控子站还具有人工控制功能，需要时，可接入便携式计算机进行现场控制。

监控子站初期独立运行，后期组网，形成主网。

监控子站网络功能示意图如图1.3所示。

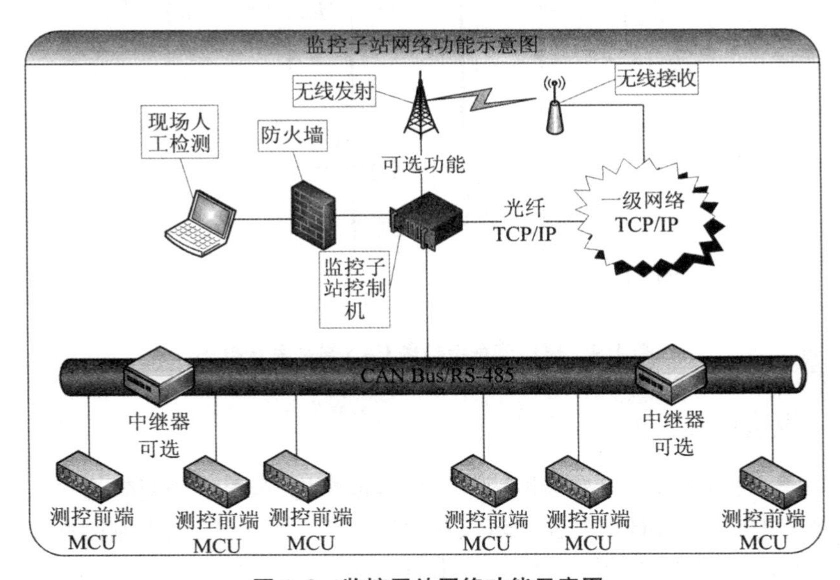

图1.3　监控子站网络功能示意图

1.5.3　多 CAN 总线树形体系结构

对大型远程监控网络，用一条 CAN 总线进行监控往往是不够的，经常需要用多条 CAN 总线组成树形体系结构，如图1.4中整个总线系统由0级、1级、2级多条 CAN 总线组成，这样监控范围可大大扩大，可接入的传感器和控制设备也会大大增加，但对系统实时性要求较高。

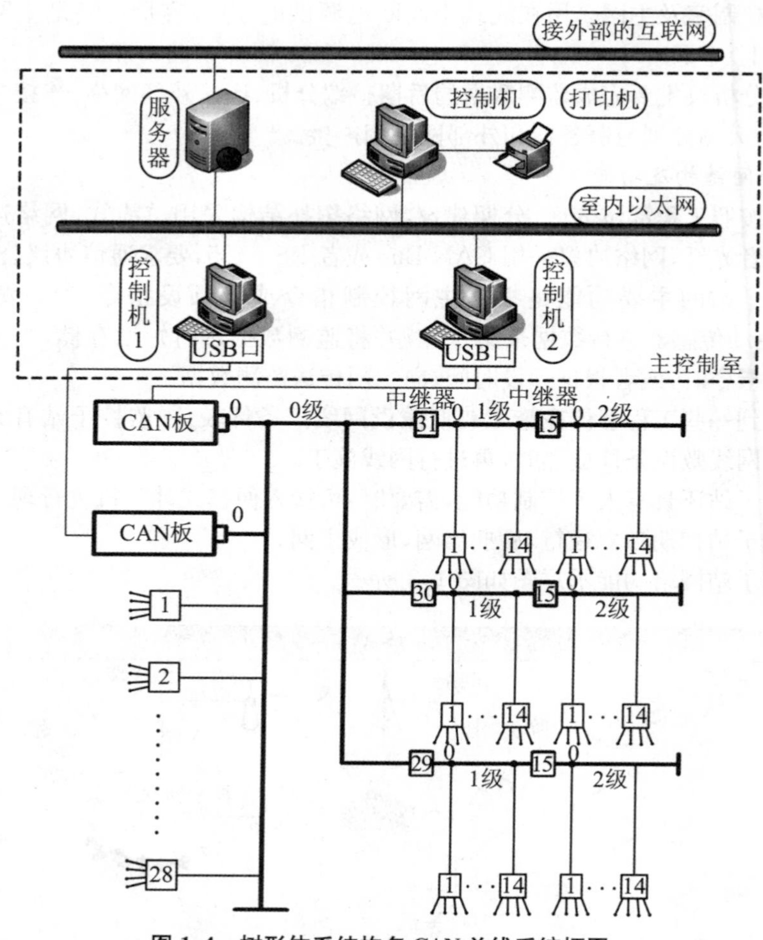

图 1.4 树形体系结构多 CAN 总线系统框图

1.5.4 辊道陶瓷窑应用实例

在陶瓷工业方面，现况是墙地砖基本用辊道窑烧成，卫生陶瓷辊道窑在国外几个大型企业中有应用，日用陶瓷辊道窑在国外已经大量应用，国内刚刚起步。国内大部分现有的辊道窑没有引入微机，采用数控仪表配合手动控制。相对而言，我们掌握的辊道窑自动控制技术和国外同类窑炉相比落后不多，国产的先进辊道窑的某些技术水平还超过国外产品，但问题是实践中现有的辊道窑大部分没有应用先进的技术，自动化水平较低，其结果是产品能耗高，类型单一，产品质量波动大，致使经济效益低下。提高窑炉控制水平可以降低成本，保证质量，从而提高经济效益。国家经济的发展，需要厂家进行节能高效的生产。我们可以利用已经掌握的先进自动控制技术，对现有窑炉进行改造，在控制方面做相关研究应用，为了尽快提高我国陶瓷工业的生产效率，节约能耗，这些改造已经是势在必行。

1. 控制系统总框图

图 1.5 给出了陶瓷辊道的结构和控制系统框图。

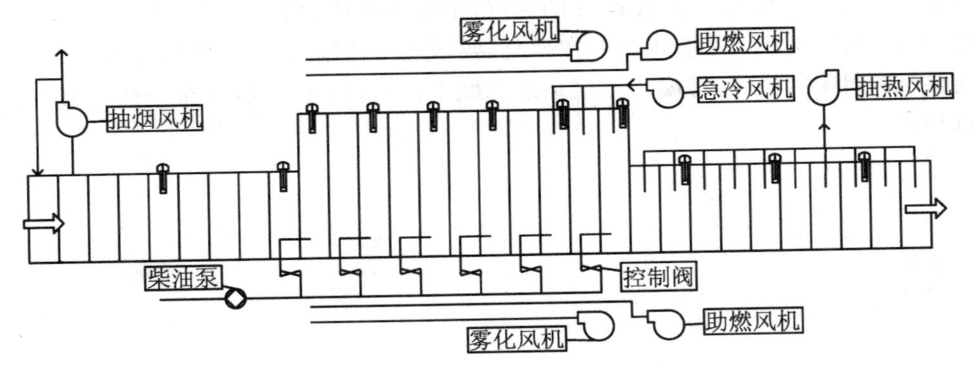

图 1.5　陶瓷辊道的结构和控制系统框图

控制系统基于 CAN 总线搭建，由几个子系统组成，分别是温度控制、压力控制、含氧量控制。

2. 基于 CAN 总线的计算机控制系统

基于 CAN 总线的计算机控制系统结构示意图见图 1.6。该系统是由智能接口模块组成的智能分布式系统。

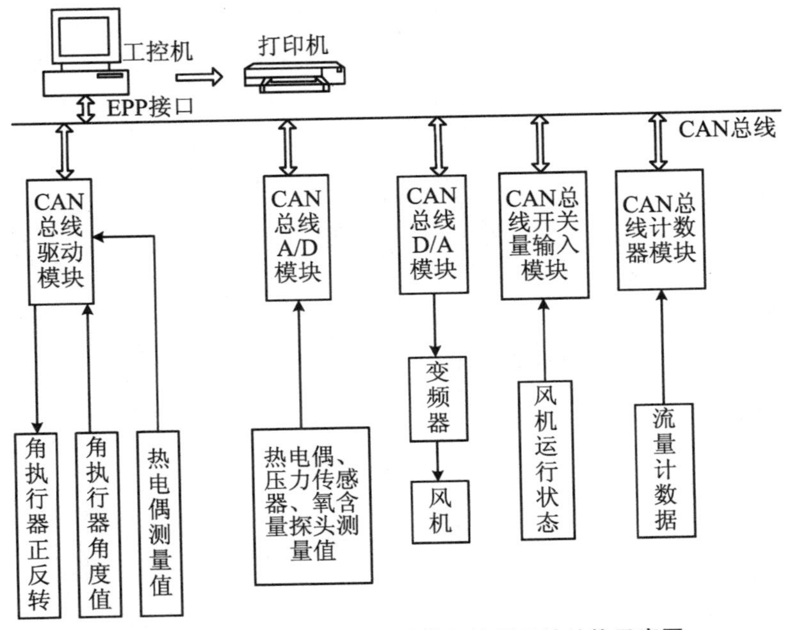

图 1.6　基于 CAN 总线的计算机控制系统结构示意图

系统通信协议符合美国 Honeywell 公司 SDS CAN2.0 标准。系统由上位机、智能接口模块及通信媒体组成。上位机采用工控机 Advantech Industrial Computer 610,通信媒介为双绞线。工控机及模块集中放于控制室,来自现场的信号线引进控制室与模块相接。工控机实现上层监控,与各模块进行数据通信,各模块实现相应功能。系统充分利用 FCS 的优点,全数字化传输数据,具有很强的抗干扰性和高速的传输率。系统扩充非常容易,要增加新控制对象,只需设计相应模块,连接控制对象信号线,将模块挂至系统总线上即可,这正是 FCS 全开放的最大特点和优点。

第2章　控制器局域网技术

2.1　控制系统的发展和技术特点

1980年至1990年,数字仪表发展成为成熟的产品,集散型(DCS)计算机实用化,它具有高可靠性,价格也趋向合理;分析仪器逐步实现计算机化或数字化。因此,这十年是微型计算机广泛应用于工业生产的成熟时期。由于计算机技术的迅速发展以及计算机在实际工业生产过程中的广泛使用,使得工业生产过程真正实现了生产过程优化控制,大大提高了设备的生产能力,降低了产品的消耗和操作费用。在这期间,优化了控制算法,人工智能受到了重视,逐步走向了工业应用的阶段。

到目前为止,模拟仪表和DCS技术已相当成熟,几十年形成的标准和系列已被世界公认。但是,现场总线所带来的变革仍然不可阻挡。

2.1.1　现场总线的定义、特点及它与DCS的区别

1. 现场总线的定义

现场总线(Fieldbus)是用于过程自动化和制造自动化最底层的现场设备或现场仪表互联的通信网络,是现场通信、计算机技术、控制算法、控制技术、传感器技术等多学科的集成。现场总线的节点是现场设备或现场仪表,如传感器、执行器和编程器等。但不是传统的单功能的现场仪表,而是具有综合功能的智能仪表。例如,温度变送器不仅具有温度信号变换和补偿功能,而且具有PID控制和运算功能;调节阀的基本功能是信号驱动和执行,另外还具有输出特性补偿、自校验和自诊断功能。现场总线具有通信功能,并存储7层(有的为3层)协议。现场设备具有互换性和互操作性。采用总线供电,具有本质安全性。

现场总线不单单是一种通信技术,也不仅仅是数字仪表代替模拟仪表,关键是用新一代的现场总线控制系统FCS(Fieldbus Control System)代替传统的集散控制系统DCS(Distributed Control System),实现现场通信网络、计算机技术与控制系统的集成。

2. 现场总线的特点及与DCS的区别

那么FCS对DCS究竟做出了怎样的挑战和变革呢?

首先,FCS的信号传输实现了全数字化,从最底层的传感器和执行器就采用现场总线网络,逐层向上直至最高层均为通信网络互联。

第二,FCS的系统结构是全分散的,废弃了DCS的输入/输出单元和控制站,由现场设备或现场仪表取而代之,即把DCS控制站的功能分散地分配给现场仪表和操作站,从而构成虚拟控制站,实现了彻底的分散控制。FCS不仅结构是分散的,软件编程和功能执行也是分散的。操作站只管组态,而底层功能执行、底层数据初步分析、算法执行都尽可能地在现场仪表中进行。

第三,FCS的现场设备具有互操作性,不同厂商的设备既可互联也可互换,并可以统一标准和格式,彻底改变了传统DCS控制层的封闭性和专用性。

第四,FCS的通信网络为开放式互联网络,既可与同层网络互联,也可与不同层网络互联,用户可极其方便地共享网络数据库的数据资源。

第五,FCS的技术和标准实现了全开放,无专利许可要求,可供任何人使用,从总线标准、产品检验到信息发布全是公开的,面向世界任何一个制造商和用户。

上述5项变革,必将导致一个以全数字化、全分散式、全开放为主要特点的新一代现场总线控制系统(FCS)的出现。

FCS和DCS的结构图见图2.1。

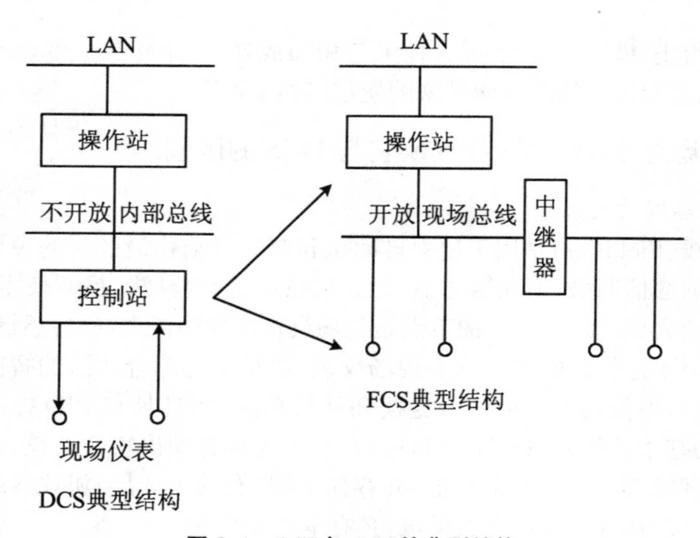

图2.1 DCS与FCS的典型结构

现场总线控制系统的核心是现场总线,现场总线技术是计算机技术、通信技术和控制技术的综合与集成。它的出现将使传统的自动控制系统产生革命性变革,变革传统的信号标准、通信标准和系统标准,变革现有自动控制系统的体系结构、设计方法、安装调试方法和产品结构。

自动化领域的这场变革的深度和广度将超过历史上任何一次变革,必将开创自动控制的新纪元。为了在这场变革中不被潮流抛在后面，世界上各仪表和DCS制造厂商竭尽全力引导新潮流，投巨资开展现场总线的研究和开发。

2.1.2　现场总线产生的必然性

当然，也有人认为模拟仪表和DCS技术已经很成熟了，故对这场变革表示怀疑。为此，有必要分析一下模拟仪表的缺点和现场总线的优点，这两者促使了现场总线的产生。现场总线的产生因素可归纳为以下4条：

(1) 模拟仪表的缺点。

(2) 现场总线的优点。

(3) 微处理器技术、通信技术和集成电路技术的发展。

(4) 用户需求和市场竞争。

1. 模拟仪表的缺点

模拟仪表的缺点表现在以下方面：

(1) 一对一结构：一台仪表，一对传输线，单向传输一个模拟信号，这种一对一结构造成接线庞杂，工程周期长，安装费用高，维护困难，误差大，校准难。

(2) 可靠性差：模拟信号不仅传输精度低，而且易受干扰，特别是远程微弱信号和易受50 Hz干扰的低频小信号，为此，需要采取各种抗干扰和提高精度的措施，其结果就是增加了成本。

(3) 失控状态：操作员在控制室只能知道仪器的输出情况，既不了解模拟仪表的工作状况，也不能对其进行参数调整，更不能预测故障，导致操作员对其处于“失控”状态，即操作员不能及时发现现场仪表的故障。

(4) 互换性差：尽管模拟仪表统一了信号标准，可是大部分技术参数(命令格式、字节数多少、检验方式等)仍由制造厂自定，致使不同品牌的仪表无法互换，这就导致用户必须依赖制造厂，无法自由使用性能价格比最优的配套仪表，甚至出现个别制造商垄断市场。

(5) 现场仪表操作员不知道总体运行情况，也无法知道上道工序对本身工序的影响和本身工序对下道工序的影响，在一定程度上是盲目的和被动的。

2. 现场总线的优点

现场总线的优点表现在以下方面：

(1) 一对N结构：一对传输线，N台仪表，双向传输多个信号，这种一对N结构使得接线简单，工程周期短，安装费用低，维护容易。如果要增加现场设备或现场仪表，只需将之并行挂接到电缆上即可，无需架设新的电缆。

(2) 可靠性高：数字信号传输抗干扰性能强，精度高，无需采用很多的硬软件抗干扰和提高精度的措施，从而减少了成本。

(3) 可控状态：操作员在控制室既可了解到现场设备或现场仪表的工作状况，也能对其进行参数调整，还可预测和寻找故障，现场始终处于操作员的远程监视与可控状态，提高了系统的可靠性、可控性和可维护性。

(4) 互换性：用户可以自由选择不同制造商提供的性能价格比最优的现场设备或现场仪表，不同品牌的设备或仪表可以互联。某台设备/仪表出现故障，换上其他品牌的同类设备/仪表照常工作，实现了"即接即用"。

(5) 互操作性：用户可以把不同制造商的各种品牌的设备/仪表集成在一起，进行统一组态，构成他所需要的控制回路。用户不必绞尽脑汁，为集成不同品牌的产品而在硬件或软件上花费力气或增加额外投资。

(6) 综合功能：现场设备/仪表既有检测、变换和补偿功能，又有控制和运算功能，实现了一表多用，不仅方便了用户，也节省了成本。

(7) 分散控制：控制站相关底层控制、校验、补偿、通信等功能分散在现场设备/仪表中，通过现场设备/仪表就可构成控制回路，实现了彻底的分散控制，提高了系统的可靠性、自治性和灵活性。

(8) 统一组态：由于现场设备和现场仪表都引入了功能块的概念，所有制造商都使用相同的功能块，并统一了组态方法，这样就使组态变得非常简单，用户不需要因为现场设备或现场仪表种类的不同而使用不同的组态方法，自然也就不必进行更多的培训或学习更多的组态方法及编程语言。

(9) 开放式系统：现场总线为开放式互联网络，所有技术的标准全是公开的，所有制造商都必须遵循，这样，用户就可以自由地集成不同制造商的通信网络，既可与同层网络互联，也可与不同层网络互联；另外，用户可极其方便地享用网络数据库。

(10) 现代监控系统中，纯检测的数据占整个管理数据的百分比从原来的 80% 减少到了 20%，现场仪器操作员不仅要了解本道工序的工作情况，还要了解上道工序、下道工序的工作状态，以及本道工序目前的效率是多少，历史上各种数据是多少，成本合算是多少，因此现场总线监控网络必须是双向的，而且一定要和大型管理数据库相连接。

3. 微处理器技术、通信技术和集成电路技术的发展

一台现场设备或现场仪表就是一台微处理器，它既有 CPU、内存、接口和通信等数字信号处理，又有非电量信号检测、变换和放大等模拟信号处理。由于必须安装在生产现场或生产装置上，工作环境十分恶劣，对于易燃易爆场所，必须由总线提供供电的本质安全，这就要求微处理器体积小、功能全、性能好、可靠性高、耗电少。另外，现场通信网络分布于生产现场，网络节点具有互换性和互操作性，并由节点构成虚拟控制站，这就要求采用先进的网络技术和分布式数据库技术。所以说，现场总线的出现得益于微处理器技术、通信技术和集成电路技术的发展。

4. 用户需求和市场竞争

由于模拟仪表存在诸多缺点，传统 DCS 也无法摆脱模拟仪表的束缚，致使其性能无法充分发挥，体系结构无法更新，成本无法下降，出现用户和制造商都不满意的僵局，促使了现场总线的研制和发展。

2.2　控制器局域网

现场总线能同时满足过程控制和制造业自动化的需求，因而现场总线成为工业数据总线中最为活跃的一个领域，现场总线的研究和应用已成为工业数据总线领域研究的热点。尽管目前对现场总线的研究未能提出一个完善的标准(已有低速标准，高速标准正在制定)，但现场总线的高性能价格比仍吸引了众多工业控制系统来采用它。同时，正是由于现场总线的标准尚未统一，也使得现场总线的应用得以不拘一格地发挥，并将为现场总线的完善提供更加丰富的依据。控制器局域网CAN(Controller Area Network)正是在这种背景下应运而生的。

CAN属于现场总线的范畴，它是一种有效支持分布式控制或实时控制的串行通信网络。CAN总线是德国Bosch公司20世纪80年代为解决现代汽车中众多的控制和测试仪器之间的数据交换而开发的一种串行数据通信协议，由于其高性能、高可靠性及独特的设计，CAN越来越受到人们的重视，其应用范围也不再局限于汽车行业，逐渐向过程工业、机械工业、纺织机械、农用机械及传感器等领域发展，被公认为是最有前途的现场总线之一。

2.2.1　CAN总线的分层结构

CAN结构划分为3层：应用层，数据链路层和物理层。数据链路层又可划分为逻辑链路层(Logic Link Control, LLC)和媒体访问控制层(Medium Access Control, MAC)。CAN的分层结构和功能如图2.2所示。

在CAN技术规范2.0A版本中，数据链路层的LLC和MAC子层的服务和功能被描述为“目标层”和“传送层”。LLC子层的主要功能是：为数据转送和远程数据请求提供服务，确认由LLC子层接收的报文实际已被接收，并为恢复管理和通知超载提供信息。在定义目标处理时，存在许多灵活性。MAC子层的功能主要是定义传送规则，亦即控制帧结构、执行仲裁、错误检测、出错标定和故障界定。MAC子层也要确定为开始一次新的发送，总线是否开放或者是否马上开始接收。位定时特性也是MAC子层的一部分。MAC子层特性不存在修改的灵活性。物理层的功能是有关全部电器特性在不同节点间的实际转送，可划分为物理信令(Physical Signaling, PLS)、物理媒体附属装置(Physical Medium Attachment, PMA)和媒体相关接口(Medium Dependent Interface, MDI)。自然，在一个网络内，物理层的所有节点必须是相同的。

CAN技术规范2.0B定义了数据链路中MAC子层和LLC子层的一部分，并描述了与CAN有关的外层。物理层定义了信号怎样进行发送，因而涉及位定时、位编码和同步的描述。在这部分技术规范中,未定义物理层中驱动器、接收器的特性,以便允许根据具体应用对发送媒体和信号电平进行优化。MAC 子层是 CAN 协议的核心,它描述由 LLC 子层接收到的报文和对 LLC 子层发送的认可报文。MAC 子层可响应报文帧、仲裁、应答、错误检测和标定。MAC 子层由称为故障界定的一个管理实体监控,它具有识别永久故障和短暂扰动的自检机制。LLC 子层的主要功能是报文滤波、超载通知和恢复管理。

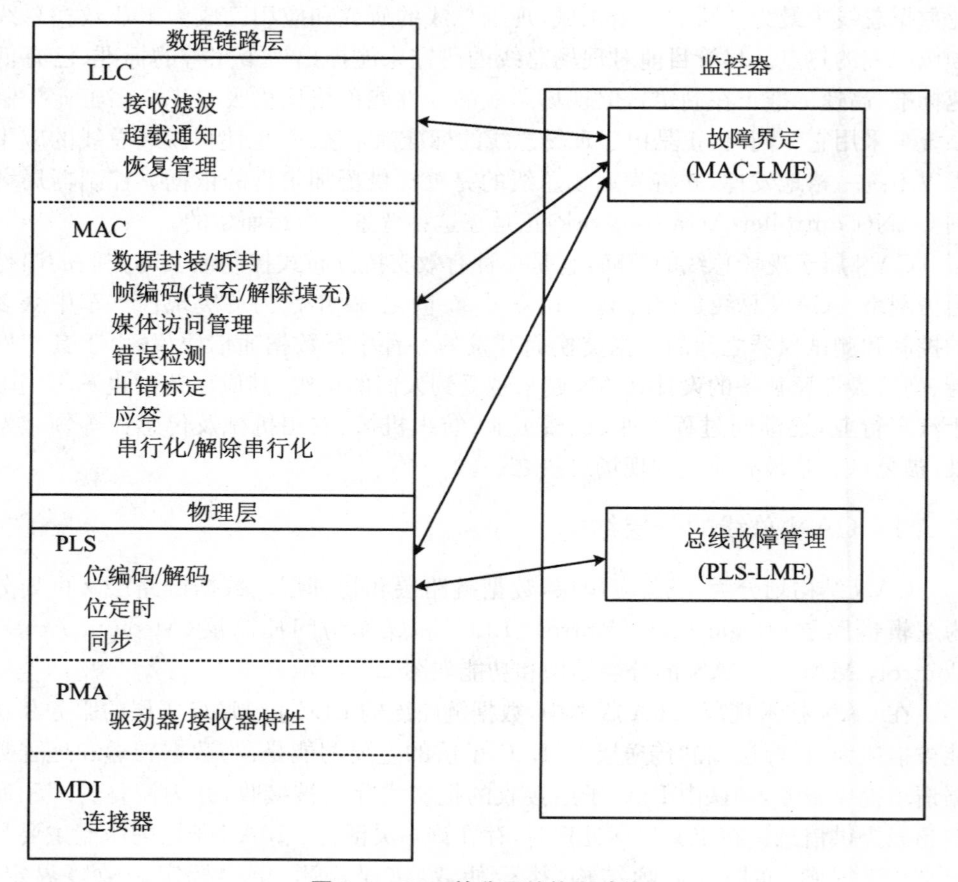

图 2.2 CAN 的分层结构和功能

2.2.2 CAN 总线的特点

CAN 属于总线式串行通信网络,由于采用了许多新技术及独特的设计,与一般通信总线相比,CAN 总线的数据通信具有突出的可靠性、实时性和灵活性。其特点可概括如下:

(1) CAN 以多主方式工作,网络上任意节点均可在任意时刻主动地向网络上的其他节点发送信息,而不分主从,通信方式灵活,且无需占地址等信息。利用这一点可方便地构成多机备份系统。

(2) CAN网络上的节点信息分不同的优先级,可满足不同的实时要求,高优先级的数据最多可在134 μs内得到传输。

(3) CAN采用非破坏性总线仲裁技术,当多个节点同时向总线发送信息时,优先级比较低的节点会主动地退出发送,而优先级最高的节点可不受影响地继续传输数据,从而大大节省了总线冲突仲裁时间。尤其是在网络负载很重的情况下也不会出现网络瘫痪的情况(以太网则可能)。

(4) CAN只需通过报文滤波即可实现点对点、一点对多点及全局广播等几种方式来传输数据,无需专门的“调度”。

(5) CAN的直接通信距离最远可达10 km(速率5 Kbps),通信速率最高可达1 Mbps(此时通信距离最长为40 m)。

(6) CAN上的节点数主要取决于总线驱动电路,目前可达110个;报文标识符可达2032种(CAN 2.0A),而扩展标准(CAN 2.0B)的报文标识符几乎不受限制。

(7) 采用短帧结构,传输时间短,受干扰概率低,具有良好的检错效果。

(8) CAN的每帧信息都有CRC校验及其他检错措施,保证了数据出错率极低。

(9) CAN的通信介质可为双绞线、同轴电缆或光纤,选择灵活。

(10) CAN节点在错误严重的情况下具有自动关闭输出的功能,这时总线上其他节点的操作不受影响。节点在总线短路时可以自行关闭,模块不会损坏。

CAN也有自己的缺点。首先,CAN的时间延时是不确定的。只有具有最高优先权的帧的延时是确定的,其他帧的延时只能根据一定的模型来估算。其次,由于CAN总线每帧最多传输8个字节的数据,因此传送大量数据比较困难。另外,CAN网络的规模都比较小,一般在110个节点以下。

2.2.3　CAN技术规范

随着CAN在各种领域中的应用和推广,对其通信格式的标准化提出了要求。这里对CAN技术规范2.0A进行简单的介绍,2.0B技术规范与此类同。

1. CAN的一些基本概念

(1) 报文

总线上的信息以不同固定格式的报文发送,但长度有限制。当总线开放时,任何连接的单元均可开始发送一个新报文。

(2) 报文通信

一个报文的内容由其标识符ID命名。ID并不指出报文的目的,但描述数据的含义,以便网络中的所有节点有可能借助报文滤波决定该数据是否使它们激活。CAN 2.0A的ID为11位,CAN 2.0B的ID为29位。

(3) 系统灵活性

节点可在不要求所有节点及其应用层改变任何软件和硬件的情况下,被接入

CAN网络。

(4) 数据相容性

在CAN网络中,可以确保报文被所有节点或者指定节点接收。

(5) 远程数据请求

通过发送一个远程帧,需要数据的节点可以请求另一个节点发送一个相应的数据帧,该数据帧和相应的远程帧以相同的标识符ID命名。

(6) 故障界定

CAN节点有能力识别永久性故障和短暂扰动,可自动关闭故障节点。

(7) 安全性

为获得尽可能高的数据传送安全性,在每个CAN节点中均设有错误检测、标定和自检的强有力措施。检测错误的措施包括发送自检、循环冗余校验、位填充和报文格式检查。错误检测具有如下特性:所有全局性错误均可被检测;发送器的所有局部错误均可被检测;报文中的多至5个随机分布错误均可被检测;报文中长度小于15位的突发性错误均可被检测;报文中任何奇数个错误均可被检测。未检测到的已损报文中的剩余错误概率为报文出错概率的4.7×10^{-11}倍。

(8) 位插入和位删除

在串行数据流传输中,有些位流区间中位码具有固定的模型,它起到识别报文起止的作用,同时对总线发生短路、开路接收方可以识别出插入错误。在CAN总线中为在发送前连续的6位、7位乃至8位同态位码中进行位插入,在接收后进行位删除。位插入和位删除保证了数据的透明。在CAN中,每连续5个同态电平插入1位与它相互补的电平,还原时每5个同态电平后的相互补电平被删除。

(9) 非归零码NRZ(Non-Return to Zero)

非归零码即位流中每位的逻辑电平在整个位时间内保持不变,或者是隐性电平,或者是显性电平。相对应的曼彻斯特(Manchester)方式要求在每一位中用上升沿或下降沿来表示0或1,因此其通信频率更高一些。

(10) 显性电平和隐性电平

CAN中总线数值可取显性电平或隐性电平。在显性位和隐性位同时发送时,总线的最后数值将变为显性。在总线“线与”操作情况下,显性电平表示逻辑0,隐性电平表示逻辑1。

(11) 睡眠方式和唤醒

为降低系统功耗,CAN器件可被置于无任何内部活动的睡眠方式,相当于未连接总线的驱动器。睡眠状态借助任何总线激活或者系统的内部条件被唤醒而结束。

要唤醒系统内任何处于睡眠状态的节点,可使用具有最低可能标识符的专用唤醒报文:11111101111B(1为隐性电平,0为显性电平)。

2. 非破坏性的基于优先权的总线仲裁

CAN采用非破坏性的仲裁(Non-Destructive Bitwise Arbitration)。每个帧都

具有一定的优先权，帧的优先权是由帧的ID决定的，因此，ID也被称为仲裁域。

当许多节点一起开始发送时，只有发送高优先权帧的节点变为总线主站。这种解决总线访问冲突的机理是基于竞争的仲裁。仲裁期间，每个发送器将位电平同总线上检测到的电平进行比较。若相等，则节点可以继续发送。当送出一个隐性电平，而检测到的为显性电平时，表明节点丢失仲裁，并且不应再送更多的位。当送出显性电平，而检测到隐性电平时，表明节点检测出位错误。

基于竞争的仲裁依靠标识符和紧随其后的远程传送请求（Remote Transfer Request，RTR）位来完成。具有不同标识符的两帧中，较高优先权的标识符具有较低的二进制数值。若具有相同标识符的数据帧和远程帧同时被初始化，数据帧较远程帧具有高优先权，优先权的判别通过RTR数值标注位来达到。

除了仅当总线释放时可以启动发送这一原则外，还存在解决冲突的下列原则：

(1) 在一个系统内，每条信息必须标以唯一的标识符。

(2) 具有给定标识符和非零数据长度码（Data Length Code，DLC）的数据帧仅可由一个节点启动。

(3) 远程帧仅可由全系统内确定的DLC发送，该数据长度码为对应数据帧的DLC。具有相同标识符和不同DLC的数据帧的同时发送，数据长度码为对应数据帧的DLC。具有相同标识符和不同DLC的远程帧的同时发送将导致不能解决的冲突。

在多主竞争总线中要求快速做出总线分配。CAN总线的仲裁与以太网的方案（CSMA/CD）相似。总线空闲呈现隐性电平，这时任何一个节点都可以发送一个显性电平作为一帧的开始。如果有两个以上的节点同时开始发送，即产生总线竞争。CAN总线解决竞争的方法是对标识符按位进行仲裁。各发送节点一面向总线发送电平，一面与回收总线电平进行比较，电平相同继续发送下一位，电平不同则不再发送，退出总线竞争。所谓的电平不一致一定是发生在发隐性电平而收到显性电平之时，它说明总线上尚存在发显性电平的节点，这样的节点继续在支配总线，而自己因发隐性电平而退让。同时发显性电平的节点可能不止一个，它们继续向下按位仲裁。可见，标识符为隐性电平时争得总线的优先级比较低，而最高优先级的标识符应全是显性电平。CAN总线仲裁如图2.3所示，节点1和节点2相继失去对总线的控制，而节点3则一直保持主导状态，直至发出整个帧，为了方便画图，用0、1分别代替显性位、隐性位。

3. 传输距离与传输速率

CAN系统内两个任意节点之间的最大传输距离与其传输速率有关。CAN总线有效长度和传输速率的关系如图2.4所示。

在总线范围内保证数据的一致性是CAN总线的重要特征，总线上每一帧报文对各节点应保证同时有效，即满足时间和空间的一致性条件，在此条件下，CAN总线标称传输速率为1 Mbps，距离不超过40 m，降低传输速率可以相应延长总线距

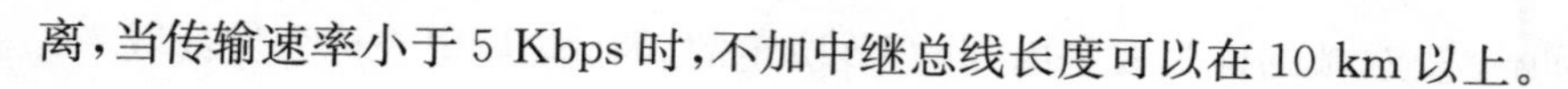

离，当传输速率小于 5 Kbps 时，不加中继总线长度可以在 10 km 以上。

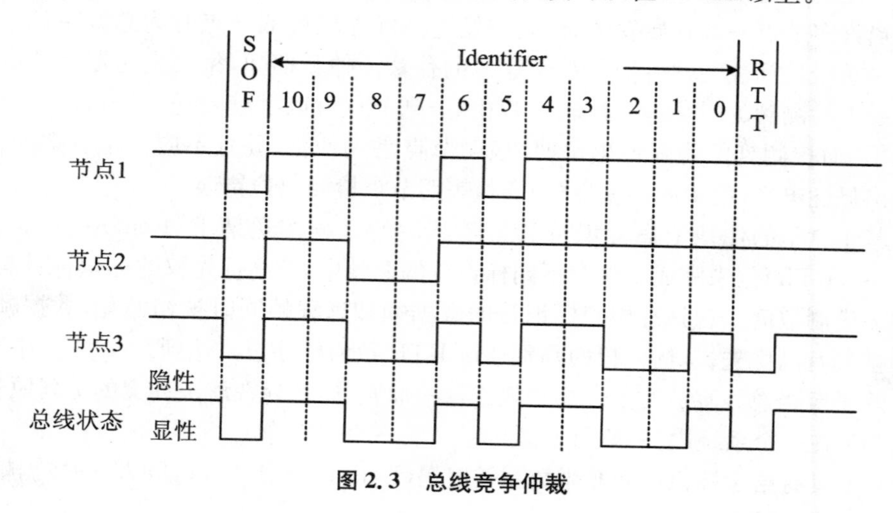

图 2.3　总线竞争仲裁

波特率
(Kbps)
1600
1000
100
10
5
10
40
100
1000
10,000 总线长度(m)

图 2.4　CAN 总线有效长度和传输速率的关系

4. 帧类型及帧格式

CAN 总线中，报文按帧在总线上传输。构成一帧的帧起始、仲裁域、控制域、数据域和 CRC 序列均借助位填充规则进行编码。当发送器在发送的位流中检测到 5 位连续的相同数值时，将自动地在实际发送的位流中插入一个补码位。数据帧和远程帧的其余位域采用固定格式，不进行填充。出错帧和超载帧同样是固定格式，也不进行位填充。

报文传送共有 4 种类型的帧：数据帧携带数据由发送器至接收器；远程帧通过总线单元发送，以请求发送具有相同标识符的数据帧；错误帧由检测出错误的任何单元发送；超载帧用于提供当前的和后续的数据帧的附加延迟。

数据帧和远程帧之间以帧间隔同先前帧隔开。

(1) 数据帧

数据帧将数据由发送器传送至接收器。数据帧由 7 个不同的位域组成：帧起始、仲裁域、控制域、数据域、CRC 域、应答域和帧结束。数据域长度可为零。数据帧组成如图 2.5 所示。

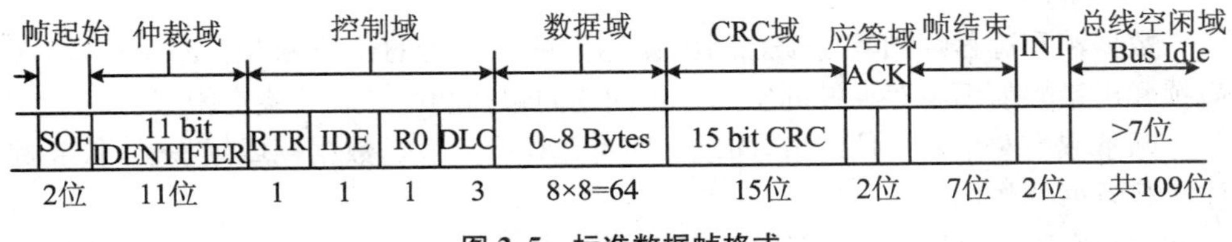

图 2.5　标准数据帧格式

帧起始(Start of Frame, SOF)标志数据帧和远程帧的起始。只有总线处于空闲状态时，才允许开始发送。帧起始为 2 位。

仲裁域由标识符组成。标识符的长度为 11 位，其中最高 7 位不能全为隐性。

控制域由 6 位组成，其中 IDE 和 R0 是保留位，必须发送显性位，但接收器认可显性位与隐性位的全部组合。DLC 是数据长度码，指出数据域的字节数。数据字节的允许使用数目为 0～8，不能使用其他数目。RTR 位被设置为"0"(主动状态)。

数据域由被发送的数据组成，长度为 0～8 字节，每字节 8 位。

CRC 域包括 CRC 序列，后随 CRC 界定符。CRC 序列由根据循环冗余码求得的帧检查序列组成。CRC 界定符只包括 1 个隐性位。CRC 域为 15 位。

应答域 ACK 为 2 位，包括应答间隙和应答界定符。

帧结束标志数据帧和远程帧的结束，由 7 个隐性位组成。

间隙域 INT 为 2 位，总线空闲域为 7 位。

数据帧理论上最多传送的位数是 $2+11+1+1+1+3+64+15+2+7+2=109$ 位(见图 2.5)，但根据规定，连发 5 个"1"时要补 1 个"0"，连发 5 个"0"时要补 1 个"1"，因此实际发送时一般比 109 位要多几位。

(2) 远程帧

某节点希望获得总线上另外某个节点上的数据时，需要发出远程帧进行请求。远程帧由 6 个不同的位域组成：帧起始、仲裁域、控制域、CRC 域、应答域和帧结束。远程帧不存在数据域。在远程帧中，除了 RTR 位被设置成"1"(被动状态)外，其余部分与数据帧并无不同，此时消息标识符表示的是将要送来的某种远程消息。

(3) 出错帧

报文传输过程中，任一节点检测出错误即于下一位开始发送错误帧，通知发送端终止发送。出错帧由两个不同域组成：第一个域由来自各站点的错误标志叠加得到，后随的第二个域是出错界定符。

(4) 超载帧

超载帧包括两个位域:超载标志和超载界定符。

存在两种导致发送超载标志的超载条件:一个是某接收站由于内部原因要求缓发下一数据帧或远程帧,另一个是在间隙域检测到显性位。

(5) 帧间空间

数据帧和远程帧同其他帧之间由被称为帧间空间的位域隔开。与此相反,超载帧和出错帧前面不存在帧间空间。帧间空间包括间歇域和总线空闲域。

间歇域由 2 个隐性位组成,间歇期间不允许节点发送数据帧或远程帧,仅起标注超载条件的作用。

总线空闲域可以是任意长度。总线空闲时,任意节点均可以访问总线以便发送。其他帧发送期间,等待发送的帧在紧随间歇域后的第一位启动。总线空闲期间检测到的总线上的显性位将被理解为帧起始。

5. CAN 总线数值

CAN 中的总线数值为两种互补逻辑数值之一:"显性"或"隐性"。"显性"(Daminant)表示逻辑 0,"隐性"(Recesive)表示逻辑 1。"显性"位和"隐性"位同时发送时,最后总线数值将为"显性"。在"隐性"状态下,CAN_H 和 CAN_L 被固定于平均电压电平,差分电压近似为 0。在总线空闲期间,发送"隐性"状态。"显性"状态以大于最小阈值的差分电压表示。由于 CAN 总线的双线受到的干扰是一致的,故其传送的差分信号能有效避免或减少各种电磁噪声带来的影响。CAN 总线数值示意图如图 2.6 所示。

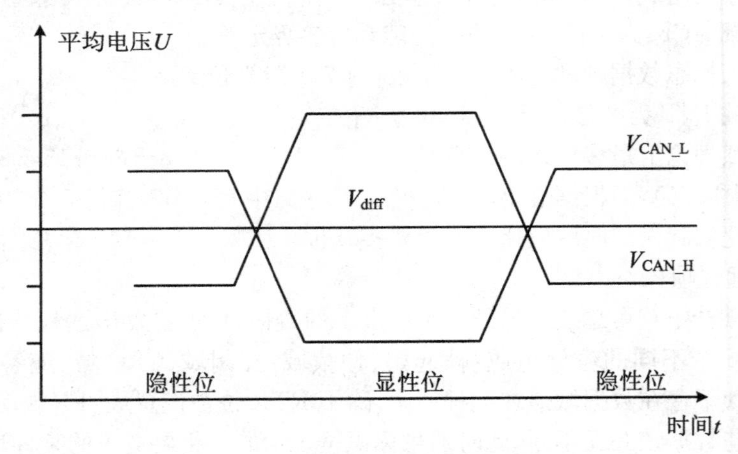

图 2.6 CAN 总线数值示意图

6. 多主和多节点接收

CAN 总线依靠标识符的优先级争用总线,取胜后继续完成一帧的发送,因标识符及报文中不包含与总线结构有关的参数,如接收站地址等,所以总线中各个非发送节点,包括欲发送而被迫退让的节点都可接收。各接收站根据标识符的性质进行过滤，决定是否将报文拆帧取用。这样的好处有：

- 节点数目理论上可以无限（实际上受限于物理实现的可能性）。
- 各节点可以自由上线或离线，不影响总线的工作。对于实时性要求很高的系统，这一点是宝贵的。

(1) 广播方式(Broadcast Communication)

总线上每个节点都在监听发送站，在收到帧后，所有的节点都根据自己的接收过滤寄存器进行判断是否接收该帧。

(2) 远程请求(Remote Transmission Requests)

主节点发送具有远程标识符的帧，被请求节点随即向总线发送回答数据。这些帧仍可以被其他节点监听到。

7. 数据安全性

CAN总线规范中采用下列措施来提高数据在强噪声环境下的安全性：

- 发送电平和回收电平相校验。
- CRC校验（循环冗余码校验）。
- 位插入校验。
- 报文格式校验。
- 发送端报文响应校验。

通过这些校验可以发现网中的全局性错误，发送站局部性错误，报文传输中5个以下的随机分布错误、小于15位的突发性错误和任一奇数个错误。CAN的剩余出错率为传输率的4.7×10^{-11}。

第 3 章　C8051F040 系列单片机

3.1　C8051F 系列单片机总体体系结构

C8051F 系列是美国德克萨斯州 Cygnal 公司设计和制造的混合信号片上系统单片机，该公司于 2003 年并入 Silicon Laboratories 公司，后者更新了原有的 51 单片机结构，设计出具有自主知识产权的 CIP-51 内核的新 C8051F 系列单片机，它具有很强的生命力，其运行速度可达 100 MIPS(即每秒执行 1 亿条指令)。其主要模块特性如下：

1. 模拟外设

(1) SAR ADC：

- 12 位(C8051F040/1)。
- 10 位(C8051F042/3/4/5/6/7)。
- ±1 LSB INL，保证无失码。
- 可编程转换速率，最大 100 Ksps。
- 13 个外部输入，单端或差分输入方式。
- 软件可编程高电压差分放大器。
- 可编程放大器增益：16、8、4、2、1、0.5。
- 数据相关窗口中断发生器。
- 内有温度传感器。

(2) 8 位 ADC(仅限于 C8051F040/1/2/3)：

- 可编程转换速率，最大 500 Ksps。
- 8 个外部输入，单端或差分输入方式。
- 可编程放大器增益：4、2、1、0.5。
- 可用定时器触发同步输出，用于产生无抖动波形。

(3) 两个 12 位 DAC(仅限于 C8051F040/1/2/3)：可编程回差电压/响应时间。

(4) 3 个模拟比较器。

(5) 具有内部电压基准。

(6) 精确 VDD 监视器和欠压检测器。

2. 片内 JTAG 调试和边界扫描

- 片内调试电路提供全速、非侵入式的在线/在系统调试。
- 支持断点、单步、观察点、堆栈监视器，可以观察/修改存储器和寄存器。
- 比使用仿真芯片、目标仿真头和仿真插座的仿真系统有更好的性能。
- 符合 IEEE 1149.1 边界扫描标准。
- 完全的开发套件。

3. 高速 8051 微控制器内核

- 流水线指令结构，70%的指令执行时间为一个或两个系统时钟周期。
- 速度可达 25 MIPS(使用 25 MHz 时钟时)。
- 20 个向量中断源存储器。
- 4352 字节内部数据 RAM(4 KB+256 B)。
- 64 KB(C8051F040/1/2/3/4/5)或 32 KB(C8051F046/7)Flash；可以在系统编程，1 个扇区规模为 512 字节。
- 外部 64 KB 数据存储器接口(可编程为复用方式或非复用方式)。

4. 数字外设

- 8 个 8 位宽端口 I/O(C8051F040/2/4/6)，耐 5 V。
- 4 个 8 位宽端口 I/O(C8051F041/3/5/7)，耐 5 V。
- Bosch 控制器局域网(CAN 2.0B)，可同时使用硬件 SMBus(I2CTM 兼容)、SPITM 及两个 UART 串行端口。
- 可编程的 16 位计数器/定时器阵列，有 6 个捕捉/比较模块。
- 5 个通用 16 位计数器/定时器。
- 专用的看门狗定时器，双向复位引脚时钟源。
- 内部校准的可编程振荡器：3～24.5 MHz。
- 外部振荡器：晶体、RC、C 或外部时钟。
- 实时时钟方式(使用定时器 2、3、4 或 PCA)。

5. 供电电压

- 2.7～3.6 V。
- 多种节电休眠和停机方式。

6. 100 脚 TQFP 和 64 脚 TQFP 封装

- 温度范围：－45～85 ℃。

从图 3.1 所示的 C8051F040 结构框图可以看出，其主要由 3 部分组成：高速微控制器内核，模拟外设，数字 I/O。图 3.2 是 C8051F040 的原理框图。

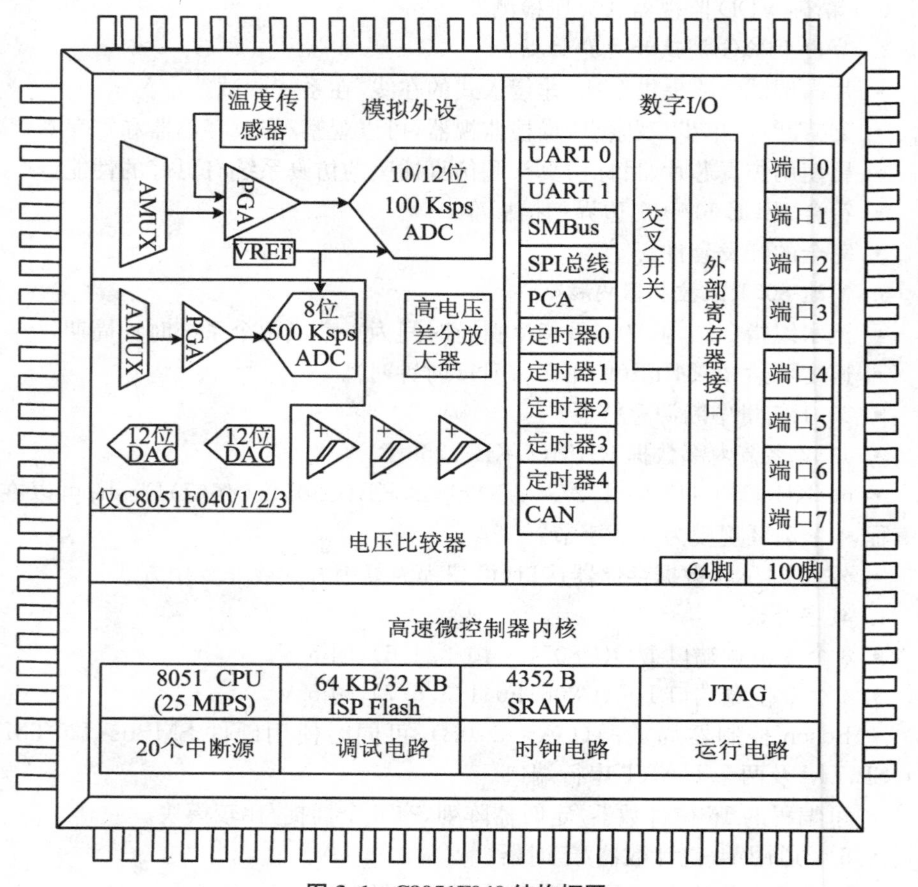

图 3.1 C8051F040结构框图

3.2 CIP-51微控制器

MCU系统控制器内核是CIP-51微控制器,CIP-51的特点如下：

- 片内包含调试硬件和协议。
- 有和MCU直接接口的模拟外设接口。
- 有SFR的总线接口与数字I/O接口子系统。
- 集成电路内提供完整的数据采集或控制系统解决方案。
- 程序和数据都易扩充,并有安全保护。

图3.3是CIP-51的原理框图。

CIP-51系统控制器的指令集与标准MCS-51 TM指令集完全兼容。所有

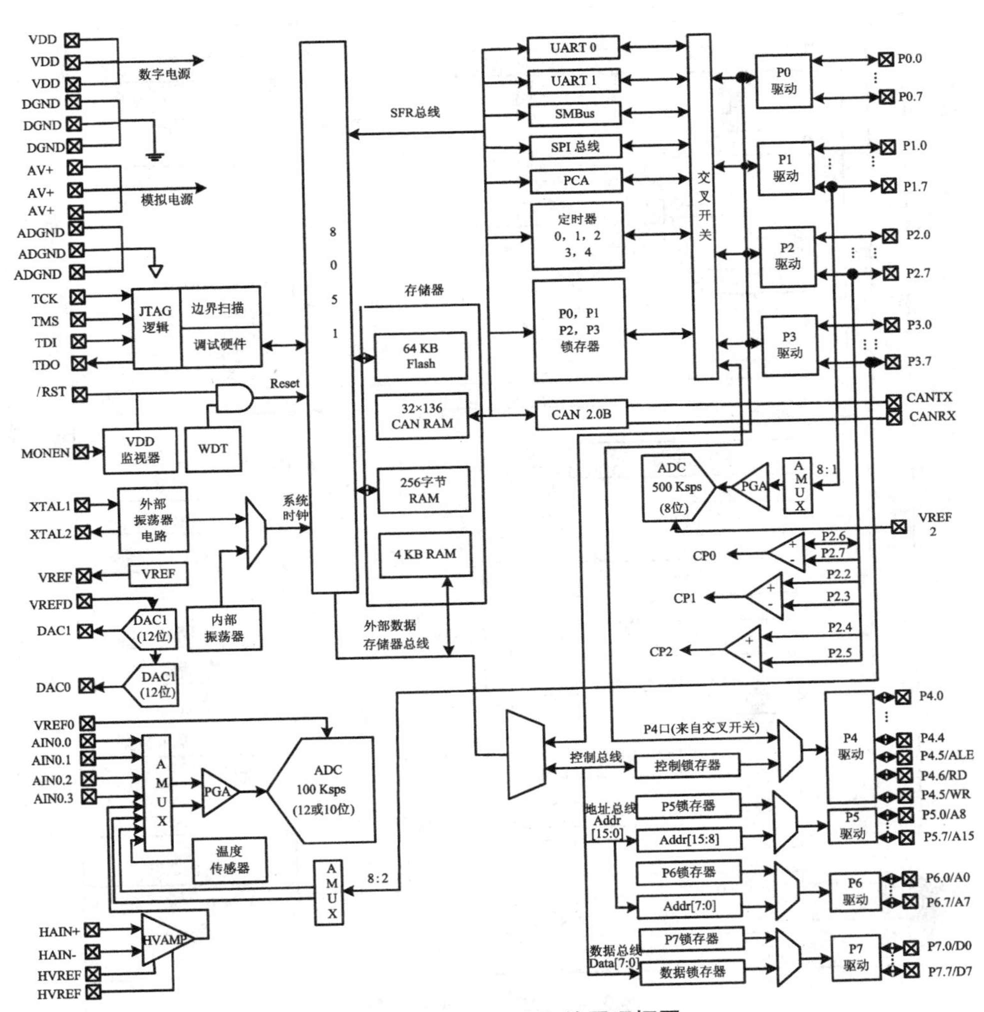

图 3.2　C8051F040/2 的原理框图

的 CIP－51 指令在二进制码和功能上与 MCS－51 产品完全等价，包括操作码、寻址方式和对 PSW 标志的影响，但是指令时序与标准 8051 不同。CIP－51 只基于时钟周期，所有指令时序都以时钟周期计算。

由于 CIP－51 采用了流水线结构，大多数指令执行所需的时钟周期数与指令的字节数一致。条件转移指令在不发生转移时的执行周期数比发生转移时少一个。

在 CIP－51 中，MOVX 指令有 3 种作用：访问片内 XRAM，访问片外 XRAM，访问片内 Flash 程序存储器。CIP－51 的 Flash 访问特性提供了由用户程序更新程序代码和将程序存储器空间用于非易失性数据存储的机制。通过外部存储器接口，可用 MOVX 指令快速访问片外 XRAM（或存储器编址的外设）。

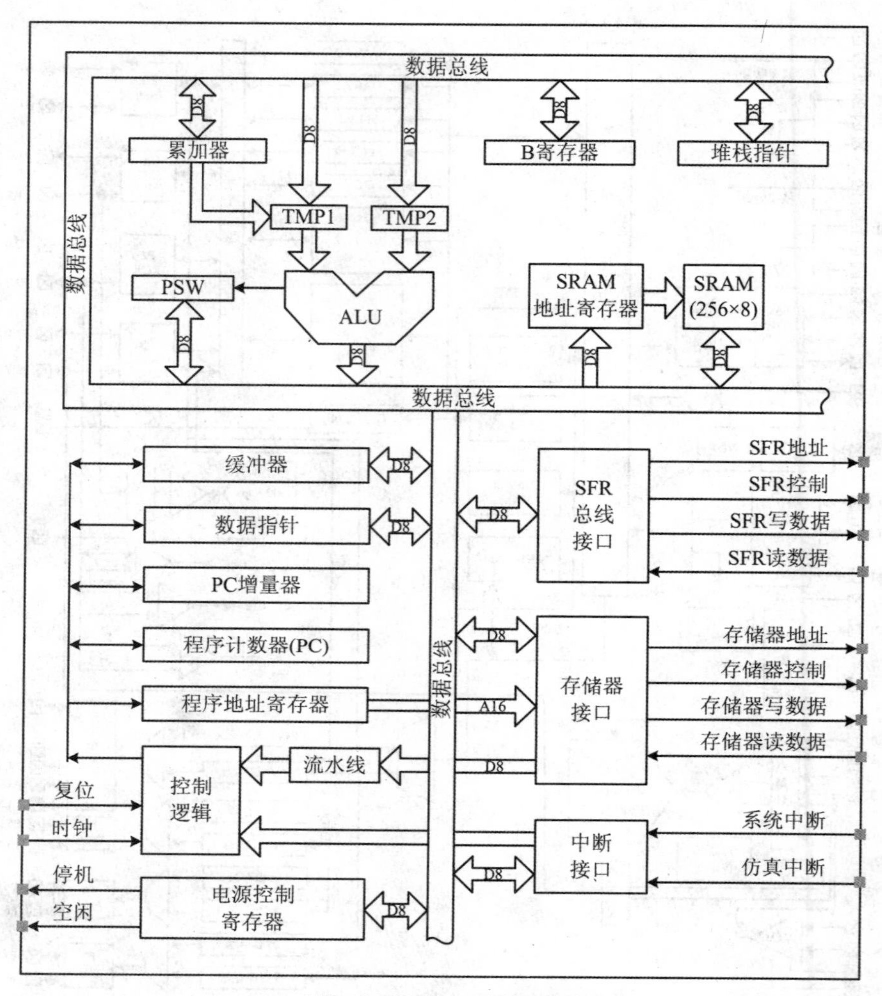

图 3.3　CIP－51 原理框图

3.3　存储器组织

本节介绍 CIP－51 系统控制器的存储器组织。CIP－51 有两个独立的存储器空间:程序存储器和数据存储器。程序存储器和数据存储器共享同一个地址空间，但用不同的指令类型访问。CIP－51 内部有 256 字节的内部数据存储器和 64 KB 的内部程序存储器地址空间。CIP－51 的存储器组织如图 3.4 所示。

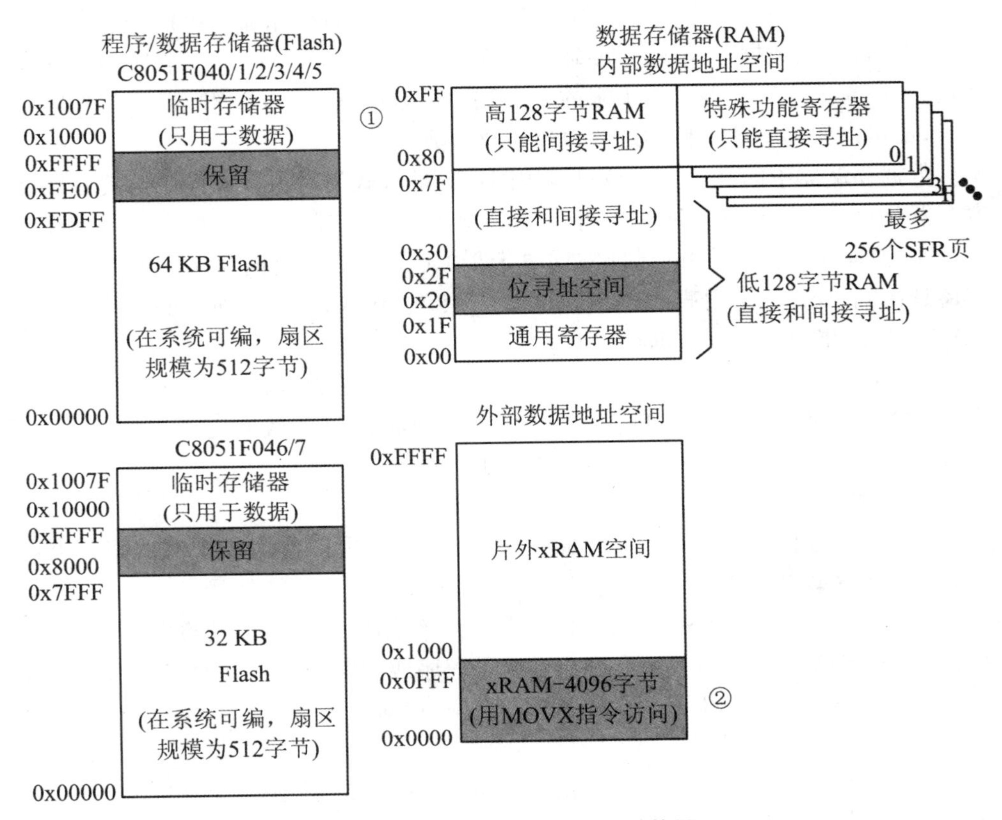

图 3.4　CIP-51 存储器组织结构图

注：① 存储可读/写的非易失性数据。

② 4 KB RAM 在芯片内部，但可作为外部数据访问，可与片外的 xRAM 统一编程。

1. 程序存储器

CIP-51 有 64 B 的程序存储器空间。MCU 在这个程序存储器空间中实现了 64 KB(C8051F040/1/2/3/4/5)可在线系统编程的 Flash 存储器，组织成连续的程序存储块，从地址 0x0000 到 0xFFFF(C8051F040/1/2/3/4/5)。注意：位于 0xFE00～0xFFFF(C8051F040/1/2/3/4/5)的 512 字节为保留区，不能用于用户程序或数据存储。

程序存储器通常被认为是只读的，但是 CIP-51 可以通过设置程序存储写允许位(PSCTL.0)，用 MOVX 指令对程序存储器进行写入。这一特性为 CIP-51 提供了更新程序代码和将程序存储器空间用于非易失性数据存储的机制，并可以在软件控制下更新程序代码，给远程控制系统带来了极大方便。

2. 数据存储器

CIP-51 的数据存储器空间中有 256 字节的内部 RAM，位于 0x00 到 0xFF 的地址空间。

数据存储器中的低128字节用于通用寄存器和临时存储器。可以用直接或间接寻址方式访问数据存储器的低128字节。从0x00到0x1F为4个通用寄存器区，每个区有8个寄存器。接下来的16字节，从地址0x20到0x2F，既可以按字节寻址，又可以作为128个位地址用直接位寻址方式访问。

数据存储器中的高128字节只能用间接寻址方式访问。该存储区与特殊功能寄存器(SFR)占据相同的地址空间，但物理上与SFR空间是分开的。当寻址高于0x7F的地址时，指令所用的寻址方式决定了CPU是访问数据存储器的高128字节还是访问SFR。使用直接寻址方式的指令将访问SFR空间，间接寻址高于0x7F地址的指令将访问数据存储器的高128字节。例如：

```
MOV    A,    80H   ;   取SFR地址80H的数据，直接寻址
MOV    R0,   #80H  ;   取RAM中地址80H的数据
MOV    A,    @R0   ;   间接寻址
```

3. 通用寄存器

数据存储器的低32字节，从地址0x00到0x1F，可以作为4个通用寄存器区访问。每个区有8个寄存器，称为R0～R7。在某一时刻只能选择一个寄存器区。程序状态字中的RS0(PSW.3)和RS1(PSW.4)位用于选择当前的寄存器区(见图3.5中关于PSW的说明)。这允许在进入子程序或中断服务程序时进行快速现场切换。间接寻址方式使用R0和R1作为间址寄存器。

4. 位寻址空间

除了直接访问按字节组织的数据存储器外，从0x20到0x2F的16个数据存储器单元还可以作为128个独立寻址位访问。每个位有一个位地址，从0x00到0x7F。位于地址0x20的数据字节的位0具有位地址0x00，位于0x20的数据字节的位7具有位地址0x07……位于0x2F的数据字节的位7具有位地址0x7F。由所用指令的类型来区分是位寻址还是字节寻址。

MCS-51 TM汇编语言允许用XX.B的形式替代位地址，XX为字节地址，B为寻址位在字节中的位置。例如，指令“MOV C,22.3h”将0x13中的布尔值(字节地址0x22中的位3)传送到进位标志。

5. 堆栈

程序的堆栈可以位于256字节数据存储器中的任何位置。堆栈区域用堆栈指针(SP,0x81)SFR指定，SP指向最后使用的位置。下一个压入堆栈的数据将被存放在SP+1，即SP先加1，再存入数据。复位后堆栈指针被初始化为地址0x07，因此第一个被压入堆栈的数据将被存放在地址0x08，这也是寄存器区1的第一个寄存器(R0)。如果使用不止一个寄存器区，SP应被初始化为数据存储器中不用于数据存储的位置。堆栈深度最大可达256字节。

MCU内部有可被调试逻辑访问的、用于堆栈记录的硬件。堆栈记录是一个32位的移位寄存器，每次压栈(PUSH)或SP增1都向该寄存器压入一个记录位，

每次调用或中断向该寄存器压入两个记录位。一次出栈(POP)或SP减1弹出一个记录位,一次返回弹出两个记录位。堆栈记录电路可以检测该32位移位寄存器的上溢和下溢,即使在MCU全速运行时也可以通知调试软件。

R/W	R/W	R/W	R/W	R/W	R/W	R/W	R
CY	AC	F0	RS1	RS0	OV	F1	PARITY
位7	位6	位5	位4	位3	位2	位1	位0

复位值：00000000　　SFR地址：0xD0(可位寻址)　　SFR页：所有页

位7：CY进位标志。
当最后一次算术操作产生进位(加法)或借位(减法)时，该位置1。
其他算术操作将其清0。

位6：AC辅助进位标志。
当最后一次算术操作向高半字节有进位(加法)或借位(减法)时，该位置1。
其他算术操作将其清0。

位5：F0用户标志。
这是一个可位寻址、受软件控制的通用标志位。

位4~3：RS1~RS0寄存器区选择。
这两位在访问寄存器时用于选择寄存器区，具体如下：

RS1	RS0	寄存器区	地址
0	0	0	0x00~0x07
0	1	1	0x08~0x0F
1	0	2	0x10~0x17
1	1	3	0x18~0x1F

位2：OV溢出标志。
该位在下列情况下被置1：
① ADD、ADDC 或SUBB 指令引起符号位变化溢出。
② MUL 指令引起溢出(结果大于255)。
③ DIV 指令的除数为0。
ADD、ADDC、SUBB、MUL 和DIV 指令的其他情况使该位清0。

位1：F1用户标志1。
这是一个可位寻址、受软件控制的通用标志位。

位0：PARITY奇偶标志。
若累加器中8个位的和为奇数时该位置1，为偶数时清0。

图3.5　PSW程序状态字

6. 片内数据存储器读写实例

程序说明:C8051F040片内有4 KB的RAM块,作为外部数据存储器使用,通过一个外部存储器接口EMIF来访问。地址范围从0x0000到0x0FFF。相关的控制字有2个:EMI0CF,EMI0TC。此程序对片内数据存储器(4 KB RAM)进行操作,实现读写功能。先在外部RAM特定地址写入数据,再读出进行比较,使用计数器观察写入数据的正确性比例。程序清单如下:

```
#include<c8051f040.h>          //SFR定义
```

```
unsigned char xdata * point;
void PORT_Init (void);              //初始化端口,详见 C8051F040 节
//=================================================
void main (void) {
    unsigned char k,WrData,RdData,right,error;
    WDTCN=0xde;                     //关看门狗
    WDTCN=0xad;
    PORT_Init();                    //初始化端口
    WrData=0x00;                    //待写数据变量,写入数据从 0 开始
    point=0x0000;                   //地址指针,从 0x0000 开始
    for(k=0;k<0x10;k++)             //写 16 个数据
      {
        * point=WrData;             //写数据到片内数据存储器(4 KB RAM)
        point++;
        WrData++;
      }
WrData=0x00;
point=0x0000;
right=0;
error=0;
for(k=0;k<0x10;k++)                 //读出比较
      {
        RdData= * point;            //读数据
        if(RdData==WrData){         //是否出错,计数器累加
            right++;
        }
        else{
            error++;
        }
        WrData++;
        point++;
      }
while(1){
}
}       //end main
//=================================================
```

```
void PORT_Init (void)
{   //只用片内数据存储器,ALE高/低脉宽占1个SYSCLK周期
EMI0CF |=0x20;
    //地址建立/保持时间占0个SYSCLK周期,/WR和/RD占12个
    //SYSCLK周期
    EMI0TC |=0x6c;
}
```

3.4　特殊功能寄存器(SFR)

专用寄存器又称特殊功能寄存器。C8051F系列,即CIP-51大大增加了专用寄存器(SFR)的数量。SFR提供对CIP-51的资源和外设的管理,控制CIP-51与这些资源和外设之间的数据交换。CIP-51具有MCS-51的全部SFR,还增加了一些用于配置和访问专用子系统的SFR,这就保证了可在与MCS-51指令集兼容的前提下增加新的功能。附录A中的表1列出了全部SFR。

片内特殊寄存器SFR能综合地、实时地反映整个MCU的内部工作状态和工作方式,因此它们是极其重要的。C8051F系列通过SFR总线控制交叉数字I/O网络和模拟外设,更增加了I/O口选择的灵活性和实用性。附录A的表1中带“*”的表示该SFR寄存器与MCS-51相同并兼容,其余的则为C8051F新增加的。

注意:SFR地址与片内RAM地址有重叠。

1. SFR分页机制

CIP-51实现了SFR分页机制,允许器件将很多SFR映射到0x80～0xFF这个存储器地址空间。SFR存储器空间可以有256页。C8051F04x器件使用5个SFR页:0、1、2、3和F。使用特殊功能寄存器页选择寄存器SFRPAGE来选择SFR页。读和写一个SFR的步骤如下:

① 用SFRPAGE寄存器选择相应的SFR页号。

② 用直接寻址方式读或写特殊功能寄存器(MOV指令)。

2. 中断和SFR分页

当一个中断发生时,SFR页寄存器会自动切换到引起中断的那个标志位所在的SFR页。这种自动SFR页切换功能减轻了中断服务程序切换SFR页的负担。在执行RETI指令时,中断前使用的SFR页会被自动恢复。

C8051F04系列的SFR有153个,不能完全映射到0x80～0xFF的128字节空间中,另外,地址为0xX8或0xX0(以8或0结尾的地址)的SFR必须既能位寻址

又能以字节寻址，因此，SFR 要采用分页机制。这样可以满足不断增多 SFR 数量的要求，但也为使用者带来了麻烦，用户必须注意 SFR 地址和该地址中的页码这两个参数。控制 SFR 有两个方法：一是自动通过调用中断，与该中断有关的 SFR 会自动从 SFR 分页堆栈中弹出，这时，中断是允许嵌套的。这种方法的操作与用户无关，但操作错误不容易查找。在自动方式下，自动压入弹出 SFR 必须是同一地址的不同页的 SFR。第二种方法为手动完成，即每次与 SFR 交换数据都先设置该 SFR 的页码，再用该 SFR 地址直接寻址。这种方法多了一条指令，但可靠，不易出错，建议使用它。附录 A 的表 1 中注明“所有页”的 SFR，CPU 在访问它们时可以不预先设置 SFR 页码。

前述自动方式中为了指示 SFR 页号，堆栈指针特别设置了 3 个 SFR 页堆栈特殊功能寄存器，即 SFRPAGE、SFRNEXT、SFRLAST，它们指示出由于中断调用而返回的与中断有关的 SFR 所在 SFR 页堆栈的位置。

SFRPAGE 就是页堆栈顶的页号寄存器，程序置页号就是向这个寄存器写当前要用寄存器的页号。同时在初始化时页控制寄存器 SFRPAGE 要置 0x00H（即手动置页号）。后续控制寄存器 SFRNEXT 和 SFR 栈底寄存器 SFRLAST 只有在自动压入弹出页号时才会使用。本节这两个寄存器不做介绍，如需使用，请查阅相关资料。

图 3.6 为 SFR 页控制寄存器格式，用于决定是使能自动页控制还是禁止自动页控制功能。

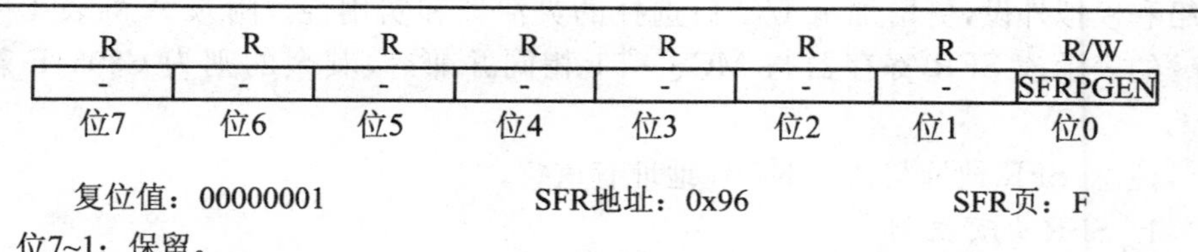

R R R R R R R R/W
- - - - - - - SFRPGEN
位7 位6 位5 位4 位3 位2 位1 位0
复位值：00000001
SFR地址：0x96
SFR页：F

位7~1：保留。

位0：SFRPGEN，SFR 自动页控制使能位。

发生中断时，C8051将转向特定的中断服务程序，并自动将SFR页切换到相应外设或功能的SFR页。该位用于控制这种自动切换功能，具体如下：

0：自动页控制功能被禁止。C8051不会自动切换到相应的SFR页(即包含中断源所在外设/功能的SFR之SFR页)。

1：自动页控制功能被使能。中断发生时，C8051将SFR页切换到包含中断源所在外设/功能的SFR之SFR页。

图 3.6　SFRPGCN：SFR 页控制寄存器

图 3.7 为 SFR 页寄存器格式，图中各位表示页堆栈栈顶的页号值。

R/W	R/W	R/W	R/W	R/W	R/W	R/W	R/W
位7	位6	位5	位4	位3	位2	位1	位0

复位值：00000000　　SFR地址：0x84　　SFR页：所有页

位7~0：SFRPAGE，SFR 页寄存器。

代表CIP-51 MCU读或修改SFR时所使用的SFR 页。

在进入中断或从中断返回时，SFR 页上下文被保存在一个3字节的SFR堆栈中：SFRPAGE 是第一个字节，SFRNEXT 是第二个字节，SFRLAST 是第三个字节。SFR 页堆栈字节可以用于改写SFR页堆栈的上下文。只有中断发生和中断返回才能导致SFR页堆栈的压栈和出栈操作。

写：设置SFR页。

读：CIP-51正在使用的SFR页。

图 3.7　SFRPAGE:SFR 页寄存器

3.5　Flash 存储器

1. 闪存的使用

微控制器 MCU 主要用 Flash 存储器(闪存)存储程序和部分数据，那么使用闪存对 MCU 有什么要求呢？使用时应注意什么问题？C8051F 系列又如何设计和编程控制闪存呢？

首先我们应当清楚使用闪存存在什么问题：

- 用户是用 JTAG 调试器还是用已存在闪存中的应用程序对闪存编程和进行擦除、读写操作。
- 用片内已有程序写闪存时，已有程序所在扇区和要写的闪存扇区不能是相同的扇区。
- 由于半导体工艺技术原因，向闪存写一个字节数据时，只能从“1”写成“0”，不能从“0”写成“1”，因此要求写入前该字节必须是 FFH。如果不是 FFH，就必须先擦除后再写入。而擦除时为了缩短闪存擦除的时间，擦除是按扇区整体擦除的，这样就可能破坏不准备写的绝大多数字节的数据。
- 写入一个字节时间为 50 μs，擦除一个扇区时间为 12 ms，都远大于执行几千条指令的时间(指令执行时间为 40～100 ns)，写入/擦除是依靠 CPU 执行指令时序控制芯片内部的硬件完成的，当写入/擦除时，如果 CPU 继续取指令和执行指令，就可能与写入/擦除指令的时序、动作冲突，因此，这时要停止 CPU 取新的指令，即不允许 CPU 读闪存(指令在闪存中)。
- 写闪存和写 xRAM 都使用 MOVX 指令，MCU 要区分它们。

• 要区分与闪存地址重叠的存储临时数据的128 B的闪存(CPU只有16位地址线)。

• 读闪存(64 KB+128 B)和读xRAM有很大不同。读闪存时有两种情况:其一,CPU通过程序地址寄存器(PC)指定的地址取指令,并将其存入指令译码器中进行指令译码,从而产生很多微动作和时序以控制MCU运行。其二是从闪存取数据,它是通过DPTR或R0、R1变址用MOVC指令取数据,这时从闪存读出数据。

• 如何保护用户已经编好的应用程序不被其他用户读出进行反汇编。

• 如何分块保护和控制闪存写入、擦除。

为了解决以上这些问题,C8051F系列微控制器在对闪存编程时使用了3个专用寄存器:

• FLSCL:闪存定时预分频寄存器(或称编程控制寄存器),它控制CPU在写或擦除闪存时不取指令和执行指令,CPU通过硬件控制这个寄存器。

• FLACL:闪存访问限制寄存器。

• PSCTL:闪存读写控制寄存器。

另外,C8051F系列微控制器使用闪存地址为FDFFH和FDFEH的两个字节作为是否允许读、写/擦除的块控制字节。

C8051F04系列内部有64 KB+128 B(C8051F040/1/2/3/4/5)的可编程Flash存储器,用于程序代码和非易失性数据的存储。可以通过JTAG接口对Flash存储器进行在系统编程或由软件使用MOVX指令编程。一个Flash位一旦被清"0",必须经过擦除才能再回到"1"状态。在进行重新编程之前,应将数据字节擦除(置为0xFF)。写和擦除操作由硬件自动定时,以保证操作正确,不需要进行数据查询来判断写/擦除操作何时结束。但写/擦除时间远远大于指令执行时间,在调试软件延时程序中包括写/擦除数据时要特别注意。Flash存储器被设计为至少能承受20000个擦/写周期。

可以用软件使用MOVX指令对Flash存储器编程,像一般的操作数一样为MOVX指令提供待编程的地址和数据字节即可。在使用MOVX指令对Flash存储器写入之前,必须将程序存储写允许位PSWE(PSCTL.0)设置为逻辑"1",以允许Flash写操作。这将使MOVX指令执行对Flash的写操作而不是对xRAM写入。在用软件清除之前PSWE位一直保持置位状态。为了避免对Flash的误写,建议在PSWE为逻辑"1"期间禁止中断。

用MOVC指令读Flash存储器。MOVX读操作将总是指向xRAM,与PSWE的状态无关。

为保证Flash存储器中内容的完整性,强烈建议在任何包含用应用软件写和擦除Flash存储器的系统中使能VDD监视器(通过将VDD监视器使能引脚MONEN接到VDD),这样数据不容易出错。

用软件对 Flash 编程的步骤如下：

(1) 禁止中断。

(2) 置位 FLWE(FLSCL.0)，以允许通过用户软件写/擦除 Flash。

(3) 置位 PSEE(PSCTL.1)，以允许 Flash 擦除。

(4) 置位 PSWE(PSCTL.0)，使 MOVX 写指令指向 Flash。

(5) 用 MOVX 指令向待擦除扇区内的任何一个地址写入一个数据字节。

(6) 清除 PSEE(PSCTL.1)，以禁止 Flash 擦除。

(7) 用 MOVX 指令向被擦除页内的期望地址写入一个数据字节。重复该步，直到写完所有字节(目标页内)。

(8) 清除 PSWE 位，使 MOVX 命令指向 xRAM 数据空间。

(9) 重新允许中断。

写/擦除操作由硬件自动控制。在 Flash 编程或擦除期间，C8051F 停止执行程序。在 Flash 写/擦除操作期间发生的中断被挂起，等 Flash 操作完成后再按优先级顺序继续执行。

2. 非易失性数据存储

Flash 存储器除了用于存储程序代码之外，还可以用于非易失性数据存储，这就允许在程序运行时计算和存储类似标定系数这样的数据。数据写入使用 MOVX 指令，读出使用 MOVC 指令。这些数据可以是功能模块地址号、PID 参数、各个传感器转换的单位的系数等。

Flash 存储器中还有一个附加的 128 字节的扇区，用于非易失性数据存储。它较小的扇区规模使其尤其适合于作为通用的非易失性临时存储器。尽管 Flash 存储器可以每次写一个字节，但必须首先擦除整个扇区。若要修改一个多字节数据集中的某一个字节，数据集必须先被移动到临时存储区 RAM 中。而 128 字节的扇区规模使数据更新更加容易，可以不浪费程序存储器或 RAM 空间。这个 128 字节的扇区在 64 KB 的 Flash 存储器中是双映射的，它的地址范围为 0x00～0x7F (见图 3.8)。要访问这个 128 字节的扇区，PSCTL 寄存器中的 SFLE 位必须被设置为逻辑“1”。这个 128 字节的扇区不能用于存储程序代码，也就是说 PC 程序计数器不能从它这里取指令。

3. 安全选项

CIP-51 提供了安全选项以保护 Flash 存储器不会被软件意外修改，以及防止知识产权程序代码和常数被读取。程序存储写允许位(PSCTL.0)和程序存储擦除允许位(PSCTL.1)保护 Flash 存储器不会被软件意外修改。在用软件写或擦除 Flash 存储器之前，这些位必须被置“1”。另外的安全功能是防止通过 JTAG 接口或通过运行在系统控制器上的软件读取或改写知识产权程序代码和数据常数。

保存在地址 0xFDFE 和 0xFDFF(C8051F040/1/2/3/4/5)或 0x7FFE 和 0x7FFF(C8051F046/7)中的安全锁定字节可以保护 Flash 存储器，使得不能通过

JTAG接口读取或修改其内容。安全锁定字节中的每一位分别保护一个8 KB的存储器块。将读锁定字节中某一位清“0”可防止通过JTAG接口读对应的Flash存储器块，将写/擦除锁定字节中的某一位清“0”可防止通过JTAG接口写/擦除对应的存储器块。读锁定字节位于0xFDFF（C8051F040/1/2/3/4/5）或0x7FFF（C8051F046/7），写/擦除锁定字节位于0xFDFE（C8051F040/1/2/3/4/5）或0x7FFE(C8051F046/7)。图3.8给出了安全字节的地址和位定义。包含锁定字节的512字节扇区可以写入，但不能用软件擦除。对被读锁定的字节进行读取将返回无定义的数据。不能通过JTAG接口调试位于读锁定扇区内的代码。

不管安全字节所在存储块的安全设置如何，锁定位总是可读的并可以被清“0”，这就允许在锁定了安全字节所在的存储块以后还可以追加要保护的存储块。注意，一旦写/擦除安全锁定字节的MSB被设置，解除锁定的唯一方法是通过执行JTAG擦除操作将整个程序存储器空间擦除（即不能由用户固件擦除）。使用任何一个安全字节地址执行JTAG擦除操作将自动启动对整个程序存储器空间的擦除（保留区除外）。该擦除操作只能通过JTAG进行。如果JTAG擦除操作寻址的是0xFBFF～0xFDFF(C8051F040/1/2/3/4/5)或0x7DFF～0x7FFF(C8051F046/7)页内的一个非安全字节，则只有该页（包括安全字节）被擦除。

Flash访问限制这一安全功能（见图3.8），保护了知识产权程序代码和数据不被运行在C8051F04x上的软件读取。该功能为那些想在产品发行前在MCU中加入增值产权固件的OEM生产商提供了支持。这一功能在使增值固件得到保护的同时允许以后在其余的程序存储器中写入代码。

软件读限制（SRL）是一个16位地址，它将程序存储器空间分成两个逻辑分区。第一个是上分区，包括SRL地址之上（含该地址）的所有程序存储器地址，即PCH≥SRL的地址区间（SRL＋00H～FFFFH）；第二个是下分区，包括从0x0000到（但不包括）SRL的所有程序存储器地址，即PCH＜SRL的地址区间（0000H～SRL－1）。位于上分区的软件可以执行下分区的代码，但不能用MOVC指令读下分区中的内容（使用位于下分区的源地址从上分区执行MOVC指令将总是返回数据0x00）。运行在下分区中的软件可以不受限制地访问上分区和下分区。

增值固件应存放在下分区。复位后通过复位向量将控制转到增值固件。一旦增值固件完成初始化操作，程序将转到上分区中的预定位置。如果程序入口是公开的，运行在上分区中的软件就可以执行下分区中的代码，但不能读或改写下分区中的内容。有两种方法向下分区中的程序代码传递参数：一种是通常使用的方法，即调用前将参数放在堆栈或寄存器中；另一种是将参数放在上分区中的指定位置，如RAM中的公共区间。

SRL地址由Flash访问寄存器中的内容指定。16位软件读限制地址值按“0xNN00”计算，其中“NN”为SRL安全寄存器的内容。因此，SRL可位于程序存储器空间中以256字节为界的任何位置。然而512字节的擦除扇区规模要求以

512 字节为界，未初始化过的 SRL 安全字节的内容是 0x00，因此所设置的 SRL 地址为 0x00000，在这种缺省情况下允许读取全部程序存储器空间。

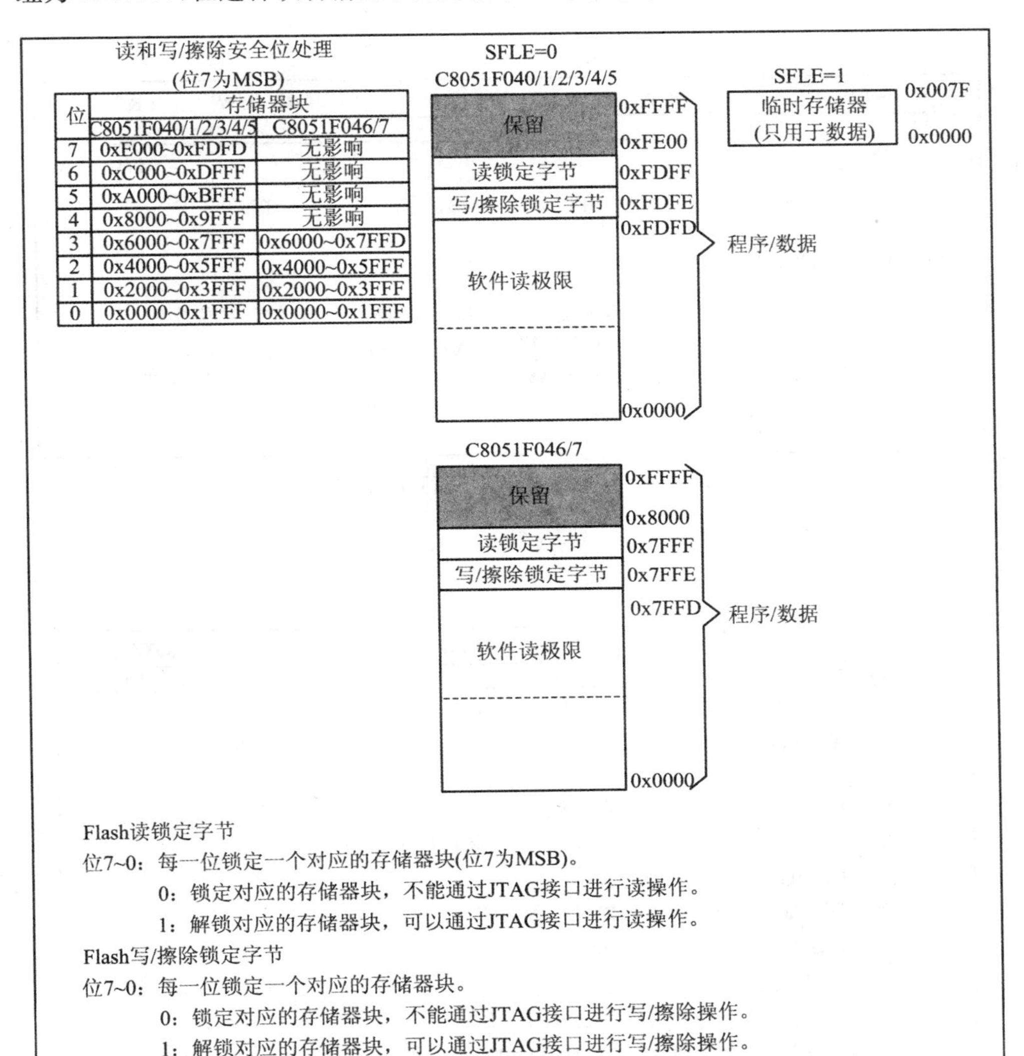

读和写/擦除安全位处理
(位7为MSB)

位	存储器块	
	C8051F040/1/2/3/4/5	C8051F046/7
7	0xE000~0xFDFD	无影响
6	0xC000~0xDFFF	无影响
5	0xA000~0xBFFF	无影响
4	0x8000~0x9FFF	无影响
3	0x6000~0x7FFF	0x6000~0x7FFD
2	0x4000~0x5FFF	0x4000~0x5FFF
1	0x2000~0x3FFF	0x2000~0x3FFF
0	0x0000~0x1FFF	0x0000~0x1FFF

Flash读锁定字节
位7~0：每一位锁定一个对应的存储器块(位7为MSB)。
0：锁定对应的存储器块，不能通过JTAG接口进行读操作。
1：解锁对应的存储器块，可以通过JTAG接口进行读操作。
Flash写/擦除锁定字节
位7~0：每一位锁定一个对应的存储器块。
0：锁定对应的存储器块，不能通过JTAG接口进行写/擦除操作。
1：解锁对应的存储器块，可以通过JTAG接口进行写/擦除操作。
注意：当最高块被锁定时，安全字节可以被写入，但不能被擦除。
Flash访问极限寄存器(FLACL)
该寄存器的内容作为16位软件读极限地址的高8位。16位软件读极限地址值按0xNN00计算，其中“NN”为复位后FLACL寄存器的内容。在该地址之上运行的软件不能用MOVX或MOVC指令读、写或擦除该地址以下的存储单元。读该极限值以下的地址将返回0x00。

图 3.8　Flash 程序存储器组织和安全字节

图 3.9、图 3.10、图 3.11 分别是 Flash 访问限制寄存器、Flash 存储器控制寄存器和程序存储读/写控制寄存器。

R/W	R/W	R/W	R/W	R/W	R/W	R/W	R/W
位7	位6	位5	位4	位3	位2	位1	位0

复位值：00000000　　SFR地址：0xB7　　SFR页：F

位7~0：FLACL，Flash访问极限。

该寄存器保持16位程序存储器读/写/擦除极限地址的高8位。16位软件读极限地址值按0xNN00计算，其中“NN”为FLACL中的内容。向该地址写入将设置Flash访问极限地址。在任何一次复位后只能向该寄存器写入一次，在下一次复位之前任何后续的写操作都将被忽略。

图 3.9　FLACT：Flash 访问限制寄存器

R/W	R/W	R/W	R/W	R/W	R/W	R/W	R/W
FOSE	FRAE	-	-	-	-	-	FLWE
位7	位6	位5	位4	位3	位2	位1	位0

复位值：10000000　　SFR地址：0xB7　　SFR页：0

位7：FOSE，Flash单稳定时器使能。
该定时器在Flash读操作完成之后关闭读放大器。
0：Flash单稳定时器禁止。
1：Flash单稳定时器使能（推荐设置）。
位6：FRAE，Flash一直读使能。
0：Flash读只发生在必要之时。
1：每个系统时钟周期都读Flash。
位5~1：保留。读=00000写入值必须是00000。
位0：FLWE，Flash写/擦除允许。
该位必须置为“1”用户软件才能写/擦除Flash。
0：禁止Flash写/擦除。
1：允许Flash写/擦除。

图 3.10　FLSCL：Flash 存储器控制寄存器(编程控制寄存器)

R/W	R/W	R/W	R/W	R/W	R/W	R/W	R/W
-	-	-	-	-	SFLE	PSEE	PSWE
位7	位6	位5	位4	位3	位2	位1	位0

复位值：00000000　　SFR地址：0x8F　　SFR页：0

位7~3：未使用。读=00000；写=忽略。

位2：SFLE，临时Flash存储器访问允许。
当该位被置为“1”时，用户软件对Flash的读/写操作将指向128字节的Flash临时存储扇区。当SFLE被设置为逻辑“1”时，不应访问0x00~0x7F以外的地址范围。对该地址范围以外的地址进行读/写将返回无定义的结果。
0：从用户软件访问Flash时将访问程序/数据Flash扇区。
1：从用户软件访问Flash时将访问128字节的临时存储器扇区。

位1：PSEE，程序存储擦除允许。
该位置“1”将允许擦除Flash存储器中的一个页，前提是PSWE位也被置“1”。在将该位置“1”后，用MOVX指令进行一次写操作将擦除包含MOVX指令寻址地址所在的那个Flash页。用于写操作的数据可以是任意值。注意：包含读锁定字节和写/擦除锁定字节的Flash页不能用软件擦除。
0：禁止擦除Flash存储器。
1：允许擦除Flash存储器。

位0：PSWE，程序存储写允许。
将该位置“1”后允许用MOVX指令向Flash存储器写一个字节。
在写数据之前必须先擦除待写地址。
0：禁止写Flash存储器，MOVX操作指向外部RAM。
1：允许写Flash存储器，MOVX操作指向Flash存储器。

图 3.11　PSCTL:程序存储读/写控制寄存器

3.6　外部数据存储器和片内 xRAM

C8051F 系列片内有 4 KB xRAM，它们作为外部数据存储器使用；片内 256 B RAM 作为内部数据存储器使用。通过外部数据存储器接口可以访问片外存储器和存储器地址映射 I/O 器件。用户在使用外部数据存储器接口和片内外部数据存储器时会遇到哪些问题呢？可归纳为以下几方面：

(1) 应明确 EMIF 是接到低端口上(P0～P3)还是接到高端口上(P4～P7)。选择低端口时对交叉数字网络分配有很大影响，这一点要特别注意。

(2) 目前常用的外部存储器和 I/O 接口芯片有两种情况：

其一，像 SRAM6264，EPROM 27C512，闪存 29F010、8255、8253、8251 等芯片，地址线和数据线是分开的，其引脚相互无关联。例如，6264 的数据线是 D0～D7，地址线为 A0～A12，控制线有 OE、WE、CS1、CS2 等。

其二，像8155、时钟芯片DS12C887、CAN总线控制芯片SJA1000等，它们的地址线和数据线是有重叠的。例如，8155、SJA1000的数据/地址线为AD0～AD7。同时，控制线除读、写和片选等信号线外，还增加了ALE地址选通信号线。

这样就要求MCU的EMIF既可以复用数据总线和低位地址总线，并能正确产生ALE信号，也可以不复用数据/地址总线，不产生ALE信号。即要求EMIF接口应具有一定的灵活性。

(3) MCS-51使用MOVX指令完成与外部存储器或I/O口的数据交换，为了兼容C8051F系列，就需要设计复用和不复用两种情况下的时序。复用时，先要锁存低端地址，再读/写外部数据。非复用时输出地址锁存在MCU本身的输出数据寄存器处，再直接进行读/写外部数据。非复用时MOVX指令的执行时间短于复用时的时间。

(4) 各种存储器需要的读/写时间差别是比较大的。快的5 ns可读/写一个字节数据，慢的需要200 ns，甚至1 μs。CPU应对诸如地址建立时间、地址锁存时间、数据写入时间、数据读出时间等动态参数进行必要的编程，以达到适应各种芯片接口的目的。

(5) 编程时要决定片内4 KB xRAM和片外xRAM是否要统一编程。

(6) EMIF输出三总线时，应避免MCU端口输出寄存器与三总线的相互影响。

(7) 8位MOVX(R0,R1)指令和16位MOVX指令控制三总线时在时序上形成高位地址的方法是不同的。

基于以上问题，使用C8051F与外部数据存储器和I/O接口芯片交换数据时，应注意如下方面：

(1) 将EMIF选到低端口(P0～P3)或选到高端口(P4～P7)。

(2) 配置端口引脚的输出方式为推挽或漏极开路方式(最常用的是推挽方式)。

(3) 选择复用方式或非复用方式。

(4) 选择存储器模式(只用片内存储器、不带块选择的分片方式、带块选择的分片方式或只用片外存储器)。

(5) 设计与片外存储器或外设接口的时序。

下面将对上述5个问题做出详细说明。端口选择、复用方式选择和存储器模式位设置都位于EMI0CF寄存器中，外部存储器接口寄存器各位定义如图3.12所示。

3.6.1 端口选择和配置

外部存储器接口可以位于端口3、2、1和0(C8051F04x器件)或端口7、6、5和4(仅C8051F040/2/4/6)，由PRTSEL位(EMI0CF.5)的状态决定。如果选择低端口，则EMIFLE位(XBR2.1)必须被置“1”，以使交叉开关跳过P0.7(W/R)、P0.6

(R/D)和P0.5(ALE,如果选择复用方式)。

外部存储器接口只在执行片外MOVX指令期间使用相关的端口引脚。一旦MOVX指令执行完毕,端口锁存器或交叉开关又重新恢复对端口引脚的控制(端口3、2、1和0),端口锁存器应被明确地配置为推挽方式,以使外部存储器芯片的片选信号在不读/写时处于休眠状态。

在执行MOVX指令期间,外部存储器接口将禁止所有作为输入的那些引脚的驱动器(例如读操作期间的D0～D7)。端口引脚的输出方式(无论引脚被配置为漏极开路方式还是推挽方式)不受外部存储器接口操作的影响,始终受PnMDOUT寄存器的控制。在大多数情况下,所有EMIF引脚的输出方式都应被配置为推挽方式。有关交叉开关和端口操作及控制的详细信息见端口输入/输出部分。

R/W	R/W	R/W	R/W	R/W	R/W	R/W	R/W
-	-	PRTSEL	EMD2	EMD1	EMD0	EALE1	EALE0
位7	位6	位5	位4	位3	位2	位1	位0

复位值：00000011　　SFR地址：0xA3　　SFR页：0

位7~6：未用。读=00b，写=忽略。
位5：PRTSEL，EMIF端口选择位。
　0：EMIF在P0~P3。
　1：EMIF在P4~P7。
位4：EMD2，EMIF复用方式选择位。
　0：EMIF工作在地址/数据复用方式。
　1：EMIF工作在非复用方式(独立的地址和数据引脚)。
位3~2：EMD1~0，EMIF工作模式选择位。
　这两位控制外部存储器接口的工作模式。
　00：只用内部存储器。MOVX只寻址片内xRAM，所有有效地址都指向片内存储器空间。
　01：不带块选择的分片方式。寻址低于4 KB边界的地址时访问片内存储器，寻址高于4 KB边界的地址时访问片外存储器。8位片外MOVX操作使用地址高端口锁存器的当前内容作为地址的高字节。注意：为了能访问片外存储器空间，EMI0CN必须被设置成一个不属于片内地址空间的页地址。
　10：带块选择的分片方式。寻址低于4 KB边界的地址时访问片内存储器，寻址高于4 KB边界的地址时访问片外存储器。8位片外MOVX操作使用EMI0CN的内容作为地址的高字节。
　11：只用外部存储器。MOVX只寻址片外xRAM，片内xRAM对CPU为不可见。
位1~0：EALE1~0，ALE脉冲宽度选择位（只在EMD2=0时有效）。
　00：ALE高和ALE低脉冲宽度=1个SYSCLK周期。
　01：ALE高和ALE低脉冲宽度=2个SYSCLK周期。
　10：ALE高和ALE低脉冲宽度=3个SYSCLK周期。
　11：ALE高和ALE低脉冲宽度=4个SYSCLK周期。

图3.12　EMI0CF:外部存储器接口配置寄存器

1. 16位MOVX示例

16位形式的MOVX指令访问由DPTR寄存器的内容所指向的存储器单元。

下面的指令将地址 0x1234 的内容读入累加器 A：

```
MOV   DPTR,#1234h   ;将待读单元的 16 位地址(0x1234)装入 DPTR
MOVX  A,@DPTR       ;将地址 0x1234 的内容装入累加器 A
```

上面的例子使用 16 位立即数 MOV 指令设置 DPTR 的内容。还可以通过访问特殊功能寄存器 DPH（DPTR 的高 8 位）和 DPL（DPTR 的低 8 位）来改变 DPTR 的内容。

2. 8 位 MOVX 示例

8 位形式的 MOVX 指令使用特殊功能寄存器 EMI0CN 的内容给出待访问地址的高 8 位，由 R0 或 R1 的内容给出待访问地址的低 8 位。下面的指令将地址 0x1234 的内容读入累加器 A：

```
MOV   EMI0CN,#12h   ;将地址的高字节装入 EMI0CN
MOV   R0,#34h       ;将地址的低字节装入 R0(或 R1)
MOVX  A,@R0         ;将地址 0x1234 的内容装入累加器 A
```

3.6.2　复用和非复用选择

1. 复用方式配置

在复用方式下，数据总线和地址总线的低 8 位共用相同的端口引脚 AD[7:0]。在该方式下，要用一个外部锁存器（74HC373 或相同功能的 8D 锁存器）保持 RAM 地址的低 8 位。外部锁存器由 ALE（地址锁存使能）信号控制，ALE 信号由外部存储器接口逻辑驱动。图 3.13 给出了复用方式配置的一个示例。

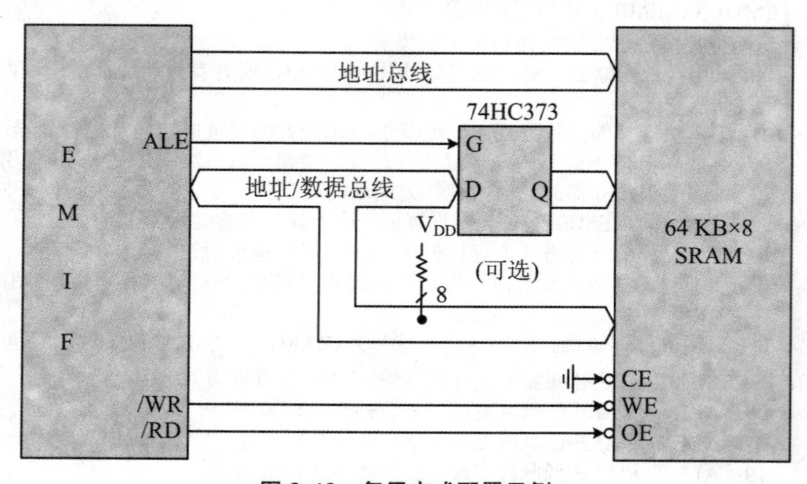

图 3.13　复用方式配置示例

在复用方式下，可以根据 ALE 信号的状态将外部 MOVX 操作分成两个阶段。在第一个阶段，ALE 为高电平，地址总线的低 8 位出现在 AD[7:0]。在该阶段，地址锁存器的“Q”输出与“D”输入的状态相同。ALE 由高变低时标志第二阶段开始,地址锁存器的输出保持不变,即与锁存器的输入无关。在第二阶段稍后,当/RD或/WR有效时,数据总线控制AD[7:0]端口的状态。注意:第一和第二阶段是在一条指令内完成的,这条指令可以是16位或8位的MOVX指令。

2. 非复用方式配置

在非复用方式下,数据总线和地址总线是分开的。图3.14给出了非复用方式配置的一个示例。

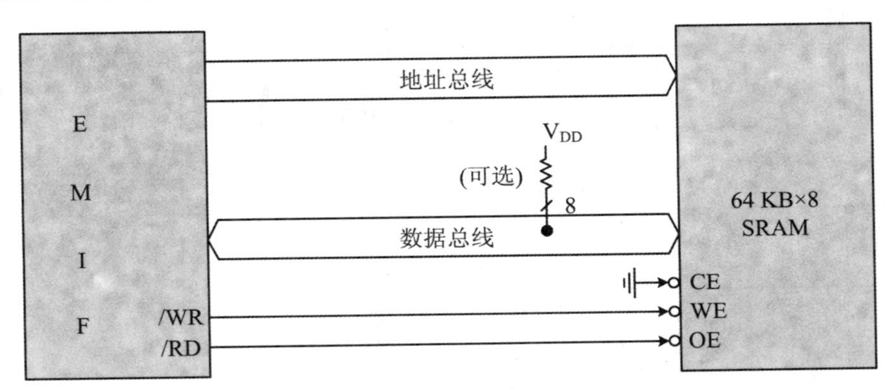

图3.14 非复用方式配置示例

注意:在复用方式和非复用方式下,对C8051F040系列来说,三总线定义相对应的P0~P7是不一样的(具体参见图3.16和图3.17)。

3.6.3 存储器模式选择

可以用EMI0CF寄存器中的EMIF模式选择位将外部数据存储器空间配置为图3.15所示的4种工作模式之一。表3.1给出了4种模式下,8位、16位MOVX指令访问外部存储器的状态比较。

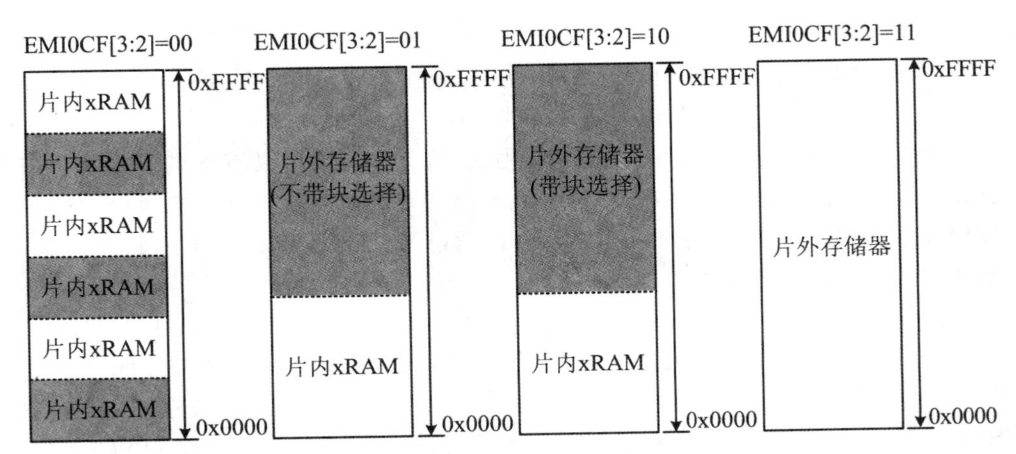

图3.15 EMIF的工作模式

表3.1　4种模式下8位、16位MOVX指令访问外部存储器的状态比较

模　式	指　令	片内4 KB xRAM	片外64 KB xRAM	注　释
00	8位MOVX	高位地址由EMI0CN决定	不能访问	只能访问片内4 KB xRAM
	16位MOVX	高位地址由DPTRH决定	不能访问	
01	8位MOVX	高位地址由P2/P6决定	由P2/P6端口或DPTRH决定是选择片内还是片外xRAM	片内4 KB与片外60 KB统一编程，大于4 KB是访问片外xRAM
	16位MOVX	高位地址由DPTRH决定		
10	8位MOVX	高位地址由EMI0CN决定	高位地址由EMI0CN决定	片内和片外统一编程
	16位MOVX	高位地址由DPTRH决定	高位地址由DPTRH决定	
11	8位MOVX	不能访问	高位地址由P2/P6决定	只能访问片外64 KB xRAM，方法与01模式相同
	16位MOVX	不能访问	高位地址由DPTRH决定	

注意：编程时尽可能选用16位MOVX指令，不用或少用8位MOVX指令，这样不易混乱；模式01和模式10片内4 KB与片外60 KB统一编程，访问方法对16位MOVX指令是一样的，对8位MOVX指令高位地址选择有所不同。

3.6.4　时序

16位MOVX指令和8位MOVX指令时序基本相同，这里我们只介绍16位MOVX指令的复用和非复用两种情况，使用8位MOVX指令时，高8位地址由谁输出有所不同，但时序与16位时是一样的。

外部存储器接口的时序参数是可编程的，这就允许连接具有不同建立时间和保持时间要求的器件。地址建立时间、地址保持时间、/RD和/WR选通脉冲的宽度以及复用方式下ALE脉冲的宽度都可以通过EMI0TC和EMI0CF[1:0]编程，编程单位为SYSCLK周期。

片外MOVX指令的时序可以通过将EMI0TC寄存器中定义的时序参数再加上4个SYSCLK周期来计算。在非复用方式下，一次片外xRAM操作的最小执行时间为5个SYSCLK周期（用于/RD或/WR脉冲的1个SYSCLK＋4个SYSCLK）。对于复用方式，地址锁存使能信号至少需要2个附加的SYSCLK周期，因此，在复用方式下，一次片外xRAM操作的最小执行时间为7个SYSCLK

周期(用于 ALE 的 2 个 SYSCLK+用于/RD 或/WR 脉冲的 1 个 SYSCLK+4 个 SYSCLK)。在器件复位后,可编程建立和保持时间的缺省值为最大延迟设置。

表 3.2 列出了外部存储器接口的 AC 参数,图 3.16 和图 3.17 给出了对应不同外部存储器接口模式和 16 位 MOVX 操作的时序图。

表 3.2　外部存储器接口的 AC 参数

参　数	说　明	最小值	最大值	单　位
TSYSCLK	系统时钟周期	10		ns
TACS	地址/控制信号建立时间	0	3 * TSYSCLK	ns
TACW	地址/控制信号脉冲宽度	1 * TSYSCLK	16 * TSYSCLK	ns
TACH	地址/控制信号保持时间	0	3 * TSYSCLK	ns
TALEH	地址锁存使能信号高电平时间	1 * TSYSCLK	4 * TSYSCLK	ns
TALEL	地址锁存使能信号低电平时间	1 * TSYSCLK	4 * TSYSCLK	ns
TWDS	写数据建立时间	1 * TSYSCLK	19 * TSYSCLK	ns
TWDH	写数据保持时间	0	3 * TSYSCLK	ns
TRDS	读数据建立时间	20		ns
TRDH	读数据保持时间	0		ns

图 3.18 是使用 8 位 MOVX 时外部存储器接口控制寄存器的使用,它的各位为外部存储器的高位地址。外部存储器时序的时间控制寄存器各位的定义如图 3.19 所示。

3.7　时 钟 系 统

3.7.1　时序与时钟

计算机是在程序作用下有序工作的,所谓有序是指计算机内部和外部三总线在时钟作用下一拍一拍按既定的设计有序进行。时钟信号是一个周期性脉冲序列，可以用外部晶振和片内正反馈放大器组合产生，也可由片内逻辑电路产生。没有时钟信号就不可能产生计算机时序，没有时序指令就无法工作，CPU 就无法运行。反过来说，CPU 运算速度越快，其要求的时钟频率就越高。在进行复杂公式计算，或对较大的数据库进行查表操作时，用户要求越快越好，但是计算机并不要求永远都高速运转，有时与外设打交道并不需要很高的速度，因此，从功能上讲，计算机需要有多种时钟并存，由用户选择当前时钟是比较合理的方案。

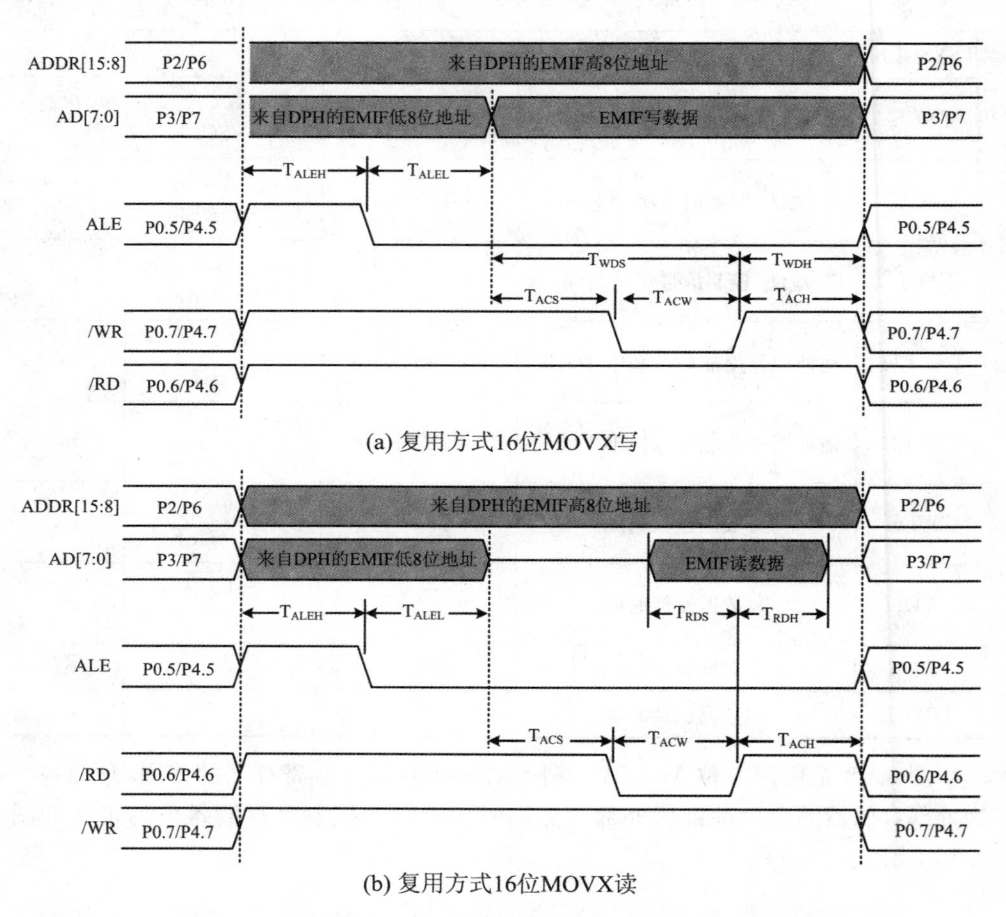

图 3.16　复用方式 16 位 MOVX 指令时序(模式为 01、10 或 11)

注：16 位 MOVX 指令读写时，/RD、/WR 与读数据、写数据时序的宽度和位置是保证读写数据可靠性所必需的。

从计算机功耗角度讲，有如下公式：

$$P=C\cdot V^2\cdot f$$

其中，P 为计算机 CPU 功耗，V 为 CPU 和片内 SOC 工作电压，f 为 CPU 和 SOC 工作频率，C 为芯片 I/O 引脚的电容负载。

因此，要降低 CPU 功耗，降低工作电压是有效的，用电路和工艺方法减小引脚的电容负载也是有效的，但是，当芯片已经选定，系统功能基本确定下来后，V、C 也就确定下来了。减小主频 f 也可以明显减少 CPU 和片上系统 SOC 的功耗，这里存在一个矛盾，要提高运算速度就要提高主频，同时也将增加功耗。这样，可行的方法应当是要求快时就让它快，不需要快时主频 f 就应当降低，因此，从 CPU 功耗角度讲，也需要时钟的多样性和可选择性。

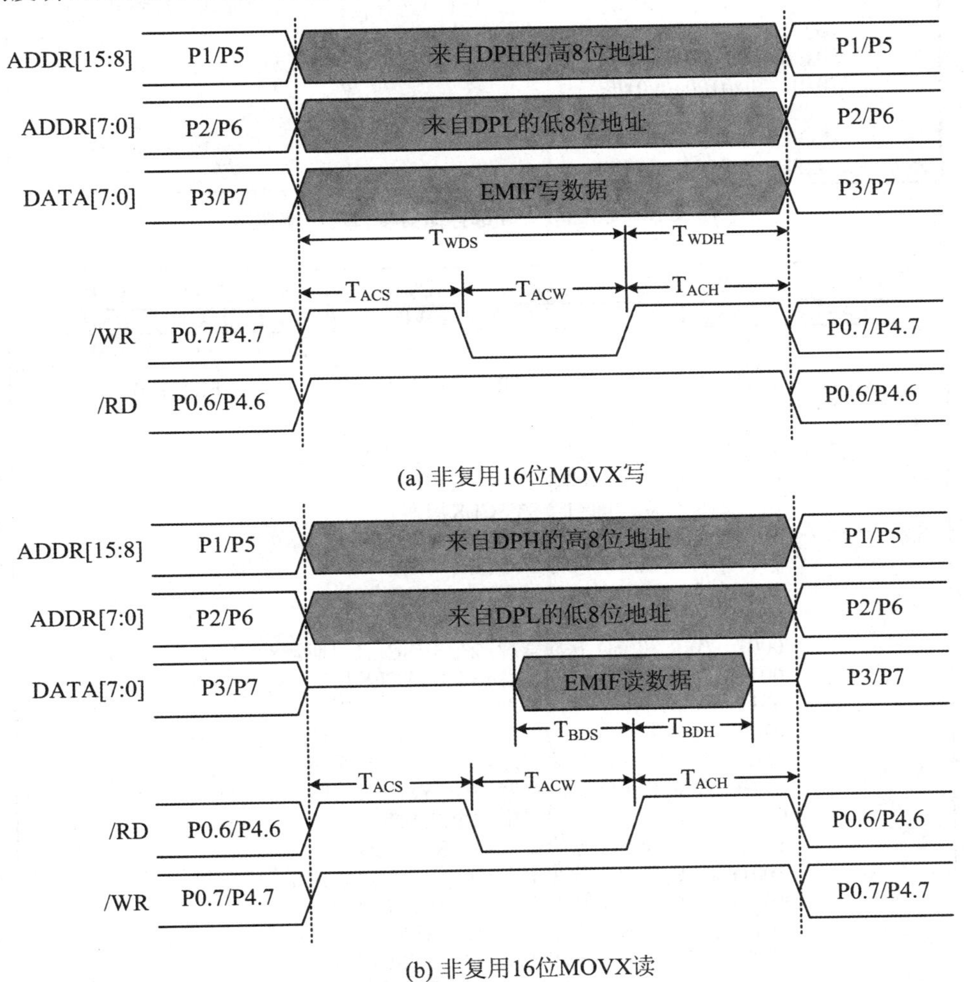

图 3.17　非复用 16 位 MOVX 指令时序(模式为 01、10 或 11)

注：16 位 MOVX 指令读写时，/RD、/WR 与读、写数据时序的宽度和位置是保证读写数据可靠性所必需的。

3.7.2　设计和使用时钟时应考虑的诸多问题

设计和使用时钟时应考虑的诸多问题，主要有：

(1) 嵌入式系统最好设计一个快时钟和一个慢时钟，这样既有利于高速运行又有利于降低功耗。

R/W	R/W	R/W	R/W	R/W	R/W	R/W	R/W
PGSEL7	PGSEL6	PGSEL5	PGSEL4	PGSEL3	PGSEL2	PGSEL1	PGSEL0
位7	位6	位5	位4	位3	位2	位1	位0

复位值：00000000　　SFR地址：0xA2　　SFR页：0

位7~0：PGSEL7~0，xRAM 页选择位。
当使用8位的MOVX命令时，xRAM页选择位提供16位外部数据存储器地址的高字节，实际上是选择一个256字节的RAM页。
0x00：0x0000~0x00FF
0x01：0x0100~0x01FF
……
0xFE：0xFE00~0xFEFF
0xFF：0xFF00~0xFFFF

图 3.18　EMI0CN：外部存储器接口控制寄存器

R/W	R/W	R/W	R/W	R/W	R/W	R/W	R/W
EAS1	EAS0	EWR3	EWR2	EWR1	EWR0	EAH1	EAH0
位7	位6	位5	位4	位3	位2	位1	位0

复位值：11111111　　SFR地址：0xA1　　SFR页：0

位7~6：EAS1~0，EMIF 地址建立时间位。
00：地址建立时间=0个SYSCLK周期。
01：地址建立时间=1个SYSCLK周期。
10：地址建立时间=2个SYSCLK周期。
11：地址建立时间=3个SYSCLK周期。
位5~2：EWR3~0，EMIF的/WR和/RD脉冲宽度控制位。
0000：/WR 和/RD 脉冲宽度=1个SYSCLK周期。
0001：/WR 和/RD 脉冲宽度=2个SYSCLK周期。
0010：/WR 和/RD 脉冲宽度=3个SYSCLK周期。
0011：/WR 和/RD 脉冲宽度=4个SYSCLK周期。
0100：/WR 和/RD 脉冲宽度=5个SYSCLK周期。
0101：/WR 和/RD 脉冲宽度=6个SYSCLK周期。
0110：/WR 和/RD 脉冲宽度=7个SYSCLK周期。
0111：/WR 和/RD 脉冲宽度=8个SYSCLK周期。
1000：/WR 和/RD 脉冲宽度=9个SYSCLK周期。
1001：/WR 和/RD 脉冲宽度=10个SYSCLK周期。
1010：/WR 和/RD 脉冲宽度=11个SYSCLK周期。
1011：/WR 和/RD 脉冲宽度=12个SYSCLK周期。
1100：/WR 和/RD 脉冲宽度=13个SYSCLK周期。
1101：/WR 和/RD 脉冲宽度=14个SYSCLK周期。
1110：/WR 和/RD 脉冲宽度=15个SYSCLK周期。
1111：/WR 和/RD 脉冲宽度=16个SYSCLK周期。
位1~0：EAH1~0，EMIF 地址保持时间位。
00：地址保持时间=0个SYSCLK周期。
01：地址保持时间=1个SYSCLK周期。
10：地址保持时间=2个SYSCLK周期。
11：地址保持时间=3个SYSCLK周期。

图 3.19　EMI0TC：外部存储器时序的时间控制寄存器

(2) 嵌入式系统有时需要很准确的时钟，如串行口通信的波特率设置、时分秒计时、实时电路、高速 A/D 采样时序控制等，这些信号的时钟最好由晶体产生。目前，由于工艺原因，内部时钟误差在 1%～5%，RC、C 外部时钟误差也超过 1%。因此，最好给系统选一个精度高和另一个精度不高的简单方法形成的时钟。

(3) PCB 对频率的稳定性有较大的影响。片外的晶体应尽量靠近 XTAL 引脚。晶体引脚旁路电容过小，PCB 影响较大，电容过大，又降低了振荡频率的 Q 值。

(4) 有时晶体不容易起振，可以在 XTAL 的两引脚端加 1～20 MΩ 电阻，该电阻形成片内放大器的负反馈，使放大器脱离饱和区和截止区，一直工作在放大区，进而容易起振。外部晶体起振后，在 XTAL 输出引脚有峰值为 1 V 的正弦波，正弦波频率应当等于外部晶体频率。

(5) 片内外时钟切换时要等待至少 1 ms，使振荡进入稳定区，再执行应用程序。如果没有这 1 ms 的延时，将可执行约 20000(1 ms/50 ns)条指令，而这 20000 条指令的执行是不可靠的。这时时钟可能是不规律方波或停振，计算机不可能一拍一拍按指令有序地执行，所以这时指令执行不可靠。

3.7.3　时钟控制寄存器

C8051F040 系列器件包含一个内部振荡器和一个外部振荡器驱动电路，系统时钟可由它们提供。振荡器框图如图 3.20 所示。可以使用 CLKSEL 和 OSCICL 寄存器(如图 3.21、图 3.22 所示)来使能/禁止和校准内部振荡器。

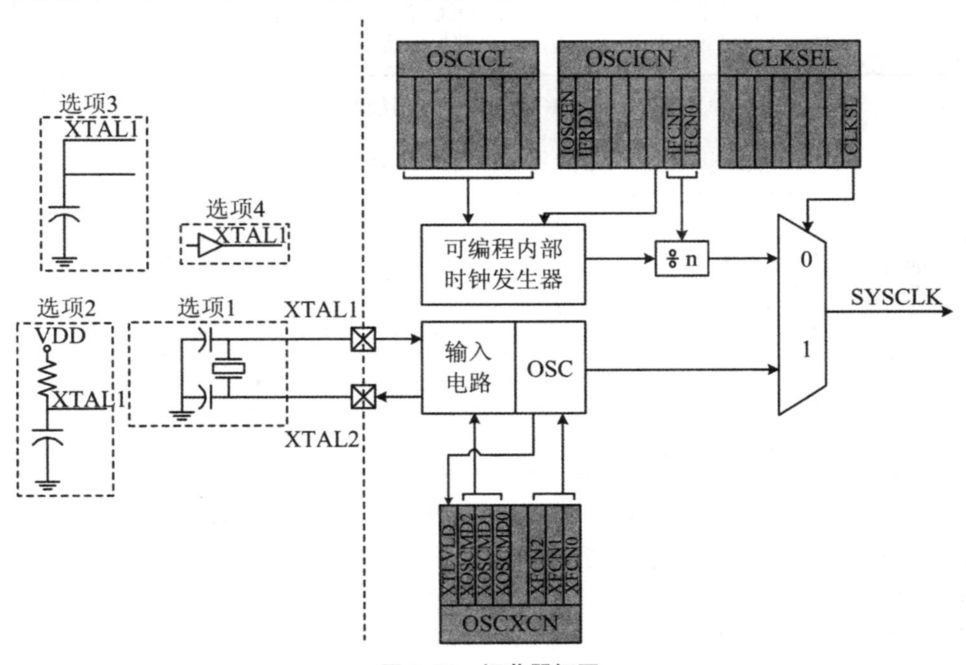

图 3.20　振荡器框图

表 3.3 给出了内部振荡器的电气特性。可编程内部振荡器频率不能超过 25 MHz。系统时钟可以从内部振荡器分频得到，分频数由寄存器 OSCICN 中的 IFCN 位设定，可为 1、2、4 或 8。OSCICN 和 OSCXCN 寄存器的定义分别如图 3.23、图 3.24 所示。

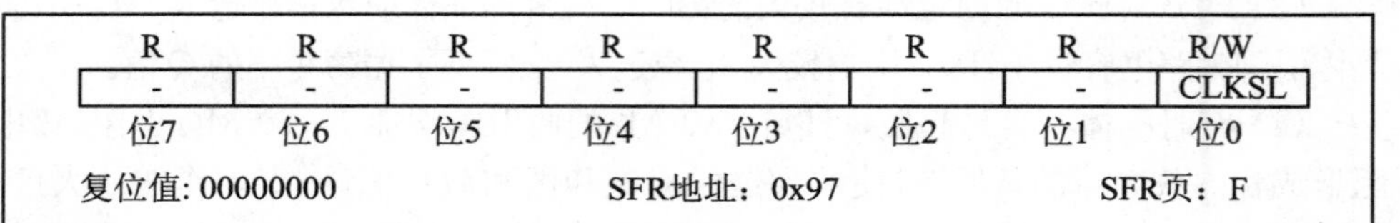

R R R R R R R R/W
- - - - - - - CLKSL
位7 位6 位5 位4 位3 位2 位1 位0
复位值: 00000000
SFR地址：0x97
SFR页：F

位7~1：保留。
位0：CLKSL，系统时钟源选择位。
0：SYSCLK 源自内部振荡器，分频数由OSCICN 寄存器中的IFCN 位决定。
1：SYSCLK 源自外部振荡器。

图 3.21　CLKSEL:系统时钟选择寄存器

R/W	R/W	R/W	R/W	R/W	R/W	R/W	R/W
位7	位6	位5	位4	位3	位2	位1	位0

复位值: 可变　　SFR地址：0x8B　　SFR页：F

位7~0：OSCICL，内部振荡器校准寄存器。
该寄存器校准内部振荡器的周期。OSCICL的复位值定义内部振荡器的基频。
复位值已经过工厂校准，对应的内部振荡器频率为24.5 MHz。

图 3.22　OSCICL:内部振荡器校准寄存器

表 3.3　内部振荡器电气特性(−40～+85 ℃,除非另有说明)

参　数	条　件	最小值	典型值	最大值	单　位
校准的内部振荡器频率		24	24.5	25	MHz
内部振荡器供电电流(从 VDD)	OSCICN.7=1		450		μA
外部时钟频率		0		30	MHz
TXCH(外部时钟高电平时间)		15			ns
TXCL(外部时钟低电平时间)		15			ns

外部振荡器电路可以驱动外部晶体、陶瓷谐振器、电容或 RC 网络，也可以使用一个外部 CMOS 时钟提供系统时钟。对于晶体和陶瓷谐振器配置，晶体/陶瓷谐振器必须并接到 XTAL1 和 XTAL2 引脚(见图 3.20 选项 1)。对于 RC、电容或 CMOS 时钟配置，时钟源应接到 XTAL2 和/或 XTAL1 引脚(见图 3.20 选项 2、3、4)。必须在 OSCXCN 寄存器中选择外部振荡器类型，还必须正确选择频率控制位

XFCN(见图3.24SFR定义)。

寄存器CLKSEL(见图3.21)中的CLKSL位选择用于产生系统时钟的振荡源。如果要选择外部振荡器作为系统时钟,必须将CLKSL设置为“1”。当选择内部振荡器为系统时钟时,外部振荡器仍然可以给某些外设(例如定时器、PCA)提供时钟。系统时钟可以在内部振荡器和外部振荡器之间自由切换,只要所选择的振荡器被使能并稳定运行。内部振荡器的起动时间很短,因此可以在同一个OSCICN写操作中使能和选择内部振荡器。外部晶体和陶瓷谐振器通常需要较长的起动时间,应待其稳定后方可用作系统时钟。当外部振荡器稳定后,晶体有效标志(寄存器OSCXCN中的XTLVLD)被硬件置“1”。在晶体振荡器方式下,为了防止读到假XTLVLD标志,软件在使能外部振荡器和检查XTLVLD之间至少应延时1 ms。RC和C方式通常不需要起动时间。

R/W	R/W	R/W	R/W	R/W	R/W	R/W	R/W
IOSCEN	IFRDY	-	-	-	-	IFCN1	IFCN0
位7	位6	位5	位4	位3	位2	位1	位0

复位值: 11000000　　SFR地址：0x8A　　SFR页：F

位7：IOSCEN，内部振荡器使能位。
0：禁止内部振荡器。
1：使能内部振荡器。
位6：IFRDY，内部振荡器频率准备好标志。
0：内部振荡器未运行在编程频率。
1：内部振荡器运行在编程频率。
位5~2：保留。
位1~0：IFCN1~0，内部振荡器频率控制位。
00：系统时钟为内部振荡器8分频。
01：系统时钟为内部振荡器4分频。
10：系统时钟为内部振荡器2分频。
11：系统时钟为内部振荡器频率。

图3.23　OSCICN:内部振荡器控制寄存器

3.7.4　外部振荡器的使用

如果使用晶体或陶瓷谐振器作为MCU的外部振荡源,则电路应为图3.20中的选项1,应根据图3.24(OSCXCN寄存器)表中的晶体方式选择外部振荡器频率控制值(XFCN)。例如,一个11.0592 MHz的晶体要求的XFCN值为111b。

外部晶体振荡器被使能后,振荡器幅值检测电路需要一段稳定时间才能达到正确的偏置。在使能振荡器工作和检测XTLVLD位之间至少应等待1 ms,以防止过早将外部振荡器切换为系统时钟。在外部振荡器稳定之前就切换到外部振荡器可能导致不可预见的后果。建议的步骤如下:

(1) 使能外部振荡器;

R	R/W	R/W	R/W	R	R/W	R/W	R/W
XTLVLD	XOSCMD2	XOSCMD1	XOSCMD0	-	XFCN2	XFCN1	XFCN0
位7	位6	位5	位4	位3	位2	位1	位0

复位值：00000000 SFR地址：0x8C SFR页：F

位7：XTLVLD，晶体振荡器有效标志。
(只在XOSCMD=11x时有效，只读)
0：晶体振荡器未用或未稳定。
1：晶体振荡器正在运行并且工作稳定。

位6~4：XOSCMD2~0，外部振荡器方式位。
00x：外部振荡器关闭。
010：外部CMOS时钟方式(外部CMOS时钟输入到XTAL1引脚)。
011：外部CMOS时钟二分频方式(外部CMOS时钟输入到XTAL1引脚)。
10x：RC/C振荡器方式二分频。
110：晶体振荡器方式。
111：晶体振荡器方式二分频。

位3：保留。读=0，写=忽略。

位2~0：XFCN2~0，外部振荡器频率控制位。
具体取值如下：

XFCN	晶体(XOSCMD=11x)	RC(XOSCMD=10x)	C(XOSCMD=10x)
000	$f \leqslant 32$ kHz	$f \leqslant 25$ kHz	K因子=0.87
001	32 kHz $< f \leqslant$ 84 kHz	25 kHz $< f \leqslant$ 50 kHz	K因子=2.6
010	84 kHz $< f \leqslant$ 225 kHz	50 kHz $< f \leqslant$ 100 kHz	K因子=7.7
011	225 kHz $< f \leqslant$ 590 kHz	100 kHz $< f \leqslant$ 200 kHz	K因子=22
100	590 kHz $< f \leqslant$ 1.5 MHz	200 kHz $< f \leqslant$ 400 kHz	K因子=65
101	1.5 MHz $< f \leqslant$ 4 MHz	400 kHz $< f \leqslant$ 800 kHz	K因子=180
110	4 MHz $< f \leqslant$ 10 MHz	800 kHz $< f \leqslant$ 1.6 MHz	K因子=664
111	10 MHz $< f \leqslant$ 30 MHz	1.6 MHz $< f \leqslant$ 3.2 MHz	K因子=1590

晶体方式(电路见图3.20选项1：XOSCMD=11x)：
选择XFCN值匹配晶体振荡器频率。

RC方式(电路见图3.20选项2：XOSCMD=10x)：
选择XFCN值匹配晶体振荡器频率：

$$f=1.23(103)/(R*C)$$

f：以MHz为单位的振荡频率；
C：以pF为单位的电容值；
R：以kΩ为单位的上拉电阻值。

C方式(电路见图3.20选项3：XOSCMD=10x)：
根据所需的振荡频率选择K因子(KF)：

$$f=KF/(C*VDD)$$

f：以MHz为单位的振荡频率；
C：XTAL1、XTAL2引脚上的电容值，以pF为单位；
VDD：MCU电源电压，以V为单位。

图 3.24 OSCXCN：外部振荡器控制寄存器

(2) 等待至少 1 ms；

(3) 查询 XTLVLD 是否大于等于“1”；

(4) 将系统时钟切换到外部振荡器。

3.7.5　系统时钟初始化编程实例

下面是一个系统时钟初始化编程的实例，使用外部 22.1184 MHz 晶振作为时钟源。

```
void SYSCLK_Init(void)
{
    int i;
    char data SFRPAGE_SAVE=SFRPAGE;   //保存当前 SFR 页
    SFRPAGE=CONFIG_PAGE;              //设置 SFR 页
    OSCXCN=0x67;                      //使用外部晶振作为时钟
    for(i=0;i<256;i++);               //等待振荡器起动
    while(! (OSCXCN & 0x80));         //等待晶振工作稳定
    CLKSEL=0x01;                      //选用外部振荡源作为 SYSCLK
    OSCICN=0x00;                      //禁止内部振荡器
    SFRPAGE=SFRPAGE_SAVE;             //恢复 SFR 页
}
```

3.8　复 位 电 路

嵌入式系统的复位近年来有很大的发展，MCS-51 只有手动、上电复位两种，而 C8051F 系列有 8 种复位源。

3.8.1　复位原理

复位源分两大类：一类是用户可预知情况下的复位源，如比较器复位源、电源监测复位源、上电复位源、软件复位源等；另一类是用户不可预知情况下的复位源，如看门狗复位源、外部 CNVSTR 引脚复位源等。

进入复位状态时，将发生如下过程：

(1) CIP-51 停止程序执行。

(2) 特殊功能寄存器(SFR)被初始化为所定义的复位值。

(3) 外部端口引脚被置于一个外部复位前程序已执行的已知状态。

(4) 中断和定时器被禁止。

(5) 复位时内部 RAM 内容不发生变化，但堆栈指针 SP 被复位，堆栈数据实际上已丢失，为了保护堆栈中数据复位以后继续有效，复位时必须把 SP 保存起来。

(6) I/O 口锁存器复位为 FFH，内部弱上拉有效，使外部 I/O 口引脚处于高电平状态。

(7) 退出复位状态时，程序计数器被复位(0000H)，MCU 使用内部振荡器运行 2 MHz 的系统默认时钟。看门狗被使能。一旦系统时钟稳定，程序从地址 0000H 开始执行。

有 8 个能使 MCU 进入复位状态的复位源：上电，掉电，外部/RST 引脚，外部 CNVSTR0 信号，软件命令，比较器 0，时钟丢失检测器，看门狗定时器。图 3.25 是复位源原理框图。

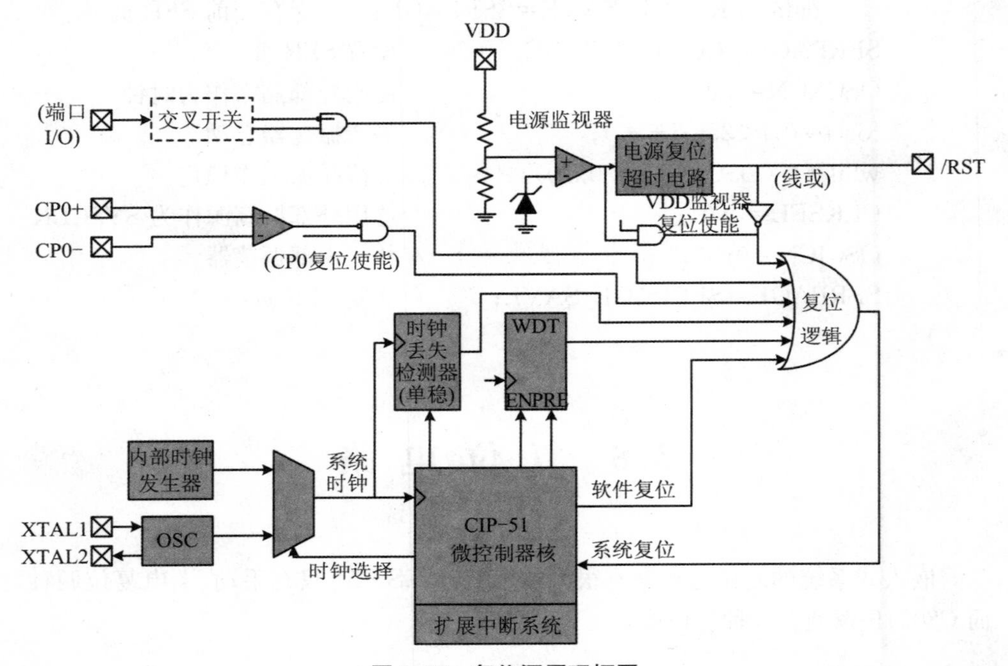

图 3.25 复位源原理框图

在使用和设计嵌入式系统的复位电路时应特别注意哪些问题呢？归纳如下：

(1) 复位 I/O 口状态要与嵌入式系统所控制的设备初始状态一致，否则突然复位(非上电复位)时可能导致控制设备失控。例如，上电复位时某 I/O 口状态为“1”，此 I/O 口状态控制电机是否转动，这时，“1”最好是使电机处于不起动状态。

(2) 整个系统的复位时间应以该系统中复位最慢的为准，要等整个系统全部复位完，CPU 才能执行初始化程序，否则部分初始化程序可能失效(未起作用)。

(3) 应知道各种 SFR 复位时的值。

(4) 不同复位源在不同时刻发生复位时，系统和程序所处的状态是不同的，因此，只用一种复位源的初始化程序是不妥的，这可能破坏系统的正常运行。初始化程序要对多种复位源有不同分支处理，以免看门狗复位、软件复位等发生时出现混乱。

(5) 特别要注意不同复位后复位标志位是不一样的，SP指令已改为07H，I/O口已改为FFH，RAM可能也已不是上电复位的状态。

3.8.2 C8051F系列的8种复位源

1. 上电复位

C8051F04x系列器件内部有一个电源监视器，在上电期间该监视器使MCU保持在复位状态，直到VDD上升到超过VRST电平(2.7 V)。/RST引脚一直被置为低电平，直到100毫秒的VDD监视器超时时间结束，这100毫秒的等待时间是为了使VDD电源稳定。使用外部VDD监视器使能引脚(MONEN)来使能和禁止VDD监视器复位。

在退出上电复位状态时，PORSF标志(RSTSRC.1)被硬件置为逻辑“1”，RSTSRC寄存器中的其他复位标志是不确定的。PORSF被任何其他复位清0。由于所有的复位都导致程序从同一个地址(0x0000)开始执行，初始化软件可以通过读PORSF标志来确定是否为上电导致的复位。在一次上电复位后，内部数据存储器中的内容应被认为是不确定的。

上电复位首先初始化交叉网络设置、中断设置、I/O设置，当完成所有与复位状态要求一致的I/O状态口的设置后，转到主程序开始执行。

通过将MONEN引脚直接连接到VDD来使能VDD监视器。这是MONEN引脚的推荐配置。

2. 掉电复位

当发生掉电或因电源不稳定而导致VDD下降到低于VRST电平时，电源监视器将/RST引脚置于低电平并使CIP-51回到复位状态。当VDD回升到超过VRST电平时，CIP-51将离开复位状态，过程与上电复位相同。注意：即使内部数据存储器的内容未因掉电复位而发生变化，也无法确定VDD是否下降到维持数据有效所需要的电压以下。如果PORSF标志被置“1”，则数据可能不再有效。

掉电复位时已完成上电初始化，RAM已有运行后的数据，I/O口状态是当时系统要求的状态。这时要保留当前运行程序的地址、RAM的内容(与上电初始化不同的内容)、当前I/O口状态。这些内容复位后要逐一恢复。

3. 外部复位

外部/RST引脚提供了使用外部电路强制MCU进入复位状态的手段。在/RST引脚上加一个低电平有效信号将导致MCU进入复位状态。最好能提供一个外部上拉和对/RST引脚去耦以防止强噪声引起复位。在低有效的/RST信号撤出后，MCU将保持在复位状态至少12个时钟周期。从外部复位状态退出后，PINRSF标志(RSTSRC.0)被置位。

4. 比较器0复位

向C0RSEF标志(RSTSRC.5)写“1”可以将比较器0配置为复位源。应在写

C0RSEF 之前用 CPT0CN.7 使能比较器 0,以防止通电瞬间在输出端产生抖动,从而产生不希望的复位。比较器 0 复位是低电平有效:如果同相端输入电压(CP0+引脚)小于反相端输入电压(CP0-引脚),则 MCU 被置于复位状态。在发生比较器 0 复位之后,C0RSEF 标志(RSTSRC.5)的读出值为"1",表示本次复位源为比较器 0;否则该位被清"0"。/RST 引脚的状态不受该复位的影响。

5. 软件强制复位

软件强制复位是向 SWRSEF 位写"1",从而强制产生一个上电复位。它是程序在可预知情况下的复位,这时程序对系统有什么要求,要保留哪些参数和数据,用户比较清楚,因此用户应知道软件复位后如何对系统进行初始化与起动。

6. 外部 CNVSTR0 引脚复位

向 CNVRSEF 标志(RSTSRC.6)写"1"可以将外部 CNVSTR0 配置为复位源。CNVSTR0 可以出现在 P0、P1、P2 或 P3 的任何 I/O 引脚。注意:交叉开关必须被配置为使 CNVSTR0 接到正确的端口 I/O。应该在将 CNVRSEF 置"1"之前配置并使能交叉开关。当被配置为复位源时,CNVSTR0 为低电平有效。在发生 CNVSTR0 复位之后,CNVRSEF 标志(RSTSRC.6)的读出值为"1",表示本次复位源为 CNVSTR0,否则该位读出值为"0"。/RST 引脚的状态不受该复位的影响。

外部复位要求程序适应外来复位的状态,这里包括系统当时的硬软件状态,这可能与上电复位不完全一样。

7. 时钟丢失检测器复位

时钟丢失检测器(MSD)实际上是由 MCU 系统时钟触发的单稳态电路。如果未收到系统时钟的时间大于 100 微秒,单稳态电路将超时并产生复位。在发生时钟丢失检测器复位后,MCDRSF 标志(RSTSRC.2)将被置"1",表示本次复位源为 MSD,否则该位被清"0"。/RST 引脚的状态不受该复位的影响。置位 MCDRSF 标志(RSTSRC.2)将使能时钟丢失检测器。

8. 看门狗定时器复位

MCU 内部有一个使用系统时钟的可编程看门狗定时器(WDT)。当看门狗定时器溢出时,WDT 将强制 CPU 进入复位状态。为了防止复位,必须在溢出发生前由应用软件重新触发 WDT。如果系统出现了软件/硬件错误,使应用软件不能重新触发 WDT,则 WDT 将溢出并产生一个复位,这可以防止系统失控。

在从任何一种复位退出时,WDT 被自动使能并使用缺省的最大时间间隔运行。系统软件可以根据需要禁止 WDT 或将其锁定为运行状态以防止意外产生的禁止操作。WDT 一旦被锁定,在下一次系统复位之前将不能被禁止。/RST 引脚的状态不受该复位的影响。

WDT 是一个 21 位的使用系统时钟的定时器。该定时器测量对其控制寄存器的两次特定写操作的时间间隔,如果这个时间间隔超过了编程的极限值,就将产生一次 WDT 复位。可以根据需要用软件使能或禁止 WDT,也可根据要求将其设置为永久性使能状态。看门狗的功能可以通过看门狗定时器控制寄存器(WDTCN)进行设置。

看门狗复位是不可预知情况下的复位,用户应把不可预知变成可预知。即在用户程序各种分支、功能模块入口处设置相应的标志字,一旦程序跑飞,看门狗就复位。看门狗初始化程序应首先检查标志字,查看相应数据,从导致该复位的模块或分支开始执行程序。

(1) 使能/复位 WDT

向 WDTCN 寄存器写入 0xA5 将使能并复位看门狗定时器。用户的应用软件应周期性地向 WDTCN 写入 0xA5,以防止看门狗定时器溢出。每次系统复位都将使能并复位 WDT。

(2) 禁止 WDT

向 WDTCN 寄存器写入 0xDE 后再写入 0xAD 将禁止 WDT。下面的代码段说明了禁止 WDT 的过程:

```
CLR   EA                    ;禁止所有中断
MOV   WDTCN,#0DEh           ;禁止软件看门狗定时器
MOV   WDTCN,#0ADh
SETB EA                     ;重新允许中断
```

写 0xDE 和写 0xAD 必须发生在 4 个时钟周期之内,否则禁止操作将被忽略。在这个过程期间应禁止中断,以避免两次写操作之间有延时。

(3) 设置 WDT 定时间隔

WDTCN.[2:0]控制看门狗超时间隔。对于 3 MHz 的系统时钟,超时间隔的范围是 0.021～349.5 ms。在设置这个超时间隔时,WDTCN.7 必须为 0。读 WDTCN 将返回编程的超时间隔。在系统复位后,WDTCN.[2:0]为 111b。

3.9 中断系统

计算机运行速度很快,大部分外设则慢得多,如果 CPU 不断查询外设状态,则其运行效率是很低的。因此,中断系统丰富与否是 CPU 性能好坏的重要指标。MCS-51 支持 7 个中断源,两级优先级。CIP-51 系统支持 22 个中断源(见表 3.4),两级优先级,每个中断源至少有一个中断标志,当有中断请求时,中断标志置“1”。

当有中断请求,并且该中断被允许,这时产生中断,一旦当前指令执行完(除与中断有关的指令),CPU 便产生一个该中断程序的入口地址,开始执行中断服务程序,每个中断服务程序以 REIT 结束,它使程序回到中断前所执行指令的下一条。

如果中断未被允许，该中断标志将被硬件忽略，程序继续执行。中断标志置“1”与否不受中断允许和优先级的影响。

每个中断都可以编程控制其是否被允许及优先级高低，并可通过 EA 控制总的(所有)中断是否被允许。

中断清除大都是通过软件进行，即在中断服务返回前清除中断标志，也有个别是通过硬件自动清除的。如果中断标志没有被清除，在中断返回后，执行过一条与中断无关的指令，又立即产生新的中断进入该中断服务程序，因此在中断服务程序中的 REIT 前要清除中断请求标志位再返回原程序。

1. 中断向量

系统每产生一种中断，CPU 将转到与该中断对应的中断服务地址，称为中断向量，为了方便，把所有的中断向量排列到程序存储器的低端，便于寻址和管理。

2. 外部中断

C8051F 系列有 4 个外部中断，常用的是 INT0 和 INT1。

INT0 和 INT1 可以低电平触发中断，也可下降沿触发中断，它们分别由 IT0、IT1 设置决定。如果设置边沿触发，CPU 执行中断服务程序时将自动硬件清除中断标志。电平触发时，中断标志将跟随外部中断输入引脚的状态，外部中断源必须一直保持输入有效直到中断请求被响应。在 ISR 返回前必须使该中断请求无效，否则将产生另一个同样的中断请求。

中断优先级：分低级优先级和高级优先级，高级中断可以中断低级中断，同级中断中，哪个发生在先，哪个先执行。

中断响应时间主要由如下因素决定：

(1) CPU 状态。最快响应时间为 5 个系统周期，一个周期用于检测中断，另外 4 个用于执行寻找中断入口地址的长调用。

(2) 指令执行最后才检测是否有中断，因此，指令执行时间的长短影响中断响应的时间。

(3) 另外，只有那些与中断无关的指令，在其执行完后才检测中断请求标志位，而在执行诸如中断返回、中断优先级设置、中断屏蔽字设置等指令后并不检测中断请求标志位。

综上所述，最长响应是 REIT 后的 DIV 指令，需要 18 个系统时钟周期。

表 3.4 中断一览表

中断源	中断向量	同级优先级	中断标志	位寻址	硬件清除	使能位	优先级控制
复位	0x0000	最高	无	N/A	N/A	始终使能	总是最高
外部中断 0 (/INT0)	0x0003	0	IE0(TCON.1)	Y	Y	EX0(IE.0)	PX0(IP.0)

续表3.4

中断源	中断向量	同级优先级	中断标志	位寻址	硬件清除	使能位	优先级控制
定时器0溢出	0x000B	1	TF0(TCON.5)	Y	Y	ET0(IE.1)	PT0(IP.1)
外部中断1(INT1)	0x0013	2	IE1(TCON.3)	Y	Y	EX1(IE.2)	PX1(IP.2)
定时器1溢出	0x001B	3	TF1(TCON.7)	Y	Y	ET1(IE.3)	PT1(IP.3)
UART0	0x0023	4	RI0(SCON0.0)TI0(SCON0.1)	Y		ES0(IE.4)	PS0(IP.4)
定时器2	0x002B	5	TF2(TMR2CN.7) EXF2(TMR2CN.6)	Y		ET2(IE.5)	PT2(IP.5)
串行外设接口	0x0033	6	SPIF(SPI0CN.7) WCOL(SPI0CN.6) MODF(SPI0CN.5) RXOVRN(SPI0CN.4)	Y		ESPI0(EIE1.0)	PSPI0(EIP1.0)
SMBus接口	0x003B	7	SI(SMB0CN.3)	Y		ESMB0(EIE1.1)	PSMB0(EIP1.1)
ADC0窗口比较	0x0043	8	AD0WINT(ADC0CN.1)	Y		EWADC0(EIE1.2)	PWADC0(EIP1.2)
可编程计数器阵列	0x004B	9	CF(PCA0CN.7) CCFn(PCA0CN.n)	Y		EPCA0(EIE1.3)	PPCA0(EIP1.3)
比较器0	0x0053	10	CP0FIF(CPT0CN.4) CP0RIF(CPT0CN.5)	Y		CP0IE(EIE1.4)	PCP0(EIP1.4)
比较器1	0x005B	11	CP1FIF(CPT1CN.4) CP1RIF(CPT1CN.5)	Y		CP1IE(EIE1.5)	PCP1(EIP1.5)
比较器2	0x0063	12	CP2FIF(CPT2CN.4) CP2RIF(CPT2CN.5)	Y		CP2IE(EIE1.6)	PCP2(EIP1.6)
定时器3	0x0073	14	TF3(TMR3CN.7) EXF3(TMR3CN.6)	Y		ET3(EIE2.0)	PT3(EIP2.0)
ADC0转换结束	0X007B	15	AD0INT(ADC0CN.5)	Y		EADC0(EIE2.1)	PADC0(EIP2.1)

续表 3.4

中断源	中断向量	同级优先级	中断标志	位寻址	硬件清除	使能位	优先级控制
定时器4	0x0083	16	TF4(T4CON.7) EXF4(TMR4CN.6)	Y		ET4 (EIE2.2)	PT4 (EIP2.2)
ADC2 窗口比较	0x008B	17	AD2WINT (ADC2CN.0)	Y		EWADC2 (EIE2.3)	PWADC2 (EIP2.3)
ADC2 转换结束	0x0093	18	AD2INT (ADC2CN.5)	Y		EADC2 (EIE2.4)	PADC2 (EIE2.4)
CAN 中断	0x009B	19	CAN0CN.7	Y	Y	ECAN0 (EIE2.5)	PCAN0 (EIE2.5)
UART1	0x00A3	20	RI1(SCON1.0) TI1(SCON1.1)	Y		ES1 (EIE2.6)	PS1 (EIP2.6)

中断允许寄存器各位定义如图3.26所示。中断优先级寄存器各位定义如图3.27所示。扩展中断允许1和2各位定义如图3.28、图3.29所示。扩展中断优先级1和2各位定义如图3.30、图3.31所示。

R/W	R/W	R/W	R/W	R/W	R/W	R/W	R/W
EA	IEGF0	ET2	ES0	ET1	EX1	ET0	EX0
位7	位6	位5	位4	位3	位2	位1	位0

复位值: 00000000(可位寻址)　　SFR地址: 0xA8　　SFR页: 所有页

所有位: 0: 禁止中断; 1: 允许中断。

位7: EA, 允许所有中断。
该位允许/禁止所有中断。它超越所有的单个中断屏蔽设置。

位6: IEGF0, 通用标志位0。
该位用作软件控制的通用标志位。

位5: ET2, 定时器2中断允许位。
该位用于设置定时器2的中断屏蔽。

位4: ES0, UART0中断允许位。
该位设置UART0的中断屏蔽。

位3: ET1, 定时器1中断允许位。
该位用于设置定时器1的中断屏蔽。

位2: EX1, 外部中断1允许位。
该位用于设置外部中断1的中断屏蔽。

位1: ET0, 定时器0中断允许位。
该位用于设置定时器0的中断屏蔽。

位0: EX0, 外部中断0允许位。
该位用于设置外部中断0的中断屏蔽。

图3.26 IE:中断允许寄存器

R/W	R/W	R/W	R/W	R/W	R/W	R/W	R/W
-	-	PT2	PS0	PT1	PX1	PT0	PX0
位7	位6	位5	位4	位3	位2	位1	位0

复位值：11000000(可位寻址)　　SFR地址：0xB8　　SFR页：所有页

所有位：0：低优先级；1：高优先级。
位7~6：未用。读=11b，写=忽略。
位5：PT2，定时器2 中断优先级控制。
位4：PS0，UART0 中断优先级控制。
位3：PT1，定时器1 中断优先级控制。
位2：PX1，外部中断1 优先级控制。
位1：PT0，定时器0 中断优先级控制。
位0：PX0，外部中断0 优先级控制。

图 3.27　IP:中断优先级寄存器

R/W	R/W	R/W	R/W	R/W	R/W	R/W	R/W
-	CP2IE	CP1IE	CP0IE	EPCA0	EWADC0	ESMB0	ESPI0
位7	位6	位5	位4	位3	位2	位1	位0

复位值：00000000　　SFR地址：0xE6　　SFR页：所有页

所有位：0：禁止中断；1：允许中断。
位7：保留。读 = 0b，写 = 忽略。
位6：CP2IE，允许比较器2（CP2）中断。
位5：CP1IE，允许比较器1（CP1）中断。
位4：CP0IE，允许比较器0（CP0）中断。
位3：EPCA0，允许可编程计数器阵列（PCA0）中断。
位2：EWADC0，允许ADC0 窗口比较中断。
位1：ESMB0，允许SMBus0 中断。
位0：ESPI0，允许串行外设接口0（SPI0）中断。

图 3.28　EIE1:扩展中断允许 1

R/W	R/W	R/W	R/W	R/W	R/W	R/W	R/W
-	ESI	ECAN0	EADC2	EWADC2	ET4	EADC0	ET3
位7	位6	位5	位4	位3	位2	位1	位0

复位值：00000000　　SFR地址：0xE7　　SFR页：所有页

所有位：0：禁止中断；1：允许中断。
位7：保留。读=0b，写=忽略。
位6：ES1，允许UART1 中断。
位5：ECAN0，允许CAN 控制器中断。
位4：EADC2，允许ADC2 转换结束中断。
位3：EWADC2，允许ADC2 窗口比较中断。
位2：ET4，允许定时器4 中断。
位1：EADC0，允许ADC0 转换结束中断。
位0：ET3，允许定时器3 中断。

图 3.29　EIE2:扩展中断允许 2

R/W	R/W	R/W	R/W	R/W	R/W	R/W	R/W
-	PCP2	PCP1	PCP0	PPCA0	PWADC0	PSMB0	PSPI0
位7	位6	位5	位4	位3	位2	位1	位0

复位值：00000000　　SFR地址：0xF6　　SFR页：所有页

所有位：0：低级中断；1：高级中断。
位7：保留。读=0b，写=忽略。
位6：PCP2，比较器2（CP2）中断优先级控制。
位5：PCP1，比较器1（CP1）中断优先级控制。
位4：PCP0，比较器0（CP0）中断优先级控制。
位3：PPCA0，可编程计数器阵列（PCA0）中断优先级控制。
位2：PWADC0，ADC0 窗口比较器中断优先级控制。
位1：PSMB0，SMBus0 中断优先级控制。
位0：PSPI0，串行外设接口0 中断优先级控制。

图 3.30　EIP1:扩展中断优先级 1

R/W	R/W	R/W	R/W	R/W	R/W	R/W	R/W
-	PS1	PCAN0	PADC2	PWADC2	PT4	PADC0	PT3
位7	位6	位5	位4	位3	位2	位1	位0

复位值：00000000　　SFR地址：0xF7　　SFR页：所有页

所有位：0：低级中断；1：高级中断。
位7：未用。读=0b，写=忽略。
位6：PS1，UART1 中断优先级控制。
位5：PCAN0，CAN0 中断优先级控制。
位4：PADC2，ADC2 转换结束中断优先级控制。
位3：PWADC2，ADC2 窗口比较中断优先级控制。
位2：PT4，定时器4 中断优先级控制。
位1：PADC0，ADC0 转换结束中断优先级控制。
位0：PT3，定时器3 中断优先级控制。

图 3.31　EIP2:扩展中断优先级 2

3.10 电源管理

电源管理应注意以下问题：

(1) CIP－51 有 3 种工作状态，即工作、空闲和停机状态，它们之间是如何转换的？是硬件转换还是用软件转换？

(2) 如果较长时间处于空闲或停机状态，应注意什么问题？

(3) 影响模拟模块和数字 I/O 模块功耗的因素是什么？如何控制各模块的电

源供电？

要回答以上问题，应对 MCU 如何对电源进行管理有所了解。

CIP－51 有两种可软件编程的电源管理方式：空闲和停机。在空闲方式下，CPU 停止运行，而外设和时钟处于活动状态。在停机方式下，CPU 停止运行，所有的中断和定时器（时钟丢失检测器除外）都处于非活动状态，系统时钟停止。由于在空闲方式下时钟仍然运行，所以功耗与进入空闲方式之前的系统时钟频率和处于活动状态的外设数目有关。停机方式消耗最少的功率。图 3.32 对用于控制 CIP－51 电源管理方式的电源控制寄存器（PCON）做出了说明。

R/W	R/W	R/W	R/W	R/W	R/W	R/W	R/W
-	-	-	-	-	-	STOP	IDLE
位7	位6	位5	位4	位3	位2	位1	位0

复位值：00000000　　SFR地址：0x87　　SFR页：所有页

位7~2：保留。
位1：STOP，停机方式选择。
向该位写“1”将使CIP-51 进入停机方式。该位读出值总是为0。
0：无影响。
1：CIP-51 被强制进入掉电方式(关闭振荡器)。
位0：IDLE，空闲方式选择。
向该位写“1”将使CIP-51 进入空闲方式。该位读出值总是为0。
0：无影响。
1：CIP-51被强制进入空闲方式(关闭供给CPU的时钟信号，但定时器、中断和所有外设保持活动状态)。

图 3.32　PCON：电源控制寄存器

虽然 CIP－51 具有空闲和停机方式（与任何标准 8051 结构一样），但最好禁止不需要的外设，以使整个 MCU 的功耗最小。每个模拟外设在不用时都可以被禁止，使其进入低功耗方式。像定时器、串行总线这样的数字外设在不使用时消耗是很少的，可以不用关闭。关闭 Flash 存储器可以减小功耗，与进入空闲方式类似。关闭振荡器可以消耗更少的功率，但需要靠复位来重新启动 MCU。

CIP－51 三种工作状态的相互转换如图 3.33 所示。

CIP－51 处于工作状态时，由于系统时钟可以选择内部时钟或外部时钟，所以它可处于高速或低速运行状态。时钟切换过程一般有稳定过渡期，CPU 要等时钟达到稳定期才开始工作，该过渡期一般在 1 ms 以内。

CIP－51 处于空闲状态时，寄存器和存储器中的内容与此前工作状态时刻是一样的，这时 CPU 不工作，但模拟模块和数字 I/O 模块保持活动（各模块供电允许）。

CIP－51 处于停机状态时，CPU 和振荡器停止工作，所有的数字外设（时钟丢失检测器除外）停止工作。停机前 CPU 选择内部时钟。

图 3.33 中“＊”表示由软件置位。从工作状态转到空闲状态前应禁止看门狗

工作,否则转到空闲后的时间长短决定了看门狗溢出的时间,看门狗溢出又使CPU从空闲状态回到工作状态。

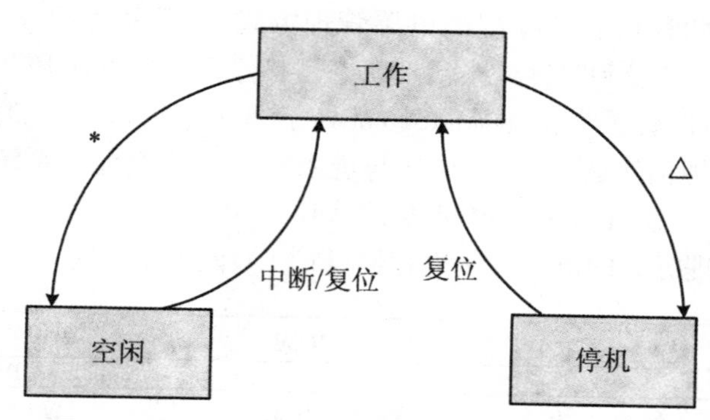

图 3.33 CIP-51 三种工作状态的相互转换示意图

从空闲状态转到工作状态可以通过任何一种中断,也可通过任何 8 种复位中的一种,前者在执行中断服务程序前一旦进入中断就由硬件清除空闲标志位,如果中断程序中有一条中断返回指令(REIT),则从空闲返回到工作后的 PC 值是进入空闲时所执行指令的 PC 值加 1,如果中断服务程序指令不是一条,则执行完中断服务程序后,返回到前工作状态 PC+1 地址处继续执行。

图 3.33 中"△"表示软件置位,即从工作状态转到停机状态,由于时钟丢失检测器在工作状态时没有被关闭,所以一旦时钟丢失就产生复位,可使 CPU 从停机状态回到工作状态。因此从工作状态转到停机状态前应关闭时钟丢失检测器,同时注意转换前外部时钟也要关闭,只使用内部时钟,这样停机才会有效。如果想要 CPU 休眠(停机状态)长于 100 μs 的 MCD(丢失时钟检测周期),则应禁止时钟丢失检测器。

复位时,PC 从 0000H 开始执行程序,这时应注意初始化与上电初始化的区别,应恢复转换前系统的状态。

模块供电管理:

ADC0EN:12 位 A/D 的 PGA、ADC 供电使能。

DAC0EN 和 DAC1EN:DAC0、DAC1 及输出放大器使能。

TEMPE:温度传感器供电使能。

REFBE:内部基准使能。

CP0EN 和 CP1EN:比较器 0、1 供电使能。

WDTEN:WDT 供电使能。

MCDEN:时钟丢失检测使能。

总的来说,模拟模块功耗大于数字模块,工作频率高的模块功耗高于频率低的模块,空闲时,在保证某一中断能使系统恢复到工作状态下时,应尽可能多地关闭各模块的供电。

3.11 JTAG(IEEE 1149.1协议)原理

嵌入式系统调试环境和通用计算机应用系统存在着很大的区别。通用计算机系统调试和被调试的程序常常都在通用计算机上，操作系统相同，调试器进程通过操作系统提供的调用接口来控制被调试的进程。而对于嵌入式操作系统来说，一般嵌入式系统的开发环境由两台计算机组成一主机和一目标机。目标机是安装嵌入式系统的计算机，它的资源有限，很难独立支持代码的开发和调试工作。主机一般是通用的计算机，它拥有丰富的资源优势。程序在开发主机上进行开发(编辑、交叉编译、连接定位等)，然后下载到目标机进行运行和调试。嵌入式系统开发的特点使得调试出现了如下的问题：位于不同操作系统上的调试器与被调试的程序如何通信？被调试程序出现异常现象将如何告知调试器？调试器如何控制以及访问被调试的程序？等等。

片上调试技术通过在芯片内部的硬件逻辑中加入调试模块，从而能够降低成本，实现传统的在线仿真器和逻辑分析仪器的功能，并在一定的条件下可实现实时跟踪和分析，进行软件代码的优化。

上句中的"在一定的条件下"是指MCU和PC都是并行运行的，而用户调试程序和开发机上层软件，两者交换数据进行通信是串行的，这就有一个实时问题。往往MCU、PC运行速率远大于串行通信速率，所以在设单步、多步、断点时，可以实时跟踪和分析，否则是有问题的。

边界扫描技术被IEEE 1149.1标准所采纳，全称是标准测试访问接口与边界扫描结构(Standard Test Access Portand Boundary Scan Architecture)。JTAG遵循1149.1标准，是嵌入式处理器调试的基础。

为了提高边界扫描的效率，除了提高串行数据传输频率外，还可通过16位的JTAG指令寄存器(IR)发出7种指令，从而缩短数据传输的长度和时间，提高实时性。边界扫描寄存器是可串行置数和并行输出的移位寄存器。在指令操作下，打入或输出芯片内部各种SFR和I/O引脚的数据。

JTAG接口使用MCU上的4个专用引脚：TCK、TMS、TDI和TDO。

有关JTAG更深入的内容请参见相关资料。

第 4 章　C8051F 系列 CAN 总线通信设计

C8051F040、060 系列片内有 CAN 控制器，CAN 控制器进行总线通信是由片内硬件和部分用户应用软件共同完成的。为了很好地理解 CAN 控制器中众多特殊功能寄存器的各种功能，首先要明确 CAN 总线通信有哪些需求。CAN 总线通信的功能需求如下：

• 支持 CAN 2.0A、2.0B 协议。

• CAN 总线是多主的总线，它是双向串行、半双工高速同步传送的二线制总线，总线会产生竞争，每个 CAN 控制器需要仲裁和同步。

• 每一个 ASIC 设计的 CAN 总线的模块进行通信时都要对并行数据添加相应的协议位、DLC、方向位、插入位、CRC 编码位变成串行数据后再发送，或者把相应串行数据变成 CAN 模块内部能够接收的并行数据。

• CPU 和 CAN 收发器两者都随机与 CAN 的 RAM 队列缓冲器交换数据，CAN 控制器应能随时处理冲突和并发现象。CAN 控制器如何避免冲突、减少冲突？如何在并发访问时保证数据的一致性和连贯性？都是应该考虑的问题。

• 同步信号(确认位)在 CAN 总线上传送有物理延时，CAN 总线上的多个 CAN 独立模块晶体存在频率和相位上的微小误差，总线上实变信号会产生脉冲尖锋，这三种情况下如何确保可靠传送，从而避免传送的不确定性？

• 为了保证总线工作的可靠性，总线错误应如何记录、分辨和处理？

• 总线如何抗干扰？

• CAN 模块如何做到一个节点可接收多个标识码，或一个标识码被多个节点同时接收？

• CAN 模块如何管理 RAM 的队列缓冲区？

• CAN 模块如何进行方便的自检和调试？

• 总线一旦出现短路、断路情况，每个节点应及时脱离与总线的联系，防止模块损坏。

4.1　CAN 控制器组成和工作模式

4.4.1　CAN 控制器功能概述

CAN 控制器模块包括 CAN 核心、消息存储器、消息处理器、控制寄存器和模块接口等部分。

CAN 核心根据 CAN 协议 2.0A、2.0B 进行通信。依靠已有技术可以通过编程使比特率达到每秒 1 MB。为了连接物理层还需另附加收发器硬件。

为了在 CAN 网络上通信，消息对象需要分别进行单独设定。对接收到的消息进行过滤的消息对象和标识掩码被存放在消息存储器中。

涉及消息处理的所有功能均在消息处理器中实现，包括接收过滤、CAN 核心和消息存储器间的消息传输、传输请求的处理以及模块中断的产生等。

MCU 内部 CPU 可以通过模块接口直接对 CAN 模块寄存器进行访问和设置。这些专用寄存器用来控制/设置 CAN 核心和消息处理器并完成对消息存储器的访问。

4.1.2　C8051F 系列控制器局域网(CAN0)

C8051F04x 系列器件具有控制器局域网(CAN)控制器，用 CAN 协议进行串行通信。Silicon Labs CAN 控制器符合 Bosch 规范 2.0A(基本 CAN)和 2.0B(扩展 CAN)，可以方便地在 CAN 网络上进行通信。CAN 控制器包含一个 CAN 核、消息 RAM(独立于 CIP－51 的 RAM)、消息处理状态机和控制寄存器。Silicon Labs CAN 是一个协议控制器，不提供物理层驱动器(即收发器)。图 4.1 给出了 CAN 总线上的一个典型配置示例。

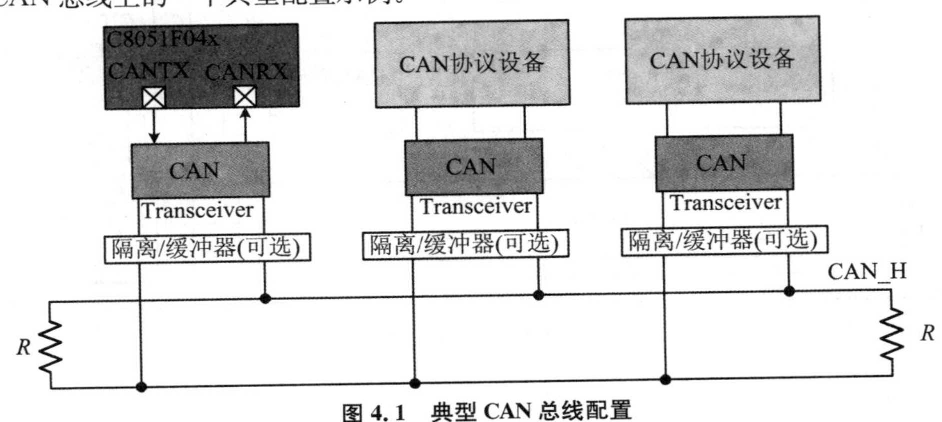

图 4.1　典型 CAN 总线配置

Silicon Labs CAN 的工作速率可达 1 Mbps，实际速率可能受 CAN 总线上所选择的传输数据的物理层的限制。CAN 处理器有 32 个消息对象，可以被配置为发送或接收数据。输入数据、消息对象及其标识掩码存储在 CAN 消息 RAM 中。所有数据发送和接收过滤的协议处理全部由 CAN 控制器完成，不用 CIP－51 干预，这就使得用于 CAN 通信时对 CPU 的干涉最小。CIP－51 通过特殊功能寄存器配置 CAN 控制器，读取接收到的数据和写入待发送的数据。

4.1.3 CAN 控制器的工作模式

C8051F04x 系列器件中的 CAN 控制器是可实现 Bosch 全功能的 CAN 模块，完全符合 CAN 规范 2.0A 和 2.0B。CAN 控制器的原理框图见图 4.2。CAN 核提供移位输出和输入(CANTX 和 CANRX)、消息的串/并转换及其他与协议相关的任务(如数据发送和接收过滤)。消息 RAM 可存储 32 个可以在 CAN 网络上接收和发送的消息对象。CAN 寄存器和消息处理器为 CAN 控制器和 CIP－51 之间的数据传送和状态通知提供接口。

CIP－51 可以通过特殊功能寄存器直接或间接访问 CAN 控制器中的 CAN 控制寄存器(CAN0CN)、CAN 测试寄存器(CAN0TST)和 CAN 状态寄存器(CAN0STA)。所有其他 CAN 寄存器必须通过间接索引法访问(用 CAN0ADR、CAN0DATH 和 CAN0DATL 访问 CAN 寄存器)。

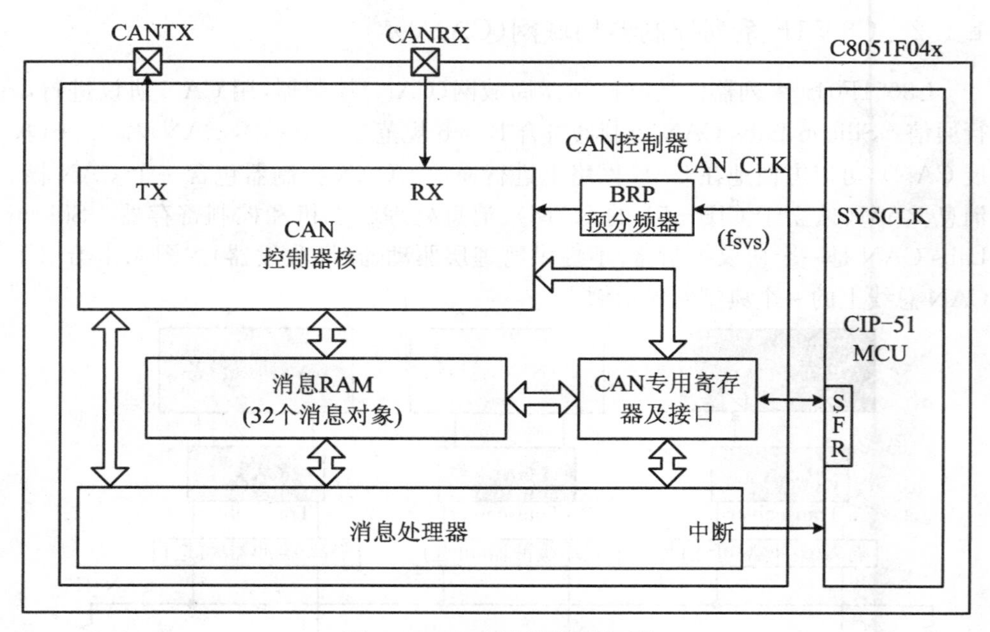

图 4.2 CAN 控制器原理框图

1. CAN控制器软件初始化

通过用硬件或软件重置的方法对CAN控制寄存器中的Init(初始化开始)位进行设置来开始软件的初始化,这时脱离了总线(bus-off)。设置了Init位以后,所有在CAN总线上进行的消息传输都被停止,CAN总线的输出CAN_TX位为recessive(隐性电平),EML(错误管理逻辑)计数器保持不变。设置Init位不会改变已设置寄存器的值。

CPU需要设置位定时寄存器和对每个消息对象的CAN控制器进行初始化。如果不需要某个消息对象进入控制基本模式(即直接控制模式,不经过CAN的RAM直接到CPU的接口),只需将其MsgVal(消息有效)位设置为无效即可,否则全部消息对象将被初始化。当设置了CAN控制寄存器的Init位和CCE位(允许位定时位)后,就可以访问位定时寄存器(BRP)和BRP扩展寄存器(BRPE),来进行位定时的设置。重置Init位(只能通过CPU)完成软件初始化。在比特流处理器(BSP)开始加入总线活动并传输消息前,它要通过等待一段11个连续的recessive(隐性电平)比特使自己同CAN总线上的数据传输同步。消息对象的初始化不依赖于Init位,并能快速完成。但是在BSP开始消息传输之前,消息对象应该设置为无效。在常规操作下,若要更改消息对象的设置,CPU需要通过将MsgVal(消息有效)位设置为无效才能开始。当设置完成以后,需要再次将MsgVal位设置为有效。

初始化CAN控制器的一般步骤如下:

(1) 将SFRPAGE寄存器设置为CAN0_PAGE。

(2) 将CAN0CN寄存器中的Init和CCE位设置为“1”。相关的位定义见CAN0CN寄存器各位的说明。

(3) 设置位定时寄存器和BRP扩展寄存器中的时序参数。

(4) 初始化每个消息对象或将其MsgVal位设置为NOT VALID(无效)。

(5) 将Init位清“0”。

2. CAN消息传输

一旦CAN初始化完成并将Init位重置为“0”以后,CAN控制器中的CAN核将保持和CAN总线同步并开始消息传输,在通过了消息处理器的接收过滤后,接收的消息被储存到适当的消息对象中。所有的信息都被储存在消息对象中,包括所有的仲裁位、DLC和8个数据字节。如果使用了标识掩码,被屏蔽的仲裁位可能会在消息对象中被覆盖。CPU可以在任何时候通过接口寄存器对消息进行读和写操作。在并发访问的时候,消息处理器能够保证数据的一致性和连贯性。CPU可以对要传输的消息进行更新。如果消息对象中有部分消息长期存在(仲裁和控制位在配置期间已经设置过),这时只对数据字节进行更新,然后便可通过设置TxRqst位(发送控制位)和NewDat位(新数据位)来开始传输。如果多个传输的消息被分配给同一个消息对象(当消息对象数目不够时),所有的消息对象需要在请求消息传输前进行设置。因为可能有任何数目的消息对象被请求在同一时间进行传输,所以需要根据它们的优先权来进行连续的传输。消息可能随时被更新或更改为无效,即便它们的传输请求仍然还未被处理,当一个消息被更新以后,老的数据将在即将到来的传输前被丢弃。根据消息对象的设置,可以通过带有匹配标识符的远程帧的接收来实现消息传输的自动请求。

3. 出错自动重传

根据 CAN 规范(见国际标准 ISO 11898,6. 3. 3 Recovery Management),对传输过程中丢失仲裁或者被错误打断的帧,CAN 提供了自动重传的方法。在传输完全成功前,帧传输服务不会对用户进行确认。默认状态下,自动重传机制有效。可以通过使 CAN 工作在一个时间触发 CAN(TTCAN)环境下来禁止自动重传。通过编程将 CAN 控制寄存器中的 DAR 位(禁止重传位)置为"1",也可以重新启用出错自动重传模式。在这个运行模式下,程序员将不得不考虑在消息缓存的控制寄存器中的 TxRqst 位(传送请求位)和 NewDat 位(新数据位)的不同情况:

• 当传输开始时,相应的消息缓存中的 TxRqst 位被重置,而 NewDat 位保持原来的设置。

• 当传输成功完成时,NewDat 位被重置。

• 当一个传输失败时(丢失仲裁或者出错),NewDat 位保持设置。若要重新开始传输,CPU 需将 TxRqst 位设回"1"。

4. 测试模式

通过将 CAN 控制寄存器中的 Test 位(测试位)设为"1",可进入测试模式。在测试模式下,测试寄存器中的 Tx1、Tx0、LBack、Silent 以及 Basic 位均是可写的。Rx 位监视引脚 CAN_RX 的状态,并且其本身只能读。将 Test 位重设为"0"以后,测试寄存器的所有功能将被禁用。

5. 沉默模式

通过将测试寄存器中的 Silent 位(沉默位)设置为"1",可将 CAN 核设置为休眠模式。在休眠模式下,CAN 核能够接收有效数据帧和有效远程帧,但是它只能在总线上发送 recessive(隐性电平)比特而不能进行数据的传输。如果 CAN 核被请求发送一个 dominant(显性电平)比特(ACK 比特,过载标志,当前错误标志),即使 CAN 总线仍然保持 recessive 状态,这个比特在内部重新设置路径使得 CAN 核仍可以监视它的状态。可以用休眠模式来分析 CAN 总线上的流量而不影响 dominant(显性电平)比特的传输(ACK 比特,错误帧)。休眠模式也被称为总线监视模式。如图 4. 3 所示为休眠模式下 CAN_TX 和 CAN_RX 信号同 CAN 核的联系。

6. 回送模式

通过编程把测试寄存器中的 LBack 位(回送位)设置为"1",可以将 CAN 核设置为回送模式。在回送模式下,CAN 核将它发送的消息当作接收到的消息一样来对待,并存储在接收缓存中。图 4. 4 显示了回送模式下 CAN_TX 和 CAN_RX 信号同 CAN 核的联系。

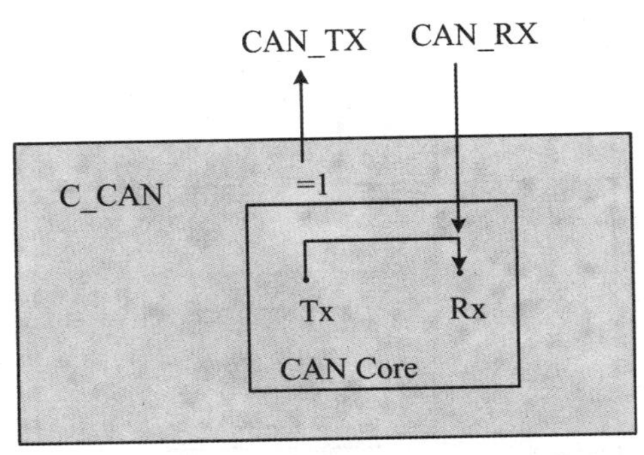

图 4.3　休眠模式下 CAN_TX 和 CAN_RX 信号同 CAN 核的联系

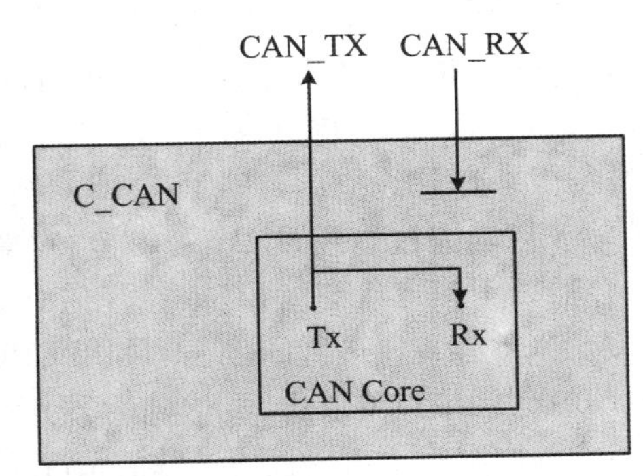

图 4.4　回送模式下 CAN_TX 和 CAN_RX 信号同 CAN 核的联系

这个模式主要用作自我测试用。为了同外部刺激保持独立，CAN 核在回送模式下忽略确认错误（在一个数据/远程帧的确认位采样得到的是 recessive 隐性位）。在这个模式下，CAN 核在 Tx 输出和 Rx 输入之间实施内部反馈。CAN 核并不关心 CAN_RX 引脚上的实际值。已经传输的消息在 CAN_TX 引脚上被监视。

7. 回送和沉默模式的结合

通过编程将 LBack 位（回送位）和 Silent 位（沉默位）同时设为“1”，可以结合回送模式和沉默模式。这个模式可用于热自检（Hot Selftest），即意味着可以在不影响一个连接着 CAN_TX 和 CAN_RX 引脚运行的 CAN 系统的情况下，来对 C_CAN 进行测试。在这个模式下，CAN_RX 引脚与 CAN 核断开，CAN_TX 引脚被保持在 recessive（隐性电平）。图 4.5 显示了回送和沉默结合模式情况下 CAN_TX 和 CAN_RX 信号同 CAN 核的联系。该方式也可以认为是 CAN 控制器发送和接收的内部自检。

8. 基本模式（工作模式）

若把测试寄存器中的 Basic 位（基本位）设为“1”，CAN 核便工作于基础模式下。在这个模式下,CAN 模块在没有消息存储器的情况下工作,即不用消息队列暂存交换的数据。

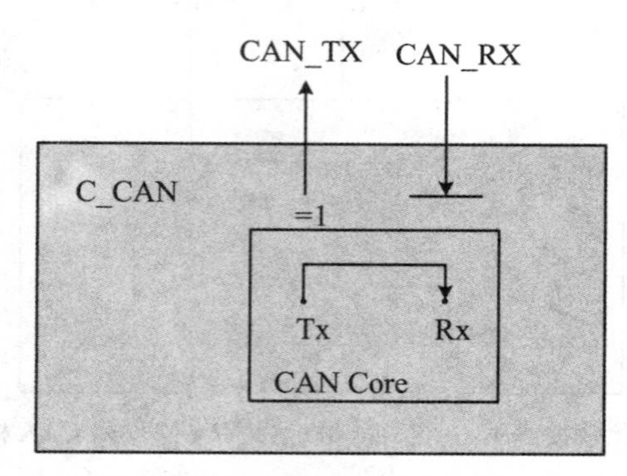

图 4.5 回送和沉默结合模式下 CAN_TX 和 CAN_RX 信号同 CAN 核的联系

IF1 寄存器用作传输缓存。当 IF1 命令请求寄存器的 Busy(忙)位写入"1"时,IF1 寄存器中的内容被请求进行传输。将 Busy 位置"1"可以将 IF1 寄存器锁定。Busy 位表明传输将要进行。一旦总线空闲,IF1 寄存器就被装入 CAN 核的移位寄存器中并开始进行传输。传输完成以后,Busy 位被复位(置"0"),IF1 寄存器解除锁定状态。当 IF1 寄存器处于锁定状态时,可以在任何时刻通过将 IF1 命令请求寄存器中的 Busy 位复位来放弃将要进行的传输。如果 CPU 已经使 Busy 复位,可能的重传(由于丢失仲裁或者出错)被禁止。IF2 寄存器用作接收缓存。在接收到消息以后,移位寄存器中的内容在不需要任何过滤的情况下存入 IF2 寄存器中。另外,在消息传输期间,可以监视移位寄存器中的当前内容。每次可通过将 IF2 命令请求寄存器中的 Busy 位置"1"来初始化对消息对象的读操作,而移位寄存器中的内容被存入 IF2 寄存器中。

在基本模式下,不能取得消息对象相关的控制和状态位以及 IFx 命令掩码寄存器的控制位的值。命令请求寄存器的消息数目也无法求得。IF2 消息控制寄存器的 NewDat 位(新数据位)和 MsgLst 位(消息有效位)保持它们的功能,DLC3～0 会显示接收到的 DLC,其他的控制位会被视为"0"。在基本模式下,准备输出位 CAN_WAIT_B 无效(总是"1")。CAN_WAIT_B 是 CAN 内核控制输出的一个内部硬件信号,C8051F040 的 CPU 接收到这个信号就知道 CAN 控制器处于忙状态。

9. *对 CAN_TX 引脚的软件控制*

CAN 的传输引脚 CAN_TX 有 4 个可用的输出功能。除了它的默认功能连续数据输出以外,它能驱动 CAN 采样信号去监视 CAN 核的位定时,还能驱动持续的 dominant(显性)或 recessive(隐性)值。将最后两个功能与可读 CAN 接收引脚结合,可用于检验 CAN 总线的物理层。

通过设置测试寄存器的 Tx1 位和 Tx0 位,可以对 CAN_TX 引脚的输出模式进行选择(有 4 种 CAN_TX 控制方式)。

4.2　CAN寄存器

CAN特殊功能寄存器分类如下：

(1) CAN控制器协议寄存器(索引号为00H～06H)：包括CAN控制、中断、错误控制、总线状态、测试方式、位分频。

(2) 消息对象接口寄存器(索引号为08H～12H、20H～2AH)：用于配置32个消息对象，向消息对象发送数据或从消息对象接收数据。CIP-51 MCU通过消息对象接口寄存器访问CAN消息RAM。当向IF1或IF2命令请求寄存器写一个消息对象时，相关接口寄存器(IF1或IF2)的内容被传送到CAN RAM中的消息对象或消息对象被传送到接口寄存器。

(3) 消息处理器寄存器(索引号为40H～59H)：这些只读寄存器用于向CIP-51 MCU提供有关消息对象的信息(MSGVLD(消息有效位)标志、发送请求标志、新数据标志)和中断标志(哪个消息对象引发了中断或状态中断条件)。

(4) CIP-51 MCU特殊功能寄存器(SFR)：CIP-51 MCU的存储器中只有3个寄存器可用于直接访问某些CAN控制器协议寄存器，也可以用间接索引法访问所有的CAN寄存器。

4.2.1　CAN控制器协议寄存器

CAN控制器协议寄存器用于配置CAN控制器，处理中断，监视总线状态，将CAN控制器置于测试模式。可用CIP-51 MCU的SFR通过间接索引法访问CAN控制器协议寄存器。为了操作方便，也可以用某些寄存器(CIP-51的SFR)直接访问。这些寄存器可以是CAN控制寄存器(CAN0CN)、CAN状态寄存器(CAN0STA)、CAN测试寄存器(CAN0TST)、错误计数寄存器、位定时寄存器以及波特率预分频器(BRP)扩展寄存器。CAN0STA、CAN0CN和CAN0TST可以通过CIP-51 MCU的SFR直接访问，所有其他寄存器用CAN地址索引法通过CAN0ADR、CAN0DATH和CAN0DATL访问。

4.2.2　消息对象接口寄存器

有两组消息对象接口寄存器，用于配置向CAN总线发送数据和从CAN总线接收数据的32个消息对象。消息对象可以被配置为发送或接收，并被分配消息标识，以便所有CAN节点进行接收过滤。消息对象保存在消息RAM中，用消息对象接口寄存器对其进行访问和配置。也可以用间接索引地址法通过CIP-51的CAN0ADR和CAN0DAT寄存器访问这些寄存器。

4.2.3　消息处理器寄存器

消息处理器寄存器为只读寄存器，用间接索引法通过 CAN0ADR、CAN0DATH 和 CAN0DATL 寄存器访问它们的标志位。消息处理器寄存器提供中断、错误、发送/接收请求和新数据信息。

4.2.4　CIP-51 MCU 的特殊功能寄存器

C8051F04x 系列器件用特殊功能寄存器(SFR)来配置、监测和控制其外设。CAN 控制器寄存器中只有 3 个可以直接用 SFR 访问，但是可以通过 3 个 CIP-51 MCU 的 SFR(CAN 数据寄存器 CAN0DATH 和 CAN0DATL、CAN 地址寄存器 CAN0ADR)间接访问所有 CAN 控制器寄存器。

4.2.5　用 CAN0ADR、CAN0DATH 和 CAN0DATL 访问 CAN 寄存器

每个 CAN 控制器寄存器都有一个索引号(见表 4.1)。CAN 寄存器地址空间为 128 个字(256 字节)。当一个 CAN 寄存器的索引号被写入到 CAN 地址寄存器(CAN0ADR)后，就可以通过 CAN 数据寄存器(CAN0DATH 和 CAN0DATL)来访问该 CAN 寄存器。例如，要用一个新值重新配置位定时寄存器，则 CAN0ADR 中写入 0x03，新值的低字节写入到 CAN0DATL，高字节写入到 CAN0DATH。CAN0DATL 是可位寻址的。

下面的程序段将新值 0x2304 装载到位定时寄存器中：

```
CAN0ADR=0x03;//装入位定时寄存器的索引号(见表 4.1)
CAN0DATH=0x23;//将高字节值装入到数据寄存器高字节
CAN0DATL=0x04;//将低字节值装入到数据寄存器低字节
```

注：CAN0CN、CAN0STA 和 CAN0TST 既可以用间接地址索引法访问，也可以通过 CIP-51 MCU 的 SFR 直接访问。CAN0CN(CAN 控制寄存器)位于 SFR 地址 0xF8/SFR 页 1，CAN0TST(CAN 测试寄存器)位于 0xDB/SFR 页 1，CAN0STA 位于 0xC0/SFR 页 1。

表 4.1　CAN 寄存器索引号和复位值

CAN 寄存器索引号	寄存器名称	复位值	注　释
0x00	CAN 控制寄存器	0x0001	可以用 CIP-51 的 SFR 访问
0x01	状态寄存器	0x0000	可以用 CIP-51 的 SFR 访问
0x02	错误寄存器	0x0000	只读

续表 4.1

CAN 寄存器索引号	寄存器名称	复位值	注　释
0x03	位定时寄存器	0x2301	CAN0CN 中的 CCE 位控制其写使能
0x04	中断寄存器	0x0000	只读
0x05	测试寄存器	0x0000	位 7(RX)由 CAN 总线确定,可用 CIP-51 的 SFR 访问
0x06	BRP 扩展寄存器	0x0000	CAN0CN 中的 TEST 位控制其写使能
0x08	IF1 命令请求	0x0001	在 IF1 索引号范围内(0x08～0x12),写 CAN0DATL 时 CAN0ADR 自动加 1
0x09	IF1 命令掩码	0x0000	写 CAN0DATL 时 CAN0ADR 自动加 1
0x0A	IF1 掩码 1	0xFFFF	写 CAN0DATL 时 CAN0ADR 自动加 1
0x0B	IF1 掩码 2	0xFFFF	写 CAN0DATL 时 CAN0ADR 自动加 1
0x0C	IF1 仲裁 1	0x0000	写 CAN0DATL 时 CAN0ADR 自动加 1
0x0D	IF1 仲裁 2	0x0000	写 CAN0DATL 时 CAN0ADR 自动加 1
0x0E	IF1 消息控制	0x0000	写 CAN0DATL 时 CAN0ADR 自动加 1
0x0F	IF1 数据 A1	0x0000	写 CAN0DATL 时 CAN0ADR 自动加 1
0x10	IF1 数据 A2	0x0000	写 CAN0DATL 时 CAN0ADR 自动加 1
0x11	IF1 数据 B1	0x0000	写 CAN0DATL 时 CAN0ADR 自动加 1
0x12	IF1 数据 B2	0x0000	写 CAN0DATL 时 CAN0ADR 自动加 1
0x20	IF2 命令请求	0x0001	在 IF2 索引号范围内(0x20～0x2A),写 CAN0DATL 时 CAN0ADR 自动加 1
0x21	IF2 命令掩码	0x0000	写 CAN0DATL 时 CAN0ADR 自动加 1
0x22	IF2 掩码 1	0xFFFF	写 CAN0DATL 时 CAN0ADR 自动加 1
0x23	IF2 掩码 2	0xFFFF	写 CAN0DATL 时 CAN0ADR 自动加 1
0x24	IF2 仲裁 1	0x0000	写 CAN0DATL 时 CAN0ADR 自动加 1
0x25	IF2 仲裁 2	0x0000	写 CAN0DATL 时 CAN0ADR 自动加 1
0x26	IF2 消息控制	0x0000	写 CAN0DATL 时 CAN0ADR 自动加 1
0x27	IF2 数据 A1	0x0000	写 CAN0DATL 时 CAN0ADR 自动加 1
0x28	IF2 数据 A2	0x0000	写 CAN0DATL 时 CAN0ADR 自动加 1
0x29	IF2 数据 B1	0x0000	写 CAN0DATL 时 CAN0ADR 自动加 1
0x2A	IF2 数据 B2	0x0000	写 CAN0DATL 时 CAN0ADR 自动加 1

续表 4.1

CAN 寄存器索引号	寄存器名称	复位值	注　释
0x40	发送请求 1	0x0000	消息对象发送请求标志(只读)
0x41	发送请求 2	0x0000	消息对象发送请求标志(只读)
0x48	新数据 1	0x0000	消息对象新数据标志(只读)
0x49	新数据 2	0x0000	消息对象新数据标志(只读)
0x50	中断标志 1	0x0000	消息对象中断请求标志(只读)
0x51	中断标志 2	0x0000	消息对象中断请求标志(只读)
0x58	消息有效 1	0x0000	消息对象消息有效标志(只读)
0x59	消息有效 2	0x0000	消息对象消息有效标志(只读)

4.2.6　CAN0ADR 自动加 1 功能

为便于对消息对象编程，CAN0ADR 在索引范围 0x08～0x12(接口寄存器 1)和 0x20～0x2A(接口寄存器 2)内有自动加 1 功能。当 CAN0ADR 中的索引号位于这两个范围内时，CAN0ADR 在每次读/写 CAN0DATL 时自动加 1，指向下一个 CAN 寄存器 16 位的字。在配置消息对象时，这一特性可以加快对频繁访问的接口寄存器的访问速度。

4.2.7　消息处理寄存器

包括消息中断寄存器、消息请求寄存器、消息新数据寄存器、中断挂起寄存器以及消息有效寄存器。这些寄存器只能读，反映各个消息的状态。

4.3　CAN 特殊功能寄存器的详细说明

4.3.1　CAN 控制寄存器

CAN 控制寄存器(索引号:0x00)各位的定义如图 4.6 所示。

在 Init 复位以后的等待期间，每次监测到一个 11 个 recessive(隐性)比特的序列，就会有一个 Bit0Error(比特 0 错误)编码写入状态寄存器，使 CPU 可以检测 CAN 总线是否固定于 dominant(显性，即逻辑 0)状态或者被连续干扰，还可以监视 busoff(关总线)恢复队列的进程。

R	R	R	R	R	R	R	R	R/W	R/W	R/W	R	R/W	R/W	R/W	R/W
RES	RES	RES	RES	RES	RES	RES	RES	Test	CCE	DAR	RES	EIE	SIE	IE	Init
15	14	13	12	11	10	9	8	7	6	5	4	3	2	1	0

复位值：0x0001　　索引号: 0X00

Test：Test Mode Enable，启用测试模式。
　1：测试模式。
　0：正常运行。
CCE：Configuration Change Enable，允许改变设置。
　1：CPU有数据写入到位定时寄存器(当Init＝1时)。
　0：CPU没有数据写入到位定时寄存器。
DAR：Disable Automatic Retransmission，禁用自动重传。
　1：禁用自动重传。
　0：启用消息干扰自动重传。
EIE：Error Interrupt Enable，允许出错中断。
　1：启用，状态寄存器中的BOff 位和EWarn位改变时产生一个中断。
　0：禁用，不产生错误状态中断。
SIE：Status Change Interrupt Enable，允许状态改变中断。
　1：启用，当一个消息成功传输或检测到CAN 总线出错时产生一个中断。
　0：禁用，不产生状态改变中断。
IE：Module Interrupt Enable，允许模块中断。
　1：启用，若有中断，则IRQ_B被置为低电平，并保持低电平直到所有的中断都被处理。
　0：禁用，模块中断IRQ_B总是处于高电平。
Init：Initialization，初始化。
　1：开始初始化。
　0：正常运行。
注意：不能通过将Init 位置位或复位来缩短busoff恢复序列。要等待恢复序列结束才开始运行CAN总线。如果设备goes busoff，它会停止所有总线活动，并将Init位设为同它一致。一旦CPU清除了Init位，设备在重新开始正常运行之前会等待129个总线空闲周期(129×11个连续recessive比特)。 在busoff恢复序列的后期，错误管理计数器会被重置。

图 4.6　CAN 控制寄存器

4.3.2　状态寄存器

状态寄存器(索引号:0x01)各位的定义如图 4.7 所示。

假设 CAN 控制寄存器中的相应允许位都已经被设定，则可以通过 BOff 和 EWarn 位(出错中断)或者 RxOk、TxOk 和 LEC 位(状态改变中断)来产生状态中断。EPass 位(被动出错位)的改变，或者对 RxOk、TxOk 和 LEC 的写操作都不能够改变状态中断。

若状态中断还未处理的话，读取状态寄存器会清除中断寄存器中的状态中断值(8000H)。

R	R	R	R	R	R	R	R	R	R	R/W	R/W	R/W	R/W
RES	RES	RES	RES	RES	RES	RES	RES	BOff	EWarn	EPass	RxOk	TxOk	LEC
15	14	13	12	11	10	9	8	7	6	5	4	3	2 1 0

复位值：0x0000　　　　索引号：0x01

BOff：状态。
　1：CAN模块处于busoff 状态。
　0：CAN模块不处于busoff 状态。

EWarn：警告状态。
　1：至少有一个EML中的错误计数器达到了警戒值96。
　0：两个错误计数器的值都在96以下。

EPass：被动出错。
　1：CAN核处于error passive状态。
　0：CAN核处于error active状态。

RxOk：成功接收一条消息。
　1：自从CPU最近一次将其复位(置“0”)以后，有消息成功接收(不依赖于接收过滤的结果)。
　0：自从CPU最近一次将其复位以后，没有消息完整地被成功接收。CAN核从不将其复位。

TxOk：成功传输一条消息。
　1：若CPU最后将其复位，表明一条完整的消息成功(无错并至少被间隔节点确认)传输。
　0：若CPU将其复位，表明消息传输不成功。CAN核不会将其复位。

LEC：最后错误码(在CAN总线上发生的最后一个错误的类型)。
　0：无错。
　1：Stuff Error (位填充错误)。
　　在一条接收到的消息的一部分中，出现了一个序列有多于5个相等的比特，而这是不允许的。
　2：Form Error(格式错误)。
　　一个接收帧中的固定格式部分有错误的格式。
　3：AckError(确认错误)。
　　这个CAN核传输的消息没有被另一个节点确认。
　4：Bit1Error(比特1错误)。
　　在一条消息的传输期间（仲裁域除外），设备想要发送一个recessive level (逻辑值为1的比特)，但是监视的总线值为dominant。
　5：Bit0Error(比特0错误)。
　　在一条消息的传输期间(或确认位，或活动错误标志，或过载标志），设备想要发送一个dominant level(数据或标识符位逻辑值“0”)，但是监视总线的值为recessive。在busoff恢复期间，每当有由11个recessive比特组成的序列被检测到时，这个状态要被置位，这使得CPU能够监视busoff恢复序列的进程。
　6：CRCError(CRC错误)。
　　接收到的消息中CRC检查和不正确，即接收到的CRC检查和同对接收到的数据进行计算得到的检查和不相等。
　7：unused(不使用的)。
　　当LEC显示数值“7”时，在CPU将这个值写到LEC的情况下将检测不到任何CAN总线的状态，此编码显示了CAN总线上发生的最后错误的类型。如果消息已经无错传输(接收或发出)，它将被清0。 可以用CPU写入unused码“7”来检查更新。

图 4.7　CAN 状态寄存器

4.3.3　错误计数器

错误计数器(索引号:0x02)各位的定义如图 4.8 所示。

R	R							R							
RP	REC6~0							TEC7~0							
15	14	13	12	11	10	9	8	7	6	5	4	3	2	1	0

复位值：除位7由总线决定外，其余为0　　索引号：0x02

RP：被动接收出错。
1：接收错误计数器的值达到了error passive level(被动错误警戒值)，后者在CAN 规范中定义。
0：接收错误计数器值在 error passive level 以下。
REC6~0：接收错误计数器。
接收错误计数器的当前值(0～127)。
TEC7~0：发送错误计数器。
发送错误计数器的当前值(0～255)。

图 4.8　CAN 错误计数器

4.3.4　位定时寄存器

位定时寄存器(索引号:0x03)各位的定义如图 4.9 所示。

R	R/W			R/W				R/W		R/W					
Res	Tseg2			Tseg1				SJWP		BRPE					
15	14	13	12	11	10	9	8	7	6	5	4	3	2	1	0

复位值：0x2301　　索引号：0x03

TSeg1：采样点之前的时间片。
0x01~0x0F：TSeg1的有效值为1~15，硬件对这个值的实际解释是将这些值加1。
TSeg2：采样点之后的时间。
0x0~0x7：TSeg2的有效值为0~7，硬件对这个值的实际解释是将这些值加1。
SJWP：同步跳变的宽度。
0x0~0x3：有效的编程值为0~3，硬件对这个值的实际解释是将这些值加1。
BRPE：波特率预定标器。
0x01~0x3F：振荡器频率除以这个值即为位定时量子。位定时值就是定时量子的倍数。波特率预定标器的有效值为0~63，硬件对这个值的实际解释是将这些值加1。
注：Sync_Seg同步段的长度固定为一个量子时间时，位定时寄存器不用设定。

图 4.9　位定时寄存器

注意:当模块时钟频率 CAN_CLK 为 8 MHz 时(周期 125 ns),如果把 0x2301 的值置入 CAN 的位定时寄存器,这时 Tseg1 实际解释值为 2＋1＝3,Tseg2 实际解释值为 3＋1＝4,SJWP 实际解释值为 0＋1＝1,BRPE 实际解释值为 2－1＝1。CAN 的比特率计算出来是(3＋4＋1)×2×125 ns＝4000 ns＝4 us。CAN 波特率是 250 Kbps,如果要设定,先要置位 CAN 控制寄存器中的 CCE 和 Init 位。

4.3.5 测试寄存器

测试寄存器(索引号:0x05)各位的定义如图4.10所示。

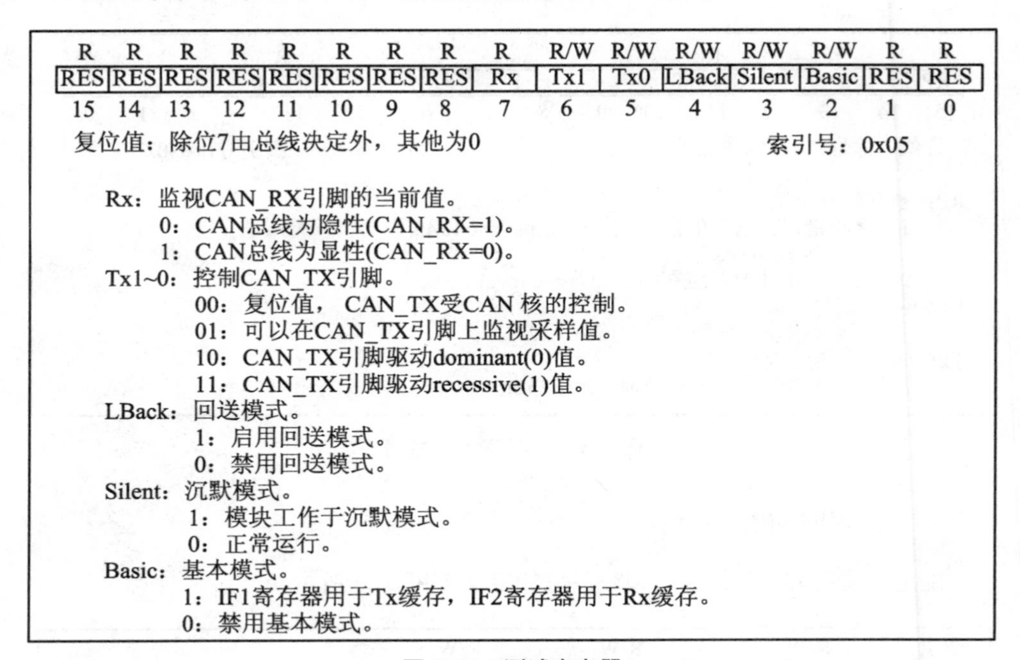

R R R R R R R R R R/W R/W R/W R/W R/W R R
RES RES RES RES RES RES RES RES Rx Tx1 Tx0 LBack Silent Basic RES RES
15 14 13 12 11 10 9 8 7 6 5 4 3 2 1 0
0x00~0x0F：通过对BRPE编程，可以将BRP的值扩展到1023,硬件的实际解释是将BRPE(MSBs)和BRP(LSBs)设置的值加1。
复位值：除位7由总线决定外，其他为0
索引号：0x05
Rx：监视CAN_RX引脚的当前值。
0：CAN总线为隐性(CAN_RX=1)。
1：CAN总线为显性(CAN_RX=0)。
Tx1~0：控制CAN_TX引脚。
00：复位值，CAN_TX受CAN 核的控制。
01：可以在CAN_TX引脚上监视采样值。
10：CAN_TX引脚驱动dominant(0)值。
11：CAN_TX引脚驱动recessive(1)值。
LBack：回送模式。
1：启用回送模式。
0：禁用回送模式。
Silent：沉默模式。
1：模块工作于沉默模式。
0：正常运行。
Basic：基本模式。
1：IF1寄存器用于Tx缓存，IF2寄存器用于Rx缓存。
0：禁用基本模式。

图4.10 测试寄存器

通过设置CAN控制寄存器中的Test位,可以对测试寄存器进行写操作。不同的测试功能可以结合,但是Tx1～0不等于“00”时会干扰消息传输。

4.3.6 BRP扩展寄存器

波特率预定标扩展寄存器(索引号:0x06H)各位的定义如图4.11所示。

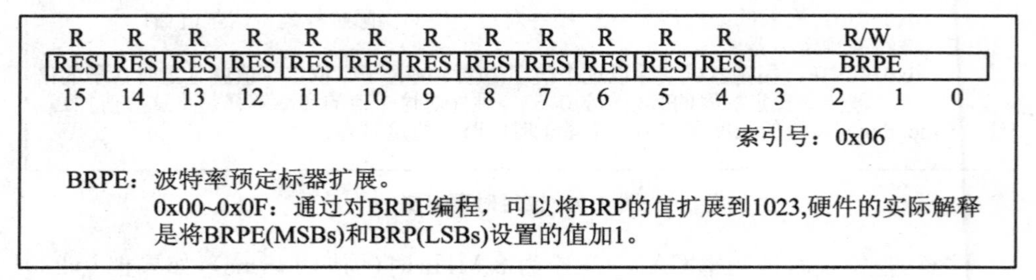

图4.11 BRP扩展寄存器

4.3.7 消息接口寄存器组

有两组接口寄存器被用来控制CPU对消息RAM的访问。接口寄存器通过缓存传输将要传输的数据，避免了CPU访问消息RAM时同CAN消息的发送和接收之间的冲突。在单个传输中，一个完整的消息对象或者消息对象的一部分在消息RAM和IFx消息缓冲寄存器之间进行可靠传输。两个接口寄存器组的功能是一样的(除了测试处于基本模式)。它们可以这样使用：一组寄存器用来接收数据到消息RAM，而另一组则用来从消息RAM发送数据，同时允许它们之间互相被中断。

每一组接口包括由它们自己的命令请求寄存器控制的消息缓冲寄存器。命令掩码寄存器指定了数据传输的方向以及哪一部分消息对象要被传输。命令请求寄存器用于选择消息RAM中的一个消息作为传输的目标或源，并开始执行由命令掩码寄存器指定的动作。

1. IFx命令请求寄存器(索引号：0x08，0x20)

CPU将消息号写入命令请求寄存器，一条消息的传输便开始了。伴随着写操作，Busy位自动设为“1”，CAN_WAIT_B信号变为低电平以便通知CPU传输正在进行中。等待大约3～6个CAN_CLK时间段以后，接口寄存器和消息RAM之间的传输完成。Busy位变回低电压“0”，CAN_WAIT_B变回高电平。CAN_WAIT_B是由硬件和busy位共同控制的。IFx命令请求寄存器各位的定义如图4.12所示，0x01～0x20共有32个消息号。

	R	R	R	R	R	R	R	R	R	R	R/W
IF1 命令请求寄存器 (索引号0x08)	Busy	RES	RES	RES	RES	RES	RES	RES	RES	RES	Message Nunber
IF2 命令请求寄存器 (索引号0x20)	Busy	RES	RES	RES	RES	RES	RES	RES	RES	RES	Message Nunber
	15	14	13	12	11	10	9	8	7	6	5 4 3 2 1 0

Busy：忙碌标。
1：对IFx命令请求寄存器进行写操作的时候设为“1”。
0：当完成读/写操作时重设为“0”。
Message Number：消息号码。
0x01~0x20：有效Message Number(消息号)，选中消息RAM中的消息对象进行传输。
0x00：不是一个有效的消息号，当作0x20中断。
0x21~0x3F：不是一个有效的消息号，当作0x01~0x1F中断。
注意：当一个无效的消息号写入命令请求寄存器时，这个消息号会转换成一个有效值，然后传输这个消息对象。

图4.12 IFx命令请求寄存器

2. IFx命令掩码寄存器(索引号：0x09，0x21)

命令掩码寄存器中的控制位指定了传输的方向，并且决定选择哪个IFx消息缓存寄存器作为数据发送的目的或源。各位定义如图4.13所示。IFx命令掩码寄存器实质上的功能是引导访问掩码、仲裁、控制位、中断、传输请求位5个寄存器。因为除初始化以外，用户经常没有必要同时访问5个寄存器和数据前4个字节或后4个字节，往往只访问其中部分寄存器中的某一二位。有了IFx命令掩码寄存器可以节约时间，但是也带来了麻烦，因为每次访问必须分两步进行，先访问IFx命令掩码寄存器，再访问其他寄存器或相应数据字节。

	15–8	7	6	5	4	3	2	1	0
	R	R/W	R/W	R/W	R/W	R/W	R/W	R/W	R/W
IF1命令掩码寄存器(索引号0x09)	RES	WR/RD	Mask	Arb	Control	ClrIntPnd	TxRqst NewDtaa	Data A	Data B
IF2命令掩码寄存器(索引号0x21)	RES	WR/RD	Mask	Arb	Control	ClrIntPnd	TxRqst NewDtaa	Data A	Data B

WR/RD：写/读控制。
1：写，将选中的消息缓冲寄存器中的数据发送到命令请求寄存器寻址的消息对象。
0：读，将通过请求寄存器寻址的消息对象中的数据发送到选中的消息缓冲寄存器。

IFx命令掩码寄存器中的其他位根据传输方向不同而有不同的功能。

方向=写

MASK：访问掩码位。
1：发送标识掩码＋MDir＋MXtd到消息对象。
0：掩码位不变。

Arb：访问仲裁位。
1：发送 Identifier + Dir + Xtd + MsgVal到消息对象。
0：仲裁位不变。

Control：访问控制位。
1：发送控制位到消息对象。
0：控制位不变。

ClrlntPnd：清除未处理中断位。
注意：当写入消息对象时，此位被忽略。

TxRqst/NewDat：访问传输请求位。
1：设置TxRqst位。
0：TxRqst位不变。
注意：如果通过设置IFx命令掩码寄存器中的TxRqst/NewDat位来请求传输，则IFx消息控制寄存器中的TxRqst位将被忽略。

Data A：访问数据字节0~3。
1：将数据字节0~3发送到消息对象。
0：数据字节0~3不变。

Data B：访问数据字节4~7。
1：将数据字节4~7发送到消息对象。
0：数据字节4~7不变。

方向=读

Mask：访问掩码位。
1：发送标识掩码＋MDir＋MXtd到IFx消息缓冲寄存器。
0：掩码位不变。

Arb：访问仲裁位。
1：发送 Identifier + Dir + Xtd + MsgVal 到IFx消息缓冲寄存器。
0：仲裁位不变。

Control：访问控制位。
1：发送控制位到IFx消息缓冲寄存器。
0：控制位不变。

ClrlntPnd：清除未处理中断位。
1：清除消息对象中的IntPnd位。
0：IntPnd位保持不变。

TxRqst/NewDat：访问传输请求位。
1：清除消息对象中的NewDat位。
0：NewDat位保持不变。
注意：对消息对象的读访问可以同IntPnd 和NewDat控制位的复位相结合，这些位的值被发送到IFx消息控制寄存器，反映了它们复位前的状态。

Data A：访问数据字节0~3。
1：将数据字节0~3发送到IFx消息缓冲寄存器。
0：数据字节0~3不变。

Data B：访问数据字节4~7。
1：将数据字节4~7发送到IFx消息缓冲寄存器。
0：数据字节4~7不变。

图 4.13 IFx命令掩码寄存器

3. IFx掩码寄存器(索引号:0x0A,0x0B,0x22,0x23)

IFx掩码寄存器各个位的定义如图4.14所示。这里掩码是指对各个消息的掩码。

	R/W	R/W	R	R/W
IF1掩码寄存器1(索引号：0x0A)	Msk15~0			
IF1掩码寄存器2(索引号：0x0B)	MXtd	MDir	Res	Msk28~16
IF2掩码寄存器1(索引号：0x22)	Msk15~0			
IF2掩码寄存器2(索引号：0x23)	MXtd	MDir	Res	Msk28~16
	15	14	13	12 11 10 9 8 7 6 5 4 3 2 1 0

MXtd：屏蔽扩展标志符(即ID是否要扩展的掩码过滤标识符)。
1：扩展标志符位（IDE）用作接受的过滤。
0：扩展标志符位（IDE）对接受过滤作用没有影响。
注意：当11位（标准）标志符用作消息对象时，接收数据桢的标志符写入到ID28到ID18位。对接受过滤，只有这些带有屏蔽位Msk28到Msk18才会被考虑。
MDir：屏蔽方向。
1：消息方向位（Dir）用于接受过滤。
0：消息方向位（Dir）对于接受过滤没有影响。
Msk 28~0：屏蔽标志符。
1：该位屏蔽。
0：该位不屏蔽。
仲裁寄存器ID28~0，Xtd，Dir用于定义标志符，发出消息的类型和被用在要进来消息的接受过滤（与屏蔽寄存器Msk28-0，MXtd，MDir一同使用）。一个接收的消息被存储在带有匹配标志符和方向=接收（数据桢）或方向=输出（远程桢）的有效消息对象中。扩展桢只是被存储在带有Xtd=1的消息对象，标准桢则是对入Xtd=0的消息对象。如果一个接收的消息（数据桢或远程桢）与不只一个的有效消息对象相匹配，则接收消息存入有着最低标号的消息。更详细的见消息对象的过滤接受。

图4.14　IFx消息掩码寄存器

4. IFx仲裁寄存器(索引号:0x0C,0x0D,0x24,0x25)

IFx仲裁寄存器各个位的定义如图4.15所示。

5. IFx消息控制寄存器(索引号:0x0E,0x26)

IFx消息控制寄存器各位的定义如图4.16所示。

6. IFx数据A和数据B寄存器

IFx数据A和数据B寄存器索引号分别为0x0F,0x10,0x11,0x12,0x27,0x28,0x29,0x2A。

CAN消息的数据字节按图4.17顺序存放在IFx消息缓冲寄存器中。

在每一个CAN数据的帧中,Data(0)是第一个传送或接受的,Data(7)是最后一个。在CAN连续的位流中,每一个字节的最高有效位被第一个传送。这也是每个消息对象所发送或接收最多的字节。

	R/W	R/W	R/W	R/W
IF1仲裁寄存器1 (索引号：0x0C)	ID15~0			
IF1仲裁寄存器2 (索引号：0x0D)	MsgVal	Xtd	Dir	ID28~16
IF2仲裁寄存器1 (索引号：0x24)				
IF2仲裁寄存器2 (索引号：0x25)	MsgVal	Xtd	Dir	ID28~16
	15	14	13	12 11 10 9 8 7 6 5 4 3 2 1 0

MsgVal：消息有效。

1：消息对象被配置并且通过消息处理来考虑。

0：消息对象被消息处理忽略。

注意：在初始化时，并且在CPU重置CAN控制寄存器的 Init位之前，CPU必须重置所有未被设置的消息对象的MsgVal位。这个位还必须要在标志位Id28~0，控制位Xtd、Dir，数据长度码DLC3~0修正之前或消息对象已经不再要求的情况下被重置。

Xtd：扩展标志符。

1：29位(扩展)标志符将会在消息对象中使用。

0：11位(标准)标志符将会在消息对象中使用。

Dir：消息方向。

1：方向=传输。

在传输请求TxRqst置位后，指定的消息对象以数据帧被传输。在接收带有匹配标志符的远程桢时，这个消息对象的TxRqst位被设置(如果RmtEn=1)。

0：方向=接收。

在传输请求TxRqst置位后，这个消息对象的带有标志符的远程帧被传送。在接收带有标志符的数据帧时，消息被存储在消息对象中。

ID28~0：消息标志符。

ID28~ID0：29位标志符(扩展帧)。

ID28~ID18：11位标志符(标准帧)。

Msk28~0：屏蔽标志符。

1：相关的标志符位被用于接收过滤。

0：在消息对象标志符的相关位不能接受过滤并匹配或抑制扩展位。

图 4.15　IFx 仲裁寄存器

在消息 RAM 中有 32 个消息对象。为了避免 CPU 到消息 RAM 的通路和 CAN 消息接收与传输冲突，CPU 不能直接访问消息对象，这些对象通过 IFx 接口寄存器来控制。表 4.2 给出了消息对象的两种结构的概况。

	R/W	R/W	R/W	R/W	R/W	R/W	R/W	R/W	R/W	R	R	R	R/W
IF1消息控制寄存器(索引号：0x0E)			IntPnd		TxIE	RxIE	RntEn	TxRqxt	EoB	RES	RES	RES	DLC3~0
IF2消息控制寄存器(索引号：0x26)			IntPnd		TxIE	RxIE	RntEn	TxRqxt	EoB	RES	RES	RES	DLC3~0
	15	14	13	12	11	10	9	8	7	6	5	4	3 2 1 0

NewDat：新数据。
　1：消息处理或是CPU已经向这个消息对象的一部分写入新的数据。
　0：自从这个标志上次被CPU清零后，没有新的数据写入这个消息对象的一部分。
Msglst：消息丢失(只有当消息对象的方向=接收时才有效)
　1：在NewDat被设置时消息处理对这个对象存入了一个新的消息，这时CPU丢失了一个消息。
　0：从CPU对这个位重置以来，没有消息的丢失。
IntPnd：中断悬挂。
　1：这个消息对象是中断源，中断寄存器中的中断标志符会指向这个消息对象，如果这时没有其他更高优先级的中断源。
　0：这个消息对象不是中断源。
UMasK：使用接收屏蔽
　1：使用屏蔽(Msk28~0、MXtd和MDir)用来接收过滤。
　0：屏蔽忽略。
　注意：如果UMask位不为“1”，消息对象的屏蔽位将在MsgVal设为“1”之前的消息对象初始化中被编程。
TxIE：传输中断允许。
　1：在桢的成功传输后IntPnd就会被设置。
　0：在桢的成功传输后IntPnd不会变化。
RxIE：接收中断允许。
　1：在桢的成功接收后IntPnd就会被设置。
　0：在桢的成功接收后IntPnd不会变化。
RmtEn：远程允许。
　1：在接收远程桢时，TxRqst被设置。
　0：在接收远程桢时，TxRqst不变。
TxRqst：传输请求。
　1：消息对象的传输被请求而且还没有完成。
　0：这个消息对象没有等待传输。
EoB：缓冲器的结束。
　1：单个消息对象或是FIFO缓冲的最后一个对象。
　0：消息对象属于一格FIFO缓冲并且不是这个队列的最后一个消息对象。
　注意：这个位用于联系两个或更多的消息对象而建立一个FIFO缓冲。对单个消息对象(不属于FIFO缓冲)这个位必须置“1”，对于多个消息对象此位置“0”。
DLC3~0：数据长度码。
　0~8：数据桢有0~8个数据字节。
　9~15：数据桢有8个数据字节。
注意：消息对象的数据长度码被定义，要在同时在有着相同标志符的所有相关对象的其他节点也要定义。当消息处理存储一个数据桢时，它会把DLC写入由接收对象所给出的值。
　Data 0 CAN数据桢的第一个数据字节。
　Data 1 CAN数据桢的第二个数据字节。
　Data 2 CAN数据桢的第三个数据字节。
　Data 3 CAN数据桢的第四个数据字节。
　Data 4 CAN数据桢的第五个数据字节。
　Data 5 CAN数据桢的第六个数据字节。
　Data 6 CAN数据桢的第七个数据字节。
　Data 7 CAN数据桢的第八个数据字节。
　注意：Data 0字节是在接收过程中第一个移动到CAN核的移位寄存器的数据字节，Data 7是最后的。当消息处理存储一个数据桢，它会把所有的8个字节都写入消息对象。如果数据长度码小于8，消息对象的剩余字节就会被非特殊值覆盖。

图 4.16　IFx 消息控制寄存器

	|15 …… 8 | 7 …… 0|	
	R/W	R/W
IF1 Message Data A1 (addresses 0x0F)	Data(1)	Data(0)
IF1 Message Data A2 (addresses 0x10)	Data(3)	Data(2)
IF1 Message Data B1 (addresses 0x11)	Data(5)	Data(4)
IF1 Message Data B2 (addresses 0x12)	Data(7)	Data(6)
IF2 Message Data A1 (addresses 0x27)	Data(1)	Data(0)
IF2 Message Data A2 (addresses 0x28)	Data(3)	Data(2)
IF2 Message Data B1 (addresses 0x29)	Data(5)	Data(4)
IF2 Message Data B2 (addresses 0x2A)	Data(7)	Data(6)
	15 14 13 12 11 10 9 8 7 6 5 4 3 2 1 0	

图 4.17 IFx 数据 A 和数据 B 寄存器

表 4.2 消息对象的两种结构

Message Object(消息对象)												
UMask	Msk28～0	MXtd	MDir	EoB	NewDat *		MsgLst *	RxIE	TxIE	IntPnd *	RmtEn	TxRqst *
MsgVal	ID28～0	Xtd	Dir	DLC3～0	Data 0	Data 1	Data 2	Data 3	Data 4	Data 5	Data 6	Data 7

注：* 表示由内部硬件决定，CPU 只能读后再处理，其他各位是可以改变的，每个消息 136 位，即 UMask(1)＋MsgVal(1)＋MXtd(1)＋Xtd(1)＋MDir(1)＋Dir(1)＋EoB(1)＋DLC3～0(4)＋RxIE(1)＋TxIE(1)＋RmtEn(1)＋Msk28～0(29)＋ID28～0(29)＋Data(64)＝136 位。

UMask：屏蔽码使能；Msk28～0：屏蔽掩码；MDir：过滤方向；MXtd：掩码长度；EoB：队列最后一个；NewDat：消息新数据；MasgLst：消息丢失；RxIE：接收允许；TxIE：发送允许；IntPnd：中断挂起；TxRgst：发送请求位；MsgVal：消息有效；ID28～0：标准码；Xtd：标准码长度；Dir：方向；DLC3～0：数据长度；Data：数据。

4.3.8 消息处理寄存器

所有的消息处理寄存器都是只读的，它们的内容（每一个消息对象的 TxRqst、NewDat、intPnd、MsgVal 位和中断标志符）是由消息处理的有限状态机所提供的当前信息。

1. 中断寄存器（索引号：0x04）

中断寄存器各个位的定义如图 4.18 所示。

如果几个中断正在挂起，则 CAN 中断寄存器以最高的优先级来指向这些挂起的中断，而不考虑它们的时序。在 CPU 发出清除命令前，一个中断是一直保持挂起。如果 Intld 不为 0x0000 并且中断有效已设置，到 CPU 和 IRQ_B 的中断线（Interrupt Line）有效。IRQ_B 的中断请求线通知 CPU 还有消息没有处理。在 Intld 回到 0x0000 值（中断的原因被重置）或中断有效被重置之前，中断线是一直有效的。状态中断有着最高的优先级。在消息中断中，消息对象的中断优先级高低是随着消息编号的增加而减小的，消息编号是与进入 FIFO 的顺序有关的号码。

消息中断是由清除消息对象的IntPnd位来清除的，而状态中断由读取状态寄存器来清除。

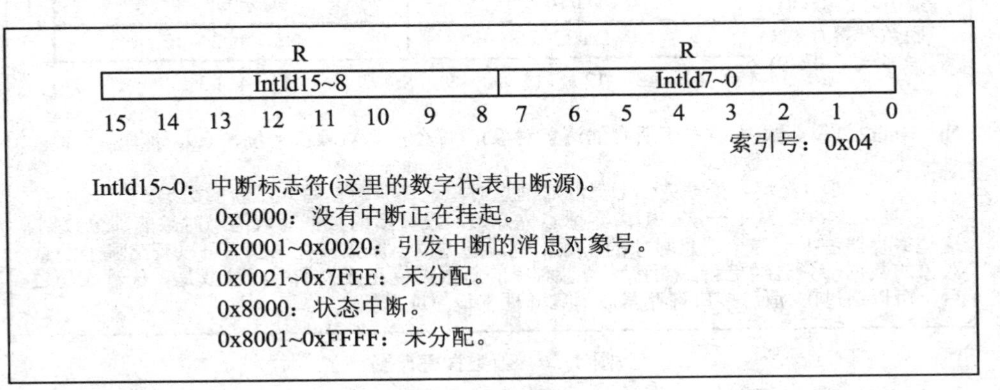

图4.18　中断寄存器

2. 传输请求寄存器

传输请求寄存器各个位的定义如图4.19所示。

	R	R
传输请求寄存器1 (索引号：0x40)	TxRqst16~9	TxRqst8~1
传输请求寄存器2 (索引号：0x41)	TxRqst32~25	TxRqst24~17
	15 14 13 12 11 10 9 8	7 6 5 4 3 2 1 0

TxRqst32~1：传输请求位(对于所有的消息对象)。

1：消息对象的传输是被请求的而且没有完成。

0：消息对象没有等待被传输。

这个寄存器占据着32个消息对象的TxRqst位。通过读取TxRqst位，CPU可以查出哪个消息对象的传输请求是挂起的。而特殊消息对象的TxRqst位在接收到远程桢或是在传输成功之后，可以通过IFx消息接口寄存器或消息处理来设置或重置。

图4.19　传输请求寄存器

3. 新数据寄存器

新数据寄存器各个位的定义如图4.20所示。

4. 中断挂起寄存器

中断挂起寄存器各个位的定义如图4.21所示。

5. 消息有效寄存器

消息有效寄存器各个位的定义如图4.22所示。

	R		R	
新数据寄存器1 (索引号：0x48)	NewDat16~9		NewDat8~1	
新数据寄存器2 (索引号：0x49)	NewDat32~25		NewDat24~17	
	15 14 13 12 11 10 9 8		7 6 5 4 3 2 1 0	

NewDat32~1：新数据位(对于所有的消息对象)，每个消息对象占一位，表示该消息是否有新数据。
1：消息处理或CPU已经对消息对象的部分数据写入了新的数据。
0：从上一次CPU清零标志位开始，没有新的数据写入消息对象的部分数据。

这些寄存器占据着32个消息对象的新数据位。通过读出新数据位，CPU可以查出哪个消息对象的数据部分已经更新。而特殊消息对象的新数据位在接收到远程桢或是在传输成功之后，可以通过IFx消息接口寄存器或消息处理来设置或重置。

图 4.20 新数据寄存器

	R	R
中断挂起寄存器1 (索引号：0x50)	IntPnd16~9	IntPnd8~1
中断挂起寄存器2 (索引号：0x51)	IntPnd32~25	IntPnd24~17
	15 14 13 12 11 10 9 8	7 6 5 4 3 2 1 0

IntPnd32~1：中断挂起位(对于所有的消息对象)，每个消息占一位。
1：这个消息对象是中断源。
0：这个消息对象不是中断源。

这些寄存器占据着32个消息对象的IntPnd位。通过读出IntPnd位，CPU可以查出哪个消息对象的中断是挂起的。特殊消息对象的中断挂起位在接收到远程桢或是在传输成功之后，可以通过IFx消息接口寄存器或消息处理来设置或重置，而这也会影响中断寄存器的中断标志值。

图 4.21 中断挂起寄存器

	R	R
消息有效寄存器1 (索引号：0x58)	MsgVal16~9	MsgVal8~1
消息有效寄存器2 (索引号：0x59)	MsgVal132~25	MsgVal124~17
	15 14 13 12 11 10 9 8	7 6 5 4 3 2 1 0

MsgVal32~1：消息有效位(对于所有的消息对象)，每个消息占一位。
1：这个消息对象在被配置而且应该用消息处理来考虑。
0：这个消息对象应被消息处理忽略。

这些寄存器占据着32个消息对象的MsgVal位。通过读出消息有效位，CPU可以查出哪个消息对象是有效的。而特殊消息对象的消息有效位可以通过IFx消息接口寄存器来设置或重置。

图 4.22 消息有效寄存器

4.4 CAN 的应用

1. 消息对象的管理

消息 RAM 中的消息对象的配置(除了 MsgVal、NewDat、IntPnd、TxRqst 外)是不会随芯片的重置而被改变的。所有的消息对象都由 CPU 来初始化,否则这些消息对象是无效的(MsgVal=0),并且在 CPU 清除 CAN 控制寄存器中的 Init 位之前定时位(bit timing)必须已经配置完成。对消息对象要先配置,再通过 IFx 多个寄存器装入到消息 RAM 中。

消息对象的配置是由编程设置、判优、控制来完成的,然后再将两个接口寄存器中的数据设置到一个期望的值。通过写入相关的 IFx 命令请求寄存器,IFx 的消息缓冲寄存器就会在消息 RAM 中装入带有地址的消息对象。

当 CAN 控制寄存器的 Init 位已经清除不初始化时,CAN_Core(CAN 核)的 CAN 协议控制状态机和消息处理状态机控制着 CAN 的内部数据流。那些通过认可的已经接收的数据存储在消息 RAM 中,而那些等待传输请求的消息被装入到 CAN 核的移位寄存器并通过 CAN 总线进行传输。CPU 读取收到的消息并且通过 IFx 的接口寄存器对将要传送的消息进行更新。依靠配置信息,CPU 会被一些特定的 CAN 消息和 CAN 错误所中断。

2. 消息处理状态机

消息处理控制着 CAN 核的 Rx/Tx 移位寄存器与消息 RAM、IFx 寄存器的数据传输。

消息处理的有限状态机控制以下功能:

- 从 IFx 寄存器到消息 RAM 的数据传输。
- 从消息 RAM 到 IFx 寄存器的数据传输。
- 从移位寄存器到消息 RAM 的数据传输。
- 从消息 RAM 到移位寄存器的数据传输。
- 从移位寄存器到接收过滤单元的数据传输。
- 扫描消息 RAM 来匹配消息对象。
- TxRqst 标志的控制。
- 中断的控制。

3. 消息 RAM 的双向数据传输

当 CPU 初始化一个 IFx 寄存器与消息 RAM 之间进行数据传输时,消息处理机把命令寄存器的 BUSY 位置 1。当传输完成后,BUSY 位设置回 0(见图 4.23)。命令掩码寄存器指明了要传输的是一个完整的消息对象或者只是它的一部分。考虑到消息 RAM 的结构，不可能只写入消息对象的单个位或字节，所以向消息 RAM 写入完整的消息对象是必需的（即 136 位）。所以，从 IFx 寄存器到消息 RAM 的数据传输要求一个读-修改-写循环。首先将不需要改变的消息对象的一部分从消息 RAM 中读出，然后完整的消息缓冲寄存器的内容写入消息对象。

在消息对象的部分写入之后，那些没有在命令屏蔽寄存器中被选中的消息缓冲寄存器，将会被设置为已选中的消息对象的实际内容，也就是被选中的一组消息对象（包括部分修改和部分没有修改）所代替。但在消息对象的部分读出之后，那些没有在命令屏蔽寄存器中被选中的消息缓冲寄存器将不会有任何变化。

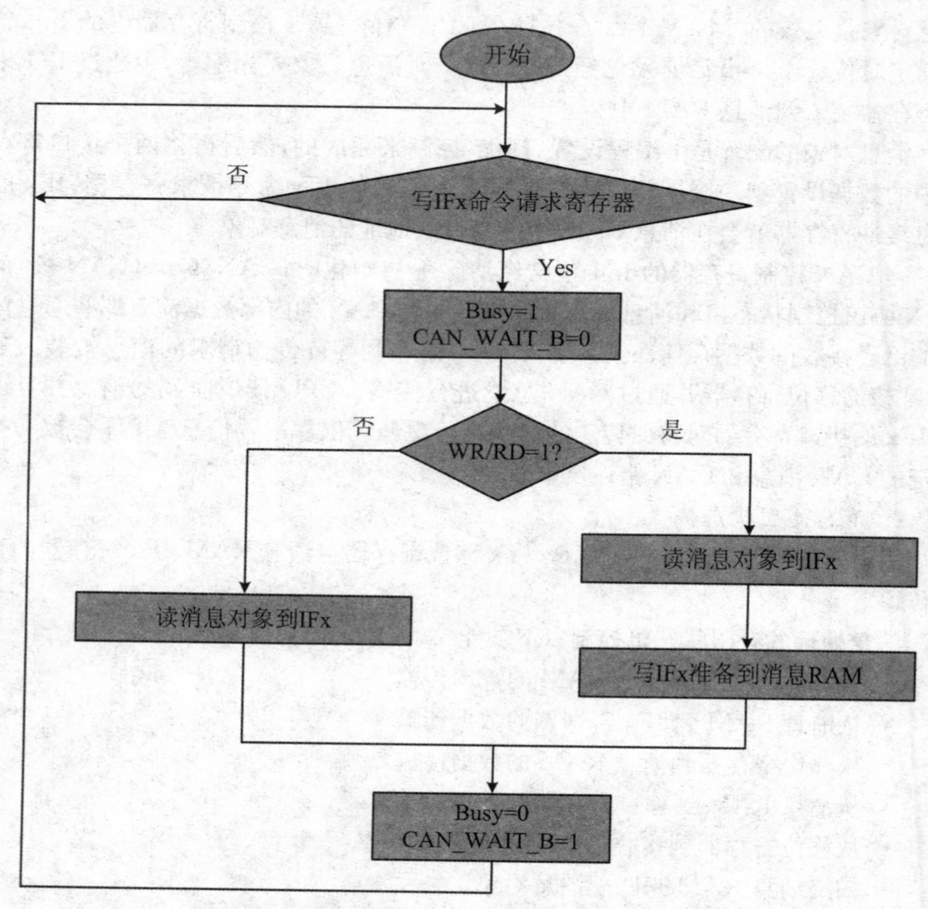

图 4.23 IFx 寄存器和消息 RAM 之间的数据传输

4. 消息的传输

如果 CAN 核的移位寄存器已经准备好装载并且在 IFx 寄存器与消息 RAM 之间已经没有了数据传输，这时对消息有效寄存器的 MsgVal 位和传输请求寄存器的 TxRqst 位要进行求值。当时有最高优先悬挂传输请求的有效消息对象通过消息处理而装入移位寄存器，然后传输就开始了。消息对象的NewDat位重置。在一次成功的传输并且自从传输开始没有新数据写入消息对象对，TxRqst位重置。如果传输中断允许(TxIE)设置，中断悬挂(IntPnd)就会在一次成功的传输后被设置。如果CAN失去了判决权或者在传输中发生了错误，消息便会在CAN总线空闲下来时就进行重传。如果同时有一个有更高优先级的消息要求传输，消息会按照优先级的顺序进行传输。

5. 对收到消息的接受过滤

当新进消息的仲裁和控制领域(标志位＋IDE集成开发环境＋RTR＋DLC数据长度码)已经完全地转移到CAN核的Rx/Tx移位寄存器中时，消息处理的有限状态机开始扫描消息RAM来匹配一个有效的消息对象。

为了成功地扫描消息RAM来匹配一个有效的消息对象，接收过滤单元装入CAN核移位寄存器的仲裁位。然后消息对象的仲裁和屏蔽领域(包括MsgVal、UMask、NewDat和EoB)装入接收过滤单元并且和移位寄存器的仲裁领域相比较，直到匹配的消息对象被找到或是消息RAM已经搜索完，这种匹配会在所有的消息对象上重复。如果匹配出现，扫描停止，消息处理有限状态机接收数据的多少将取决于接受帧的类型(数据帧或远程帧)。

(1) 数据帧的接收

消息处理有限状态机把从CAN核移位寄存器得到的信息存储到消息RAM各自的消息对象中。数据字节、全部的仲裁位和数据长度码存入相对应的消息对象。即使仲裁屏蔽寄存器在使用时，这个步骤也保证实现了保持数据字节与标志位的连接。

新数据位(NewDat)的设置用来说明新的数据(CPU是看不见它们的)已经收到。当CPU读取消息对象时，它可以重设新数据位(NewDat)。如果接收时NewDat位已经设置，消息丢失位(MsgLst)的设置可以说明之前的数据(可以认为CPU看不见)已经丢失。如果接收中断(RxIE)位被置位，中断悬挂(IntPnd)位被置位，会使中断寄存器指向消息对象。

消息对象的传输请求位被重置以避免远程帧的传输，同时表明被请求的数据帧已经收到。

(2) 远程帧的接收

当一个远程帧被接收时，匹配消息对象的三种不同的设置就必须被考虑：

① Dir＝1(方向＝传输)，RmtEn(远程有效)＝1，UMask(Use Acceptance Mask，使用接收掩码)＝1或0。

接收匹配的远程帧时，消息对象的传输请求位(TxRqst)被置位。消息对象的其他位保持不变。

② Dir＝1，RmtEn＝0，UMask＝0。

接收匹配的远程帧时，消息对象的TxRqst位保持不变，远程帧可忽略。

③ Dir＝1，RmtEn＝0，UMask＝1。

接收匹配的远程帧时，消息对象的 TxRqst 位被重置。移位寄存器中的仲裁和控制领域（标志位＋IDE＋RTR＋DLC）被输入到消息 RAM 中的消息对象，并且消息对象的新数据位被置位。消息对象的领域仍然不变，远程帧就像接收到的数据帧一样对待。

6. 接收/传输优先级

消息对象的接收/传输优先级是与消息的编号相联系的。消息对象 1 有着最高的优先级，同时 32 号的优先级最低。如果有一个以上的传输请求在悬挂中，就会根据相关消息对象的优先级来进行不同处理。

4.5 传输对象的配置

表 4.3 指出了传输对象应该如何初始化。仲裁寄存器（ID28～0 和 Xtd 位）是以应用的需求给出的，它们定义了标志位和发出数据的类型。如果一个 11 位的标志（标准帧）被应用，那么这个标志就会在 ID28～18 上进行编程，而 ID17～0 被忽略。如果传输中断允许（TxIE）位被设置，那么在消息对象的成功传送后，中断悬挂（IntPnd）就会被设置。如果远程传输允许（RmtEn）位被设置，一个相匹配的已经接收的远程帧就会使传输请求（TxRqst）位被设置，远程帧也会自动地被数据帧响应。数据寄存器（DLC3～0，Data0～7）也是以应用的需求给出，在数据有效之前，传输请求 TxRqst 和远程允许 RmtEn 可能不会被设置。屏蔽寄存器（Msk28～0，UMask，MXtd，MDir）可以被用于（UMask＝1）允许一组有相似标志符的远程帧去设置传输请求（TxRqst）位。

表 4.3 发送传输对象的初始化参数表

MsgVal	Arb	Data	Mask	EoB	Dir	NewDat
1	appl.	appl.	appl.	1	1	0
sgLst	RxIE	TxIE	IntPnd	RmtEn	TxRqst	
0	0	appl.	0	appl.	0	

注：appl 表示选择位。

4.6 更新传输对象

通过 IFx 接口寄存器，CPU 可以在任何时刻更新传输对象的数据字节，而消息有效 MsgVal 和传输请求 TxRqst 在更新前都不必重置。

即使只有一部分的数据字节要更新，那么，在寄存器的内容被传送给消息对象之前，有关 IFx 数据 A 寄存器或 IFx 数据 B 寄存器的所有 4 字节都是不得不有效的。这时要么是 CPU 把所有的 4 字节都写入 IFx 数据寄存器，要么在 CPU 写新的数据字节之前消息对象已经传输给了 IFx 数据寄存器。

为了防止传送数据混乱，当只有 8 个或部分数据字节要更新时，首先将 0x0087 写入命令屏蔽寄存器(索引号为 0x09，0x12)，然后将消息对象的数目写入命令请求寄存器(索引号为 0x08 或 0x20)，并同时更新数据字节和设置 TxRqst。这里 0x0087 的含义是：通过 IFx 向消息对象写掩码位，仲裁位、控制位不变，设置传输请求的数据是 8 个字节(见图 4.13 说明)。

在数据更新过程中，为了防止已经在进行传输的最后的 TxRqst 的重置，新数据 NewDat 不得不和传输请求 TxRqst 一起设置。新数据 NewDat 已经和传输请求 TxRqst 一起被设置时，新传输一开始，NewDat 将会被重置。

4.7　接收对象的配置

表 4.4 说明了一个接收对象是怎样被初始化的。仲裁寄存器(ID28～0 和 Xtd 位)以应用的方式给出，它们定义了要接收的收到数据的标志符和种类。如果一个 11 位的标志(标准帧)被应用，那么这个标志就会在 ID28～18 上进行编程，而 ID17～0被忽略。当一个有 11 位标志的数据帧被接收时，ID17～0 将会被置 0，如果接收中断允许 RxIE 位被设置，当一个接收数据帧被接收并且存入消息对象时，中断悬挂 IntPnd 位才被设置。数据长度码(DLC3～0)也是以应用的方式给出的。当消息处理把一个数据帧存入消息对象时，它将会存储接收的 DLC 和 8 数据字节。如果 DLC 小于 8，消息对象的剩余字节也会被非指定值覆盖。屏蔽寄存器(Msk28～0，UMask，MXtd，MDir)可以被用于(UMask＝1)允许一组有相似标志符的数据帧去被接收。在典型应用下 DIR 位不能被屏蔽。

4.8　接收消息的处理

通过 IFx 接口寄存器，CPU 可以在任何时刻读取接收消息，数据的一致性由消息处理状态机来保证。通常的 CPU 会写一个 0x007F 控制字去命令掩码寄存器(索引号为 0x09，0x21)，写入 0x007F 控制字的含义是 CPU 要读消息缓冲区

(RAM),并访问标识位、掩码位、仲裁位,发控制位到消息对象,访问传输请求位和8个字节的数据。写了命令掩码寄存器后再把消息对象的数目写入命令请求寄存器。这样将会把整个的接收对象从消息 RAM 送到消息缓冲寄存器。附加的在消息 RAM 中的 NewDat 位和 IntPnd 位也被清除(而不是在消息缓冲中被清除)。如果消息对象对于接收过滤使用屏蔽,仲裁位显示哪个匹配的消息已经被接收。新数据 NewDat 位的实际值说明了自从最近一次消息对象被读取以来,一个新的消息是否被接收。消息丢失 MsgLst 位的实际值说明了自从最近一次消息对象被读取以来,一个以上的消息是否被接收。MsgLst 将不会自动地重置。

用远程帧的方法,CPU 请求另一个 CAN 节点去为接收对象提供新的数据。设置接收对象的 TxRqst 位会使带有接收对象标志符的远程帧传输。这个远程帧引发了另一个 CAN 节点开始匹配数据帧的传输。如果在远程帧被传输之前,匹配的数据帧就已经接收到,传输请求位 TxRqst 就会自动地重置。

表 4.4　接收对象的初始化

MsgVal	Arb	Data	Mask	EoB	Dir	NewDat
1	appl.	appl.	appl.	1	0	0
MsgLst	RxIE	TxIE	IntPnd	RmtEn	TxRqst	NewDat
0	appl.	0	0	0	0	0

注:appl 表示选择位。

4.9　先入先出 FIFO 缓冲器的设置

除了终止缓冲位 EoB,属于 FIFO 缓冲器的接收对象的配置和接收对象的配置是一样的。为了连接两个或是更多消息对象到 FIFO 缓冲器,消息对象的标志符和掩码(如果使用的话)需要编程设置匹配值。由于消息对象的固有优先级,有着最低数字的消息对象就会是第一个进入 FIFO 缓冲。除了最后一个,其他所有 FIFO 缓冲的消息对象的 EoB 位都要置 0。最后一个消息对象的 EoB 位置 1,配置它作为一批的最后一个。

4.10　利用 FIFO 缓存的消息的接收

与 FIFO 缓冲匹配的带有标志位的接收消息被存入这个 FIFO 缓冲的消息对

象，这个 FIFO 缓冲开始于有最低消息数目的消息对象。当消息被存入 FIFO 缓冲的消息对象时，这个消息对象的新数据位 NewDat 被重置。通过设置 NewDat 并且置 EoB 为 0，在 CPU 把 NewDat 位重新写回 0 之前，消息对象都是被消息处理锁定并用于将来数据的写入。

直到 FIFO 缓冲的最后消息对象被达到之前，消息都是存在于 FIFO 缓冲中的。如果没有正在进行的消息对象通过写 NewDat 为 0 来释放，以后全部要进入 FIFO 的消息都会被写在 FIFO 缓冲的最后一个消息对象上，因此会覆盖以前的消息。

怎样从 FIFO 缓冲读取消息呢？当 CPU 通过向 IFx 命令请求寄存器写入消息对象的编号来传输消息对象的内容到 IFx 消息对象寄存器时，相关的命令屏蔽寄存器应该被编程来把 NewDat 和 IntPnt 都置为 0。在重置这些位之前，消息控制寄存器中的这些位的值总是反映一定的状态。为了保证 FIFO 缓冲的功能正确，CPU 应该读取在 FIFO 对象中有着最低编号的消息对象。图 4.24 说明了一系列的和 FIFO 缓冲相联系的消息对象是怎样被 CPU 控制的。

4.11　中断的控制

如果几个中断被悬挂，CAN 中断寄存器就会指向优先级最高的悬挂中断，而不是考虑时间的顺序。一个中断会保持悬挂直到 CPU 清除它。状态中断有着最高的优先级。在消息中断中，消息对象的中断优先级会随着消息标号的变大而降低。一个消息中断通过清除消息对象的中断悬挂位 IntPnd 来清除。状态中断通过读状态寄存器来清除。

中断寄存器中的中断标志符 Intld 说明了中断的原因。当没有中断被挂起的时候，寄存器保持 0 值。如果中断寄存器的值不为 0，那么就会有一个中断是悬挂着的，如果中断允许 IE 被设置，到 CPU 的中断线(IRQ_B)就被激活。中断线会一直保持激活状态，直到中断寄存器回到 0 值(因为中断被重置)或 IE 被重置。值 0x8000 说明一个中断在挂起，因为 CAN 核已经更新(但不必改变)了状态寄存器(错误中断或状态中断)。但是没有改变状态寄存器中的错误中断和状态中断。这种中断有着最高的优先级。CPU 可以更新(重置)状态位收到数据成功 RxOK、传输数据成功 TxOK 和前次出错码 LEC，但是从 CPU 到状态寄存器的写入通路是不可能产生或重置一个中断的。所有其他的值说明了中断源是消息对象的一个，中断标志符指向着最高优先级的悬挂消息中断。

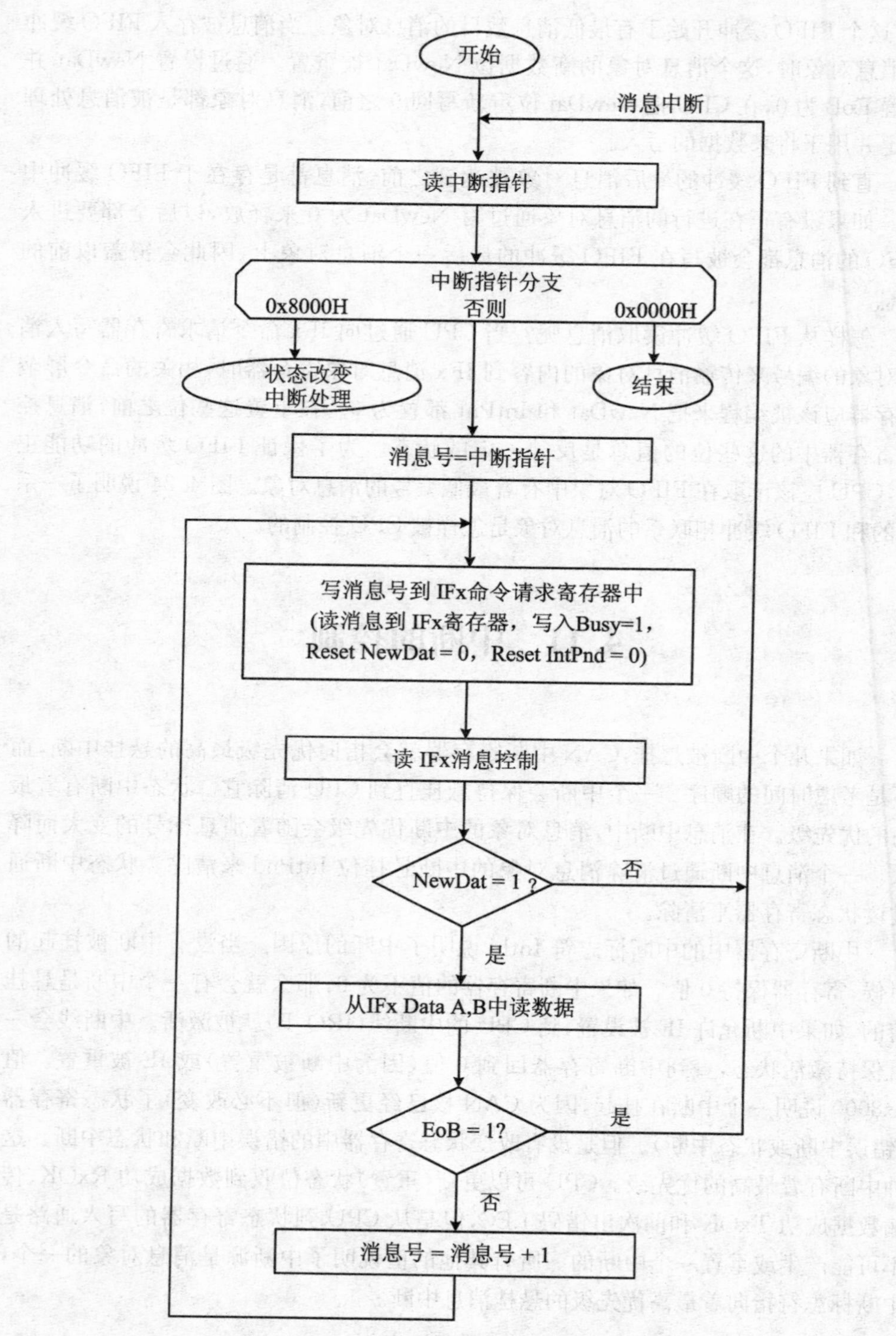

图 4.24　CPU通过FIFO缓冲控制消息对象

CPU控制状态寄存器的一个变化是否可以造成一个中断(错误中断允许EIE和状态变化中断允许SIE在CAN控制寄存器中)？当中断寄存器不为0(在CAN控制寄存器的IE位)时，中断线是否可以保持激活状态？中断寄存器会被更新即使当IE被重置时。CPU有两种遵循消息中断源的可能：第一，它可以遵守在中断寄存器中的Intld；第二，可以遵循中断悬挂寄存器。通过一个中断服务历程读出为中断源的消息，同时还可以重置消息对象的中断悬挂IntPnd(命令屏蔽寄存器中的清除中断悬挂位ClrIntPnd)。当IntPnd被清除时，中断寄存器会指向下一个带有中断悬挂的消息对象。

4.12　位时序的配置

尽管在CAN位时序配置中出现很小的错误不会导致系统的立即崩溃，但是因此CAN网络的性能会有显著的降低。在多数情况下，CAN位同步会修正CAN位定时的一个错误配置，保证一个错误帧只会偶尔产生。然而，在仲裁的情况下，当两个或多个CAN节点同时想要传输一个帧时，一个错置的采样点可能会导致发送方中产生某一个错误。

对这样不连续的错误的分析要求在CAN节点内部保留有关CAN位同步的精确信息，同时保留在CAN总线上有关CAN节点间交互的信息。

4.12.1　位时和位率

CAN支持1 Kbps到1000 Kbps的位率。CAN网络的每一个成员都有自己的时钟产生器，通常是石英晶体振荡器。这些振荡器的频率不是绝对稳定的，温度、电压或是器件的老化都有可能导致频率参数小的变化。但是只要这种微小变化在振荡器的容许范围内(df)，CAN节点都可以通过对位流的再同步来减小位率变化而带来的CAN节点之间位率的不同。根据CAN规范，一个位时被分成4个时段(参见图4.25)，即同步时段、传播时段、相位缓冲时段1和相位缓冲时段2。每一个时段有多个特定的可编程决定个数的量子时间(见图4.9)。作为位时的时间基本单元，一个量子时间定义(tq)为tq=BRP/fsys。其中，BRP是Baud Rate Presacler(波特率预分频器)，fsys是CAN系统时钟的频率，即模块中引脚CAN_CLK上的输入。

同步时段Sync_Seg是位时的一部分，也就是CAN总线级别跳变发生的时段，存在于Sync_Seg外的跳变与Sync_Seg之间的距离被称为跳变的相位误差。传播时段Prop_Seg用来补偿CAN网络内部的物理延时。相位缓冲时段Phrase_Seg1和Phrase_Seg2之间是采样点。同步跳转宽度定义了再同步方式可以将样本点在相位缓冲位时段移动多少距离来减小跳变相位误差。

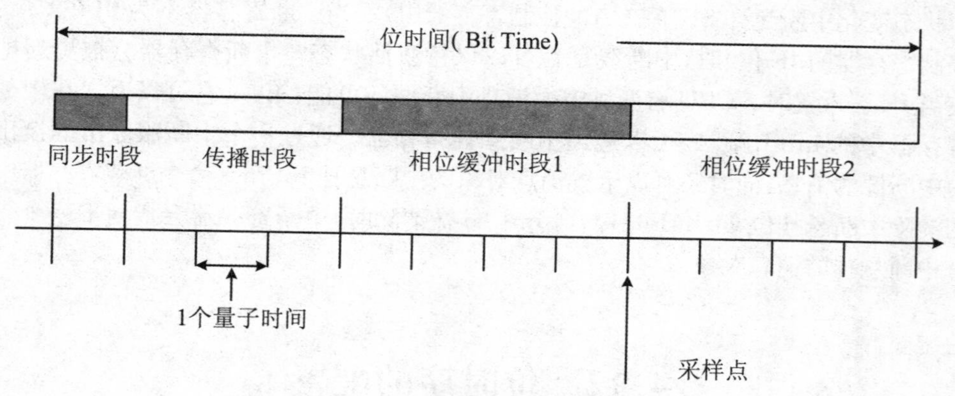

图4.25　位时间组成示意图

根据如下公式可求出位定时寄存器各个参数(TSEG1、TSEG2、SJWP、BRP)的值:

$$\text{Phase\_Seg1}+\text{Phase\_Seg2}=\text{位时间}-(\text{Sync\_Seg}+\text{Prop\_Seg})$$

注意:(1) 如果 Phase_Seg1 + Phase_Seg2 为偶数,则 Phase_Seg1 = Phase_Seg2,否则 Phase_Seg2 = Phase_Seg1 + 1。

(2) Phase_Seg2 至少应为 2tq(量子时间)。

$$\text{SJW}=\min(4,\text{Phase\_Seg1})$$
$$\text{BRPE}=\text{BRP}-1$$
$$\text{SJWP}=\text{SJW}-1$$
$$\text{TSEG1}=\text{Phase\_Seg1}+\text{Prop\_Seg}-1$$
$$\text{TSEG2}=\text{Phase\_Seg2}-1$$

传播时段(Prop_Seg)是用来补偿网络物理时延的,该时延包括信号在总线上的传播时间和CAN节点内部的时延。CAN协议的非破坏性仲裁和CAN消息接收方提供的显性确认要求一个CAN节点在传输一个位流时必须也能接收到来自同步于这个位流的CAN节点发送的显性比特。

相位缓冲时段(Phase_Seg1 和 Phase_Seg2)和同步跳转宽度(SJW)是用来补偿振荡器的误差和噪声尖峰的。它的大小一方面由初始化确定,另一方面可由CAN控制器在内部进行硬同步和软同步,从而改变相位缓冲时段的宽度,也可由同步加长或缩短。

同步时段(Sync_Seg)是为了减小CAN总线跳变相位误差而设计的。

4.12.2　位时序参数的计算

通常,位时序配置的计算是想获得期望的位率或位时。而最终的位时必须是系统时钟周期的整数倍。位时可能有4到25个量子时间,量子时间被定义为 tq=

(Baud Rate Prescaler)/fsys。

通过下面给出的几步(允许重复),可以找到对期望位时的多种时间组合。位时的第一部分是 Prop_Seg,它的长度决定于系统内延迟时间。最长的总线长度和最大的节点延时,对可扩展总线系统来说已经定义。Prop_Seg 的最终时间要转换为最接近的量子时间的整数倍。Sync_Seg 的长度固定为 1 个量子时间,那么剩下的 bit time－Prop_Seg－1 个量子时间被分配给两个相位缓冲时段。如果 bit time－Prop_Seg－1 是偶数,那么两个相位缓冲时段各分得一半的量子时间,如果其是奇数,则 Phase_Seg1 比 Phase_Seg2 要少一个量子。Phase_Seg2 最小的标称长度必须要考虑到。上一小节说到,Phase_Seg2 不能比 CAN 控制器的信息处理时间(IPT)要短,而 IPT 的长度取决于实际的实现,在[0,2]tq 内。

同步跳转宽度 SJW 被设定为它的最大值,即 4 和 Phase_Seg1 中的最小值。振荡器容许范围由 4.12.1 节的公式来计算。如果结果有多个配置都可行的话,应该选择具有最高振荡器容许范围的。

具有不同系统时钟的 CAN 节点需要不同的配置来达到相同的位率。对于整个网络,传播时间的计算是在有最长延迟时间的节点内一次完成的。CAN 系统的振荡器的容许范围受到节点中最小的容限限制。这些计算可以表明,总线的长度或者位率应该降低或者振荡器的频率稳定性应该提高,以找到一个协议适应的位定时配置。最终的配置写进位定时寄存器,即 4 个部分写进两个寄存器中,可由如下式子表示:

(Phase_Seg2－1)&(Phase_Seg1＋Prop_Seg－1)&(SynchronisationJumpWidth－1)&(Prescaler－1)

4.12.3　位时序实例

1. 高波特率位时序实例

在这个例子中,引脚 CAN_CLK 频率值为 10 MHz,BRP＝0,位率是 1 Mbps。

tq	100 ns＝tCAN_CLK
delay of bus driver	50 ns
delay of receiver circuit	30 ns
delay of bus line (40 m)	220 ns
tProp	600 ns＝6 · tq
tSJW	100 ns＝1 · tq
tTSeg1	700 ns＝tProp＋tSJW
tTSeg2	200 ns＝Information Processing Time＋1 · tq
tSync－Seg	100 ns＝1 · tq
bit time	1000 ns＝tSync－Seg＋tTSeg1＋tTSeg2
tolerance for CAN_CLK 0.39%	$=\dfrac{\min(PB1, PB2)}{2 \cdot (13 \cdot \text{bit time} - PB2)}$

$$=\frac{0.1\ \mu s}{2\cdot(13\cdot1\ \mu s-0.2\ \mu s)}$$

在这个例子中，位时参数为$(2-1)_3\&(7-1)_4\&(1-1)_2\&(1-1)_6$。如此，位定时寄存器中值为0x1600(详见图4.9位定时寄存器)。

2. 低波特率位时序实例

在这个例子中，引脚CAN_CLK频率值为2 MHz，BRP=1，位率是100 Kbps。

tq1	1 μs=2・tCAN_CLK
delay of bus driver	200 ns
delay of receiver circuit	80 ns
delay of bus line (40 m)	220 ns
tProp	1 μs=1・tq
tSJW	4 μs=4・tq
tTSeg1	5 μs=tProp+tSJW
tTSeg2	4 μs=Information Processing Time+3・tq
tSync-Seg	1 μs=1・tq
bit time	10 μs=tSync-Seg+tTSeg1+tTSeg2
tolerance for CAN_CLK	$1.58\%=\frac{\min(PB1,PB2)}{2\cdot(13\cdot \text{bit time}-PB2)}$
	$=\frac{4\ \mu s}{2\cdot(13\cdot10\ \mu s-4\ \mu s)}$

在这个例子中，位时参数为$(4-1)_3\&(5-1)_4\&(4-1)_2\&(2-1)_6$。如此，位定时寄存器中值为0x34C1。

3. 1 Mbps通信速率、CAN_CLK频率22.1184 MHz位时序实例

本例说明如何配置CAN控制器的时序参数来满足1 Mbps的位速率。表4.5给出了进行计算所需要的与时序相关的系统参数。

表4.5　CAN控制器的时序参数

参　数	数　值	说　明
CIP-51系统时钟(SYSCLK)	22.1184 MHz	外部振荡器配置为晶体振荡器方式。22.1184 MHz石英晶体接在XTAL1和XTAL2之间
CAN控制器系统时钟(fsys)	22.1184 MHz	来自SYSCLK
CAN时钟周期(tsys)	45.211 ns	1/fsys
CAN时间量子(tq)	45.211 ns	tsys×BRP[1,2]
CAN总线长度	10 m	CAN节点之间5 ns/m的信号延迟
传输延迟时间[3]	400 ns	2×(收发器环路延时+总线线路延时)

注：1. CAN时间量子(tq)是CAN控制器能识别的最小时间单元。位时序参数通常用时间量子的整数

倍给出。

2. 波特率预分频器(BRP)被定义为BRP扩展寄存器中的值加1。BRP扩展寄存器的复位值为0x0000,波特率预分频器的复位值为0x0001。

3. 基于符合ISO-11898的收发器。CAN对物理层没有规定。

我们要调整这4个位段的长度,以使它们的和最接近所期望的位时间。由于每个时段必须是时间量子(tq)的整数倍,所以可得到最接近的位时间为22 tq(994.642 ns),由此可得位速率为1.00539 Mbps。Sync_Seg固定为1 tq。Prop_Seg必须大于或等于400 ns的传输延迟时间,我们选9 tq(406.899 ns)。位时间中剩余的时间量子数(tq)分配给Phase_Seg1和Phase_Seg2,如图4.25所示。我们选Phase_Seg1=6 tq,Phase_Seg2=6 tq。

写入到位定时寄存器中的值用如下方程计算。BRP扩展寄存器保持其复位值0x0000不变。

BRPE=BRP-1=BRP扩展寄存器=0x0000

SJWp=SJW-1=min(4,6)-1=3

TSEG1=(Prop_Seg+Phase_Seg1-1)=9+6-1=14

TSEG2=(Phase_Seg2-1)=5

位时间寄存器=TSEG2 * 0x1000+TSEG1 * 0x0100+SJWp * 0x0040+BRPE

=0x5EC0

4.12.4 CAN小结

对于使用CAN总线设计通信和远程控制的用户,无需深入分析消息处理状态机和CAN控制器是如何进行串并转换的,CPU和CAN总线并发产生冲突时如何仲裁同步,如何保证发送接收格式正确最终又如何保证数据一贯性和可靠性,为了保证可靠接收同步位信号CAN控制器又是如何微调位定时进行硬同步和再同步的。以上这些冲突、并发、仲裁、同步都是由消息处理机和CAN控制器的硬件完成的,对CPU(也就是用户)是透明的,CPU只知道运行最后结果,即状态。当然,对这些知识的深入理解有利于用户应用程序的编写。用户主要编写如下三方面的程序:

(1) 上电初始化。

将CAN0CN中的Init和CCE位置1。其一,开始置位定时,位定时参见图4.6、图4.9。其二,对每个消息对象进行初始化,通过IFx接口向消息RAM写控制字,见图4.12、图4.13、图4.23等。最后Init=0。

(2) 通过IFx接口与消息RAM交换数据。

发送:按图4.6、图4.12、图4.13及图4.23内容进行发送,发送参数见表4.3。

接收:按图4.6、图4.24接收数据,接收参数见表4.4。

(3) CAN各种出错处理程序。

如重发、清报警计数器和位定时错误位等,参见图4.7、图4.8等。

4.13 CAN 综合实例

下面给出 CAN1.c 和 CAN2.c 两个程序，它们是配置一个可以发送和接收数据的 CAN 网络的简单例子，描述了怎样从 CAN 的消息 RAM 中移入和移出信息。当按钮 I/O 口 P5.4 被按下或松开的时候，每个 C8051F040－TB CAN 节点就会发送一个消息，按钮按下时发送 0x11，按钮松开时发送 0x00。每个节点都配置有消息对象来接收消息。C8051 检测收到的数据并点亮或者熄灭目标板的灯。一个目标板载入 CAN2.c，而另外一个载入 CAN1.c，一个目标板的按钮将会控制另一个目标板的灯，这样就经过 CAN 总线建立了一个能直接在目标板上观察到的简单控制网络。

```
//==================================
//=====CAN1.c//=====//
#include<c8051f040.h>        //SFR declarations
#define CANCTRL      0x00   //Control Register 控制寄存器
#define CANSTAT      0x01   //Status register 状态寄存器
#define ERRCNT       0x02   //Error Counter Register 错误计数寄存器
#define BITREG       0x03   //Bit Timing Register 位定时寄存器
#define INTREG       0x04   //Interrupt Low Byte Register
#define CANTSTR      0x05   //Test register 测试寄存器
#define BRPEXT       0x06   //BRP Extension Register BRP 扩展寄存器
//==IF1 Interface Registers  IF1 接口寄存器==//
//IF1 Command Request Register 命令请求寄存器
#define IF1CMDRQST 0x08
#define IF1CMDMSK   0x09   //IF1 Command Mask Register 命令掩码寄存器
#define IF1MSK1   0x0A   //IF1 Mask1 Register 掩码寄存器 1
#define IF1MSK2   0x0B   //IF1 Mask2 Register 掩码寄存器 2
#define IF1ARB1   0x0C   //IF1 Arbitration 1 Register 仲裁寄存器 1
#define IF1ARB2   0x0D   //IF1 Arbitration 2 Register 仲裁寄存器 2
//IF1 Message Control Register 消息控制寄存器
#define IF1MSGC   0x0E
#define IF1DATA1   0x0F   //IF1 Data A1 Register 数据 A 寄存器
#define IF1DATA2   0x10   //IF1 Data A2 Register
#define IF1DATB1   0x11   //IF1 Data B1 Register 数据 B 寄存器
```

```
#define IF1DATB2  0x12  //IF1 Data B2 Register
//==IF2 Interface Registers  IF2接口寄存器==//
//IF2 Command Request Register 命令请求寄存器
#define IF2CMDRQST  0x20
#define IF2CMDMSK  0x21  //IF2 Command Mask Register 命令掩码寄存器
#define IF2MSK1  0x22  //IF2 Mask1 Register 掩码寄存器1
#define IF2MSK2  0x23  //IF2 Mask2 Register 掩码寄存器2
#define IF2ARB1  0x24  //IF2 Arbitration 1 Register 仲裁寄存器1
#define IF2ARB2  0x25  //IF2 Arbitration 2 Register 仲裁寄存器2
//IF2 Message Control Register 消息控制寄存器
#define IF2MSGC  0x26
#define IF2DATA1  0x27  //IF2 Data A1 Register 数据A寄存器
#define IF2DATA2  0x28  //IF2 Data A2 Register
#define IF2DATB1  0x29  //IF2 Data B1 Register 数据B寄存器
#define IF2DATB2  0x2A  //IF2 Data B2 Register
//==Message Handler Registers  消息处理器寄存器==//
//Transmission Rest1 Register 传输请求寄存器
#define TRANSREQ1  0x40
#define TRANSREQ2  0x41  //Transmission Request 2 Register
#define NEWDAT1  0x48  //New Data 1 Register 新数据寄存器
#define NEWDAT2  0x49  //New Data 2 Register
//Interrupt Pending 1 Register 中断挂起寄存器
#define INTPEND1  0x50
#define INTPEND2  0x51  //Interrupt Pending 2 Register
#define MSGVAL1  0x58  //Message Valid 1 Register 消息有效寄存器
#define MSGVAL2  0x59  //Message Valid 2 Register
//Global Variables  全局变量
char MsgNum;  //消息对象号
char status;  //状态
int i;
#define BUTTON ((P5 & 0x10)==0x10)  //定义按钮
sbit LED=P2^3;  //P2.3是灯的I/O口
sfr16 CAN0DAT=0xD8;
////////////////////////////////////////////////////////////
//Function PROTOTYPES
////////////////////////////////////////////////////////////
```

```
//Initialize Message Object  初始化消息对象
void clear_msg_objects (void);                      //清除消息 RAM 函数
void init_msg_object_TX (char MsgNum);              //发送初始化函数
void init_msg_object_RX (char MsgNum);              //接收初始化函数
void start_CAN (void);                              //CAN 初始化设置函数
void transmit_turn_LED_ON (char MsgNum);  //发送数据控制灯亮的函数
void transmit_turn_LED_OFF (char MsgNum);//发送数据控制灯灭的函数
void receive_data (char MsgNum);                    //接收函数
void external_osc (void);                           //外部振荡器函数
void config_IO (void);                              //IO 端口配置函数
////////////////////////////////////////////////////////////////
//MAIN Routine 主函数
////////////////////////////////////////////////////////////////
void main (void) {
  char SFRPAGE_SAVE=SFRPAGE;  //Save SFRPAGE 保存 SFR 页
  SFRPAGE=CONFIG_PAGE;
  WDTCN=0xde;  //disable watchdog timer  屏蔽看门狗定时器
  WDTCN=0xad;  //configure Port I/O IO 端口配置
  config_IO();
  external_osc();  //switch to external oscillator 外部振荡器
////////////////////////////////////////////////////////////////
//Configure CAN communications 配置 CAN 通信
//IF1 used for procedures calles by main program IF1 用来被主程
//序调用;IF2 used for interrupt service procedure receive_data
//IF2 用来中断服务程序
//Message Object assignments:消息对象设定
//0x02:Used to transmit commands to toggle its LED,
//arbitration number 1  0x02:用来发送命令控制灯,仲裁号 1
////////////////////////////////////////////////////////////////
  clear_msg_objects();      //Clear CAN RAM 清除消息 RAM
//Initialize message object to transmit data 发送初始化函数
  init_msg_object_TX (0x02);
//Initialize message object to receive data 接收初始化函数
  init_msg_object_RX (0x01);
  EIE2=0x20; //Enable CAN interrupts in CIP-51 使能 CAN 中断
  start_CAN(); //Function call to start CAN  CAN 初始化设置函数
```

```
  EA=1; //Global enable 8051 interrupts  开8051中断
  while (1)  //Loop and wait for interrupts  循环并等待中断
    {
      SFRPAGE_SAVE=SFRPAGE;
      SFRPAGE=CONFIG_PAGE;
      DelayMs(10);           //延时10 ms
      if (BUTTON==0)    //按钮没按下
      {
        SFRPAGE=SFRPAGE_SAVE;
        transmit_turn_LED_OFF(0x02);  //灯灭
      }
      else                   //按钮按下
      {
        SFRPAGE=SFRPAGE_SAVE;
        transmit_turn_LED_ON(0x02);  //灯亮
      }
    }
}
//延时函数
void DelayMs(unsigned int n)     //Delay (n)MS
{
    unsigned int i;
    for(; n>0; n--)
    {
        for(i=2211; i>0; i--);
    }
}
///////////////////////////////////////////////////////////
//Set up C8051F040
///////////////////////////////////////////////////////////
//Switch to external oscillator外部振荡器
void external_osc (void)
{
  int n;      //local variable used in delay FOR loop.
  //switch to config page to config oscillator.
  SFRPAGE=CONFIG_PAGE;
```

```
  OSCXCN=0x77;  //start external oscillator; 22.1 MHz
  //system clock is 22.1 MHz/2=11.05 MHz
  //二分频取系统时钟的一半 11.05 MHz
  for (n=0;n<255;n++);  //delay about 1 ms 延时约 1 ms
  while ((OSCXCN & 0x80)==0);  //等到振荡器稳定
  CLKSEL |=0x01;  //switch to external oscillator 转换到外部振荡器
}
/////////////////////////////////////////////////////////////////
void config_IO (void)  //IO 端口配置
{
  SFRPAGE=CONFIG_PAGE;  //Port SFR's on Configuration page
  XBR3=0x80;
  //将 CAN 的 TX 引脚设置为推挽数字输出方式
  P5MDOUT |=0x0f;
  P5=0xfe;
  P2MDOUT |=0x08;
  //将 CAN 的 TX 引脚设置为推挽输出方式用于驱动 LED
  XBR2=0x40;                    //Enable Crossbar/low ports
}
/////////////////////////////////////////////////////////////////
//CAN Functions
/////////////////////////////////////////////////////////////////
//Clear Message Objects 清除消息 RAM
void clear_msg_objects (void)
{
  SFRPAGE=CAN0_PAGE;
  CAN0ADR=IF1CMDMSK;      //指向命令请求寄存器
  CAN0DATL=0xFF;          //将所有消息对象的方向定为写
  for (i=1;i<33;i++)
    {
      CAN0ADR=IF1CMDRQST;  //清空 32 个消息对象
      CAN0DATL=i;
    }
}
/////////////////////////////////////////////////////////////////
//Initialize Message Object for RX 接收初始化函数
```

```
void init_msg_object_RX (char MsgNum)
{
  SFRPAGE=CAN0_PAGE;
  CAN0ADR=IF1CMDMSK;     //指向命令掩码寄存器1
  //设为写,并改变所有的消息对象,除了标识掩码和数据位
  CAN0DAT=0x00B8;
  CAN0ADR=IF1ARB1;       //指向仲裁寄存器
  CAN0DAT=0x0000;        //仲裁寄存器2
  CAN0DAT=0x8004;
  //设置消息有效位,没有扩展ID,方向为接收
  CAN0DAT=0x0480;        //消息控制寄存器:设置RXIE,禁止远程帧
  CAN0ADR=IF1CMDRQST;  //指向命令请求寄存器
  CAN0DATL=MsgNum;
  //写消息对象号,即对哪个消息对象进行操作
  //3~6个CAN时钟周期后,IF寄存器中的内容将被移到CAN存储器的
  消息对象中
}
/////////////////////////////////////////////////////////////////
//Initialize Message Object for TX     发送初始化函数
void init_msg_object_TX (char MsgNum)
{
  SFRPAGE=CAN0_PAGE;
  CAN0ADR=IF1CMDMSK;   //指向命令掩码寄存器1
  CAN0DAT=0x00B2;
  //设为写,改变所有的消息对象,除了标识掩码位
  CAN0ADR=IF1ARB1;       //指向仲裁寄存器
  CAN0DAT=0x0000;        //将仲裁ID设为最高优先级
  CAN0DAT=0xA000;        //自动增加地址到仲裁寄存器2
  //设置消息有效位,没有扩展ID,方向为写
  CAN0DAT=0x0081;        //控制寄存器:DLC=1,禁止远程帧
  CAN0ADR=IF1CMDRQST;  //指向命令请求寄存器
  CAN0DAT=MsgNum;
  //写消息对象号,即对哪个消息对象进行操作
  //3~6个CAN时钟周期后,IF寄存器中的内容将被移到CAN存储器的
  消息对象中
}
```

```
////////////////////////////////////////////////////////////////
//Start CAN
void start_CAN (void)
{
/****************************************/
  /*以下给出 CAN 位定时的计算过程
  System clock       f_sys=22.1184 MHz/2=11.0592 MHz.
  System clock period t_sys=1/f_sys=90.422454 ns.
  CAN time quantum      tq=t_sys (at BRP=0).
  Desired bit rate is 1 MBit/s, desired bit time is 1000 ns.
  Actual bit time=11 tq=996.65 ns~1000 ns.
  Actual bit rate is 1.005381818 MBit/s=Desired bit rate+0.5381%.

  CAN bus length=10 m, with 5 ns/m signal delay time.
  Propagation delay time : 2*(transceiver loop delay+
  bus line delay)=400 ns (CAN 节点间传输的最大往返延迟).
  Prop_Seg=5 tq=452 ns (>=400 ns).
  Sync_Seg=1 tq.
  Phase_seg1+Phase_Seg2=(11-6) tq=5 tq.
  Phase_seg1 <=Phase_Seg2,   =>  Phase_seg1=2 tq and
  Phase_Seg2=3 tq.
  SJW=(min(Phase_Seg1,4) tq=2 tq.
  TSEG1=(Prop_Seg+Phase_Seg1-1)=6.
  TSEG2=(Phase_Seg2-1)          =2.
  SJW_p=(SJW-1)                 =1.
  Bit Timing Register=BRP+SJW_p*0x0040=TSEG1*0x0100+
  TSEG2*0x1000=2640.
  Clock tolerance df:
  A: df<min(Phase_Seg1,Phase_Seg2)/(2*(13*bit_time-Phase_
Seg2));
  B: df<SJW/(20*bit_time);
  即:
  A: df<2/(2*(13*11-3))=1/(141-3)=1/138=0.7246%;
  B: df<2/(20*11)              =1/110=0.9091%;

  Actual clock tolerance is 0.7246%-0.5381%=0.1865% (no problem for
```

```
quartz)
    */
    /*****************************/
    SFRPAGE=CAN0_PAGE;
    CAN0CN |=0x41;              //使能 CCE 和 INIT 位
    CAN0ADR=BITREG;             //指向位定时寄存器
    CAN0DAT=0x2640;             //给位定时器赋值
    CAN0ADR=IF1CMDMSK;          //指向命令掩码寄存器 1
    //设置 CAN RAM 为写,写数据字节,置位 TXrqst/NewDat,Clr IntPnd
    CAN0DAT=0x0087;
    CAN0ADR=IF2CMDMSK;          //指向命令掩码寄存器 2
    CAN0DATL=0x1F;              //设置接收:读 CAN RAM,读数据字节
    CAN0CN |=0x06;              //全局初始化 IE 和 SIE
    CAN0CN &=~0x41;             //清除 CCE 和 INIT 位
}
////////////////////////////////////////////////////////////
//发送 CAN 帧来点亮别的节点的灯
void transmit_turn_LED_ON (char MsgNum)
{
   SFRPAGE=CAN0_PAGE;          //IF1 already set up for TX
   CAN0ADR=IF1CMDMSK;          //指向命令掩码寄存器 1
   //设置 CAN RAM 为写,写数据字节,置位 TXrqst/NewDat,Clr IntPnd
   CAN0DAT=0x0087;
   CAN0ADR=IF1DATA1;           //指向数据场的第一位
   CAN0DATL=0x11;              //"1"信号让灯亮
   CAN0ADR=IF1CMDRQST;         //指向命令请求寄存器
   CAN0DATL=MsgNum;            //传输新数据给指定的消息对象
}
////////////////////////////////////////////////////////////
//Transmit CAN Frame to turn other node's LED OFF
void transmit_turn_LED_OFF (char MsgNum)
{
   SFRPAGE=CAN0_PAGE;          //IF1 already set up for TX
   CAN0ADR=IF1DATA1;           //指向数据场的第一位
   CAN0DATL=0x00;              //零信号让灯灭
   CAN0ADR=IF1CMDRQST;         //指向命令请求寄存器
```

```
  CAN0DATL=MsgNum;         //发送新数据给指定的消息对象
}
////////////////////////////////////////////////////////////////
//Receive Data from the IF2 buffer 接受来自 IF2 缓存的数据
void receive_data (char MsgNum)
{
  char virtual_button;
  char SFRPAGE_SAVE=SFRPAGE;  //保存 SFR 页
  SFRPAGE=CAN0_PAGE;       //IF1 already set up for RX
  CAN0ADR=IF2CMDRQST;      //指向命令掩码寄存器
  CAN0DATL=MsgNum;         //接受来自消息对象的新数据
  CAN0ADR=IF2DATA1;        //指向数据域的第一位
  virtual_button=CAN0DATL;
  if (virtual_button==0x11)  //来自其他节点的"1"信号使灯亮
    LED=1;
  else
    LED=0;  //来自其他节点的"0"信号使灯灭
  SFRPAGE=SFRPAGE_SAVE;
}
////////////////////////////////////////////////////////////////
/Interrupt Service Routine 中断服务程序
////////////////////////////////////////////////////////////////
void ISRname (void) interrupt 19
{
  char SFRPAGE_SAVE=SFRPAGE;       //Save SFRPAGE
  SFRPAGE=CAN0_PAGE;
  status=CAN0STA;
  if ((status&0x10)! =0)
    {
      //RxOk 位为"1",是接收引起的中断
      CAN0STA=(CAN0STA&0xEF)|0x07;
      //复位 RxOk,设置 LEC 无变化
      / * read message number from CAN INTREG * /
      receive_data(0x01);
    }
  if ((status&0x08) ! =0)
```

```
    {
      //TxOk 位为"1",是发送引起的中断
      CAN0STA=(CAN0STA&0xF7)|0x07;
      //复位 TxOk,设置 LEC 无变化
    }
  if (((status&0x07) ! =0)&&((status&0x07) ! =7))
    {
      //错误中断,改变 LEC
      CAN0STA=CAN0STA|0x07;  //设置 LEC 无变化
    }
  SFRPAGE=SFRPAGE_SAVE;
}
//=====CAN1.c 结束//=====//
////////////////////////////////////////////////////////////
/=====CAN2.c 开始//=====//
////////////////////////////////////////////////////////////
//CAN2.c
////////////////////////////////////////////////////////////
#include<c8051f040.h>            //SFR 定义
#define CANCTRL      0x00        //控制寄存器
#define CANSTAT      0x01        //状态寄存器
#define ERRCNT       0x02        //错误计数寄存器
#define BITREG       0x03        //位定时寄存器
#define INTREG       0x04        //中断低字节寄存器
#define CANTSTR      0x05        //测试寄存器
#define BRPEXT       0x06        //BRP 扩展寄存器
////////////////////////////////////////////////////////////
//IF1 Interface Registers  IF1 接口寄存器
////////////////////////////////////////////////////////////
#define IF1CMDRQST      0x08     //命令请求寄存器
#define IF1CMDMSK       0x09     //命令掩码寄存器
#define IF1MSK1         0x0A     //掩码寄存器 1
#define IF1MSK2         0x0B     //掩码寄存器 2
#define IF1ARB1         0x0C     //仲裁寄存器 1
#define IF1ARB2         0x0D     //仲裁寄存器 2
#define IF1MSGC         0x0E     //消息控制寄存器
```

```
#define IF1DATA1        0x0F    //数据A寄存器
#define IF1DATA2        0x10    //
#define IF1DATB1        0x11    //数据B寄存器
#define IF1DATB2        0x12    //
////////////////////////////////////////////////////////////
//IF2 Interface Registers    IF2接口寄存器
////////////////////////////////////////////////////////////
#define IF2CMDRQST      0x20    //命令请求寄存器
#define IF2CMDMSK       0x21    //命令掩码寄存器
#define IF2MSK1         0x22    //掩码寄存器1
#define IF2MSK2         0x23    //掩码寄存器2
#define IF2ARB1         0x24    //仲裁寄存器1
#define IF2ARB2         0x25    //仲裁寄存器2
#define IF2MSGC         0x26    //消息控制寄存器
#define IF2DATA1        0x27    //数据A寄存器
#define IF2DATA2        0x28    //
#define IF2DATB1        0x29    //数据B寄存器
#define IF2DATB2        0x2A    //
////////////////////////////////////////////////////////////
//Message Handler Registers 消息处理寄存器
////////////////////////////////////////////////////////////
#define TRANSREQ1       0x40    //传输请求寄存器
#define TRANSREQ2       0x41    //
#define NEWDAT1         0x48    //新数据寄存器
#define NEWDAT2         0x49    //
#define INTPEND1        0x50    //中断挂起寄存器
#define INTPEND2        0x51    //
#define MSGVAL1         0x58    //消息有效寄存器
#define MSGVAL2         0x59    //
////////////////////////////////////////////////////////////
//Global Variables    全局变量
////////////////////////////////////////////////////////////
char MsgNum;                    //消息对象号
char status;                    //状态
int i;
#define BUTTON ((P5 & 0x10)==0x10)  //定义按钮
```

```
sbit LED=P2^3;          //P2.3是灯的I/O口
sfr16 CAN0DAT=0xD8;
////////////////////////////////////////////////////////////////
//Function PROTOTYPES         函数声明
////////////////////////////////////////////////////////////////
/初始化消息对象
void clear_msg_objects (void);  //清除消息RAM函数
void init_msg_object_TX (char MsgNum);  //发送初始化函数
void init_msg_object_RX (char MsgNum);  //接收初始化函数
void start_CAN (void);  //CAN初始化设置函数
void transmit_turn_LED_ON (char MsgNum);
//发送数据控制灯亮的函数
void transmit_turn_LED_OFF (char MsgNum);
//发送数据控制灯灭的函数
void receive_data (char MsgNum);  //接收函数
void external_osc (void);  //外部振荡器函数
void config_IO (void);  //IO端口配置函数
////////////////////////////////////////////////////////////////
//主程序
////////////////////////////////////////////////////////////////
void main (void) {
  char SFRPAGE_SAVE=SFRPAGE;      //保存SFR页
  SFRPAGE=CONFIG_PAGE;
  WDTCN=0xde;                     //关看门狗定时器
  WDTCN=0xad;
  config_IO();                    //配置I/O端口
  external_osc();                 //切换到外部晶体振荡器
  //Configure CAN communications配置CAN通信
  //IF1用来被主程序调用,IF2用来中断服务程序
  //消息对象设定
  //0x02:用来发送命令控制灯,仲裁号1
  clear_msg_objects();            //Clear CAN RAM,清除消息RAM
  init_msg_object_TX (0x02);  //发送初始化函数
  init_msg_object_RX (0x01);  //接收初始化函数
  EIE2=0x20;                  //使能CAN中断
  start_CAN();                //CAN初始化设置函数
```

```
  EA=1;                    //开总的 8051 中断
  while (1)                //循环并等待中断
    {
      SFRPAGE_SAVE=SFRPAGE;
      SFRPAGE=CONFIG_PAGE;
      DelayMs(10);         //延时 10 ms
      if (BUTTON==0)       //按钮没按下
      {
        SFRPAGE=SFRPAGE_SAVE;
        transmit_turn_LED_OFF(0x02);  //灯灭
      }
      else                 //按钮按下
      {
        SFRPAGE=SFRPAGE_SAVE;
        transmit_turn_LED_ON(0x02);  //灯亮
      }
    }
}
/////////////////////////////////////////////////////////////////
void DelayMs(unsigned int n)  //延时函数(n)MS
{
    unsigned int i;
    for(; n>0; n--)
    {
        for(i=2211; i>0; i--);
    }
}
/////////////////////////////////////////////////////////////////
//Set up C8051F040
/////////////////////////////////////////////////////////////////
void external_osc (void)              //切换到外部振荡器
{
  int n;                              //用于在循环中延时
  SFRPAGE=CONFIG_PAGE;                //切换到晶振配置寄存器页面
  OSCXCN=0x77;                        //启动外部晶振,22.1 MHz
  //二分频,取系统时钟为 22.1 MHz/2=11.05 MHz
```

```
  for (n=0;n<255;n++);              //延时约1 ms
  while ((OSCXCN & 0x80)==0);       //等到振荡器稳定
  CLKSEL |=0x01;                    //转换到外部振荡器
}
/////////////////////////////////////////////////////////////
void config_IO (void)       //IO端口配置
{
  SFRPAGE=CONFIG_PAGE;
  XBR3=0x80;             //将CAN的TX引脚设置为推挽输出方式
  P5MDOUT |=0x0f;
  P5=0xfe;
  P2MDOUT|=0x08;         //将CAN的TX引脚设置为推挽输出方式
  XBR2=0x40;             //使能交叉开关/低端口
}
/////////////////////////////////////////////////////////////
//CAN Functions      CAN函数
/////////////////////////////////////////////////////////////
void clear_msg_objects (void)  //清除消息RAM
{
  SFRPAGE=CAN0_PAGE;
  CAN0ADR=IF1CMDMSK;        //指向命令请求寄存器
  CAN0DATL=0xFF;            //将所有消息对象的方向定为写
  for(i=1;i<33;i++)
    {
      CAN0ADR=IF1CMDRQST;   //清空32个消息对象
      CAN0DATL=i;
    }
}
/////////////////////////////////////////////////////////////
void init_msg_object_RX (char MsgNum)  //接收初始化函数
{
  SFRPAGE=CAN0_PAGE;
  CAN0ADR=IF1CMDMSK;  //指向命令掩码寄存器
  CAN0DAT=0x00B8;
  //设为写,并改变所有的消息对象,除了标识掩码和数据位
  CAN0ADR=IF1ARB1;  //指向仲裁寄存器
```

```
  CAN0DAT=0x0000;  //仲裁 ID 设为 0
  //仲裁寄存器 2:设置消息有效位,没有扩展 ID,方向为接收
  CAN0DAT=0x8000;
  CAN0DAT=0x0480;  //消息控制寄存器:设置 RXIE,禁止远程帧
  CAN0ADR=IF1CMDRQST;  //指向命令请求寄存器
  CAN0DATL=MsgNum;  //写消息对象号,即对哪个消息对象进行操作
  //3~6 个 CAN 时钟周期后,IF 寄存器中的内容将被移到 CAN 存储器的
  消息对象中
}
/////////////////////////////////////////////////////////////////////
void init_msg_object_TX (char MsgNum)  //发送初始化函数
{
  SFRPAGE=CAN0_PAGE;
  CAN0ADR=IF1CMDMSK;  //指向命令掩码寄存器
  CAN0DAT=0x00B2;
  //设为写,改变所有的消息对象,除了标识掩码位
  CAN0ADR=IF1ARB1;        //指向仲裁寄存器
  CAN0DAT=0x0000;         //将仲裁 ID 设为最高优先级
  CAN0DAT=0xA004;         //自动增加地址到仲裁寄存器 2
  //设置消息有效位,没有扩展 ID,方向为写
  CAN0DAT=0x0081;         //控制寄存器:DLC=1,禁止远程帧
  CAN0ADR=IF1CMDRQST;//指向命令请求寄存器
  CAN0DAT=MsgNum;
  //写消息对象号,即对哪个消息对象进行操作
//3~6 个 CAN 时钟周期后,IF 寄存器中的内容将被移到 CAN 存储器的消
息对象中
}
/////////////////////////////////////////////////////////////////////
void start_CAN (void)     //Start CAN
{
  //CAN 位定时的计算过程参见 CAN1.C
  SFRPAGE=CAN0_PAGE;
  CAN0CN |=0x41;          //使能 CCE 和 INIT 位
  CAN0ADR=BITREG;         //指向位定时寄存器
  CAN0DAT=0x2640;         //给位定时器赋值
  CAN0ADR=IF1CMDMSK;      //指向命令掩码寄存器
```

```
  //设置发送：对 CAN RAM 写，写数据字节，置位 TXrqst/NewDat，clr
  IntPnd
  CAN0DAT=0x0087;
  //RX-IF2 操作可以中断 TX-IF1 操作
  CAN0ADR=IF2CMDMSK;  //指向命令掩码寄存器 2
  /设置接收：读 CAN RAM，读数据字节，clr NewDat and IntPnd
  CAN0DATL=0x1F;
  CAN0CN |=0x06;         //全局初始化 IE 和 SIE
  CAN0CN &=~0x41;        //清除 CCE 和 INIT 位
}
////////////////////////////////////////////////////////////////////
//发送 CAN 帧来点亮别的节点的灯
void transmit_turn_LED_ON (char MsgNum)
{
  SFRPAGE=CAN0_PAGE;      //IF1 already set up for TX
  CAN0ADR=IF1CMDMSK;      //指向命令掩码寄存器 1
  //设置 CAN RAM 为写，写数据字节，置位 TXrqst/NewDat，Clr IntPnd
  CAN0DAT=0x0087;
  CAN0ADR=IF1DATA1;       //指向数据场的第一位
  CAN0DATL=0x11;          //"1"信号让灯亮
  CAN0ADR=IF1CMDRQST;     //指向命令请求寄存器
  CAN0DATL=MsgNum;        //传输新数据给指定的消息对象
}
////////////////////////////////////////////////////////////////////
//发送 CAN 帧使别的节点的灯灭
void transmit_turn_LED_OFF (char MsgNum)
{
  SFRPAGE=CAN0_PAGE;      //IF1 already set up for TX
  CAN0ADR=IF1DATA1;       //指向数据场的第一位
  CAN0DATL=0x00;          //零信号让灯灭
  CAN0ADR=IF1CMDRQST;     //指向命令请求寄存器
  CAN0DATL=MsgNum;        //发送新数据给指定的消息对象
}
////////////////////////////////////////////////////////////////////
//接受来自 IF2 缓存的数据
void receive_data (char MsgNum)
```

```
{
  char virtual_button;
  char SFRPAGE_SAVE=SFRPAGE;  //保存 SFR 页
  SFRPAGE=CAN0_PAGE;      //IF1 already set up for RX
  CAN0ADR=IF2CMDRQST;     //指向命令掩码寄存器
  CAN0DATL=MsgNum;        //接受来自消息对象的新数据
  CAN0ADR=IF2DATA1;       //指向数据场的第一位
  virtual_button=CAN0DATL;
  if (virtual_button==0x11)
    LED=1;          //来自其他节点的"1"信号使灯亮
  else
    LED=0;          //来自其他节点的"0"信号使灯灭
  SFRPAGE=SFRPAGE_SAVE;
}
////////////////////////////////////////////////////////////////
//Interrupt Service Routine 中断服务程序
////////////////////////////////////////////////////////////////
void ISRname (void) interrupt 19
{
  char SFRPAGE_SAVE=SFRPAGE;  //保存 SFR 页
  SFRPAGE=CAN0_PAGE;
  status=CAN0STA;
  if ((status&0x10) ! =0)
    {
      //RxOk 位为 1,是接收引起的中断
      CAN0STA=(CAN0STA&0xEF)|0x07;
      //复位 RxOk,设置 LEC 无变化
      //从 CAN 中断寄存器里读消息号
  receive_data (0x01);  //自此,仅读了一个发送消息
    }
  if ((status&0x08) ! =0)
    {//TxOk 位为 1,是发送引起的中断
      CAN0STA=(CAN0STA&0xF7)|0x07;
      //复位 TxOk,设置 LEC 无变化
    }
  if (((status&0x07) ! =0)&&((status&0x07) ! =7))
```

```
    {//错误中断,改变 LEC
      CAN0STA=CAN0STA|0x07;      //设置 LEC 无变化
    }
  SFRPAGE=SFRPAGE_SAVE;
}
//=====CAN2.c 结束//=====//
```

第5章　PC机与CAN总线接口设计

大型远程监控系统上，上位机往往是工控机或PC机，下位机往往是一群智能模块与被控制设备和要监控的传感器。本章主要介绍上位机如何与CAN总线连接，介绍每种方法的软硬件设计。

5.1　PC机并行口EPP模式与CAN总线接口设计

PC机的EPP口(Enhanced Parallel Ports，增强并行口)和独立CAN控制器SJA1000＋82C250 CAN控制器接口芯片实现PC机与CAN网络的物理连接。

5.1.1　EPP接口硬件设计

在过去，通常采用标准并行口SPP(Standard Parallel Port)或RS－232串行口来进行通信、控制和数据采集，其速度和灵活性受到了很大的限制。这是因为RS－232通信速率较低；而标准并行口SPP进行数据采集时，由于数据线是单向的，因而不得不用状态线来完成数据的输入，而可用的状态线只有5根，最后还得进行字节或字的拼接，这将花费不少的时间并增加程序的复杂性，故而这两种方案都不可能取得较高的数据传输率。

微机标准并行口的局限性限制了并行口在高速通信、控制和数据采集方面的进一步应用，为此，Intel、Xicom和Zenith公司制定了EPP协议，极大地改善了PC机并行口的数据传输能力，使得并行口的数据传输速率可以很容易地达到1～2 Mbps。应用时，需在PC机的BIOS设置中将并行口设置为EPP方式。

1. EPP协议的信号定义

EPP协议是一种与标准并行口兼容且能完成双向数据传输的协议。该协议定义的并行口更像一个开放的总线，给用户提供了更强大的功能和更灵活的设计手段。设计者可以灵活地应用这些单/双向信号来满足各自的特殊要求。表5.1列出了EPP信号的定义及其描述。

表 5.1 EPP 信号定义及其描述

并口引脚	SPP 信号	EPP 信号	EPP 信号方向	EPP 信号描述
1	STROBE	$\overline{\text{WRITE}}$	输出	低电平写,高电平读
2~9	D0~D7	AD0~AD7	双向	双向数据/地址线
10	$\overline{\text{ACK}}$	INTR	输入	外设中断
11	$\overline{\text{BUSY}}$	WAIT	输入	握手信号
12	PE	用户定义	输入	按不同的外设自定义
13	SELECT	用户定义	输入	按不同的外设自定义
14	AUTOLF	$\overline{\text{DATASTB}}$	输出	低有效,表示正在进行数据读写
15	ERROR	用户定义	输入	按不同的外设自定义
16	$\overline{\text{INTI}}$	RESET	输出	低有效,外设复位
17	SLCTIN	$\overline{\text{ADDSTB}}$	输出	低有效,表示正在进行地址读写
18~25	GND	GND		信号地

2. EPP 寄存器

从软件的角度看,EPP 协议定义的信号分别对应 3 个不同的寄存器。在 PC 机中,并行口寄存器的基地址为 378H,该地址为包含读入和读出两个寄存器的双缓冲寄存器,对应 AD0~AD7 双向数据地址端口,输入操作时使用输入寄存器,输出操作时使用输出寄存器。单向状态寄存器端口和单向控制寄存器端口的寄存器地址分别为 379H 和 37AH。3 个寄存器的定义见表 5.2。

表 5.2 EPP 三个寄存器的定义

寄存器 \ 位	D7	D6	D5	D4	D3	D2	D1	D0
数据/地址端口(378H)	AD7	AD6	AD5	AD4	AD3	AD2	AD1	AD0
状态端口(379H)	WAIT	INTR	自定义	自定义	自定义	无定义	无定义	无定义
控制端口(37AH)	无定义	无定义	READ ENABLE	IRQ ENABLE	$\overline{\text{ADDSTB}}$	RESET	$\overline{\text{DATASTB}}$	$\overline{\text{WRITE}}$

3. EPP 并行口

EPP 并行口的端口定义如图 5.1 所示。在实际应用中,由于 EPP 并行口具有 8 位双向数据端口、状态端口和控制端口,因此,若给以适当的定义,EPP 并行口即可作为 8 位总线灵活使用。

图 5.2 为 EPP 与 CAN 硬件接口卡原理图。

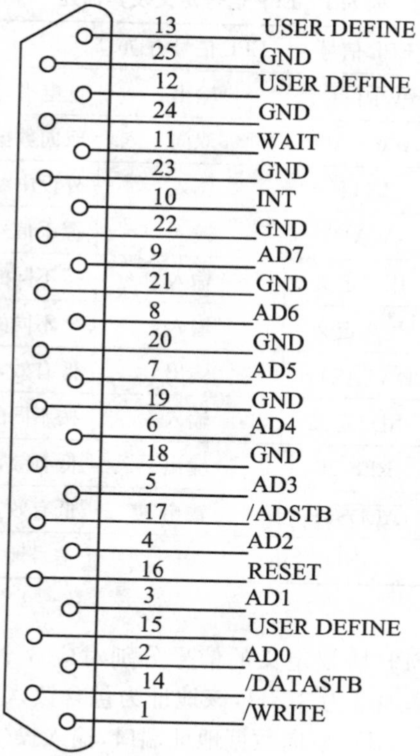

13 USER DEFINE
25 GND
12 USER DEFINE
24 GND
11 WAIT
23 GND
10 INT
22 GND
9 AD7
21 GND
8 AD6
20 GND
7 AD5
19 GND
6 AD4
18 GND
5 AD3
17 /ADSTB
4 AD2
16 RESET
3 AD1
15 USER DEFINE
2 AD0
14 /DATASTB
1 /WRITE

图 5.1　EPP 端口定义

EPP
DB25
NOT
SJA1000
AD0 AD1 AD2 AD3 AD4 AD5 AD6 AD7
/CS /ALE /RD /WR /TNT /RST
TX0 TX1 RX0 RX1
M0DE
VDD1 VSS1 VDD2 VSS2 VDD3 VSS3
XTAL1 XTAL2
VCC
82C250
TXD RS
GND CAHH
VCC CANL
RXD VREF
DB9
C2 47uF
C3 47uF
R1 50kΩ
C1 01uF
C4 15pF
CRYSTAL
C5 15pF

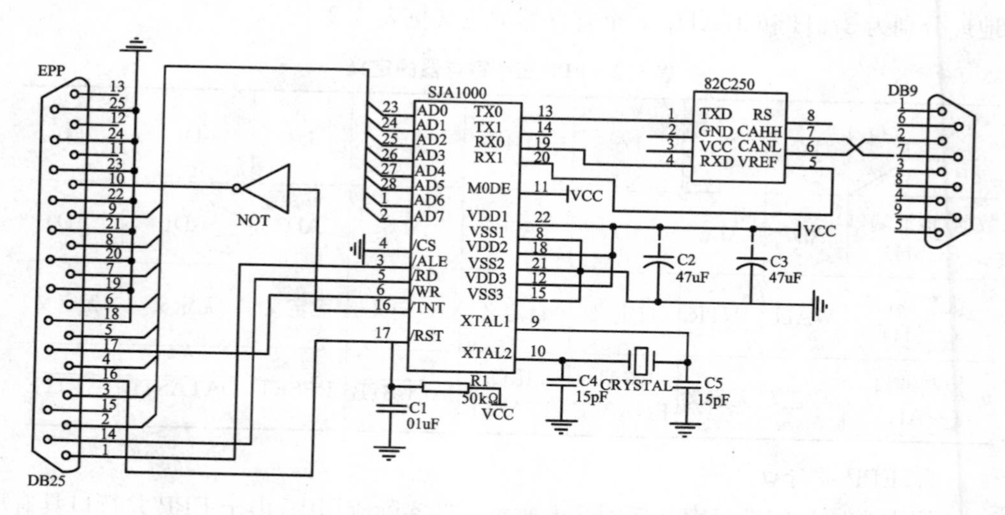

图 5.2　EPP 与 CAN 硬件接口卡原理图

监控节点的硬件接口卡主要由以下部分组成：一块 Philips SJA1000 CAN 控制芯片，一块 Philips 82C50 CAN 驱动器接口芯片，一个 6 MHz 的晶振，一个 RC

复位电路,一个25针插座和一个9针插座。

SJA1000 CAN控制芯片是一种带有CAN 2.0A和2.0B协议的独立(Standalone)CAN总线控制器,它在硬件和软件上是与Philips PCA82C200 CAN总线控制器兼容的。但是,SJA1000支持PeliCAN模式(扩展模式2.0B),而PCA82C200仅支持BasicCAN模式(基本模式2.0A)。在接口卡中,SJA1000主要负责接收和发送CAN总线报文、设置报文滤波(Message Filtering)以及监控和处理总线通信中产生的错误。

82C50是CAN控制器和物理总线之间的接口芯片,它可以增强总线的驱动能力,从而增加CAN总线的通信距离并使得一条总线上可以挂更多的节点。

25针插座直接插在PC机的并行口上,用于SJA1000和PC机并行口之间的通信。

9针插座则作为CAN总线的标准连接口。

SJA1000和82C250芯片的详细说明请参见第8章中继器的介绍。

5.1.2 EPP与CAN总线接口的软件设计

1. CAN总线端SJA1000的软件设计

当SJA1000收到来自CAN总线上的一个有效报文后,它将在INTR引脚上产生一个硬件中断信号(低有效),同时,SJA1000的中断寄存器中相应的位将被置"1"。这样就有两种中断控制方法:一种是查询SJA1000的中断寄存器,另一种是直接的硬件中断处理。查询处理中断的方法虽然实现起来比较简单,但系统资源的利用率太低,对于监控节点这样要求较高实时性的设备来说是不合适的。而Windows操作系统下的硬件中断处理则需编写专门的虚拟设备驱动程序(VxD)。

(1) VxD简介

VxD(Virtual Device Driver)是用来扩展Windows操作系统功能的一类程序。VxD最初用来支持硬件设备的管理,它以DLL的形式链入Windows操作系统的核心层(ring 0)。VxD主要解决不能被ring 3层应用程序处理的一系列问题,它在Win3.x和Win9x中被普遍地使用。当需要一个驱动程序来支持应用程序时,一般来说需要编写VxD。

(2) VxD的编写

我们利用Vireo公司的QuickVxD来编写VxD程序。QuickVxD提供了一个比较简单的可视化编程环境,可以在其中利用VToolsD封装的C++类库来快速地创建VxD程序代码框架。在这里,我们主要使用VToolsD的类VHardwareInt来派生出自己的硬件中断处理类,然后在这个类中重载中断处理函数OnHardwareInt来进行中断处理。当硬件中断发生时,VxD会自动调用这个函数。

① 类VDevice。

用VToolsD类库创建VxD必须从派生VDevice类开始,就像Windows应用程序窗口类必须从CWnd类派生一样。VDevice类代表虚拟设备驱动程序类，它提供了众多的成员函数来处理从虚拟机或其他VxD发来的控制消息。我们只需要重载感兴趣的成员函数即可处理相应的控制消息。类的定义代码如下：

```
class EppvxdDevice:public VDevice
{
public:
      HardwareInt * pInt;
      virtual BOOL OnSysDynamicDeviceInit();
      virtual BOOL OnSysDynamicDeviceExit();
      virtual DWORD OnW32DeviceIoControl(PIOCTLPARAMS pDIOCParams);
  };
```

其中，首先说明了一个类HardwareInt的对象指针，这个类是中断处理类，将在后面介绍；其次，我们重载了三个成员函数，分别处理VxD动态载入（OnSysDynamicDeviceInit）、VxD动态卸载（OnSysDynamicDeviceExit）和Win32应用程序的I/0控制（OnW32DeviceIoControl）。

② 函数OnSysDynamicDeviceInit。

函数OnSysDynamicDeviceInit将在VxD被动态载入时调用。在成员函数中，先创建了一个HardwareInt对象，再调用VHardwareInt的成员函数hook将中断与该中断处理类相钩连。函数的代码如下：

```
BOOL EppvxdDevice::OnSysDynamicDeviceInit()
{
     pInt=newHardwareInt();
     if (pInt && pInt->hook()){
       _outp(Ox37a,Oxd5);           //中断允许
       pInt->physicalUnmask();    //去掉物理屏蔽
       return TRUE;
}
else
       return FALSE;
}
```

③ 函数OnSysDynamicDeviceExit。

函数OnSysDynamicDeviceExit将在VxD被动态卸载时调用。该函数将进行VxD的清除工作，如释放系统资源等。函数的代码如下：

```
BOOL EppvxdDevice::OnSysDynamicDeviceExit()
{   VWIN32_CIoseVxDHandle(pInt->hEventRingO);
     _outp(Ox37a,Oxc5);
```

```
        delete pInt;
        return TRUE;
    }
```

④ 函数 OnW32DeviceIoControl。

系统将在应用程序打开或关闭 VxD 的句柄(Handle),或在应用程序用 VxD 的句柄来调用 Win32 API 函数 DeviceIoControl 时调用函数 OnW32DeviceIoControl。Win32 API 函数 DeviceIoControl 可以用来向 VxD 传递一些应用程序的信息,例如全局缓冲区的地址等。函数的代码如下:

```
DWORD EppvxdDevice:: OnW32DeviceIoControl ( PIOCTLPARAMS
pDIOCParams)
{      plot->hEventRingO=pD10CParams->dioc_InBuf;
       return 0;
}
```

这里,我们传递的是一个 Windows 事件(event)的句柄。在硬件中断发生时,VxD 将用这个事件来通知应用程序。

⑤ 类 VHardwareInt。

VToolsD 提供类 VHardwareInt 来实现对某个 IRQ(中断请求)端口的虚拟化,并处理该 IRQ 端口上的硬件中断。我们派生的类 HardwareInt 的定义如下:

```
class HardwareInt: public VHardwareInt
{
public:
    HardwareInt(): VHardwareInt(7,VPICD_OPT_CAN_SHARE,0,0){}
    virtual VOID OnHardwareInt(VMHANDLE);
    HANDLE hEventRingO;
};
```

在类的构造函数中指定硬件中断号,这里是7,即PC机并行口的中断号。

⑥ 函数 OnHardwareInt。

这个函数将在硬件中断发生时由系统调用。在这个函数中进行的中断处理包括:将 SJA1000 收到的报文读到一个全局缓冲区中,然后释放 SJA1000 的接收缓冲区,再利用 Windows 事件通知监控软件应用程序收到了一条报文。函数的代码如下:

```
VOID HardwareInt::OnHardwareInt(VMHANDLE hVM)
{
    {
    ……
    //数据处理程序
```

```
        ……
        }
        VWIN32_SetWin32Event(hEventRingO);  //向应用程序发出通知事件
        sendPhysicalEOI();
}
```

⑦ 在应用程序中打开 VxD。

在应用程序中用如下的代码来打开 VxD,并将通知事件的句柄传递给 VxD:

```
HINSTANCE  hKerne132Dll;
HANDLE     hEventRingO,hVxD;
HANDLE     (WINAPI *pfOpen4xDHandle)(HANDLE);
DWORD      cbByteReturned;
hKerne132D11=LoadLibrary("kernel32.d11");
pfOpenVxDHandle=(HANDLE(WINAPI*)(HANDLE))
    GetProcAddress(hKerne132D11,"OpenVxDHandle");
//将应用程序(ring 3)的句柄转换成 VxD(ring 0)可用的句柄
hEventRing0=(*pfOpenVxDHandle)(hEventRing3);
//打开 VxD 文件
hVxD=CreateFi1e("\\\\. \\epp.vxd", 0, 0, 0,
    CREATE_NEW,FILE_FLAG_DELETE_ON_CLOSE,0);
//将通知事件的句柄传递给 VxD
DeviceIoControl ( hVxD, VXD _ REGISTER, hEventRing0, sizeof
(hEventRing0),NULL,0,&cbByteReturned,0);
```

(3) 软件实现

监控节点软件为基于 Windows 操作系统的图形界面应用程序,主要实现以下功能:

- 对 SJA1000 CAN 总线控制芯片进行初始化。
- 接收来自 CAN 总线上的数据,并在监控软件主窗口中滚动显示。
- 动态地修改 SJA1000 的工作方式,包括设置 SJA1000 的报文滤波方式等。
- 向 CAN 总线发出用户自定义的报文,对系统进行调试。
- 将接收到的数据及产生的错误保存到磁盘上的文件中。

① 初始化程序:在初始化程序中,主要是设置 SJA1000 的工作方式(报文滤波方式、监听方式、自检方式),设置 SJA1000 的通信波特率,设置报文滤波码和屏蔽码,设置 SJA1000 的输出方式(上拉、下拉、推挽等)。

② 数据接收程序:在收到 VxD 的通知后,从全局缓冲区中取走报文,并在窗口中显示出来。

③ SJA1000 设置程序:设置 SJA1000 的工作方式,是监听方式,还是自检方

式;设置SJA1000的报文滤波寄存器和报文滤波屏蔽寄存器,即设置滤波码和屏蔽码,还有报文滤波的方式。

④ 数据发送程序:向CAN总线上发送用户自定义的报文,例如在CAN总线系统的组建时发送一些调试信息。

⑤ 数据保存程序:将接收到的数据以及通信中产生的各种错误保存到磁盘文件中,便于以后对系统进行分析和优化。

2. PC端EPP接口的软件设计

开发工具采用Java语言,主要的原因就是Java程序具有平台无关性,它可以运行在Solaris,Win32,Linux,Mac下,这样对于我们的编程带来了很大的方便,只用写一次代码,应用程序就可以运行在所有安装有Java虚拟机的平台上。这也能充分体现互联的意义,使我们写出的程序可以运行在所有的客户端平台上。而且Java是一种"纯"的面向对象的语言,其代码质量和复用率较高。

但Java的平台无关性也使得Java丧失了很多访问系统底层资源的特性,对此各大厂商纷纷提出了自己的解决方案,其中最具代表性的是Sun公司的"Java固有接口"(Java Runtime Interface),简称JNI。JNI是一种包容极广的编程接口,允许我们从Java应用程序里调用固有方法。目前,JNI只能与C或C++写成的固有方法打交道。利用JNI,我们的固有方法可以创建、检查及更新Java对象(包括数组和字符串),调用Java方法,俘获和丢弃"违例",装载类,获取类信息,进行运行期类型检查。原来在Java中能对类及对象做的几乎所有事情在固有方法中同样可以做到。使用JNI的步骤如下:

(1) 首先,建立自己的Java主程序gateway.java。

```
gateway.java
import java.lang.*;
public class gateway{
    public static void main(String args[]){
        int port;
        ……//此处用于接收一串来自client的字节流s,第一个为r
        ……//表示对epp进行读操作port=s的第2到最后的字节转化为
            的int
        gateway mygateway=new gatewayt();
        int value=mygateway.readport(port)
        //将value值通过socket传到客户端
    }
    public native int readport(int i);
    static{
        System.loadLibrary("readport");
```

```
        //readport是本地方法的动态链接库的名称
    }
}
```

(2) 执行“javac gateway. java”,生成. CLASS文件。

(3) 执行“javah - jni gateway”,生成gateway. h。编辑gateway. h,找到Java定义的本地方法的原型:

```
JNIEXPORT jint JNICALL Java_gateway_readport(JNIEnv *,jobject,jint)
```

(4) 根据函数原形,编写C函数如下:

```
//c code here
#include "jni. h"
#include "gateway. h"
#include "stdio. h"
JNIEXPORT jint JNICALL Java_gateway_readport
  (JNIEnv * env,jobject obj,jint port)
  {     return input(port);   }
```

注意必须include生成的gateway. h和Java自带的jni. h,用VC编译之,生成readport. dll。

(5) 将readport. dll拷贝到gateway所在目录,运行:

Java gateway

PC机的EPP端软件流程图如图5.3所示。

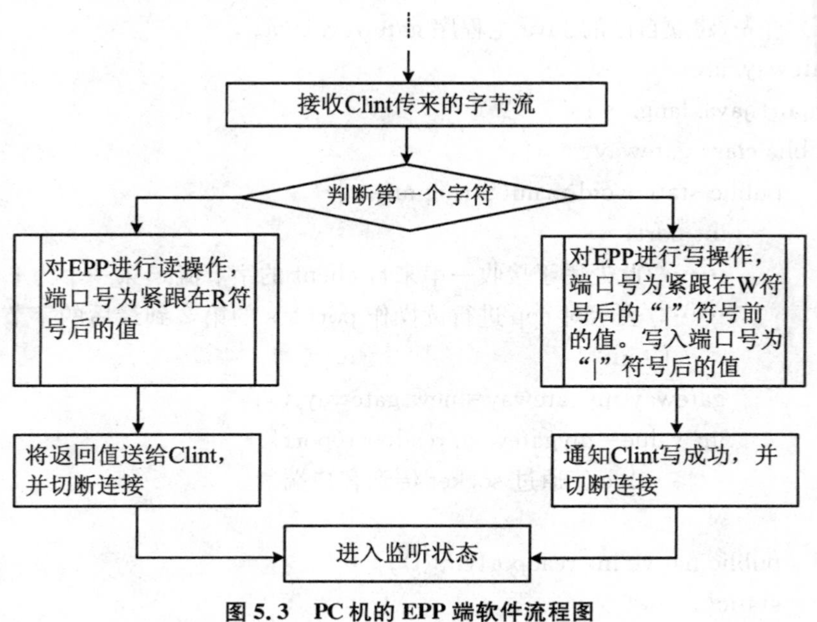

图5.3 PC机的EPP端软件流程图

5.2　带 USB 接口的主机节点设计

5.2.1　主机节点设计需要解决的问题

主机 CAN 节点是 CAN 总线与上位 PC 机的通信接口。由于大量的总线数据需要从各个节点通过主机节点传送至上位机，又有众多的指令需要通过主机节点向下转发或进行大范围广播，CAN 总线与 PC 机在接口处的数据瓶颈和数据冲突问题由此而生。

首先，主机节点需要实现与 PC 机的高速通信，这样才能保证监控系统的实时性和数据的完整性，否则大量待转发的数据和指令将在主机节点堆积，直至内存满而直接丢弃。通用串行总线 USB 因具有连接简单方便、快速灵活、高速、可靠和总线供电等优良性能，已经逐渐替代了普通的串口通信(最大传输速率 20 Kbps)，成为主机节点与上位机通信的首选。

其次，主机节点需要解决两次握手问题，即 PC 机与主机节点的握手通信，主机节点与 CAN 总线的握手通信。

此外，主机节点还需要配有充足的内存，用来缓存大量的上传数据和下传指令，解决数据的冲突问题。

C8051F040 不仅仅是一个 CAN 控制器，它还具有大量的存储空间——64 KB 的片内 Flash 和 4 KB+256 B 的内部 RAM，以及外部 64 KB 数据存储器接口，完全符合 CAN 通信和缓存数据空间的要求。

而 Silicon Laboratories 公司的 USB 转 UART 桥接芯片 CP2101，内部自带 512 B 接收缓冲器和 512 B 发送缓冲器，更进一步从硬件上解决了数据冲突的问题。它还有 300 bps 至 921.6 Kbps 的波特率变化范围，能满足高速通信的要求；并且集成片内相应的上拉电阻，把全部功能集中在 5 mm×5 mm MLP 封装中，外围电路十分简单；另外，CP2101 还集成了 5 V 转 3 V 电压调节器，可以由 USB 总线来对整个主机节点供电，这样整个电路就只需一根 USB 连线即可实现与 PC 机的通信，无需额外电源，即插即用，十分方便。

因此，本设计选用 C8051F040 和 CP2101 作为 USB 接口主机 CAN 节点的核心芯片。

5.2.2　硬件电路设计

1. 最小系统设计思想

为了调试方便，我们设计了一种 C8051F040 的最小系统板，它由外部时钟、

3.3 V稳压源、USB 接口、USB 与 UART 的转换模块、CAN 隔离驱动模块等组成，如图 5.4 所示。

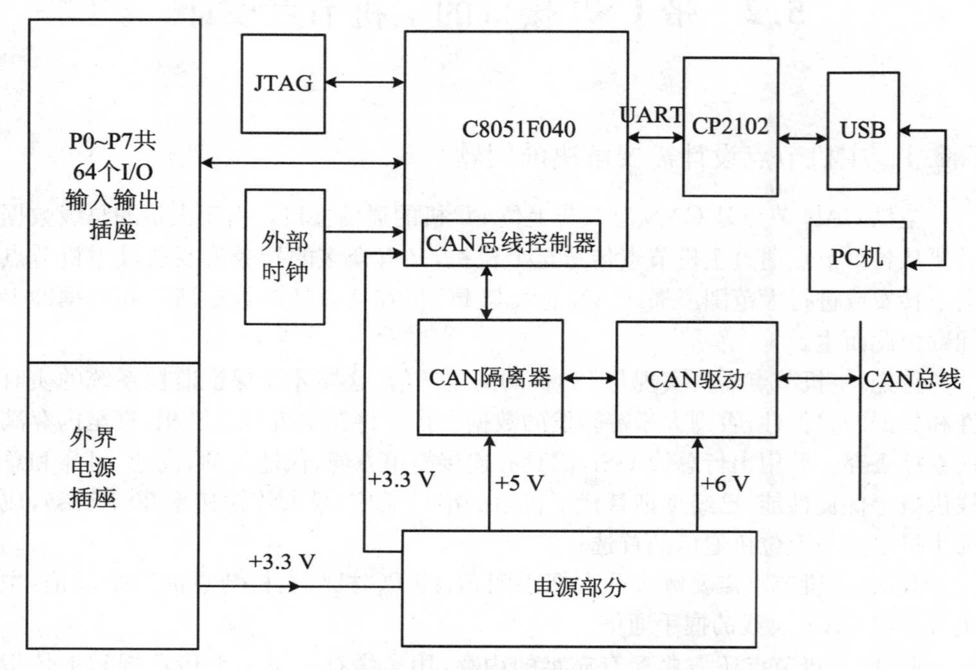

图 5.4　最小系统框图

2. 最小系统设计方案的优点

(1) 便于最小系统和整体模块的调试。

(2) 增加 USB 与 UART 转换链接，便于今后调试好模块与 PC 联机进行长时间测量(几天连续测量)。在 PC 机中储存大量数据有利于分析测量精度和长期稳定性。另外智能模块与主节点最小系统核心一致，有利于系统的互换性。

(3) 接有 JTAG，可使用开发系统进行应用板软硬件调试。

(4) CAN 隔离驱动设计有利于抗干扰和防止通信线雷击现象。

基于 C8051F040 和 CP2101 芯片设计的主机 CAN 节点电路如图 5.5 所示。由于只需要用到 CAN 控制器和一个 UART，其他模数外设接口无需引出，使得 C8051F040 的外围电路更加简洁。

为了方便，只用简单的 UART 连线，即 C8051F040 的 P0.4、P0.5 引脚分别与 CP2101 的 TXD、RXD 相连。此外，CP2101 具有 USB 挂起和恢复信号支持功能，将它的/SUSPEND 引脚连接到 C8051F040 的 P0.6，并在交叉开关里将后者设为外部中断/INT0。这样，当在总线上检测到挂起信号时，CP2101 将进入挂起模式，发出/SUSPEND 信号，外部中断 0 触发 C8051F040 里的中断处理程序，告知 C8051F040 停止向上位机转发数据，并做出缓存数据以及复位 CP2101 回复握手等一系列响应动作。

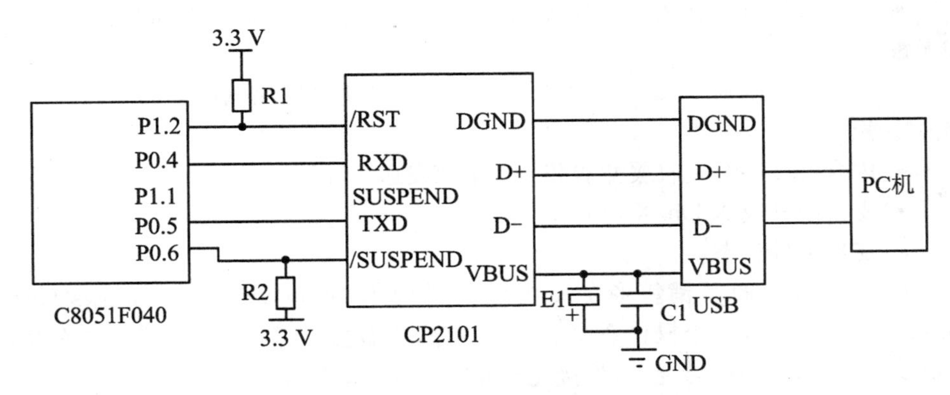

图 5.5　作为主机 CAN 节点的硬件连接图

5.2.3　CP2101 特性和原理

CP2101 及其升级产品 CP2102 是美国 Silicon 公司推出的 USB-UART 桥接电路，该电路的集成度高，内置 USB 2.0 全速功能控制器、USB 收发器、晶体振荡器、EEPROM 及异步串行数据总线（UART），支持调制解调器全功能信号，无需任何外部的 USB 器件，功能强大，采用 MLP－28 封装，尺寸仅为 5 mm×5 mm，占用空间非常小。

与其他 USB-UART 转接电路的工作原理类似，CP2101 通过驱动程序将 PC 的 USB 口虚拟成 COM 口以达到扩展的目的。虚拟 COM 口（VCP）的器件驱动程序允许一个基于 CP2101 的器件以 PC 应用软件的形式作为一个增加的 COM 口独立于任何现有的硬件。COM 口使用运行在 PC 上的应用软件以访问一个标准硬件 COM 口的方式访问基于 CP2101 的器件，PC 与 CP2101 间的数据传输是通过 USB 完成的，因此，无需修改现有的软件和硬件就可以通过 USB 向基于 CP2101 的器件传输数据。

1. CP2101 的特性

CP2101 的体积虽小，但功能非常强大，其主要特性如下：

- 内含 USB 收发器，无需外接电阻器。
- 内含时钟电路，无需外接振荡器。
- 其内部 512 字节的 EEPROM 可用于存储产品生产商的 ID、产品的 ID 序列号、电源参数、器件版本号和产品说明。
- 内含上电复位电路。
- 片内电压调节器可输出 3.3 V 电压。
- 符合 USB 2.0 规范的要求。
- SUSPEND 引脚支持 USB 状态挂起。

• 异步串行数据总线(UART)兼容所有握手和调制解调器接口信号。

• 支持的数据格式为数据位8,停止位1或2和校验位(包括奇校验、偶校验和无校验)。

• 波特率范围为300 bps～921.6 Kbps,并可通过专用软件随时修改永久存储波特率值。

• 内含512字节接收缓冲器和512字节发送缓冲器。

• 支持硬件或X-On/X-Off握手。

• 支持事件状态。

此外,通过厂商及销售商免费提供的适用于Windows(含Windows CE)、Linux、MacOS-X等多个操作系统的驱动程序,可省去CP2101系列器件二次开发的投入。这样,在一般情况下,焊接完毕并安装好驱动程序后即可使用。

2. CP2101的工作原理

CP2101的内部结构及外部基本连接电路如图5.6所示。由图5.6可见,用CP2101进行串口扩展所需的外部器件非常少,仅需3只去耦电容器即可,使用起来非常方便。

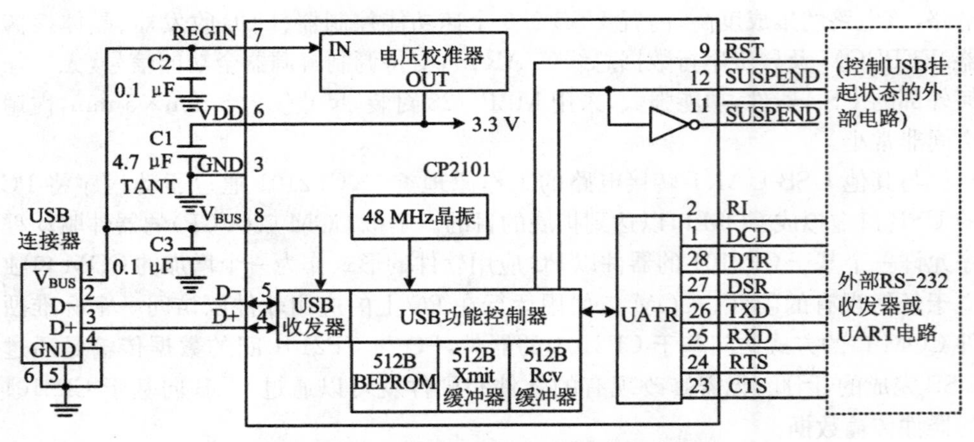

图5.6 CP2101的内部结构及外部基本连接

(1) USB功能控制器和收发器

CP2101中的USB功能控制器是一个符合USB 2.0规范的全速电路,带有收发器和相应的片内上拉电阻器。USB功能控制器管理USB与UART间的所有数据传输,以及由USB主控制器发出的请求命令和用于控制UART功能的命令。通过USB挂起和恢复信号可支持CP2101及外部电路的电源管理。当在总线上检测到挂起信号时,CP2101将进入挂起模式。在进入挂起模式时,CP2101会发出SUSPEND和$\overline{\text{SUSPEND}}$信号,同时,在复位后,CP2101也会发出该信号直到USB要求的器件配置完成。CP2101的挂起模式会在下述任何一种情况出现时被取消:

① 检测到继续信号或产生继续信号时;

② 检测到一个 USB 复位信号；

③ 器件本身复位。

在退出挂起模式时，SUSPEND 和 $\overline{\text{SUSPEND}}$ 信号被取消。需要注意的是，SUSPEND 和 $\overline{\text{SUSPEND}}$ 在 CP2101 复位期间会暂时处于高电平，如果要避免 SUSPEND 处于有效（挂起）状态，可以使用一个大的下拉电阻器（10 kΩ）来确保 SUSPEND 在复位期间处于低电平。

（2）异步串行数据总线 UART 接口

CP2101 的 UART 接口包括 TX 发送、RX 接收数据信号，以及 RTS、CTS、DSR、DTR、DCD、RI 控制信号。UART 支持 RTS/CTS、DSR/DTR 和 X-On/X-Off 握手，还可以通过编程使 UART 支持各种数据格式和波特率。UART 的数据格式和波特率编程可在 PC 上进行。表 5.3 列出了 CP2101 串行总线的数据格式和波特率。

表 5.3　CP2101 串行总线的数据格式和波特率

数据位	8
停止位	1
校验位	无校验、奇校验、偶校验
波特率	300，600，1200，1800，2400，4800，7200，9600，14400，19200，28800，38400，56000，57600，115200，128000，230400，460800，921600

这里还需要注意的是，CP2101 异步串行数据总线的数据位和停止位是固定的，也就是说，在实际使用中可以通过软件改变校验位和波特率，但是，改变数据位和停止位会在通信中出现异常现象。

（3）内部 EEPROM

CP2101 内部集成了一个 EEPROM，可用于存储由设备原始制造商定义的 USB 供应商的 ID、产品的 ID 说明、电源参数、器件版本号和器件序列号等信息。USB 配置数据的定义是可选的。如果 EEPROM 没有被 OEM 的数据占用，则采用默认方式配置数据。注意，尽管如此，对于可能使用多个基于 CP2101 的器件连接到同一个 PC 的 OEM 应用来说，它们需要一个专一的序列号。

内部 EEPROM 可通过 USB 进行编程，以便 OEM 的 USB 配置数据和序列号可以在制造和测试时直接写入到系统板上的 CP2101 中。Silicon 公司提供了一种专门用于 CP2101 内部 EEPROM 编程的工具，同时还提供一个 Windows DLL 格式的程序库，该程序库可在制造过程中将 EEPROM 编程步骤集成到 OEM 中，以便用自定义软件进行流水线式测试和序列号的管理。EEPROM 的写寿命典型值为 100000 次，数据保持时间为 100 年。

CP2101 是一款功能强大的 USB-UART 桥接电路，利用它将 USB 口扩展成串口简单易行。

主机 CAN 节点电路如图 5.7 所示。该电路图也是底层模块的最小系统板。

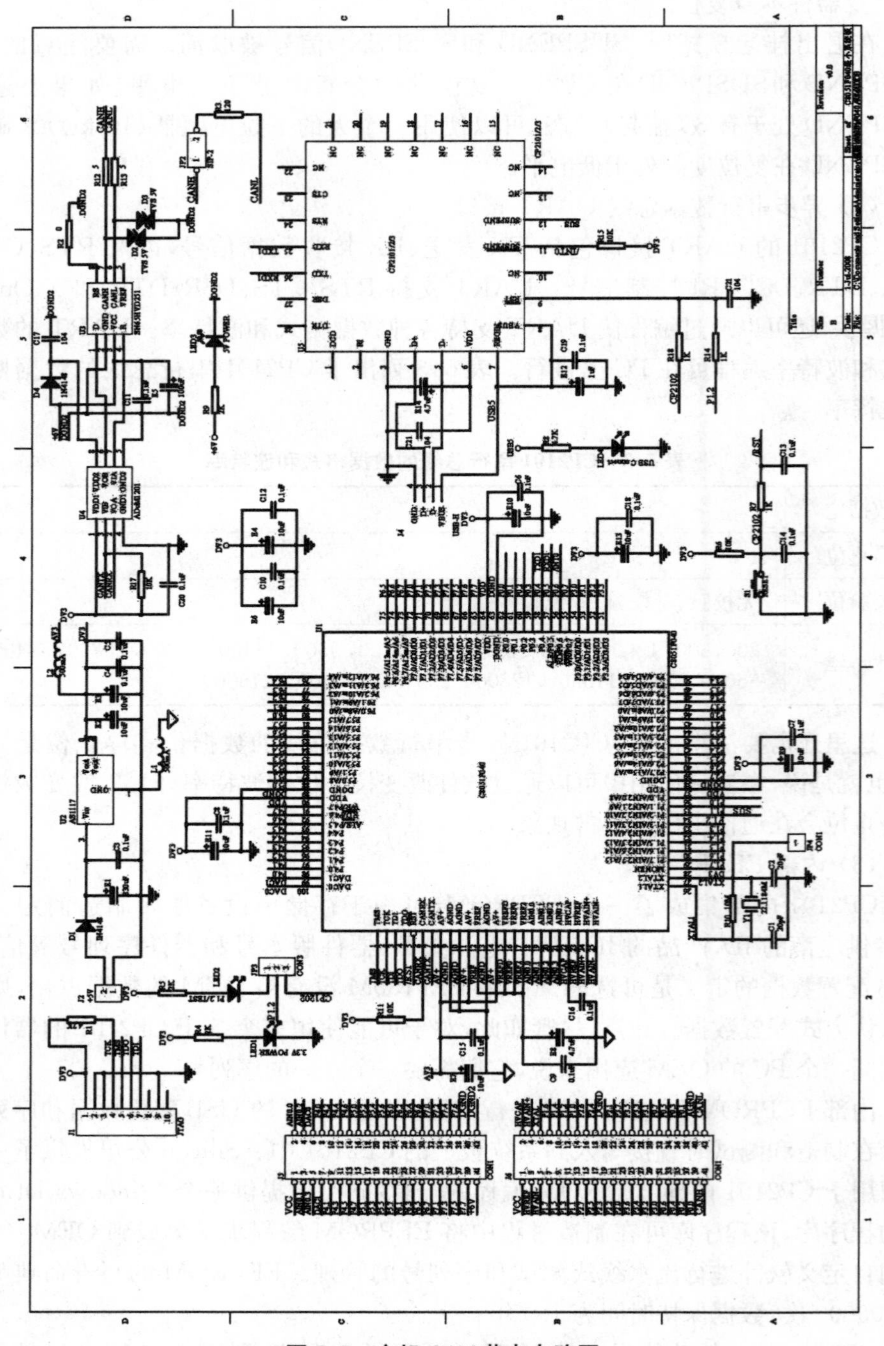

图 5.7 主机 CAN 节点电路图

5.2.4 USB接口主机CAN节点的通信软件设计

作为CAN总线与上位PC机通信平台的主机CAN节点模块，本身集成了三种总线的通信功能(分别为CAN、UART、USB)，如图5.8所示，需要工作在三种不同波特率条件下；并且由于大量的总线数据需要从各个节点通过这里传送至上位机，又有众多的指令需要通过主机节点向下转发或进行大范围广播，此处的数据瓶颈和数据冲突问题也比较突出。

由于串行总线USB的高速和便捷性能，并且CP2101芯片本身集成了USB上层协议，所有有关USB的工作都可在上位PC机的驱动程序和上位机通信程序里完成，主机CAN节点软件所需要解决的主要问题转移到CAN总线与UART的接口上来。

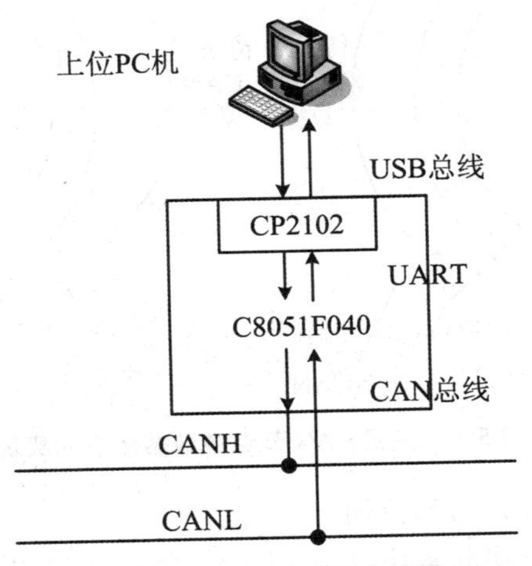

图5.8　主机CAN节点功能

USB接口主机CAN节点通信软件主要实现的功能应包括：

- CAN总线的监控：收集总线所有信息，发布广播(包括总线所有节点统一修改波特率的重要广播)，与个体节点通信。
- 转达上位机的指令：UART来自上位机数据的接收，并按照重要性分类放入不同优先级的CAN数据待传送队列。
- 向上传送总线监控数据：将CAN数据接收队列中的消息直接通过UART转发给上位PC机(实际上是先发给CP2101，再由它通过USB总线上传PC机)。
- 来自CAN总线的数据与来自UART的数据的缓冲、相互转换。
- 修改UART波特率：响应上位PC机的指令，双方同时改变波特率。
- USB总线异常中断的处理：CP2101在总线挂起状态下会给C8051F040一个INIT0中断，告之上位机连线断开。

1. 相关数据结构

我们采用循环双指针数组构成不同优先级的 UART 数据发送队列。只需直接从 CAN 总线转发到 UART(上位机),或从上位机直接控制 CAN 总线,因此,CAN 总线上接收到的消息只需直接存入 UART 数据发送队列,而上位机发下来的指令只需直接存入 CAN 数据发送队列即可。

主机 CAN 节点中数据结构的实现如图 5.9 所示。

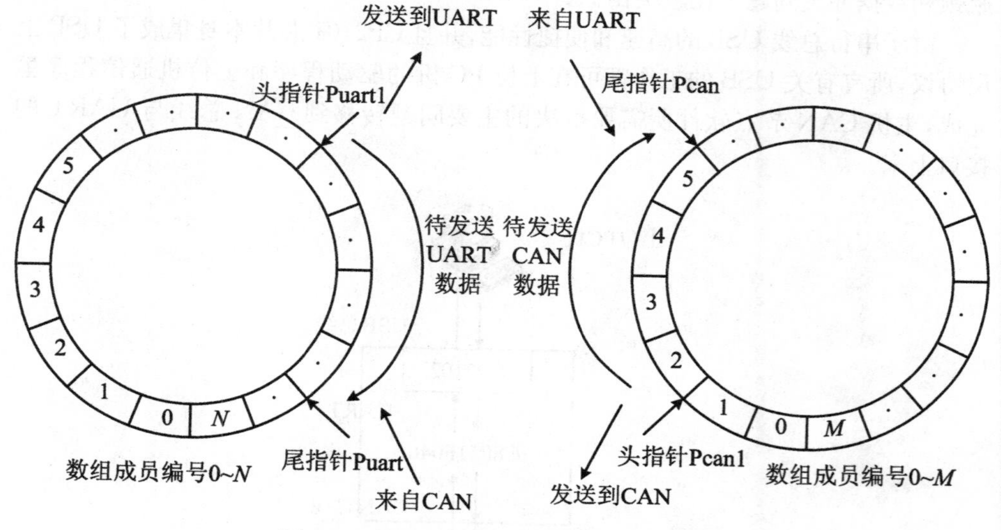

图 5.9　主机 CAN 节点中数据结构的实现

2. UART 与 CAN 通信的协调

USB 总线传输的速率非常快,UART 的波特率一般也可以达到 115.2 Kbps,而 CAN 总线,特别是在远距离通信的时候,波特率平均情况下会低至 4.9 Kbps。如此大的差距使得 UART 的传输间隔在 CAN 总线看来几乎可以忽略,这样一来,相对于 CAN 总线通信来说,UART 即主机 CAN 节点与上位机的通信可以"瞬间"完成。因此通信软件的设计不需过多考虑 UART 的时间,重点在 CAN 数据传输的质量。

5.2.5　上位机 USB 基本通信软件设计

上位机的基本通信软件,不仅应提供主机 CAN 节点通过 USB 与 PC 机操作系统的软件接口,还要能够实现两次通信握手,能灵活设置两种通信(UART 和 CAN)的波特率,并实现收发数据和 UART 状态显示这一系列主要功能。

由于 CP2101 芯片内置有与计算机通信的 USB 协议,上位机在安装 Silicon Laboratories 公司免费提供的 CP2101 驱动程序后,主机 CAN 节点就会在计算机上产生一个增加的虚拟 COM 口(一般为 COM3),用户可以按照通用串行口的控制方式使用这个 COM 口来控制主机 CAN 节点中的 CP2101 器件，从而间接实现与核心 MCU C8051F040 的通信，再由 C8051 F040 最终到达 CAN 总线。

用 VB 设计出的主机 CAN 节点-上位 PC 机基本通信软件界面如图 5.10 所示，其上分别提供了串口选择、UART 波特率设定、串口开关控制、接收显示及保存数据、通信状态监控、数据与命令字的发送等模块接口。主机 CAN 节点可以根据规定好的命令字来调整 UART 通信波特率、设定 CAN 总线波特率、发送控制命令以及收发各种数据等。

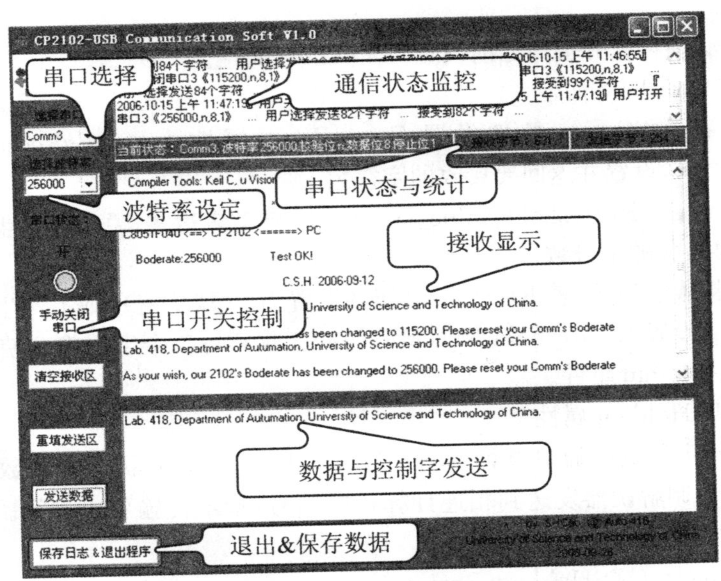

图 5.10　主机 CAN 节点-上位机通信软件界面

5.2.6　PC 机上串口通信的实现

实现串口通信的方法以及第三方控件有很多，例如 PComm 控件、Windows API 函数等。但是这几种方法都过于复杂，对程序员的要求较高，而且可靠性并不是很好。MSComm 是 Microsoft 公司为简化 Windows 下串行端口编程而提供的一种 ActiveX 控件，它提供了一系列标准通信命令的使用接口，为应用程序提供了通过串行口收发数据的简洁方法。这里就是通过 MSComm 控件在 Visual C++ 下通过串行端口传输和接收数据，为应用程序提供串口通信功能的。

1. MSComm 控件介绍

MSComm 控件有很多属性，其常用的属性有如下几个：

- CommPort，设置并返回通信端口号。
- Settings，以字符串的形式设置并返回波特率、奇偶校验、数据位、停止位。
- PortOpen，设置并返回通信端口的状态。也可以打开和关闭端口。

- Input，从接收缓冲区返回和删除字符。
- Output，向传输缓冲区写一个字符串。

(1) CommPort 属性

作用：设置并返回通信端口号。

语法：object. CommPort[value](value——整型值，说明端口号)。

说明：在设计时，value 可以设置成从 1 到 16 的任何数(默认值为 1)。但是如果用 PortOpen 属性打开一个并不存在的端口，MSComm 控件会产生错误 68(设备无效)。

注意：必须在打开端口之前设置 CommPort 属性。

(2) RThreshold 属性

作用：在 MSComm 控件设置 CommEvent 属性为 comEvReceive 并产生 OnComm 之前，设置并返回要接收的字符数。

语法：object. Rthreshold[value](value——整型表达式，说明在产生 OnComm 事件之前要接收的字符数)。

说明：接收字符后，若 Rthreshold 属性设置为 0(默认值)，则不产生 OnComm 事件。例如，设置 RThreshold 为 1，接收缓冲区收到每一个字符都会使 MSComm 控件产生 OnComm 事件。

(3) CTSHolding 属性

作用：确定是否可通过查询 Clear To Send(CTS)线的状态发送数据。Clear To Send 是调制解调器发送到相连计算机的信号，指示传输可以进行。该属性在设计时无效，在运行时为只读。

语法：object. CTSHolding(Boolean)。

MSComm 控件 CTSHolding 属性的设置值如下：

① True Clear To Send 线为高电平。

② False Clear To Send 线为低电平。

说明：如果 Clear To Send 线为高电平并且超时，MSComm 控件设置 ComEven 属性为 comEventCTSTO 并产生 OnComm 事件。

Clear To Send 线用于 RTS/CTS(Request To Send/Clear To Send)硬件握手。对于如何确定 Clear To Send 线的状态，CTSHolding 属性给出了一种手工查询的方法。

(4) SThreshold 属性

作用：在 MSComm 控件设置 CommEvent 属性为 comEvSend 并产生 OnComm事件之前，设置并返回传输缓冲区中允许的最小字符数。

语法：object. SThreshold[value](value——整型表达式，代表在 OnComm 事件产生之前在传输缓冲区中的最小字符数)。

说明：若设置 SThreshold 属性为 0(默认值)，数据传输事件不会产生OnComm

事件。若设置SThreshold属性为1,当传输缓冲区完全为空时,MSComm控件产生OnComm事件。如果在传输缓冲区中的字符数小于value,CommEvent属性设置为comEvSend,并产生OnComm事件,comEvSend事件仅当字符数与SThreshold交叉时被激活一次。例如,如果SThreshold为5,仅当在输出队列中字符数从5降到4时,comEvSend才发生。如果在输出队列中从来没有比SThreshold多的字符,comEvSend事件将不会发生。

(5) CDHolding属性

作用:通过查询Carrier Detect(CD)线的状态确定当前是否有传输。Carrier Detect是从调制解调器发送到相连计算机的一个信号,指示调制解调器正在联机。该属性在设计时无效,在运行时为只读。

语法:object. CDHolding。

CDHolding属性的设置值如下:

① True Carrier Detect线为高电平。

② False Carrier Detect线为低电平。

说明:如果Carrier Detect线为高电平并且超时,MSComm控件设置CommEvent属性为comEventCDTO并产生OnComm事件。

(6) DSRHolding属性

作用:确定Data Set Ready线的状态。Data Set Ready信号由调制解调器发送到相连计算机,指示做好操作准备。该属性在设计时无效,在运行时为只读。

语法:object. DSRHolding。

DSRHolding属性返回以下值:

① True Data Set Ready线为高电平。

② False Data Set Ready线为低电平。

说明:如果Data Set Ready线为高电平并且超时,MSComm控件设置CommEvent属性为comEventDSRTO并产生OnComm事件。

(7) Settings属性

作用:设置并返回波特率、奇偶校验、数据位、停止位参数。

语法:object. Settings[value]。

说明:当端口打开时,如果value非法,则MSComm控件产生错误380(非法属性值)。

value由4个设置值组成,格式为:"BBBB,P,D,S"。其中BBBB为波特率,P为奇偶校验,D为数据位位数,S为停止位位数。value的默认值是"9600,N,8,1"。

(8) InputLen属性

作用:设置并返回Input属性从接收缓冲区读取的字符数。

语法:object. InputLen[value]。

value是整型表达式,说明Input属性从接收缓冲区中读取的字符数。

说明：InputLen 属性的默认值是 0。设置 InputLen 为 0 时，使用 Input 将使 MSComm 控件读取接收缓冲区中的全部内容。

若接收缓冲区中 InputLen 字符无效，Input 属性返回一个零长度字符串("")。在使用 Input 前，用户可以选择检查 InBufferCount 属性来确定缓冲区中是否已有需要数目的字符。该属性在输出格式为定长数据的机器中读取数据时非常有用。

(9) EOFEnable 属性

作用：确定在输入过程中 MSComm 控件是否寻找文件结尾(EOF)字符。如果找到 EOF 字符，将停止输入并激活 OnComm 事件，此时 CommEvent 属性设置为 comEvEOF。

语法：object. EOFEnable[value]。

value 的设置值如下：

① True，当 EOF 字符找到时 OnComm 事件被激活。

② False，当 EOF 字符找到时 OnComm 事件不被激活。

2. 利用 MSComm 控件处理通信问题

MSComm 控件提供了以下两种处理通信问题的方法：

(1) 事件驱动方法

事件驱动通信是处理串行端口交互作用的一种非常有效的方法。在许多情况下，在事件发生时需要得到通知，例如，串口接收缓冲区中有字符，或者 Carrier Detect或 Request To Send 线上的一个字符到达或一个变化发生时，在这些情况下，可以利用 MSComm 控件的 OnComm 事件捕获并处理这些通信事件。OnComm事件还可以检查和处理通信错误。所有通信事件和通信错误的列表，参阅 CommEvent 属性。在编程过程中，就可以在 OnComm 事件处理函数中加入自己的处理代码。这种方法的优点是程序响应及时，可靠性高。每个 MSComm 控件对应一个串行端口，如果应用程序需要访问多个串行端口，必须使用多个 MSComm 控件。

(2) 查询方式

查询方式实质上还是事件驱动，但在有些情况下，这种方式显得更为便捷。在程序的每个关键功能之后，可以通过检查 CommEvent 属性的值来查询事件和错误。如果应用程序较小，并且是自保持的，这种方法可能是更可取的。例如，如果要写一个简单的电话拨号程序，则没有必要每接收一个字符都产生事件，因为唯一要等待接收的字符是调制解调器的“确定”响应。

3. MSComm 控件的实现

在使用 MSComm 控件之前，我们要在工程中插入 MSComm 控件。在插入完成之后，要使用控件首先要创建 MSComm 对象 m_Comm，这样我们就可以通过 m_Comm调用控件的属性和函数了。控件实现的过程是先对串口进行初始化，然后再编写接收发送函数。

(1) 串口初始化

对串口进行初始化一般来说要完成以下设置：

- 设置通信端口号。
- 设置通信协议。
- 设置传输速率等参数。
- 设置其他参数。

初始化过程如下：

```
m_Comm.SetCommPort(1);//选择串口
m_Comm.SetSettings(para);//设置通信参数
m_Comm.SetInBufferSize(1024);//设置接收缓冲区大小
m_Comm.SetInBufferCount(0);//清空接收缓冲区
m_Comm.SetInputMode(1);//设置数据获取方式
m_Comm.SetInputLen(160);//设置每次读取长度
m_Comm.SetRThreshold(160);//设置 onComm 事件阀值
m_Comm.SetOutBufferSize(1024);//设置发送缓冲区大小
m_Comm.SetOutBufferCount(0);//清空发送缓冲区
m_Comm.SetPortOpen(1);//打开串口
```

(2) 串口事件捕捉

MSComm 控件可以采用查询或事件驱动的方法从端口获取数据。实现串口捕捉的代码如下：

```
BEGIN_EVENTSINK_MAP(CDAMDlg,CDialog)
  //{{AFX_EVENTSINK_MAP(CDAMDlg)
ON_EVENT(CDlg,IDC_MSCOMM,1,OnOnCommMscomm,VTS_NONE)
  //}}AFX_EVENTSINK_MAP
END_EVENTSINK_MAP()。
```

每一次串口收到数据函数 OnOnCommMscomm()都会响应，我们就在函数 OnOnCommMscomm()中添加读取数据的代码，每次收到数据后，在函数中对数据进行处理。

(3) 关闭串口

在使用完 MSComm 通信对象之后，应将通信端口关闭。可执行如下代码：

```
m_Comm.SetPortOpen(0)
```

5.2.7　串口应用

利用 MSComm 控件，我们可以实现串口通信的功能，但仅仅是最基本的功能。我们要完成上层软件与主节点之间的通信，还要在原有的基本功能基础上添加新的功能。如前所述，上层软件与主节点之间通过模拟串口进行通信。上层软件通过模拟串口对节点发送命令，进而控制主节点与底层传感器之间的行为。主节点在收到底层节点的数据后，向上层软件发送。所以对于发送命令，我们首先要确定命令的种类和格式，然后确定命令发送函数。对于收发数据，由上一节可知，我们只需要在串口捕捉函数中添加数据处理代码即可。

1. 命令的种类和格式

(1) 命令的种类

目前，我们将命令分为4种，一是通知全体传感器采集数据，二是通知单个传感器采集和上传数据，三是全体传感器采集的数据全部上传，四是复位命令，这些命令都是传送给主节点的。主节点在收到命令后，解析命令，然后对传感器进行操作。4种命令的格式基本相同，只是在命令的最后一个字节有所不同。

(2) 命令的格式

命令的长度我们采用3字节，格式如图5.11所示。

字节1、字节2标识	字节3命令种类

图5.11 命令总体格式

前两个字节作为命令的标示，用来区别不同的传感器，每个传感器都有自己特有的编号。前两个字节的结构如图5.12所示。

1	2～6	7～10	11～13	14～16

图5.12 两字节结构

两字节各位的定义如下：

第1位：传感器的总线号。

第2到第6位：传感器的位置。

第7到第10位：传感器的模块号。

第11位到第13位：传感器的类型。

第14位到第16位：传感器的通道。

第3个字节用于区分命令种类。我们目前有4种命令，在调试时我们简单地用0x01、0x02、0x03和0x04区分不同的命令。以后随着命令种类的添加，我们还需要调整区分方法。

这样的格式最多可测31×15×8=3720支传感器。

2. 命令发送函数

我们利用MSComm控件的SetOutput()函数，在MSComm控件中封装了命令发送函数。这样当我们创建了MSComm对象后就可以直接使用命令发送函数了。

根据上一节谈到的命令格式，我们把命令发送函数写成一次发送一个字节。这样我们就可以根据命令的不同，选择调用函数的次数。程序代码如下：

```
void CMSComm::SendChar(char str)
{
    CByteArray array;
    array.RemoveAll();
    array.SetSize(1);
    array.SetAt(0,str);
    CMSComm::SetOutput(COleVariant(array));
}
```

3. 数据处理

主节点每次向上层传送8个字节的数据，在函数OnOnCommMscomm()中我们将数据存储在数组rxdata[]中。如同命令的前两个字节，数据的前两个字节也包含传感器的总线号、位置、模块号和通道号，这些是与数据库中的传感器设计编号一一对应的。所以收到数据后，首先我们要从数据的前两个字节中提取出传感器的总线号、位置、模块号和通道号。提取方式如下：

```
Can.Format("%d",(rxdata[0]&0x80)>>7);
Position.Format("%d",(rxdata[0]&0x7c)>>2);
Model.Format("%d",((rxdata[0]&0x03)<<2)+((rxdata[1]&0xc0)>>6));
Channel.Format("%d",rxdata[1]&0x07);
```

然后我们根据总线号、位置、模块号和通道号将后8个字节的数据存储到对应数据库表中。

第6章　CAN总线通信平台和实验设计

本章主要讲叙CAN总线通信的实时性和稳定性。首先要组建一个测试平台，编制程序使该平台处于主从、多主两种通信方式下，测试通信的实时性和稳定性。其次把该测试平台放在实际过程控制系统中再进行实测。

6.1　多机测试平台组建

在现有已设计并且硬件电路和通信软件都已经实现的节点模块基础上，选取5个节点模块模拟普通设备，再加上一个主机CAN节点，通过USB接口与上位PC机相连，修改相应的节点软件和上位机软件，这样一来就组建成了一个简单的CAN总线控制系统网络平台，如图6.1所示。其中主机CAN节点主要用来发送远程控制广播命令，收集所有节点传来的数据，并上传给上位机软件进行识别、分类和统计，它实现了总线侦听、网络监控和上位机接口功能。而其他节点则模仿控制系统中的底层设备，循环发送包含节点信息的8字节数据CAN总线报文，并侦听主机节点的网络广播指令，调整节点功能。

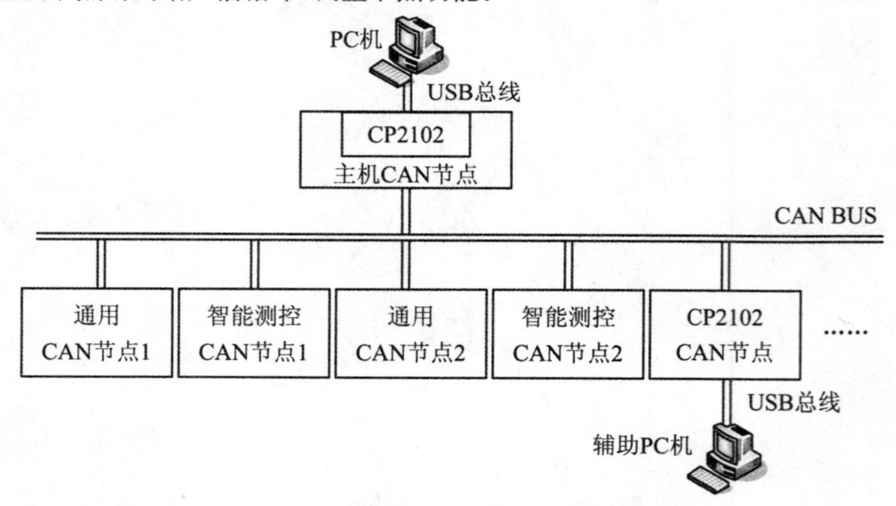

图6.1　CAN总线控制系统多机测试平台

接下来我们将在这个小型网络平台上，模拟 CAN 总线控制网络中的总线竞争和报文丢失，进一步观察和统计报文传输效率、网络时延以及带宽利用率等一系列系统性能。在此之前，先对上位机软件做相应的改进，添加节点数据自动识别分类、报文传输统计、主机远程广播命令控制、延时控制以及高速数据模式系统保护、试验数据库保存等功能。Communication Soft V2.3 程序面板如图 6.2 所示。

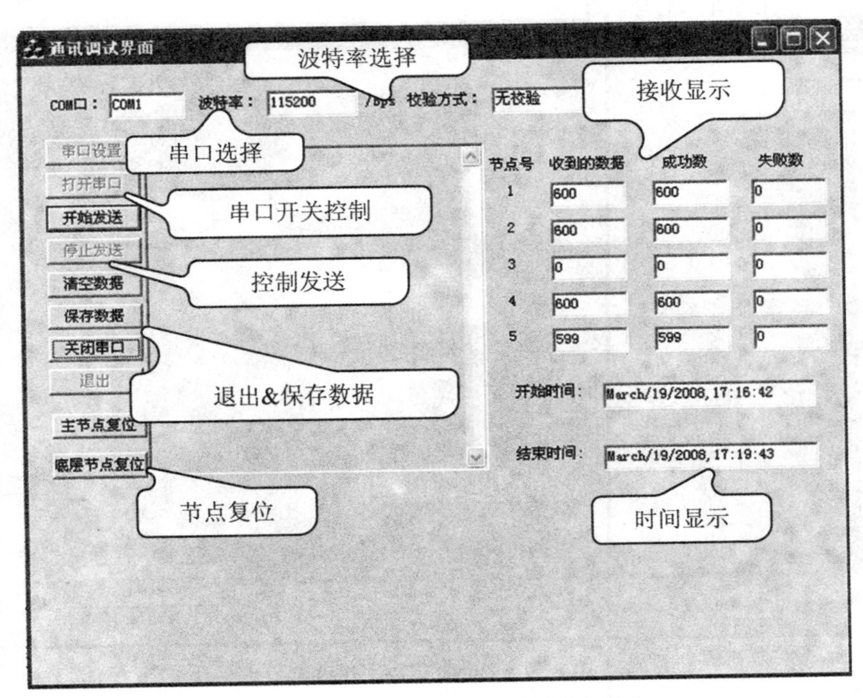

图 6.2　多机测试平台上位机软件界面

6.1.1　上位机通信软件设计

上位机的基本通信软件，提供主机 CAN 节点通过 USB 与 PC 机操作系统的软件接口，实现两次通信握手，设置串口通信波特率，并实现收发数据、串口状态显示以及通信起始时间显示这一系列主要功能。

由于 CP2101 芯片内置有与计算机通信的 USB 协议，上位机在安装 Silicon Laboratories 公司免费提供的 CP2101 驱动程序后，主机 CAN 节点就会在计算机上产生一个增加的虚拟 COM 口，用户可以按照通用串行口的控制方式使用这个 COM 口来控制主机 CAN 节点中的 CP2101 器件，从而间接实现与核心 MCU C8051F040 的通信，再由 C8051F040 最终到达 CAN 总线。

在设计系统的过程中，我们设计了调试界面和用户工作界面两种界面，图 6.2 是通信调试界面，图 6.3 是实际用户工作界面。

用 VC 设计出的主机 CAN 节点-上位 PC 机基本通信软件界面如图 6.2 所示，

其上分别提供了串口选择、串口波特率设定、串口开关控制、接收显示及数据保存、命令字的发送等模块接口。例如，当前串口为 COM1，串口波特率为 115200 bps，该调试界面显示了底层 5 个节点的通信状态，通信开始时间为 17:16:42，结束时间为 17:19:43，3 号节点未参与通信，4 节点共发出 2399 个数据，没有错误。

图 6.3　上位机用户工作界面

图 6.3 给出了对于用户而言的工作界面。目前的上位机用户工作界面包括线图管理、用户管理、串口管理和拉西瓦水坝的资料介绍等模块接口。在界面图的右侧，用户可发送相关命令来决定测量的顺序和方式，测量得到的数据将保存在数据库中，目前该程序还在整体联调中，已经实现了整体通信，但是还需要进一步规定相关测量顺序以及考虑更多系统可能出现的情况。

6.2　远程通信网络搭建及实验设计

6.2.1　远程有线通信网络中等效电路图的分析和设计

CAN 总线示意图见图 6.4。CAN 的直线通信距离最远可达 10 km(速率在 5 Kbps以下)，通信速率最高可达 1 Mbps(此时通信距离最长为 40 m)，所以对于

CAN 大型分布式监控网络，可以通过降低传输速率的方法来增加传输距离（不加任何中继器）。在远距离传输时，由于传输线对信号的时延，若终端和始端出现阻抗失配现象，则会出现电磁波的反射，使信号波形严重畸变，并且引起一些有害的干扰脉冲，甚至影响整个总线的工作。因此总线上的信号传输问题必须予以考虑。

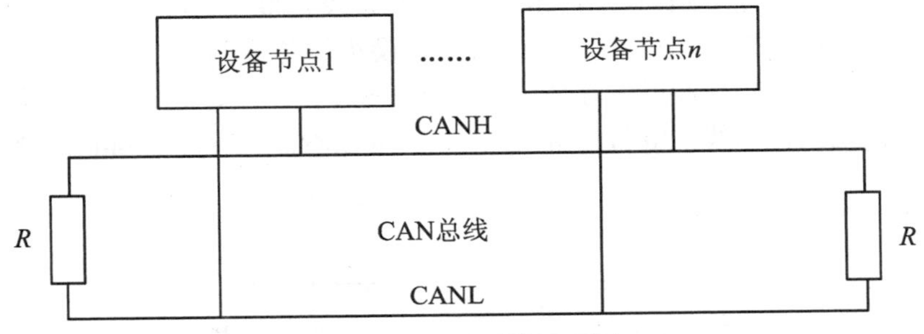

图 6.4　CAN 总线示意图

1. 传输线是一个分布参数系统

在集中参数电路中，电磁波传输的持续时间与该电磁波本身变化的时间相比要短得多，电磁波的能量集中消耗和存储在电路的各个储能元件（R、L、C）上，因此，集中参数电路的电压或电流和空间坐标的位置无关，它们只是时间的函数，即在集中参数电路（或称短线）中，电压或电流是均匀分布的。在分布参数电路中，如在同轴电缆、双绞线远距离传输中，电磁波传输的持续时间与该电磁波本身变化的时间可以相比或长得多，因此在这种电路中，电压或电流不仅是时间的函数，而且还与空间的坐标有关，即在分布参数电路（或称长线）中，电压或电流的分布是不均匀的，必须考虑信号传输的连接线（称之为传输线）。由于传输线的一个基本特征是信号在其上的传输需要时间，因而人们也常常将传输线称之为延迟线。作为一个分布参数系统，传输线的基本特征可以归纳为：

（1）电参数分布在其占据的所有空间位置上。

（2）信号传输需要时间。传输线的长度直接影响信号的特性，或者说可能使信号在传输过程中产生畸变。

（3）信号不仅仅是时间 f 的函数，同时也与信号所处位置 x 有关，即信号同时是时间 t 和位置 x 的函数。

为了保证信号在传输线中不失真，需要找出信号随时间、位置变化时的变化规律，即电压 $u(x,t)$、电流 $i(x,t)$的变化规律。首先要建立传输线的物理模型，列出描述 $u(x,t)$、$i(x,t)$的数学方程，最后解方程，分析其变化规律。如前所述，传输线是一个分布参数系统，它的每一段都具有分布电容、电感和电阻。传输线的分布参数通常用单位长度的电感 L 和单位长度的电容 C 以及单位长度上的电阻 R、电导 G 来表示，它们主要由传输线的材质、几何结构和绝缘介质的特性所决定，其数值可以用测量的方法得到，对结构简单的传输线也是如此。

2. 传输线的物理模型和电路方程

为方便计算起见，下面的讨论均假设传输线是均匀传输线。所谓“均匀”是指：

(1) 导体的几何形状和所用材料在线路全长上保持不变。

(2) 导体之间的间隔和导体周围的介质在线路全长上维持均匀不变。双绞线中两条线分布参数完全相同，并且相互对称，两条线分布参数可以等效为一条线的分布参数。选取传输线上一小段进行研究。设小段长度为 Δx（如图6.5所示），Δx 越小，就越接近传输线的实际情况。当 $\Delta x \to 0$ 时，该模型就逼近了真实的分布参数系统。均匀传输线的等效电路见图6.5，可以看成由多个这样的电缆段串联而成。

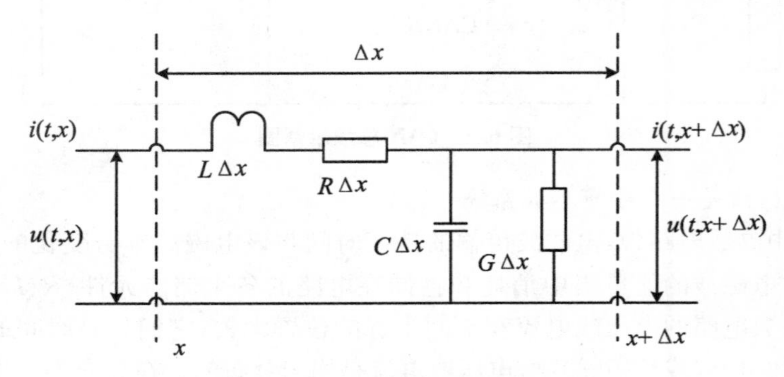

图6.5 均匀传输线等效电路

选取传输线起点为坐标原点即 $x=0$，考虑距原点为 x 即 $x+\Delta x$ 处的情况。设 L 为单位长度上的分布电感，R 为单位长度上的分布电阻，C 为单位长度上的分布电容，G 为单位长度上的分布电导（介质漏电引起）。在 x 处的电压为 $U(t,x)$，电流为 $i(t,x)$，而 $x+\Delta x$ 处的电压则为 $u(t,x+\Delta x)$，电流则为 $i(t,x+\Delta x)$（注：此处电压 u 及电流 i 是时间 t 和位置 x 的二元函数），根据克希霍夫定律，从传输线的 x 到 $x+\Delta x$ 段，应有：

$$u(t,x) = u(t,x+\Delta x) + L\Delta x \frac{\partial i(t,x)}{\partial t} + R\Delta x \cdot i(t,x) \quad 6.1$$

$$i(t,x) = i(t,x+\Delta x) + G \cdot \Delta x u(t,x+\Delta x) + C\Delta x \frac{\partial u(x+t\Delta x)}{\partial t} \quad 6.2$$

以 $u(0^-,x)=0, u'(0^-,x)=\frac{\partial u(t,x)}{\partial t}|_{t=0}=0$ 为初始条件，对式6.1、式6.2做拉氏变换，得 $i(0^-,x)=0, i'(0^-,x)=\frac{\partial i(t,x)}{\partial t}|_{t=0}=0$。

$$\frac{\partial U(x,s)}{\partial x} = -(R+Ls)I(x,s) \quad 6.3$$

$$\frac{\partial I(x,s)}{\partial x} = -(G+Cs)U(x,s) \quad 6.4$$

令 $r(s)=\sqrt{(R+Ls)(G+Cs)}, Z_c(s)=\sqrt{(R+Ls)/(G+Cs)}$。因为 $Z_c(s)$ 的大

小只与传输线特性有关，所以称为传输线特性阻抗。

当始端电压、电流已知时，令 $x=0, V(0,s)=V_1(s), I(0,s)=I_1(s)$，求解方程 6.3、6.4，得：

$$V(x,s)=\frac{V_1(s)+I_1(s)Z_c(s)}{2}e^{-rx}+\frac{V_1(s)-I_1(s)Z_c(s)}{2}e^{rx} \quad 6.5$$

$$I(x,s)=\frac{V_1(s)+I_1(s)Z_c(s)}{2Z_c(s)}e^{-rx}+\frac{V_1(s)-I_1(s)Z_c(s)}{2Z_c(s)}e^{rx} \quad 6.6$$

由式 6.5、6.6 可以看出，传输线上任一点的电压 $U(x,s)$ 和电流 $I(x,s)$ 都包含两项，前一项代表向 $+x$ 方向前进的波，称为入射波，后一项代表向 $-x$ 方向前进的波，称为反射波。

当传输线路的终端负载阻抗不等于特性阻抗时，将产生波的反射现象。电压反射系数 $P_U=\frac{U_{反}}{U_{入}}=\frac{Z-Z_C}{Z+Z_C}$，电流反射系数 $P_I=\frac{I_{反}}{I_{入}}=\frac{Z-Z_C}{Z+Z_C}$。其中 Z_C 是线路的特性阻抗，Z 是线路的负载阻抗，$U_{反}$、$U_{入}$ 分别是反射电压和入射电压。

消除反射波对于系统来说非常重要，如果终端阻抗不匹配，将会引起电波多次反射，那么线路上各点的电压（电流）波形都会发生畸变，可能导致数据传输错误。当终端匹配电阻与传输线特性阻抗匹配时，反射波最小。

把 s 换成 $j\omega$，就可以得到传输线方程的正弦稳态解。选取电缆参数：$R=10\ \Omega/\text{km}$，$L=0.8\times10^{-3}\ \text{H/km}$，$C=0.1\times10^{-6}\ \text{F/km}$，$G=10^{-4}\ \text{S/km}$，在总线波特率为 10 Kbps 时，特性阻抗的幅值大小为：

$$|Z_C|=\sqrt[1/4]{(R^2+\omega^2L^2)/(G^2+\omega^2C^2)}=90\ \Omega$$

选取终端匹配阻抗 120 Ω。CAN 总线协议中定义，在 1 Mbps 波特率下，终端匹配电阻一般为 120 Ω，时延为 5 ns/m。匹配电阻的最小值为 108 Ω，最大值为 132 Ω。总线两端应当分别用 120 Ω 联接。结果同样适用于符合 485 规范或其他规范的远距离通信。

按照以上的分析，考虑到拉西瓦水坝高边坡出线平台与控制室距离 3、4 公里左右，加上部分余量，我们在实验室搭建了长度为 1～6 km 的网络，来模拟远程通信网络。

6.2.2　远程监控系统调试实验及结果分析

我们选取 5 个底层通信测量节点，加上一块主机 CAN 节点，搭建了如图 6.6 所示的 CAN 总线远程通信实验平台。远程通信网络传输距离为 0～6 公里，电容取值 0.1 uF，电阻 20 Ω，分别在总线两端加 120 Ω 的匹配电阻。为了方便测试，我们在 0～6 公里处分别加了 7 组测量点，做实验的时候根据需要，分别将 A、A′与不同的测试点相连挂于 CAN 总线。

对 CAN 总线远程通信实验平台分别展开性能测试实验，通过测试分析 CAN 总线的稳定性与实时性性能，对整个的设计效果做出评估，完善系统结构，实现远程监控系统的设计。

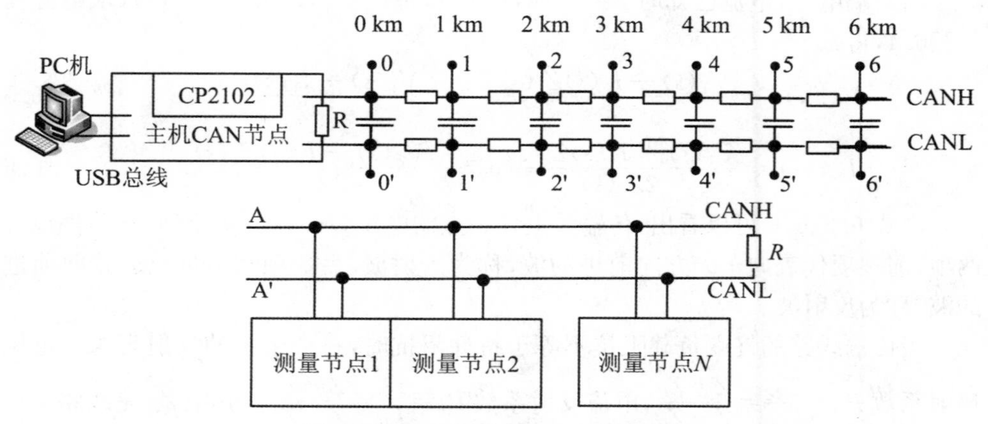

图6.6　CAN总线远程通信实验平台

1. 单节点全速发送报文性能分析

首先我们测试单个节点全速发送方式下的总线性能。分别将主机CAN节点和底层通信节点挂在总线上，接入不同距离的远程模拟电路。

选取1号节点，将总线与0公里处CANH、CANL分别相连。采用多主方式，即上位PC机发送一个命令即可触发1号节点发送规律性报文，我们规定所发报文为从0开始累加的整数报文。每上一个报文的传输成功将会立即引起下一个报文的传送开始。

传输结果如图6.7所示，根据每秒钟CAN报文的成功传输次数，可以计算出全速无间隔报文传送情况下的报文传输速率，根据结果可得报文传输速率为约28.92帧/秒，所设定的波特率为3456位/秒，由此可以得到每帧CAN 2.0A报文实际占用位数为3456/28.92≈119.5位/帧（平均值，故可能出现0.5位），这正与CAN 2.0的标准格式相符（109位＋多个插入位＋若干总线空闲位）。

2. 主从式多节点远程通信结果分析

为了更好地检验所设计的CAN总线控制网络的性能，我们设计实验如下：上位PC机循环发送命令到底层，命令格式简化为一个字符："1"、"2"、"3"、"4"、"5"，分别标识给底层1～5发出命令，底层节点在收到广播命令时，判断是否是发送给自己的命令，然后决定是否发出数据。为了与大坝高边坡程序设计一致，采用主从方式进行通信，即每收到一帧报文，再发送下一次命令。例如，上位机发出字符"1"，经主机CAN节点转发，底层1号节点在收到该命令后判断出该命令是要求1号节点发送数据，于是将自身待发送的数据发送出去。为了检验通信是否有错误，我们将发送的数据设置为从0开始累加的整数，即规律性报文数据，并在上位机编写程序检验是否有错误产生。

选取5节点2公里通信结果如图6.8所示。在63681 s内每个节点上传了

167582 个数据，共上传了 837910 个数据，全部上传成功，没有失败数据。经过计算，在 0.076 s 内成功传送一帧报文。CAN 的波特率是 6.32 Kbps，使用 2.0A 协议。

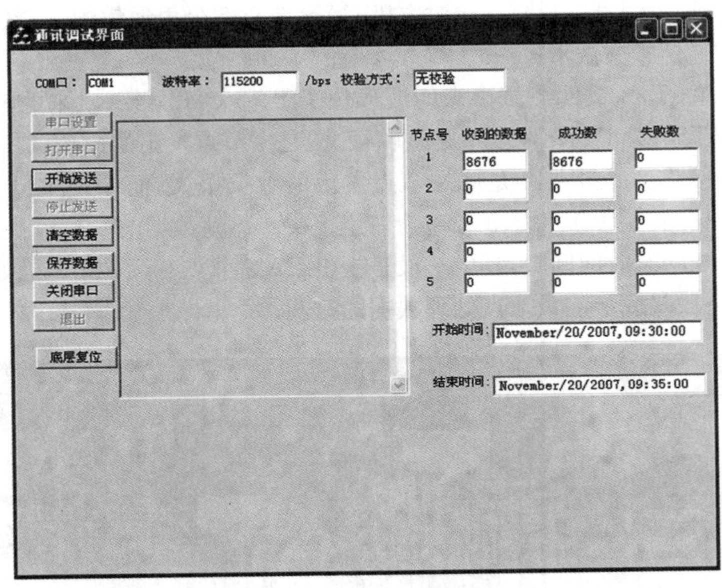

图 6.7　单节点全速发送 300 s 结果

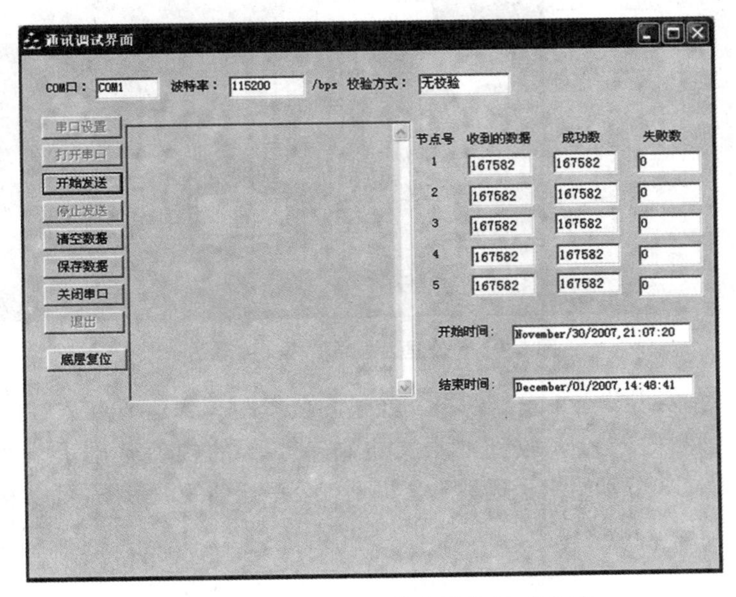

图 6.8　远程 2 公里 5 节点通信 83 余万次

3. 不同公里数通信结果分析

分别将总线与1～5公里远程网络相连。为了更好地分析CAN总线的通信性能，使用示波器观察报文的波形。将示波器CH1两端与0、0′相连，CH2两端与5、5′相连。这样，我们可以观察到相对主机CAN节点5公里通信的近端（CH1）和远端（CH2）的通信报文波形。

如图6.9所示，CH1测试出来的波形位于上端，CH2测试出来的波形位于下端。CH1端标识为1的一段波形是一帧报文，是主节点发出的命令，2是位于CH2端底层节点接收到的报文，4是底层节点发出的数据报文，而3是主机CAN节点接收到的数据，我们称1和2、3和4为一组报文。每帧数据的最后一位是应答位。每两帧报文之间有时间间隙，其中一段是主机CAN节点和上位PC机处理数据的时间，另外一段是底层测量节点处理数据的时间。

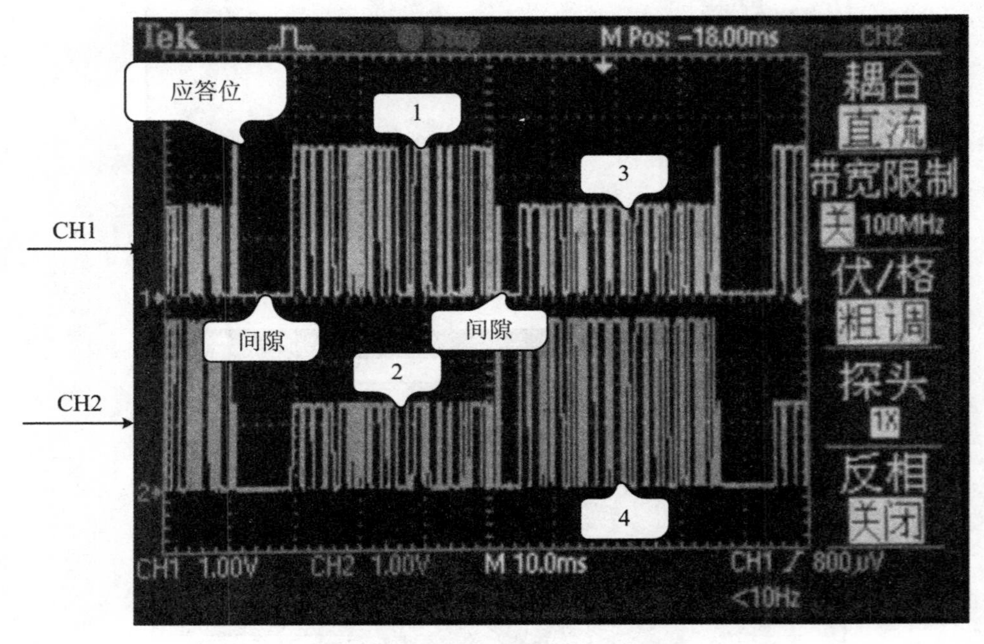

图6.9　5公里远程通信报文波形图

经过观察，发现节点1发出的报文经过5公里距离到达节点2后报文的幅值发生了衰减；同样，节点3收到的报文也在节点4的幅值基础上发生了衰减。图6.10～图6.13分别给出了远程1公里到4公里通信的波形图，可以发现通信距离越长，幅值衰减得越多。

图 6.10　远程 1 公里通信波形显示

图 6.11　远程 2 公里通信波形显示

图 6.12　远程 3 公里通信波形显示

图 6.13　远程 4 公里通信波形显示

另一个需要观察的是远程通信距离的变化是否会影响报文传输速率，为此，在其他条件不变的情况下，分别对 1～5 公里做实验，将得出的数据制表，如表 6.1 所示。

表 6.1　不同公里数传输速率比较

公里数	传输报文数	通信时间(s)	传输速率(帧/s)
1	19999	1504	13.2972
2	19999	1505	13.2884
3	20000	1506	13.2802
4	20002	1508	13.2639
5	19999	1510	13.2443

由表6.1可见,1公里处传输速率最大,每秒传输13.2972帧,即0.0752秒传输一帧数据,所谓一帧实际上是一次发送、一次接收,对于CAN总线实际是2帧。随着传输距离的增大,传输速率有微弱减小的趋势,说明远程传输有一定的网络时延。但是这个时延数值较小,对于系统的应用影响很小,在当前远程网络通信中可忽略不计。

4. 相同公里数不同测试点通信结果显示

接下来以通信5公里距离为例,将CH1两端连接到0公里处的测试点,CH2两端分别连接到1公里、2公里、3公里、4公里、5公里处的测试点,可以看到报文波形幅值发生了相应的变化。如图6.14所示,经过1公里的衰减,同一组报文幅值降低了约0.2 V;图6.15显示了2公里距离的通信会造成同一组报文幅值上发生约0.4 V的变化;同理,3公里(图6.16)、4公里(图6.17)、5公里(图6.9)距离的通信,同一组报文分别发生了0.6 V、0.8 V和1 V的幅值衰减。因此我们可以得出结论:同一组报文每经过1公里距离通信,报文信号的幅值即发生0.2 V的衰减。

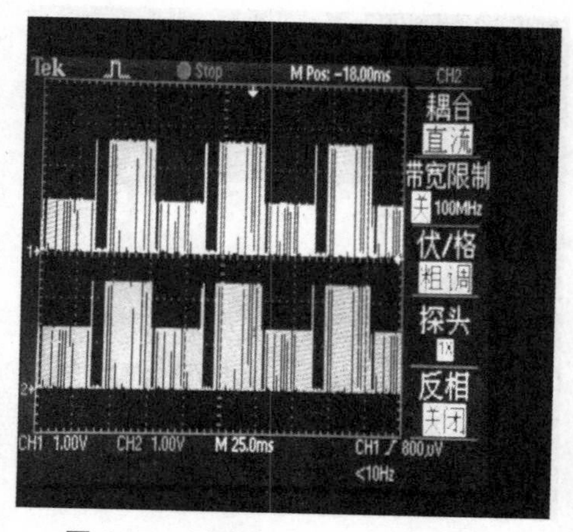

图6.14　测试点在1公里处的波形

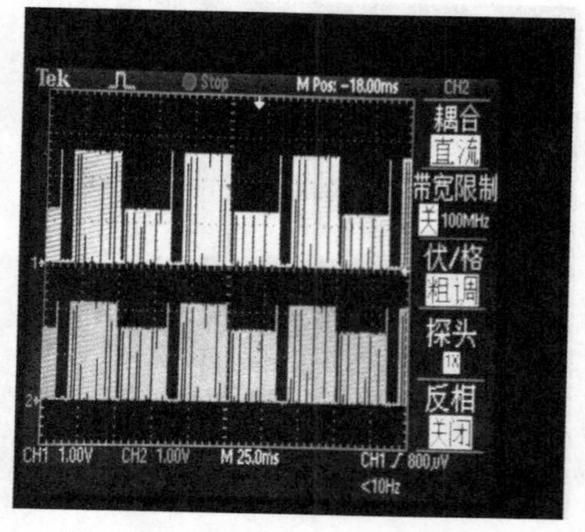

图6.15　测试点在2公里处的波形

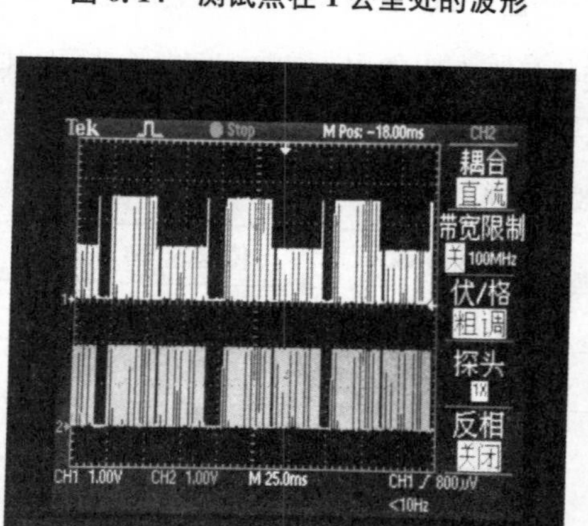

图6.16　测试点在3公里处的波形

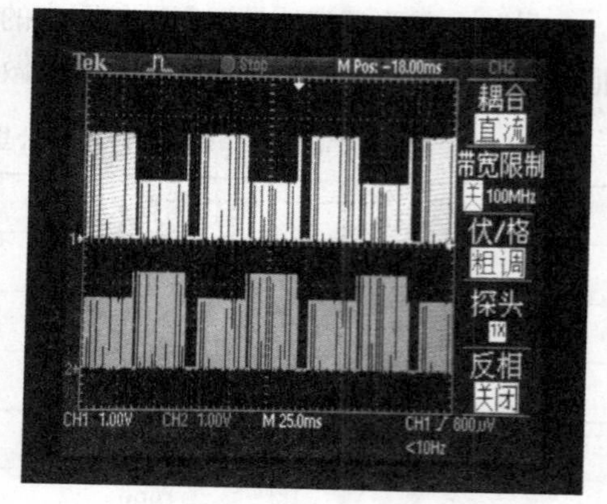

图6.17　测试点在4公里处的波形

5. CAN 收发器 SN65HVD251 工作电压的影响

在做实验的过程中，我们发现 SN65HVD251 工作电压 VCC 端的大小对于传输距离的影响很大，经过大量的实验，我们得到了 1～5 公里距离成功通信的 VCC 临界电压值（精确到 0.1 V），如表 6.2 所示。

表 6.2　1～5 公里成功通信时的 VCC 临界值

通信距离	1 km	2 km	3 km	4 km	5 km
VCC 临界值	3.6 V	4.0 V	4.3 V	4.6 V	4.9 V

由表 6.2 可见，保证 1 公里成功通信的前提是保证 VCC 端电压大于等于 3.6 V。VCC 端电压越高，可以通信的距离越远，在 1～5 公里实验中，每增加 1 公里，VCC 端电压相应提高了约 0.3 V。注意最高 VCC 不能高过 SN65HVD251 的最高工作电压 7 V。

6.2.3　CAN 总线远程控制网络的性能总结

通过远程控制网络模拟平台上的多组测试实验，结果验证了本 CAN 总线控制系统的良好稳定性和实时性。

从实验结果中我们可以发现，整个控制系统的稳定性非常好，在日常数据传输准确性、意外错误处理以及多机冲突测试实验中得到验证，这是由于 CAN 总线报文传输本身带有很强的校验机制，能很好地确保 CAN 消息的成功传输。在目前所做实验范围内能做到无错传输，进一步验证了 CAN 总线控制系统的长期运行稳定性，很好地满足了大型远程监测系统对于高稳定性的要求。

就实时性而言，虽然系统伴随有一个比较小的网络时延，但是在目前的 5 公里通信范围内可以忽略不计。就当前控制网络采用的参数配置而言，一个节点模块传送一帧报文所需要的时间，可以达到大坝高边坡监测 0.1 s 内传送一帧报文的需求。同时由于采用主从方式，每个节点都可以公平地享用总线的使用权，从而提高了整个系统的实时性。

注意我们做的通信实验是由 PC 机统计数据，在波特率 3.2 Kbps、发送 2.0A 协议、后跟 8 个字节数据的情况下，每发送、接收一帧报文需时 0.076 s(76 ms)。实际上 CAN 总线每帧有应答位，只要发送或接收 1 帧就可以了。因此计算系统实时性可以按每帧 38 ms 计算。

另外，远程通信距离对于报文信号的幅值有比较大的影响，每公里约衰减 0.2 V；同时 CAN 收发器 SN65HVD251 的输入电压对于远程通信距离有一定的影响，确保在电压正常范围内的高电压输入可以提高系统的远程通信距离。

CAN 总线传输距离在驱动芯片工作电压和传送波特率确定之后，主要决定于如下两个因素：

第一，发送端应答位的隐性电压和接收端把隐性变成显性电平以后又传送到发送端时的电平差值。

第二,发送端发的应答位到接收端被确认后又发回到发送端时该位相位的变化。前者电平差值为 0.6 V,后者不能滞后每位时间的一半。0.6 V 电平差比 RS－485、RS－422 识别"1"和"0"的差值 100 mv 要大很多。这也就是说,同样传送条件下,RS－485 比 CAN 总线传送距离远。同样 RS－485、RS－422 因阈值过小,易受干扰。另外,CAN 总线的其他性能也优于 RS－485 和 RS－422,如 CRC 硬化,可以多主通信机构,以及多层已硬化的上层协议等。

要提高远程传送距离,可以采取如下方法:

- 增加驱动芯片的工作电压。
- 降低发送的波特率,减少相位滞后的影响。
- 使用更粗的双绞线,减小通信导线电阻。我们使用的导线规格为每公里 20 欧姆(采用两条线即是 40 欧姆)。如果电阻减小一半,通信距离可提高一倍。
- 用两个驱动芯片并联驱动,减小驱动芯片的内阻,提高驱动电流,从而提高通信距离。
- 选用分布电容较小的双绞线,降低分布电容的影响。
- 改用无线通信的 CAN 总线驱动芯片。

总体来说,CAN 总线控制系统无论是从稳定性、实时性,还是从其他性能指标上来分析,都达到了很好的效果。

6.3　多主通信方式原理分析及实验结果

虽然水利系统采用的是主从通信方式,但在实际工作中,我们也对多主工作方式进行了一定的探讨和研究。当采用多主方式进行通信时,CAN 总线非破坏性仲裁技术使得总线产生竞争时,通过仲裁后的报文信息能不受任何影响地继续传送,确保了系统的高可靠性和高实时性,但是也存在一些不足和局限。本节分析了 CAN 总线位仲裁技术的原理,设计了一个通信系统的实验平台,提出了一种通过改变各节点延时使所有参与总线竞争的节点公平享有总线使用权的方法。

6.3.1　位仲裁方式原理及分析

CAN 总线采用的是"载波检测,多主掌控/冲突避免"(CSMA/CA)的通信模式,这就允许总线上的任一设备都有机会取得总线的控制权向外发送信息。如果在同一时刻有两个以上的设备欲发送信息,就会产生竞争。CAN 总线能够实时地检测这些冲突并做出相应的仲裁,使得获得仲裁的报文不受任何损坏地继续发送。CAN 总线按位对标识符进行仲裁,规定具有最低二进制数的标识符有最高的优先级。各发送节点在向总线发送电平的同时，也对总线上的电平进行读取，并与自身发送的电平进行比较，如果电平相同则继续发送下一位，不同则停止，退出总线竞争，剩余的节点继续上述过程，直到总线上只有一个节点发送的电平，总线竞争结束，优先级最高的节点获得总线的使用权，发送报文直到完整的报文发送完毕，在竞争中被取消发送权的节点将等待总线的下一个空闲期并自动地再次尝试发送。

参见 2.2.3 节图 2.3 所示，3 个 CAN 报文同时发送，在总线上产生竞争，优先级低的节点 1 和节点 2 经过仲裁，变成只听模式，只有优先级最高的节点 3 成功发送全部仲裁域位，而获得总线的控制权，继而发送完它的全部信息。

这种非破坏性位仲裁方式的优点在于，在总线最终确定哪一个节点的报文被传送以前，报文的起始部分已经在总线上传送了，所有未获得总线发送权的节点都成为具有最高优先级报文的接收站，并且不会在总线再次空闲前发送报文。由于总线响应的请求是根据报文在整个系统中的重要性按顺序处理的，所以 CAN 总线实现了较高的效率。

但是它也存在一些不足与局限性，由上面的分析可知，当所有节点都随机地向总线发送报文时，具有低优先级的节点总是比高优先级的节点有较大的发送失败的机率，也就是说，当优先级较高的节点以足够高的频率不间断地向总线发送报文时，如果考虑一种最坏的情况，那么具有较低优先级的节点可能每次要求向总线发送报文的时候，都有一个具有较高优先级的节点同时也要求发送，从而导致一个报文都发送不出去，或者发送报文产生较大的延时，并且这种延时是随机的，对于采样和控制实时性要求较高的系统来说，当延时超过某个预定值时，接收到的数据已经失去了实际的意义。这种情况在实际应用中是可能出现的，并且不利于数据采集和实时控制。

因为 CAN 总线每个节点中 CAN 控制器都是处在“边发边听”或“边听待发”状态，所以只有在总线空闲域，才会发生各节点同时发送的状态，即产生总线竞争的状态。

在实际系统中，我们希望各个节点无论是采样还是执行控制，在一般无特殊要求时刻，都应该是平等的，也就是说它们发送的数据对控制而言具有同等重要性，只有少数特殊情况下各节点发送成功机率可以不平等。所以在这里，要找出一个合理的解决方案，使得所有的节点都能在它们发送的数据还有效的时候把数据发送出去，使所有的节点公平地享用总线的使用权，从而提高系统整体的实时性。

6.3.2　实验设计及结果分析

选取 9 个通用 CAN 节点，将图 6.6 中的 A、A′分别与 0、0′相连。实验规定主机 CAN 节点发送报文最重要，其优先级设为 0。而下层节点的优先级分别设为 1～9，优先级别依次降低。外部晶振为 22.1184 MHz，系统时钟为外部晶振频率的二分频，即 11.0592 MHz。统一设置 CAN 总线位定时数值为 0x7FFF，实现

6.912 Kbps的 CAN 总线波特率。

我们进行两组实验进行对比，一组为无延时竞争总线，另外一组加入延时实现均衡通信并提出了延时公式，我们将看到引入延时的实验可以大大改善无延时情况下的竞争问题。

1. 无延时竞争实验及结果分析

设置底层所有 CAN 节点均采取无延时发送方式，循环传送规律性报文，这样就可以观察到优先级对于 CAN 总线仲裁的作用，以及传输过程中竞争冲突的产生和严重性。我们规定 8 字节报文格式为“＄1A＊＊＊＊＃”，其中“＄”和“＃”分别是开始和结束的标志，“1”是优先级，“A”即 1 号节点，中间 4 个字节是传送的从 1 开始累加的规律性报文。做了 10 组实验，每次 1000 秒，实验结果如图 6.18 所示。

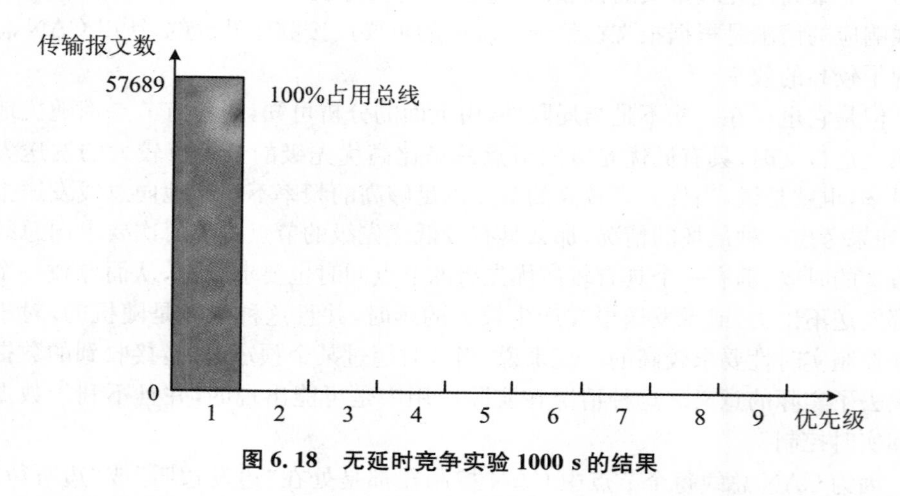

图 6.18 无延时竞争实验 1000 s 的结果

实验中，平均 1000 s 时间内 1 号节点传输报文数为 57689 帧，其余 2～9 号节点均没有传输成功。1 号节点（优先级为 1）100％占用总线，传输成功率 100％，即优先级最高的节点独占总线，验证了报文优先级对于总线仲裁的决定性作用。在这种情况下，系统的实时性最差，被优先级最高的节点垄断，其他节点相当于瘫痪，多节点竞争最为严重。

2. 各节点延时均衡通信实验及结果分析

针对前面讨论的位仲裁方式的不足与局限性，我们尝试通过延时来使参与总线竞争的所有节点公平地发送数据，即实现每个节点发送数目相同的数据，称之为均衡通信。采用单片机自身的定时器给各个节点设定相同的延时时间，以 1 ms 为最小延时时间因子，从调试界面通过主机节点给底层各节点发送相同的最小延时时间因子的倍数，即 1 ms 的倍数。经过大量的实验，当参与竞争的节点数分别是 2～9 时，得出实现均衡通信的最小延时时间分别是 36 ms、53 ms、70 ms、87 ms、105 ms、122 ms、140 ms 和 157 ms，如图 6.19 所示。

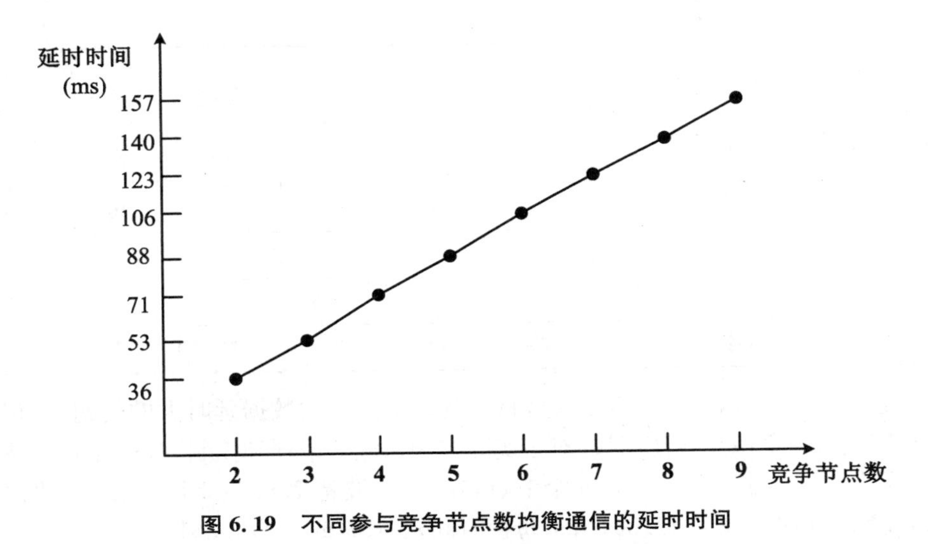

图 6.19　不同参与竞争节点数均衡通信的延时时间

总结出各个节点均衡发送报文的临界延时时间公式为：

$$t = N * (17.33 + t_0) \tag{6.7}$$

其中 N 为参与竞争的节点数，17.33 ms 是在 6.912 Kbps 波特率下按 CAN 2.0A 规则发送一帧报文的平均传输时间，t_0 是一个小余量，由于实验是以 1 ms 作为延时最小因子，存在一定的误差，t 是临界延时时间，本实验 t_0 取 0.7 ms 即可满足要求。当延时时间大于 t 时，即可实现当前所有节点的均衡通信。可以看出，这个延时时间与一帧报文的平均传输时间基本成正比关系，说明只有当每个节点充分地占用总线并发送一帧后，另外一个节点才开始发送的情况下才不会出现总线竞争的情况。

表 6.3 列出了不同延时时各节点传输报文数。从表中可以发现，延时越大，针对每个节点而言，传输到总线的报文数目越小。然而，就整个系统而言，随着参与节点数的增加，报文总数有所增加，总线的利用率变大，最大达到 5724/5768.9＝99.22%。

表 6.3　不同延时各节点传输报文数

节点 \ 延时	36 ms	53 ms	70 ms	87 ms	105 ms	122 ms	140 ms	157 ms
1	2796	1895	1425	1142	952	817	715	636
2	2796	1895	1425	1142	952	817	715	636
3		1895	1425	1142	952	817	715	636
4			1425	1142	952	817	715	636
5				1142	952	817	715	636

续表 6.3

节点＼延时	36 ms	53 ms	70 ms	87 ms	105 ms	122 ms	140 ms	157 ms
6					952	817	715	636
7						817	715	636
8							715	636
9								636
总和	5592	5685	5700	5710	5712	5719	5720	5724

通过延时公式，我们可以解决较低优先级节点传输数据延时大的问题，实现了所有节点公平享用总线使用权，对于实际控制系统的采样和控制，有很好的效果。

系统的实时性计算：当有 9 个节点，在多主、波特率 6.91 Kbps、2.0A 协议情况下，系统实时性应为 17.361 ms(每帧时间)＋157 ms＝174.361 ms。

6.3.3　提高系统实时性的方法

在 CAN 总线控制系统设计中，提高系统的实时性是很有必要的。

从研究和应用的角度来看，CAN 只规定了物理层和数据链路层两层协议，并且相应的产品各个方面都是公开的，真正地做到了系统的开放性。人们可以按照自己的需要，加上自己的上层协议，组成功能各异的现场总线系统。

网络控制系统中，输入、输出等信息在传感器、控制器和执行器等网络部件之间的数据交换完全是通过网络进行的。网络控制的优点就是减少了系统布线的成本以及复杂度，易于系统的错误诊断和维护，增加了系统的灵活性。同时，网络控制系统也带来了新的问题：通过网络传送控制系统的数据，不但会带来时延，有时甚至会由于网络传送的不可靠性导致数据丢失。

这些都是网络控制系统要研究的课题，而研究的方法可以分成两大类，其一，在设计控制系统时，将网络对控制系统的上述影响因素作为设计的整体考虑在内，这是比较困难的，也是人们现在正要研究的课题；其二，人们从传送数据的网络入手，尽可能地减少它给控制系统带来的不利影响，满足控制系统对数据传输的实时性、可靠性等方面的要求。我们这里以后面的一种方法来进行研究。

一般的网络控制系统所传送的数据，可以归类为实时数据和非实时数据两类。而实时数据又可分为时间触发的周期性数据以及事件触发的碎发性数据。我们研究的是实时在线的控制与优化，所关心的是实时数据。

通常，在计算机控制系统中，实时数据以周期性数据为多，如系统输出、输入 $y(t)$、$u(t)$，皆随时间连续变化，而在计算机控制中是对时间函数进行离散化。采样是等周期的，在网络控制系统中，传送的就是这些离散时间变量的周期性数据。对于输入信号慢速变化的(如温度)控制系统，采样周期长达数秒；而对变化较快的控制信号，要短到毫秒量级。如果传输时延超过它所要求的范围，控制系统的稳定性就要变坏，甚至不稳定。CAN 的 MAC 协议，是属于多主式随机发送的，在网络处于低负荷的时候，在实时性等方面有良好的表现，但在重负荷时，网络不能保证控制系统所需要的性能。

控制网络的实时性是控制系统的重要指标。下面就以 1.5.4 节中提到的辊道陶瓷窑系统为例进行说明。以佛山车鹏辊道窑 7 车间 3 号辊道为例，有 20 个温度测控点(测热电偶温度、控制油流量的角执行器)，4 个大功率交流电机控制，一路压力传感器和一路氧气量传感器测量。组成如图 1.5 所示。

在线实时性计算：

30 节点需要控制；

波特率 250 Kbps 或 500 Kbps，距离 200 m，每位时间 4 us 或 2 us；

采用 2.0A 协议；

通信方式主从。

这样 PC 机主节点与 29 个模块节点通信一次所需时间如下：

$$294(\text{us})\times109\times2=25.288(\text{ms})$$

按 4 倍余量计算，在 100 ms 内能完成上下层的网络所有节点的一次周期控制。

如果波特率是 500 Kbps，控制时间为 50 ms，这个时间控制陶瓷窑生产过程是足够了。如果采用多主通信方式，整个系统还可以缩短 1 倍至 2 倍的通信时间。

为了进一步提高 CAN 总线系统整体的实时性，还可以采用如下方法：

(1) 当网络中传送周期性数据时，我们利用时分原理来改善网络对周期性实时数据的传输性能。时分多址技术，也就是提供一个共享信道的方法，系统周期在这里是最长的时间单元。首先，将连续的时间轴分成首尾相继的系统周期，而作为一个大的时间单元的系统周期，我们又将其分成连续的基本周期。

在网络控制系统中，还要考虑事件触发的非周期性数据——碎发性数据的传送问题。碎发性数据的产生不是和时间相关的，而是没有规律的。碎发性数据传输的信息密度要比周期性信息小得多，但对传送的可靠性和实时性要求比周期性数据高。例如，在辊道窑监控系统中，窑辊的状态报警信号，如果不及时送到监控中心，所产生的后果比常规的控制信息(如温度、窑内压力等)出现传送问题要大。碎发性数据可以在竞争窗口中发送，对于这样一类非正常的数据，我们可以赋予这样一类数据次最高优先级，允许它在任何时候发送，不受系统时分结构的限制。这样的信息帧当然对正常的系统调度形成了干扰，解决的办法是在每个基本周期的尾部，加上一个额外的保护时隙，其长度为一个帧时。这样设计的系统就可以容忍每个基本周期最多一个紧急信息帧的插入。

根据时分原理，提出系统周期、基本周期以及时窗三个不同层次的时域概念。将时间窗口分为竞争时窗和专有时窗，专有时窗负责发送周期性信息，竞争时窗负责发送非周期性信息。在实际的网络控制系统中,这两种数据实际上是同时存在的。在一个总线系统中,同时要传送这两种实时信息,要保证CAN网络的良好的传输性能,我们把两种方案整合形成完整的动态CAN解决方案。

(2) 对温度控制、压力控制、含氧量控制以及窑辊的状态报警等数据信息,按控制重要性分成不同优先级,其中最重要的是报警信号,其次是温度控制,温度控制中20工位各点重要性也是不一样的。可以采用优先级排列所有控制单元。

(3) 利用CAN总线各节点可以自由上线或离线,不影响总线工作的特性,PC机周期发送命令使部分节点离线或上线,从而提高系统整体的周期实时性。

(4) 由于CAN模块中,一个节点可以接受多个标识码,一个标识码也可以被多个节点同时接受,并且每个节点都可以广播发送,故30工位中任意一个节点都可以清楚地知道相邻节点温度控制情况。如底层MCU有一定(单变量)控制算法,就可以较好地控制本节点油嘴流量。这实际上减少了节点与PC机的通信频率,从而可提高系统的实时性。

(5) 辊道陶瓷窑控制系统中各功能模块采用单变量闭环控制系统,从而可减少底层节点与主节点的通信次数。而上层工控机监测各个节点并进行多变量相关整体全局的复杂控制。

第7章　CAN总线底层智能模块设计

本章主要介绍大型远程安全监测系统的底层智能模块设计，同时介绍无需专用A/D芯片仅利用MCU内部A/D、D/A、I/O直接组成的智能模块，此外还介绍了使用本身无CAN总线控制器的MCU的智能模块的设计。

7.1　水利工程中常用传感器介绍

由于水利系统的特殊性和边坡监测的恶劣环境，对传感器的要求除了技术性能和功能符合外，通常还有以下要求：

(1) 高可靠性。设计要周密，要采用高品质的元器件和材料制造，并要严格地进行质量控制，保证仪器埋设后完好率在95%以上。

(2) 长期稳定性好。零漂、时漂和温漂满足设计和使用所规定的要求，一般有效使用寿命应在10年以上。

(3) 高精度。必须满足监测实际需要的精度，有较高的分辨率和灵敏度，有较好的直线度和重复性，观测数据不受长距离测量和环境温度变化的影响，如果有影响所产生的观测值误差应易于消除。测量电阻值10～100 Ω总误差不能大于0.02 Ω，电阻比值小于万分之一。

(4) 耐恶劣环境。应可在−25 ℃到60 ℃下工作，绝缘度满足要求，在水下工作要能承受设计规定耐水压能力。

(5) 结构牢固。能够耐受运输时的振动以及在工地施工现场埋设安装可能遭受的碰撞、倾倒，在混凝土或土层振捣或碾压时不会损坏。

(6) 适于施工。埋设安装时与工程干扰要小，能够顺利安装的可能性要大，不需要交流电源和特殊的影响施工的手段。

(7) 能遥测。这样自动监测系统容易配置。

边坡监测常用的传感器有4种：差阻式锚杆应力计、差阻式位移计、电阻温度计和钢弦式锚索测力计。前3种是精确测量电阻，第4种是精确测量频率。

7.1.1　差阻式锚杆应力计

差阻式传感器是美国人卡尔逊研制成功的，因此又习惯被称为卡尔逊式仪器。

这种仪器利用张紧在仪器内部的弹性钢丝作为传感元件将仪器受到的物理量转变为模拟量，所以国外也称这种传感器为弹性钢丝式(Elastic Wire)仪器。

由物理学知识可知，当钢丝受到拉力作用而产生弹性变形时，其形变与电阻变化之间有如下关系式：

$$\frac{\Delta R}{R} = \lambda \frac{\Delta L}{L} \tag{7.1}$$

在上式中：

ΔR：钢丝电阻变化量；

R：钢丝电阻；

λ：钢丝电阻应变灵敏度系数；

ΔL：钢丝变形增量；

L：钢丝长度。

由图 7.1 可见，仪器钢丝长度的变化和钢丝电阻的变化是线性关系，测定电阻变化后，利用公式(7.1)可求得仪器承受的变形。钢丝还有一个特性，当钢丝承受不太大的温度变化时，钢丝电阻随其温度变化之间有如下近似的线性关系：

$$R_T = R_0(1+\alpha T) \tag{7.2}$$

在上式中：

R_T：温度为 T ℃时的钢丝电阻；

R_0：温度为 0 ℃时的钢丝电阻；

α：电阻温度系数，一定范围内为常数；

T：钢丝温度。

只要测定了仪器内部钢丝的电阻值，用式(7.2)就可以计算出仪器所在环境的温度。

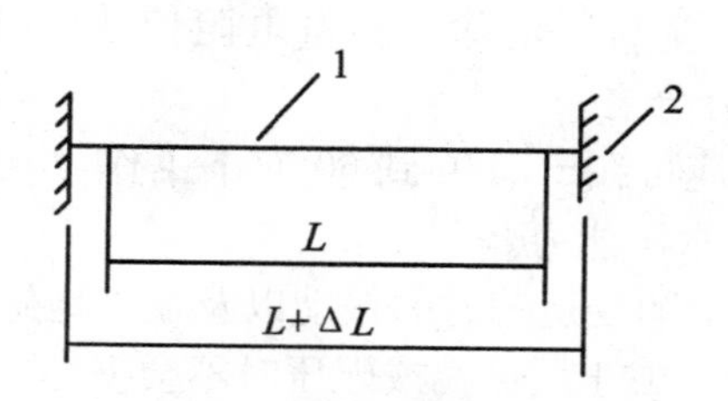

图 7.1 钢丝变形

1—钢丝；2—钢丝固定点

差阻式传感器基于上述两个原理，利用弹性钢丝在力的作用下和温度变化下的特性设计而成，把经过预拉长度相等的两根钢丝用特定方式固定在两根方形断面的铁杆上，钢丝电阻分别为 R_1 和 R_2，因为钢丝设计长度相等，R_1 和 R_2 近似相等，如图 7.2 所示。

当仪器受到外界的拉压而变形时，两根钢丝的电阻产生差动的变化，一根钢丝受拉，其电阻增加，另一根钢丝受压，其电阻减小，两根钢丝的串联电阻不变而电阻

比 R_1/R_2 发生变化，测量两根钢丝电阻的比值，就可以求得仪器的变形或应力。

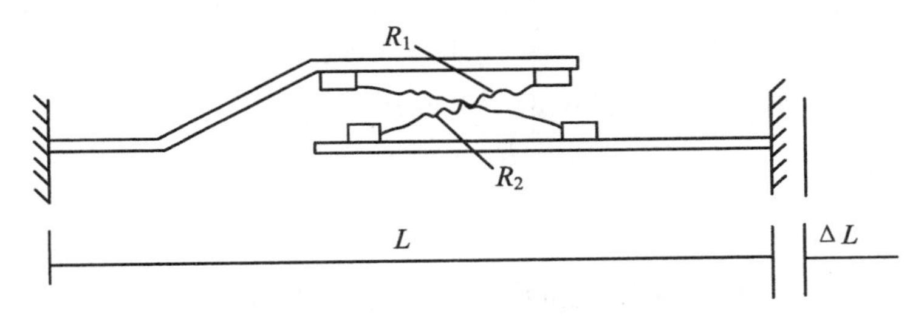

图 7.2　差阻式仪器原理

当温度改变时，引起两根钢丝的电阻变化是同方向的，测定两根钢丝的串联电阻，就可以求得仪器测点位置的温度。

差阻式锚杆应力计就是根据上述原理制成的。差阻式锚杆应力计专用于钢筋混凝土的钢筋应力、锚杆应力的长期监测，可用以测量锚杆中的应力，并可兼测埋设点的温度，测值准确、性能稳定。图 7.3 为差阻式锚杆应力计的等效测量模型。

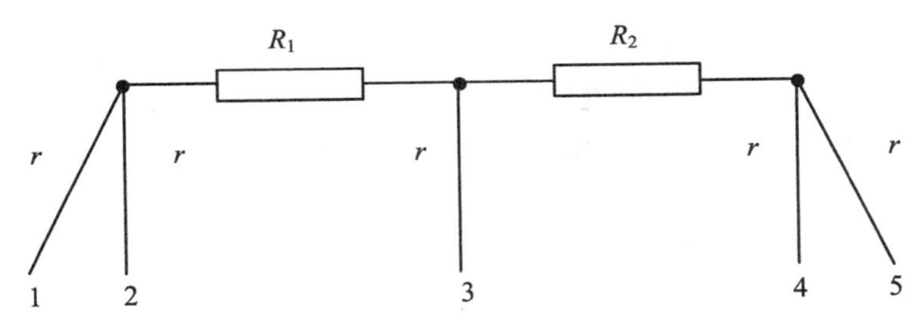

图 7.3　差阻式锚杆应力计等效测量模型

如图 7.3 所示，R_1 和 R_2 代表传感器内部的两个电阻，它们的阻值都在 50 Ω 左右，R_1 和 R_2 受到应力和温度的影响而变换；r 表示接线电缆的导线电阻，随长度的变化而变化。差阻式锚杆应力计有电阻比 Z 和电阻 R_t 两个测量值，Z 表示 R_1 和 R_2 的比值，R_t 表示总电阻（即 R_1 和 R_2 两个电阻之和），利用这两个测量值和仪器特性参数就可以计算出锚杆所承受的压力和测点位置的温度。

用于边坡监测的传感器经常需要通过电缆把信号传输到几百米甚至千米以外进行测量，为了减小导线电阻对测量精度的影响，差阻式锚杆应力计采用 5 线制接法。传感器的 1 端和 5 端接恒流源两端，如需测量 R_1、R_2 和 R_t 上的电压，分别测量（2、3）、（3、4）和（2、4）两端的电压即可。下面我们分析这种 5 线制接法的优点。

由于测量电压后面的放大器输入阻抗很高，所以测得的电压就分别等于 R_1、R_2 和 R_t 两端的真实电压（r 可以忽略不计），故通过 U/I 计算出的电阻值就分别等于 R_1、R_2 和 R_t 的真实值。则 Z 和 R_t 的测量值分别为：

$$Z=\frac{R_1}{R_2}$$

$$R_t = R_1 + R_2$$

与5线制相对应，假如我们采用3线制，即去掉第2和第4端，传感器的1端和5端仍接恒流源两端。同上面一样的测量原理，我们在(1、3)、(3、5)和(1、5)两端分别测量电压，则得到的 Z 和 R_t 的测量值分别为：

$$Z = \frac{R_1 + r}{R_2 + r}$$

$$R_t = R_1 + R_2 + 2r$$

对比这两种接法所得到的 Z 和 R_t 的测量值，我们可以看出，5线制接法的精度明显高于3线制接法。特别是因为 r 的大小和传感器与测量仪器接线长短粗细都有关但是又无法精确确定，r 的漂移也影响测量精度时，5线制接法就更有优势。

差阻式锚杆应力计的温度计算公式如下：

$$t = \alpha_1 \times (R_t - R_0),\quad 0\ ℃ \leqslant t \leqslant 60\ ℃ \text{ 时}$$

$$t = \alpha_2 \times (R_t - R_0),\quad -25\ ℃ \leqslant t \leqslant 0\ ℃ \text{ 时}$$

在上式中：

t：测点温度(℃)；

R_t：仪器的电阻测量值(Ω)；

R_0：仪器计算冰点电阻值(Ω)，由出厂卡片给出；

α_1：仪器零上温度系数(℃/Ω)，由出厂卡片给出；

α_2：仪器零下温度系数(℃/Ω)，由出厂卡片给出。

锚杆应力计算公式如下：

$$P = f \times (Z - Z_0)$$

在上式中：

P：锚杆应力，正值为拉应力；

f：锚杆应力计的最小读数，由出厂卡片给出；

Z：电阻比测量值；

Z_0：电阻比基准值(取预加应力前的电阻比测量值)。

7.1.2　差阻式位移计

差阻式位移计用于石坝、岩土边坡及大坝基岩变形的长期监测，能同时兼测埋设点的温度(边坡监测中一般不测量温度)，测值准确、性能稳定。如图7.4所示为差阻式位移计。

在被测位移量的作用下，差阻式变形敏感元件的两组电阻钢丝产生差动变化，即引起电阻比变化。位移量 ΔS 和电阻比变化量 ΔZ 具有下列线性关系：

$$\Delta S = S_1 - S_0 = f \cdot (Z_1 - Z_0) = f \cdot \Delta Z \tag{7.3}$$

在上式中：

f：仪器最小读数(mm/(0.01%))；

S_1：位移值(mm)；

S_0：初始位移值(mm)；

Z_1：电阻比；

Z_0：初始电阻比。

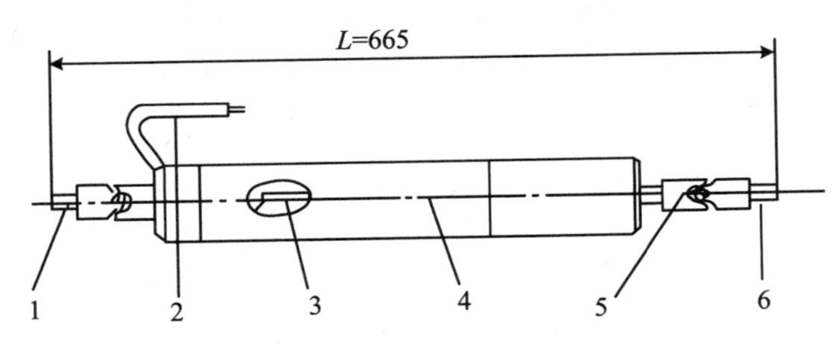

图 7.4　差阻式位移计

1—螺栓连接头；2—引出电缆；3—变形敏感元件；
4—密封壳体；5—万向连接件；6—栓销连接头

只要测定了电阻比，就可以根据式(7.3)计算出位移。差阻式位移计的测温原理同 7.1.1 节中介绍的测温原理完全相同，这里不再重复。

差阻式位移计的测量模型和差阻式锚杆应力计的测量模型完全相同。差阻式位移计也有 Z 和 R_t 两个测量值，其中 R_t 的含义和差阻式锚杆应力计相同，Z 定义为 R_1/R_t，与差阻式锚杆应力计略有不同，由于 R_1/R_t 也可以由 R_1/R_2 计算得出，所以实际测量中我们还是先测量 R_1/R_2 再计算出 Z。同锚杆应力计一样，差阻式位移计也采用 5 线制接法。

差阻式位移计的温度计算公式如下：

$$t=\alpha_1\times(R_t-R_0),\quad 0\ ℃\leqslant t\leqslant 60\ ℃\ \text{时}$$

$$t=\alpha_2\times(R_t-R_0),\quad -25\ ℃\leqslant t\leqslant 0\ ℃\ \text{时}$$

在上式中：

t：测点温度(℃)；

R_t：仪器的电阻测量值(Ω)；

R_0：仪器计算冰点电阻值(Ω)，由出厂卡片给出；

α_1：仪器零上温度系数(℃/Ω)，由出厂卡片给出；

α_2：仪器零下温度系数(℃/Ω)，由出厂卡片给出。

位移量计算公式如下：

$$L=f\times(Z-Z_0)$$

在上式中：

L：位移量(mm)；

f：位移计的最小读数，由出厂卡片给出；

Z：电阻比测量值；

Z_0：电阻比基准值（取埋设时的电阻比测量值）。

7.1.3 电阻温度计

电阻温度计用于长期监测混凝土坝或其他建筑物内测点的温度，也可用于水温、气温测量，测值准确、性能稳定。电阻温度计只有电阻 R_t 一个测量值。

电阻温度计的等效测量模型如图 7.5 所示。与差阻式锚杆应力计类似，电阻温度计采用了 4 线制，比普通的传感器多了两条线，原理和差阻式锚杆应力计相同，这里不再重复。

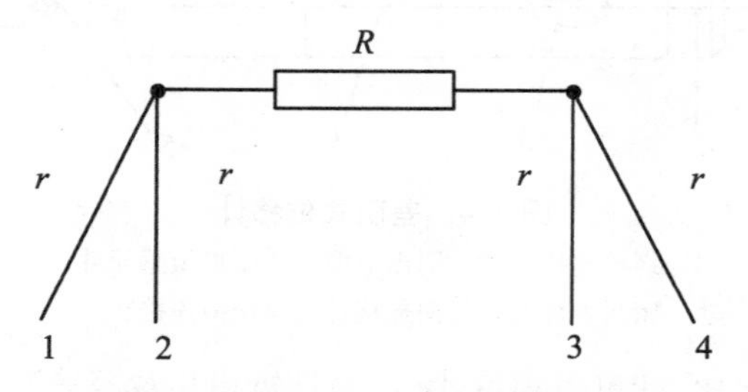

图 7.5 电阻温度计等效测量模型

电阻温度计的计算公式如下：

$$t = \alpha \times (R_t - R_0)$$

在上式中：

t：测点温度（℃）；

R_t：仪器的电阻测量值（Ω）；

R_0：仪器计算冰点电阻值（Ω）；

α：电阻温度系数（℃/Ω）。

以上 3 种传感器都是固定恒流源并运用高输入阻抗运放进行测量。

7.1.4 钢弦式锚索测力计

钢弦式锚索测力计用于长期测量应力。本节中只对它的工作原理做简单介绍。如图 7.6 所示为钢弦式锚索测力计。

钢弦式锚索传感器的敏感元件是一根金属丝弦，所测定的参数主要是钢弦的自振频率。钢弦的自振频率取决于它的长度、钢弦材料的密度和钢弦所受的内应力，其关系式为：

$$f = \frac{1}{2}L \times \sqrt{\sigma/\rho}$$

在上式中：

f：钢弦自振频率；

L：钢弦有效长度；

σ：钢弦的应力；

ρ：钢弦材料密度。

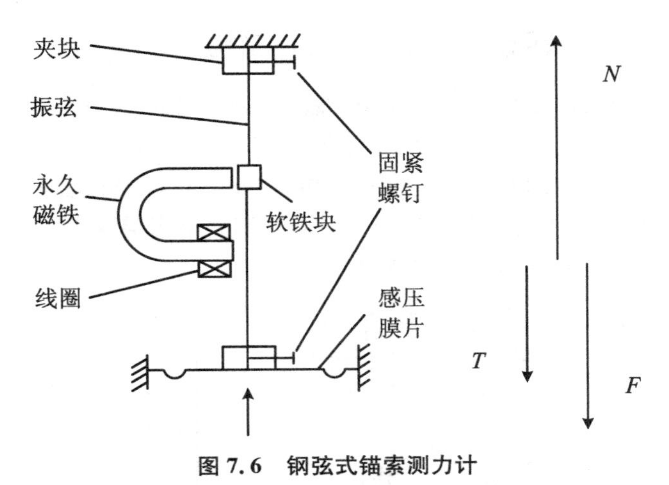

图 7.6　钢弦式锚索测力计

当传感器制造成功后，所用的钢弦材料和钢弦的直径有效长度均为不变量，钢弦的自振频率仅与钢弦所受的张力有关，因此，张力可以用频率 f 的关系式(7.4)式来表示：

$$F = K(f_x^2 - f_0^2) + A \tag{7.4}$$

在上式中：

F：钢弦张力；

K：传感器灵敏度系数；

f_x：张力变化后的钢弦自振频率；

f_0：传感器钢弦初始频率；

A：修正常数(实际应用中可设为 0)。

以上就是钢弦式传感器的工作原理。在实际测量中，只要测量钢弦的自振频率即可计算出传感器所受的应力。

7.2　测电阻型传感器的智能模块设计

从 7.1 节我们知道，大坝边坡安全监测控制系统主要有数据采集、数据传输、数据存储和数据分析处理几个功能。

系统底层是各个底层测量模块。底层测量模块用于对 7.1 节介绍的几种常用于边坡安全监测的传感器进行测量。对底层测量模块主要性能的要求就是各种传感器的测量精度和速度，模块的防水、防雷击以及稳定性也是设计时需要重点考虑的内容。除了测量之外，底层测量模块的另外一个功能就是要能够和上层主机节点进行远程通信，所以底层测量模块还需要包含一个CAN总线模块。

7.2.1 测电阻型传感器的智能模块总体结构

底层测量模块可以说是整个边坡安全监测系统的基础。如果测量精度不够甚至测量出错误的数据的话，远程通信和数据存储处理就没有任何意义。因为这样的数据根本没有办法帮助专业人员进行分析，甚至有可能导致我们的专业人员分析出错误的结论，造成不可预期的损失。下面我们介绍底层测量模块的整体结构，如图7.7所示为底层测量模块总体结构图。

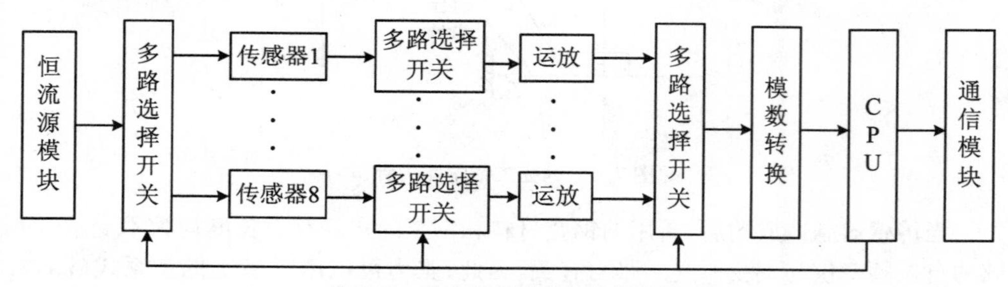

图7.7 底层测量模块总体结构图

恒流源模块产生一个2 mA左右的恒流源，电流流过传感器产生电压以供测量。由于一个模块接多个传感器，为了降低功耗，我们使用多路选择开关来对恒流源进行选通，恒流源只会流过我们正要测量的传感器。输入信号的精度将直接影响后续测量的精度，恒流源的稳定性对整个模块的测量精度有着非常重要的作用。

由于一个模块需要测量多个传感器，而且各个通道的传感器种类有可能不同，输入电压之间的差别可能很大，需要的放大倍数也不同，所以我们每一个通道的传感器后面都接一个运放。由于每个传感器可能需要测量多个电压，所以传感器和运放之间接有多路选择开关用于选择相应的输入电压到运放。运放的稳定性对于测量精度也有很重要的作用。

经过放大以后的信号再一次通过多路选择开关送到模数转换模块。模数转换模块也是和测量精度关系很大的一个模块，A/D转换的精度将直接影响系统的测量精度。

经过A/D转换后的测量信号将送到CPU中进行运算处理。CPU的主要功能有3个：一是负责对多路选择开关进行扩展，二是对A/D转换后的数据进行运算处理，三是将测量结果通过通信模块送到上层主机节点。

最后是通信模块，也就是CAN通信模块和USB口通信模块，它们的作用就是使底层测量模块和上层主机节点进行通信以及使主机节点和PC机进行通信。

7.2.2　恒流源模块设计

对于边坡安全监测系统来说，测量精度是最重要的一个指标，恒流源的稳定性和流过传感器的电流的大小对测量精度都有很大的影响。恒流源稳定性过低会造成输入端电压不稳定，从而影响测量精度。电流过大，由于分子的热运动，电阻增加，也会影响测量精度。以测量温度的电阻铂电阻为例，在电流为 10 mA 的时候，由于分子热运动造成的温度升高为 1.3 ℃，电流为 1 mA 的时候则只有 0.1 ℃，因此电流不宜过大。如果恒流源过小，则信号太小，抗干扰能力减弱。水利系统中通常规定流过传感器的电流范围为 1～5 mA。由于 C8051F040 芯片并没有恒流源模块，所以我们需要另行设计一个恒流源模块。

1. 设计原理

图 7.9 为一个实用的电压-电流转换电路。由于 A_2 构成以 U_o 为输入的电压跟随器，$U_{o2}=U_o$；A_1 引入了负反馈，实现以 U_1 和 U_{o2} 为输入的同相求和运算。

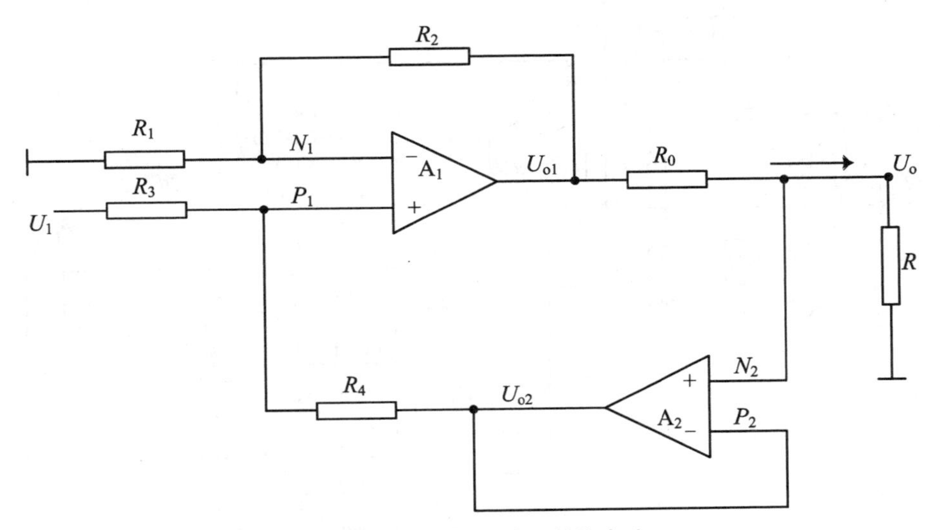

图 7.9　实用电压-电流转换电路

根据图 7.9，有：

$$U_{o1}=\left(1+\frac{R_2}{R_1}\right)\left(\frac{R_4}{R_3+R_4}U_1+\frac{R_3}{R_3+R_4}U_{o2}\right)$$
$$=\left(1+\frac{R_2}{R_1}\right)\left(\frac{R_4}{R_3+R_4}U_1+\frac{R_3}{R_3+R_4}U_o\right)$$

若 $R_1=R_2=R_3=R_4$，则：

$$U_{o1}=U_1+U_o \tag{7.5}$$

输出电流为：

$$I_o=\frac{U_{o1}-U_o}{R_0}=\frac{U_1}{R_0} \tag{7.6}$$

上式表明输出电流 I_o 仅受输入电压的控制。

利用瞬时极性法可以判断出，由电压跟随器引入的反馈为正反馈。设负载电阻 R 减小，则一方面因为电路有内阻使输出电流 I_o 增大；另一方面输出电压 U_o 的减小使 U_{o2} 减小，U_{p1} 减小，U_{o1} 减小，因为从 A_1 看进去的输出电阻为零，所以 U_{o1} 减小必然导致 I_o 减小。当 $R_1=R_2=R_3=R_4$ 时，因 R 减小引起的 I_o 增大等于因正反馈作用引起的 I_o 的减小，I_o 成为 U_1 的受控源，实现了电压-电流转换。

2. 实际恒流源电路

根据式(7.5)电压-电流转换输出恒流源的原理，我们采用 AD620 和 C8051F040 的 12 位 DAC 恒压源输出设计了一个恒流源。恒流源设计的原理图如图 7.10 所示，其中 AD620 是 Analog 公司生产的一款仪表放大器，关于它的具体情况请参考有关章节。

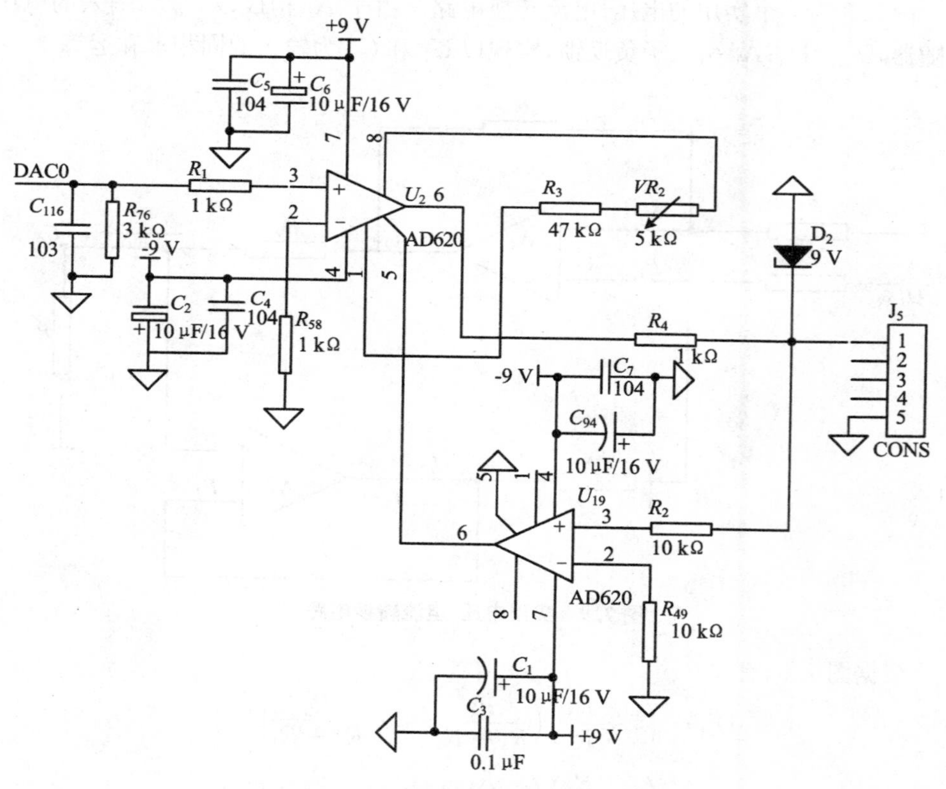

图 7.10　恒流源电路 1

如图 7.10 所示，±9 V 电压经过滤波后作为 AD620 的正负电源电压。DAC0 为一个 12 位恒压源，其输出电压可以通过 C8051F040 编程进行控制，DAC0 输出的电压经过滤波后送到 AD620 进行放大。U_2 的 1 脚和 8 脚之间的电阻决定了 AD620 的放大倍数。U_1 的输出电压经过 R_4 产生压降后被 U_{19} 反馈到 U_1 的参考电压处，在 R_4 两端的压降就是DAC0的输出电压乘以 U_1 的放大倍数，恒流源输出就受到DAC0输出电压和 U_1 放大倍数的控制。在 U_1 的1脚和8脚之间我们还串联了一个5 kΩ的可调电阻，通过调节这个电阻使恒流源的输出范围在1 mA至5 mA之间。J_5 是需要测量的传感器的接口。D_2 是一个稳压二极管，对恒流源起到保护作用。

经过实验，发现上述恒流源存在一个问题：温度漂移过大。通过反复实验，我们发现造成温度漂移过大的原因主要有以下三方面的原因：

(1) DAC0的输出电压受温度影响很大。我们所用的DAC是C8051F040芯片内部自带的一个12位恒压源，这个恒压源的温度漂移对于我们要求的万分之一的测量精度来说是很大的。

(2) 恒流源模块所用的电阻受温度影响很大。一般电阻的温度漂移系数都在100 ppm，不能保证测量精度万分之一，只有用温度漂移系数5～15 ppm的精密电阻才可行。

(3) 由AD620芯片的内部电路设计，从输出端向输入端产生较大的负反馈比较困难。

针对以上三个问题，我们对上述恒流源做了改进，改进后的原理图如图7.11所示。

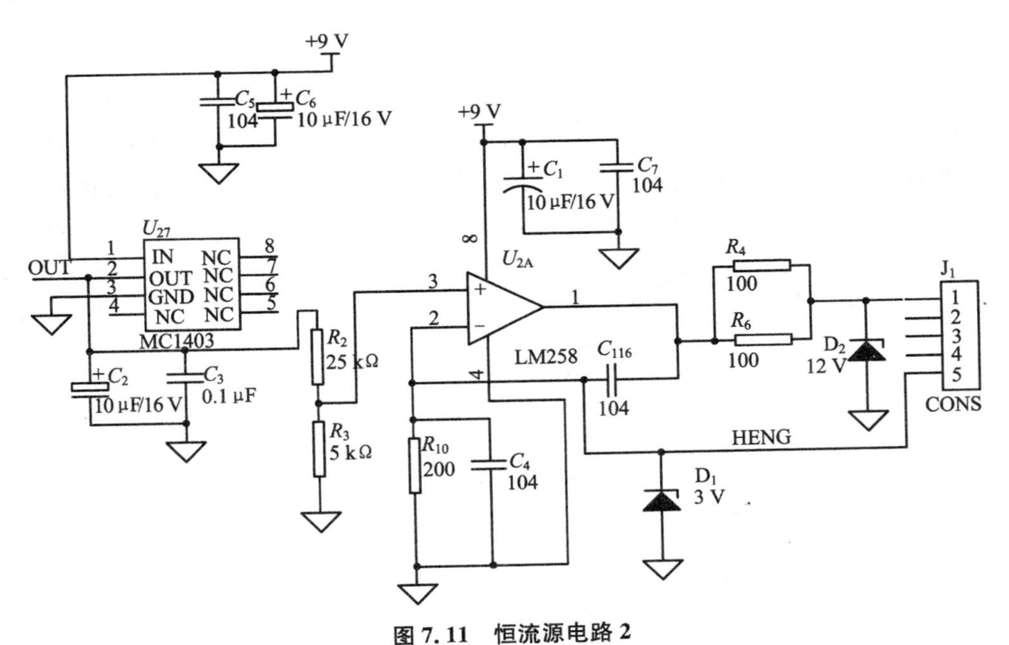

图7.11　恒流源电路2

针对DAC输出温度漂移过大的问题，我们采用一个稳压源芯片来代替DAC输出。我们选择了MC1403这款稳压源芯片，它可以把4.5 V到40 V的输入电压转换为2.5 V的电压输出，输出电压误差在±1%以内，温度漂移系数小于

15 ppm。同时,稳压源芯片也可以起到原来用作反馈的运放的电压跟随作用,所以我们去掉 AD620 芯片。2.5 V 电压经过精密电阻分压以后接 LM258 的正输入端。根据运放正负输入虚地的原理,我们知道 R_{10} 两端的电压就是恒压源输出电压分压以后的电压,只要 MC1403 的输出电压稳定,R_{10} 上流过的电流就恒定,由此就产生了新的恒流源。D_1 和 D_2 是两个稳压二极管,分别对 LM258 的输出端和反馈回路起保护作用。J_1 是传感器接口。我们看到,新的恒流源中将传感器也接入到反馈当中,进一步地加大了反馈,这也有助于提高恒流源的稳定性。

针对电阻受温度变化影响造成恒流源温度漂移的问题,我们将恒流源模块原来所采用的普通电阻替换为温度漂移系数更小的高精密电阻(5 ppm)来减小温度变化对恒流源的影响。

LM258 芯片造成的温度漂移很小,加大 LM258 的负反馈以后使温度漂移进一步减小。做了以上几点改变以后的恒流源已经可以满足我们测量的要求。

7.2.3 运放电路设计

由恒流源流过传感器产生的电压约为 100 mV,为了提高 A/D 转换的精度,我们需要对信号进行放大。在一般信号放大的应用中,通常只要通过差动放大电路即可满足要求,然而基本差动电路精密度较差,且差动放大电路变更放大增益时,必须调整两个电阻,影响整个信号放大精确度的变因就更加复杂。仪表放大电路则无上述的缺点,AD620 就是这样一种仪表放大器。

如图 7.12 所示,仪表放大电路由三个放大器共同组成,其中的电阻 R 与 R_x 需在放大器的电阻适用范围内(1 kΩ 到 10 kΩ)。借由固定的电阻 R,我们可以调节 R_x 来调节放大的增益,其关系式如式(7.7),需要注意避免每个放大器的饱和现象(放大器最大输出为其工作电压 $\pm V_{dc}$)。

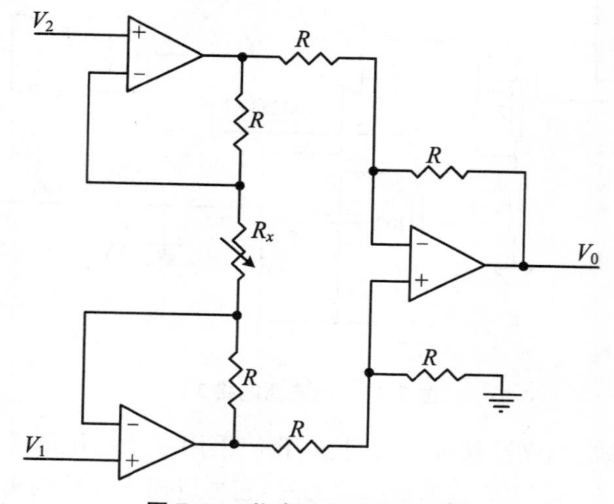

图 7.12 仪表放大电路示意图

$$V_0 = \left(1+\frac{2R}{R_x}\right)(V_1 - V_2) \tag{7.7}$$

一般而言，上述仪表放大器都有包装好的成品可以买到，我们只需要外接一个电阻(即式(7.7)中的 R_x)，依其特有的关系式调节至所需的放大倍数即可。

如图 7.13 所示为 AD620 仪表放大器的引脚示意图。其中 1、8 两脚接一个电阻来调节放大倍数，4、7 两脚接放大器的正负工作电压，2、3 两脚为运放的输入端，6 脚为输出电压，5 脚是参考基准，如果接地则 6 脚的输出电压即为与地之间的相对电压。AD620 的放大关系式如式(7.8)、式(7.9)所示：

$$G = \frac{49.4\ (\mathrm{k\Omega})}{R_G} + 1 \tag{7.8}$$

$$R_G = \frac{49.4\ (\mathrm{k\Omega})}{G-1} \tag{7.9}$$

根据以上两式，我们可以计算出各种增益所需要的 R_G，由此我们就可以方便地调节放大倍数 G 了。

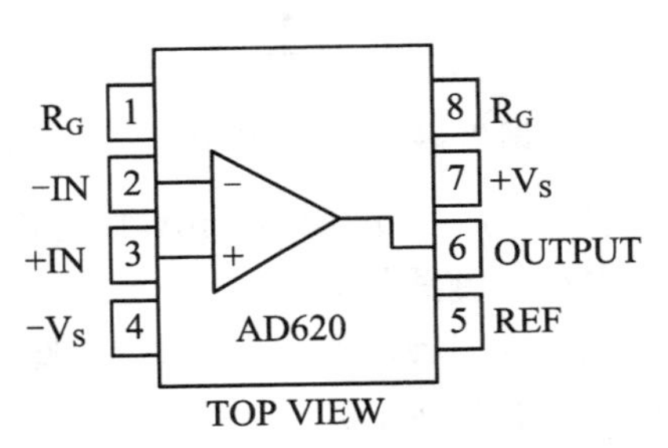

图 7.13　AD620 引脚示意图

AD620 具有以下特性：较宽的供电范围(±2.3 V 到±18 V)，高精度，低漂移，低噪声，极低的输入偏置电流低功耗(最大 1.3 mA 供电电流)，而且 AD620 使用简单，所以我们选用了 AD620 作为我们的放大仪器。

如图 7.14 所示为一个通道的输入放大电路的原理图。我们采用±5 V 电压对 AD620 进行供电，电源电压都经过了滤波处理。R_{11} 和 R_{12} 两端接经过多路开关选通的需要放大的电压，正负输入电压也都经过了滤波处理。R_{11}、R_{12}、C_{20}、C_{21} 决定积分时间，开始测量时间要在 5 τ 的时间以后进行才能保证较小的系统误差。在 1、8 两脚之间接一个 5 kΩ 的电阻和一个短路子用于调节 AD620 的放大增益，这主要是为了根据不同的传感器对放大增益进行调节的需要。AD620 的输出电压将会送到 A/D 转换模块进行 A/D 转换。

7.2.4　A/D 转换模块设计

经过放大后的电压将被送到 A/D 转换模块进行转换，A/D 转换的精度将直

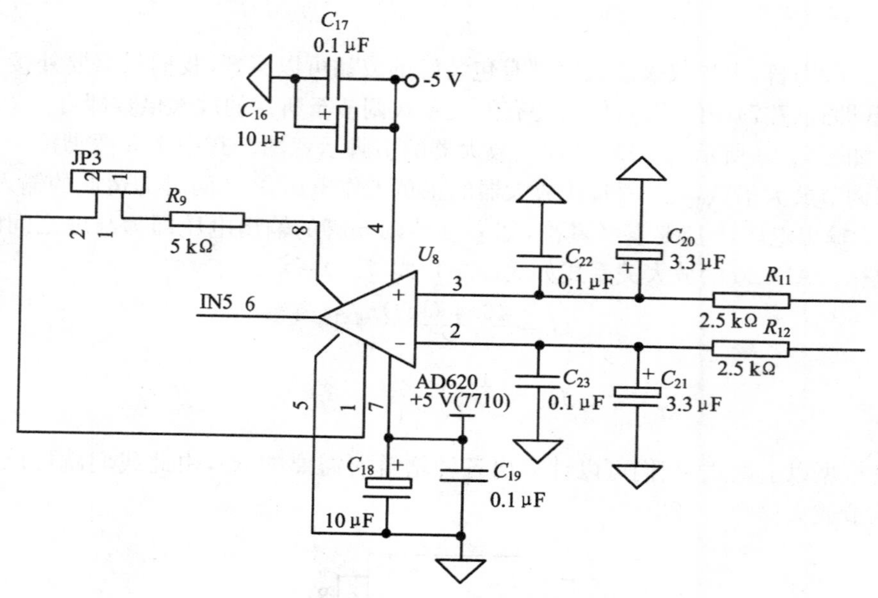

图 7.14 放大电路原理图

接影响到测量精度。我们选择了 AD7710 作为 A/D 转换芯片。选择 AD7710 主要是基于它的以下特性：电荷平衡式模数转换器(24 位无误码，±0.0015%非线性)；双通道增益可编程，增益从 1 到 128，差分输入；具有截止频率可编程的低通滤波器；具有读和写标定系数功能；双向微控制器的串行接口，内部和外部基准选择；单或双电源供电；低功率(典型值 25 mW)与功率下降方式(典型值 7 mW)。

1. 引脚功能说明

如图 7.15 所示为 AD7710 的引脚示意图。以下是各引脚功能说明：

SCLK：数据输入/输出串行时钟。MODE=0，SCLK 作为外部时钟的输入脚；MODE=1，从 SCLK 脚提供一内部时钟输出。

MCLK IN、MCLK OUT：器件的主时钟信号，典型值为 10 MHz。主时钟为石英晶体时，石英晶体连接在 MCLK IN 和 MCLK OUT 之间。

A0：地址输入。A0=0，表示读/写控制寄存器；A0=1，表示访问数据寄存器或校验寄存器。

$\overline{\text{SYNC}}$：使用多个 AD7710 时的同步信号，低电平有效。

MODE：自时钟/外时钟模式选择。MODE=0，外时钟模式；MODE=1，自时钟模式。

AIN1(+)、AIN1(-)：模拟输入通道 1 的正负输入端。

AIN2(+)、AIN2(-)：模拟输入通道 2 的正负输入端。

Vss：模拟负电源电压，0～-5 V。接 AGND 时，为单电源工作。

AVDD：模拟正电压，+5～+10 V。

VBIAS：偏差电压输入。

$$V_{SS}+0.85\times VREF<VBIAS<AVDD-0.85\times VREF$$

$$VREF=REF\ IN(+)-REF\ IN(-)$$

REF IN(+)、REF IN(−)：参考输入。

REF OUT：参考输出。相对于 AGND 提供+2.5 V/mA 的参考电压。

IOUT：补偿电流输出，提供给外部 20 μA 的恒流源。

AGND：模拟地。

$\overline{\text{TFS}}$：发送帧同步，低电平有效。

$\overline{\text{RFS}}$：接收帧同步，低电平有效。

$\overline{\text{DRDY}}$：逻辑输出。下降沿表示可发送一个新的 3 字节字长的字，在输出完一个 3 字节字长的字后，$\overline{\text{DRDY}}$返回高电平。

SDATA：串行数据。

DVND：数字电源电压，+5 V。

DGND：数字地。

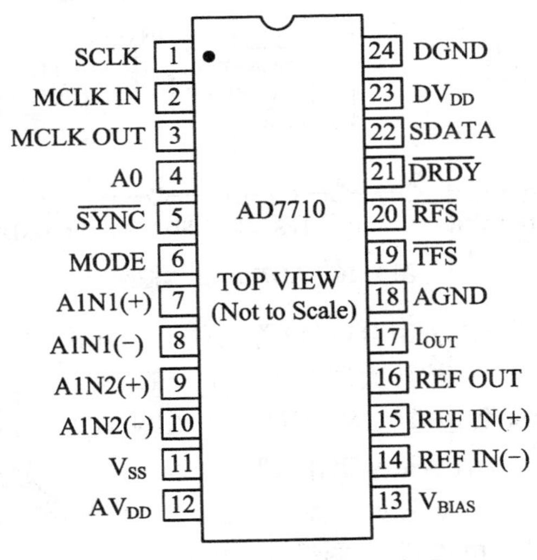

图 7.15　AD7710 引脚示意图

2. 工作原理

AD7710 的功能结构图如图 7.16 所示。AD7710 内部含有一个 Σ−ΔADC、一个数字滤波器、一个带 SRAM 校验的微处理器、一个时钟晶振和一个双向串行通信口。该集成电路内部集成了 24 位数据寄存器和 24 位控制寄存器，数据寄存器串行读出，控制寄存器串行写入。24 位控制寄存器具有设置工作方式、程控放大器增益、数据采集通道、电源工作方式、A/D 转换字长、输入模拟信号极性、滤波器参数设置等功能。其构成如下：

MSB

MD2	MD1	MD0	G2	G1	G0	CH	PD	WL	IO	BO	B/U
FS11	FS10	FS9	FS8	FS7	FS6	FS5	FS4	FS3	FS2	FS1	FS0

LSB

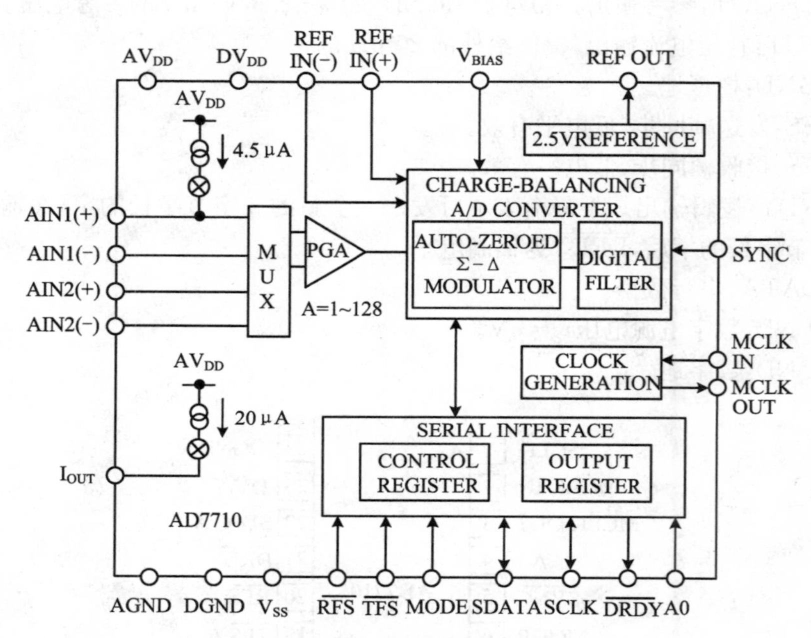

图 7.16 AD7710 结构框图

MD2、MD1、MD0 的八种组合，可设置八种工作方式（见表 7.1）。G2、G1、G0 的八种组合，可分别设置程控放大器的 1、2、4、8、16、32、64、128 八档增益（缺省值为 1）。CH 完成数据采集通道 AIN1(CH＝0)、AIN2(CH＝1)的选择。PD 完成电源工作方式选择，PD＝0 表示正常工作，PD＝1 表示掉电。W/L 完成 A/D 转换字长 16/24 位的选择，W/L＝0 表示选择 16 位字长，W/L＝1 表示选择 24 位字长。IO 的 0、1 分别表示补偿电流开、关的设置。BO 的 0、1 分别表示耗尽电流开、关的设置。B/U 的 0、1 设置对应于所选择通道输入信号的单极性、双极性。

表 7.1 操作模式

MD2	MD1	MD0	操作模式
0	0	0	正常操作模式。A0 为高从数据寄存器中读数，芯片上电后的缺省值
0	0	1	自校准。通过选择 CH 通道触发系统自校，自校完成后，$\overline{DRDY}$＝1 并返回正常操作模式

续表 7.1

MD2	MD1	MD0	操作模式
0	1	0	系统校准(第一步)。选择 CH 通道进行校零,自校完成后,$\overline{DRDY}$=1 并返回正常操作模式
0	1	1	系统校准(第二步)。
1	0	0	系统补偿校准。选择 CH 通道校准零偏差和满刻度偏差,自校完成后,$\overline{DRDY}$=1 并返回正常操作模式
1	0	1	基准校准。将 24 位字长的 A/D 转换速率降到 1/6,提供连续的参考电压自校准和零输入自校准
1	1	0	读/写零校正系数
1	1	1	读/写满刻度校正系数

FS11～FS0(设置范围:13H～07DH)完成低通滤波器截止频率的设定,12 位数据决定滤波器的陷波频率、一阶陷波频率的位置和数据速率。其第一极值点截止陷波频率为 FClkin/(200H×CODE),同时确定 A/D 转换频率。其中 FClkin 为晶振的工作频率,最高为 11.059 MHz。低通滤波器的－3 dB 的截止频率为第一极点截止陷波频率(A/D 转换频率)的 0.262 倍。CODE 为 FS11～FS0 的编码数值。当 CODE 取最小值 13H 时,其 A/D 转换频率为最高值 1.28 kHz。当 CODE 取最大值 07H 时,其 A/D 转换频率为最小值 9.76 Hz。当 CODE 为 36 H 时,其 A/D 转换频率为 25 Hz,内部滤波器－3 dB 截止频率为 6.65 Hz。当 CODE 取 6CH 时,其 A/D 转换频率为 50 Hz,内部滤波器－3 dB 截止频率为 13.1 Hz。此外,内部滤波器对输入信号 A/D 转换频率整倍数频率分量还有陷波作用,当 A/D 转换频率为 50/N Hz 时,则可对 50 Hz 工频及其谐波分量有很强的抑制作用。

AD7710 的采样速率由 FClkin 和增益共同决定,如表 7.2 所示。

表 7.2　采样速率表

增　益	采样速率
1	FClkin/256(39 kHz,当 FClkin=10 MHz 时)
2	2×FClkin/256(78 kHz,当 FClkin=10 MHz 时)
4	4×FClkin/256(156 kHz,当 FClkin=10 MHz 时)
8	8×FClkin/256(312 kHz,当 FClkin=10 MHz 时)
16	8×FClkin/256(312 kHz,当 FClkin=10 MHz 时)
32	8×FClkin/256(312 kHz,当 FClkin=10 MHz 时)
64	8×FClkin/256(312 kHz,当 FClkin=10 MHz 时)
128	8×FClkin/256(312 kHz,当 FClkin=10 MHz 时)

我们只要将 24 位控制字正确写入控制寄存器中,AD7710 就可以按照我们想

要的方式进行工作，我们只需要将转换结果按位读出即可。需要注意的是，AD7710 对于控制寄存器和数据寄存器的读写都有着严格的时序要求，想要正确地对寄存器进行读写操作，必须完全按照时序要求，不然就可能导致芯片不能正常工作或者转换结果出错。

3. 注意事项

AD7710 的使用中需要注意以下几个问题：

(1) 工作电源问题

AD7710 无论是单电源状态还是双电源状态都能正常工作。在单电源状态下工作，要求输入的信号电压幅值在任何时候都不得比－300 mV 更负，而对于交流信号则峰值应不得比－300 mV 更负。这时，AGND、VSS、DGND 三者短接而且接地。REF IN(－)应接信号地，MODE 也应该接地，使它在外时钟工作状态。

(2) 系统同步问题

如果一个系统中采用多个 AD7710 器件，则存在着一个系统同步问题。这时应该将 AD7710 器件的管脚 1 接地(AGND)，使 SCLK 处在低电平状态，器件工作在外时钟状态。这时所有的 AD7710 都共用一个时钟信号。这样，当$\overline{\text{SYNC}}$输入信号下降时，就能够同步地更新它们的输入寄存器数据，系统就能同步工作。当 DVDD 数字电源电压(输入器件管脚的电压)低于 4.075 V 时，器件内的数字滤波器不能正常地工作，系统也不能同步地正常工作。

(3) 偏置电压 VBIAS 的选择

对于单 5 V 供电状态，VBIAS 必须保证 VBIAS－0.85VREF 的差值不小于 0 (VSS＝0 V)。或者说 VBIAS 的值可以表示为 VSS＋2.1 V＜VBIAS＜AVDD－2.1 V。当采用 AVDD＝10 V，VSS＝0 V 的单电源供电，或者 AVDD＝5 V，VSS＝－5 V 时，则必须确保 VBIAS＋0.85VREF＜AVDD 和 VBIAS－0.85VREF＞VSS。

(4) 死锁问题

AD7710 在应用中，必须注意供电电源与各种输入信号电压输入到器件上的时间顺序。工作时，必须先加上电源电压，然后才能在 REF IN 端加参考电压 VREF，在 AIN 端加模拟信号电压。如果 AD7710 与数字系统分别供电，必须首先使 AD7710 加上电源，然后才能给数字系统加电。如果一个系统中，AD7710 与数字系统必须同时加电，只要在逻辑输入中串入限流电阻就能有效地防止死锁。

4. A/D 转换模块

图 7.17 为我们采用 AD7710 设计的 A/D 转换模块的电路原理图。我们通过 MAX358 对 8 通道输入电压进行选通。P7.0 通过一个非门，P7.1 到 P7.5 通过一个排阻接到 AD7710 的引脚上，这是由于 AD7710 的电源电压和我们所采用的 MCU 电压不一致，为了增加驱动能力而设计的。图中的插槽主要是为了调试的时候测试方便而设计。需要注意的一个问题是，在实际使用过程中，我们发现第 5 腿

$\overline{\text{SYNC}}$必须接电源电压才能保证芯片一直正常工作，如果将其悬空的话，会导致芯片有时候突然停止工作。

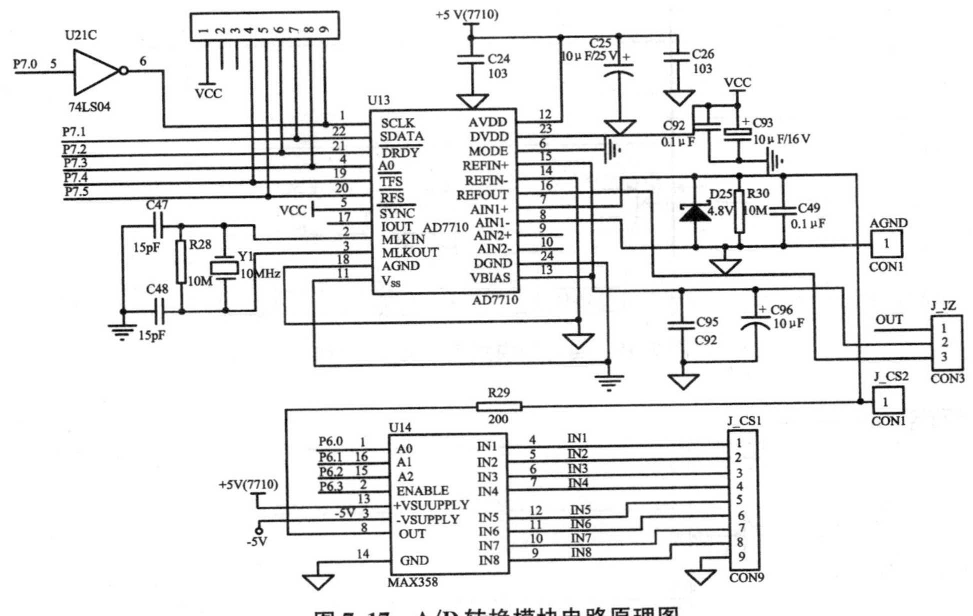

图 7.17　A/D转换模块电路原理图

7.2.5　AD7710驱动程序设计

AD7710作为A/D转换芯片对于整个测量系统非常重要，它的一个重要特性就是我们可以通过对其内部的一个24位寄存器进行操作来控制AD7710的工作。对于控制寄存器和数据寄存器的读写操作，AD7710都有着非常严格的时序要求，只要时序有一点错误就可能导致转换结果出错。下面介绍AD7710的驱动程序设计。

1. 读操作

数据可以从数据寄存器、校验寄存器和控制寄存器中读出，具体由哪个寄存器中读出由A0决定。当A0为高时，数据从数据寄存器或者校验寄存器中读出；当A0为低时，数据从控制寄存器中读出。在读取数据的过程中，A0必须一直保持有效(即一直保持高电平或低电平)。当新的数据准备好时$\overline{\text{DRDY}}$降为低电平，当数据的最后一位读取完成后$\overline{\text{DRDY}}$被置为高电平。当$\overline{\text{DRDY}}$为低电平时，数据只能从数据寄存器中读取。在读取控制寄存器或校验寄存器时，$\overline{\text{DRDY}}$不起任何作用。

图7.18和图7.19分别为自时钟模式和外时钟模式下读取数据寄存器的时序。当$\overline{\text{DRDY}}$变低以后，$\overline{\text{RFS}}$变低，这时SCLK信号有效，在时钟的下降沿数据被逐位读出，当LSB被读出后，$\overline{\text{DRDY}}$被拉回到高电平。读取控制寄存器和校验寄存

器的过程是类似的，只是这时$\overline{DRDY}$与读取功能无关。

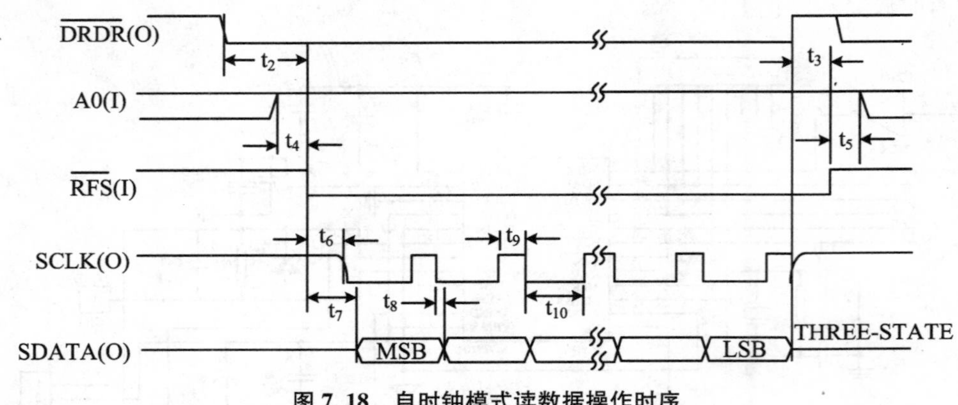

图 7.18 自时钟模式读数据操作时序

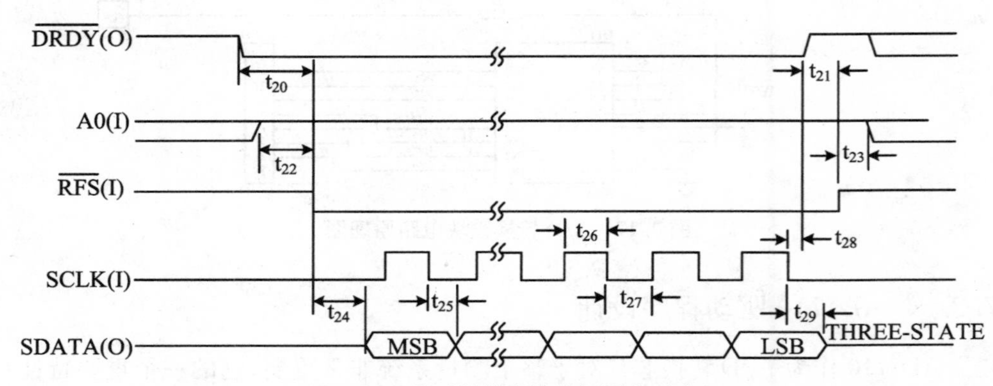

图 7.19 外时钟模式读数据操作时序

根据上述时序，对控制寄存器和数据寄存器的读操作流程图分别如图 7.20 和图 7.21 所示。

2. 写操作

数据可以写校验寄存器或控制寄存器。在这两种情况下，数据的写操作都与$\overline{DRDY}$无关。图 7.22 和图 7.23 分别为自时钟模式和外时钟模式下数据写入操作的时序，其中，A0 决定了数据是写入哪个寄存器。A0 为高，表示向控制寄存器写入数据。在写入数据的过程中，A0 也必须一直保持有效（即一直保持高电平或低电平）。$\overline{TFS}$的下降沿表示允许 SCLK 打入，在写入数据的过程中$\overline{TFS}$必须一直保持低电平。SDATA 为在数据时钟 SCLK 打入下，写入串行数据。

如图 7.24 所示为控制寄存器写操作流程图。

下面给出 AD7710 的驱动程序，如下所示：

```
void WriteReg(unsigned long reg)      //写入控制字函数
```

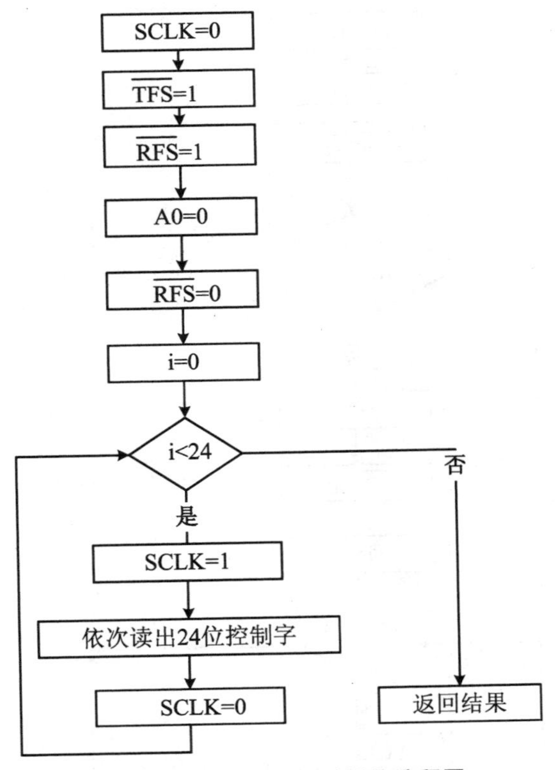

图 7.20　控制寄存器读操作流程图

```
{
    unsigned long int flag=0;
    int i=0;
    int j=0;
    char data SFRPAGE_SAVE=SFRPAGE;     //Save Current SFR page
    SFRPAGE=CONFIG_PAGE;
    P7MDOUT=0x3b;                       //config SDATA as output
    TDRDY=1;
    SFRPAGE=SFRPAGE_SAVE;               //Restore SFR page
    TTFS=1;                             //set TFS high
    TRFS=1;                             //RFS taken high
    SCLK=0;
    A0=0;                          //A0 set LOW,write control reg
    for(j=0;j<1;j++);
    TTFS=0;                             //TFS set low
    for(i=0;i<24;i++)
```

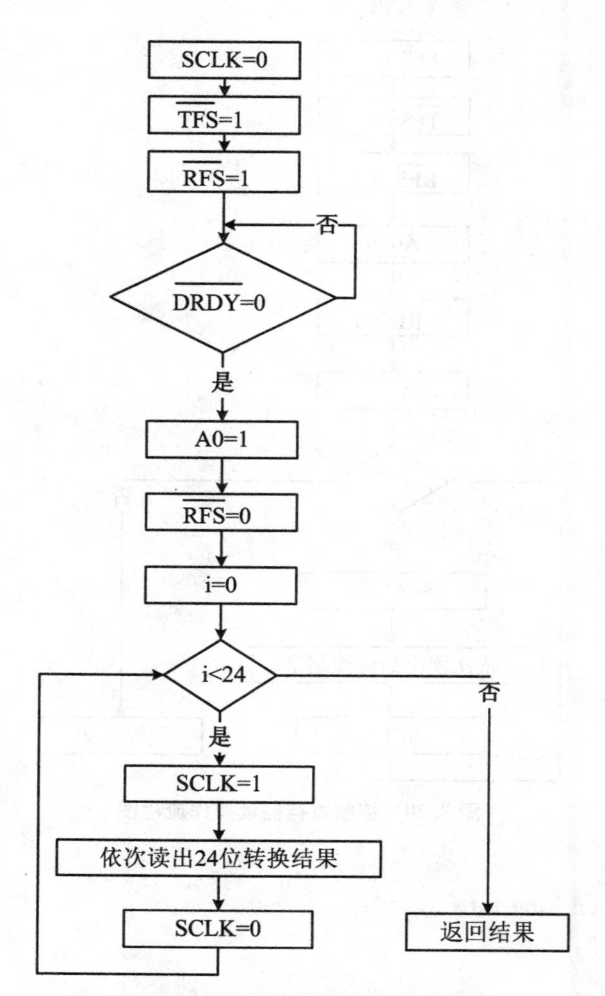

图 7.21 数据寄存器读操作流程图

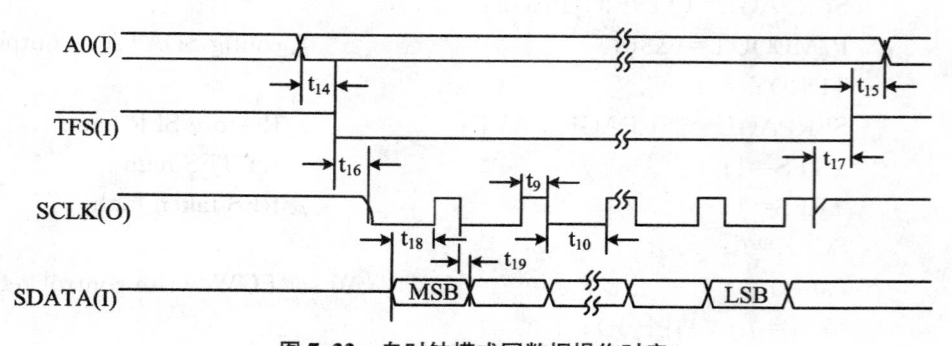

图 7.22 自时钟模式写数据操作时序

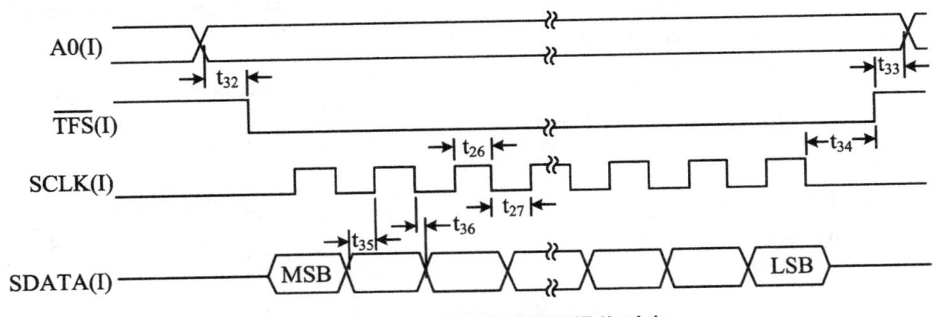

图 7.23　外时钟模式写数据操作时序

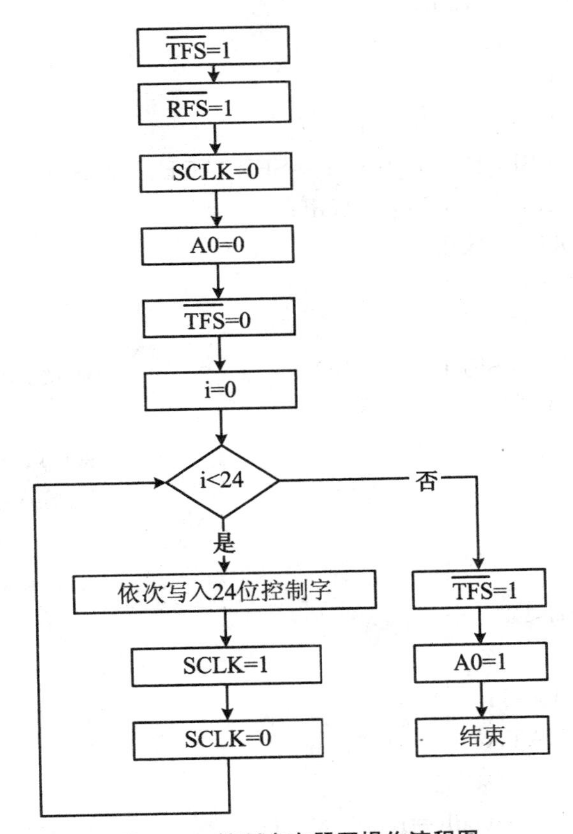

图 7.24　控制寄存器写操作流程图

```
{
    flag=(0x800000>>i)& reg;
    if (flag) SDATA=1;
        else SDATA=0;
    for(j=0;j<5;j++);
```

```
        SCLK=1;                                    //give SCLK a rising edge
        for(j=0;j<10;j++);
        SCLK=0;                                    //bring SCLK down
        for(j=0;j<5;j++);
    }
    TTFS=1;                                        //set TFS high
    A0=1;                                          //set A0 high
}

unsigned long int ReadReg()
{
    unsigned int i;
    unsigned long result=0;
    char data SFRPAGE_SAVE=SFRPAGE;    //Save Current SFR page
    SFRPAGE=CONFIG_PAGE;
    P7MDOUT=0x39;                               //to set SDATA as input
    SDATA=1;
    TDRDY=1;
    SFRPAGE=SFRPAGE_SAVE;                       //Restore SFR page
    SCLK=0;
    TTFS=1;                                     //set TFS high
    TRFS=1;                                     //RFS taken high
    A0=0;                                       //read control register
    TRFS=0;                                     //RFS taken low
    for(i=0;i<24;i++)
    {
        SCLK=1;
        if(SDATA)
            {
                result=result<<1;
                result=result | 0x00000001;
            }
            else                                //the bit read=0
            {
                result=result<<1;
            }
```

```
        SCLK=0;
    }
    result=result & 0x00FFFFFF;
    return result;
}
unsigned long ReadData()                          //读取 AD7710 转换数据
{
    unsigned int i;
    unsigned long int result=0;
    char data SFRPAGE_SAVE=SFRPAGE;   //Save Current SFR page
    SFRPAGE=CONFIG_PAGE;
    P7MDOUT=0x39;                     //to set SDATA as input
    SDATA=1;
    TDRDY=1;
    SFRPAGE=SFRPAGE_SAVE;
    SCLK=0;                           //set SCLK low
    TTFS=1;                           //set TFS high
    TRFS=1;                           //RFS taken high
    while(TDRDY==1)       //wait for data convertion ready
    {
    }
    SCLK=0;
    A0=1;                             //A0 taken High
    TRFS=0;                           //RFS taken low
    for(i=0;i<24;i++)
    {
        SCLK=1;
        if(SDATA)
            {
                result=result<<1;
                result=result | 0x00000001;
            }
            else
            {
                result=result<<1;
            }
```

```
        SCLK=0;
    }
    result=result & 0x00FFFFFF;
    return result;}
```

7.3 底层测量主程序设计

主程序主要通过调用各子程序完成测量和通信两大功能。图 7.25 所示为主程序流程图。

7.3.1 测量主程序框图

如图 7.25 所示，在完成 MCU 的各种初始化以后，首先对 AD7710 进行初始化，读出 AD7710 控制字是为了确保正确地写入了 AD7710 的控制字。完成所有初始化操作以后就开始测量工作。每个模块一共有 8 个测量通道，每个测量通道需要测量 3 个电压（或者一个电压，这种情况我们仍然测量 3 个电压，但是只取最后一个测量值）完成对物理量的计算。对电压的测量主要是要正确地选通开关，另外就是选通开关以后要有一个适当的延时使输入电压稳定。这个延时不能太长，因为对传感器有测量速度的限制，也不能太短，太短可能导致输入电压还未稳定就进行测量从而影响测量精度。对于计算出的物理量，我们还需要进行校准才能使其满足精度要求。在对所有通道的测量完成以后，我们通过 CAN 总线或者通过 UART 进行 USB 口通信将数据传输到上层主机节点或者 PC 机，再进行下一轮的测量工作。

7.3.2 底层测量实验数据

在介绍了底层测量模块的软硬件设计以后，本节将介绍底层测量模块最重要的功能：对传感器进行测量。

底层测量模块需要完成对三种传感器的测量，从前文所知，三种传感器所需要测量的物理量有两个：电阻 R 和电阻比 Z。在水利系统中就是通过这两个物理量的测量精度来衡量相对应的传感器的测量精度的。水利系统对于这两个物理量的测量有着详细的规定，下面我们分别介绍对这两个物理量的测量实验。

1. 性能指标

对电阻比和小阻值电阻的测量精度是通过电阻比率定器的测量精度来衡量的，如图 7.26 所示为电阻比率定器。

电阻比率定器包括两个部分：

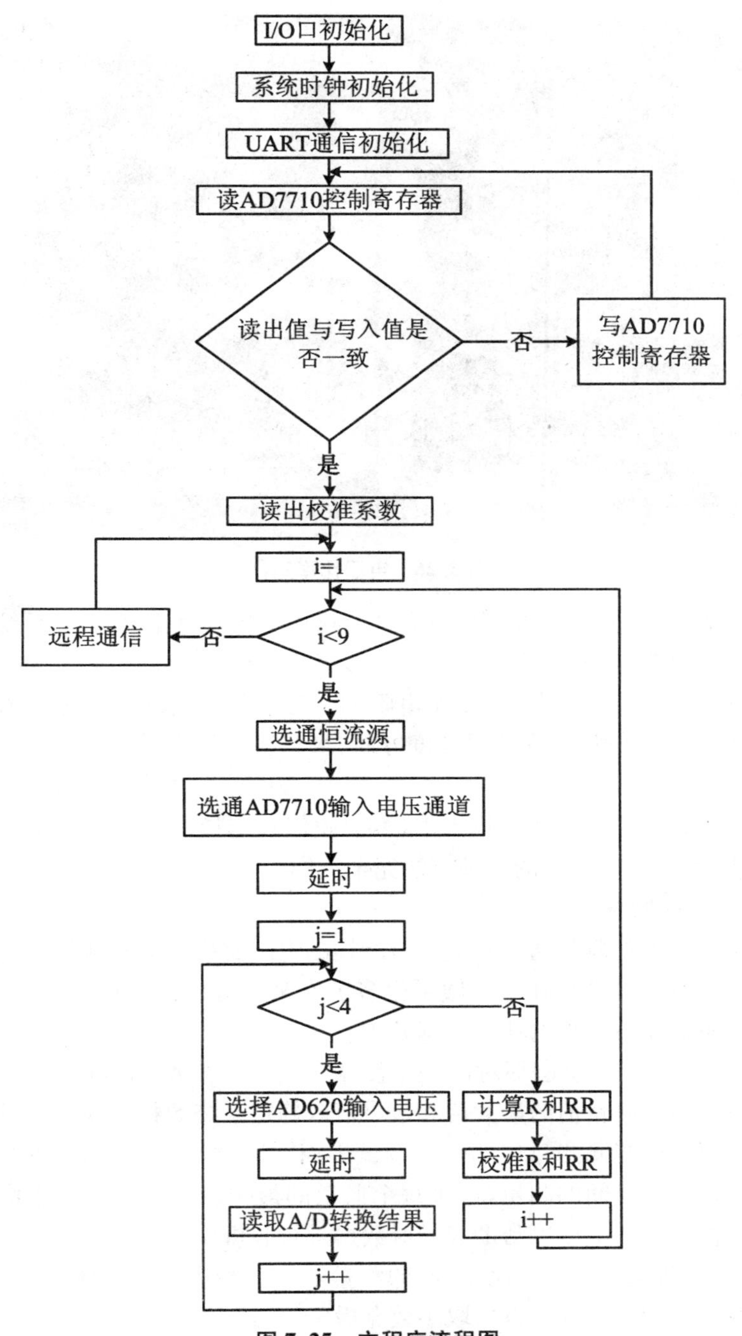

图 7.25　主程序流程图

(1) 一支标准电阻比旋钮:共 11 档,从 0.95 到 1.05 每 0.01 一档。

(2) 一支标准电阻旋钮:共 11 档,从 0 欧姆到 100 欧姆每 10 欧姆一档。

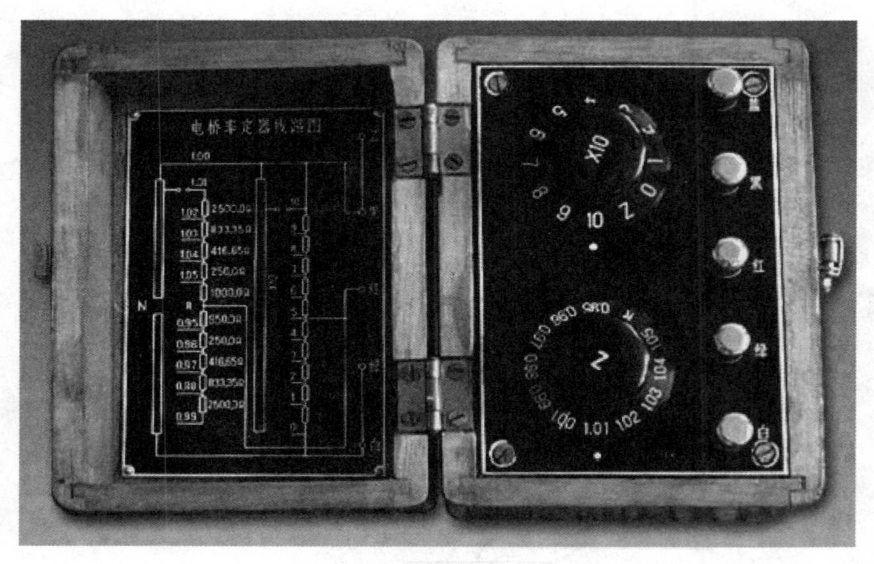

图 7.26　电阻比率定器

对于电阻比，通常我们将测量值乘以 10000 作为电阻比 Z，水利系统规定对电阻比的测量在常温下误差要小于±1 个电阻比，在全温度范围（工业温度范围：－45℃到＋85 ℃）内误差小于±2 个电阻比。对于电阻，水利系统规定在全温度范围内要小于±0.02 欧姆。在测量速度方面，水利系统规定对每一个传感器的测量时间要小于 5 s。

由于 8 个通道测量的数据量太大，本节我们只选择其中一个通道的测量数据来进行分析，其他 7 个通道的处理方法完全一样。

2. 电阻比的测量

对电阻比的测量就是通过对上一节所述的电阻比率定器的测量来衡量的。在前面的工作中我们已经在硬件上做了很多工作来尽量保证测量精度，所以我们首先在软件上不做滤波以外的任何数据处理直接对电阻比进行测量。

首先，我们让 8 个通道都对同一个测量值进行长期的测量（测量时间大于两天），观察每个通道测量值的最大值和最小值以确定系统的相对误差，如图 7.27 所示是我们用于长期观测测量值的一个调试界面。通过该调试界面，我们对各个通道的传感器进行长时间的测量，记录每个通道的最大测量值和最小测量值以及对应当前测量值的 3 个电压以帮助我们对数据进行分析。

如图 7.28 所示为对电阻比 1.05 的测量数据。沿用水利系统的习惯，对于每个测量值我们都乘以 10000 以后取小数点后 1 位。

从图 7.28 可以看出，8 个通道的最大值和最小值最大差值为 0.5，即万分之 0.5。如取中间值作为我们的测量值的话，则表示相对误差在±0.25 以内，满足水利系统规定的±1 的测量精度。对于其他的所有档位，我们做了相同的测量，都有类似的结果，这就表明我们的模块测量稳定性是很好的，所以我们可以进行下面的校准实验了。

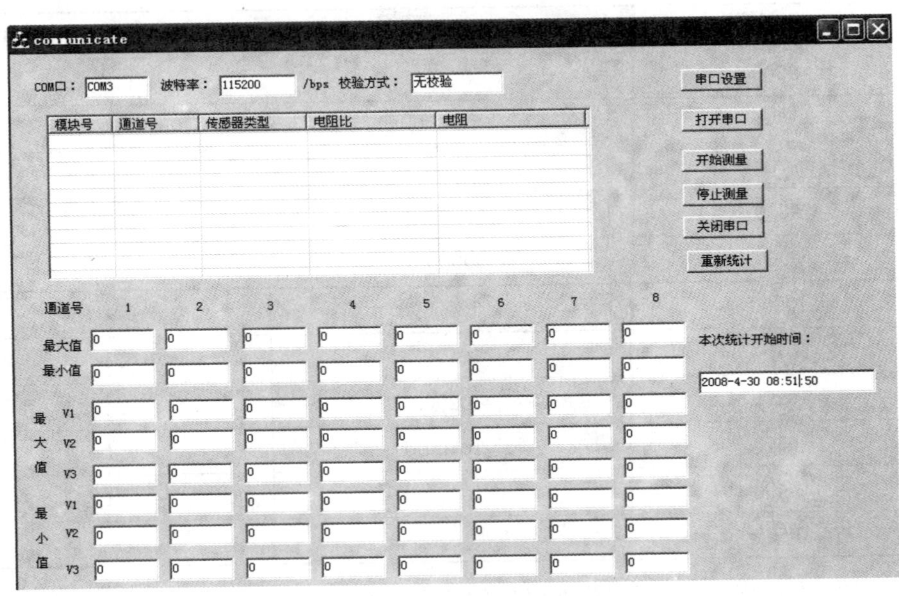

图 7.27　测量调试界面

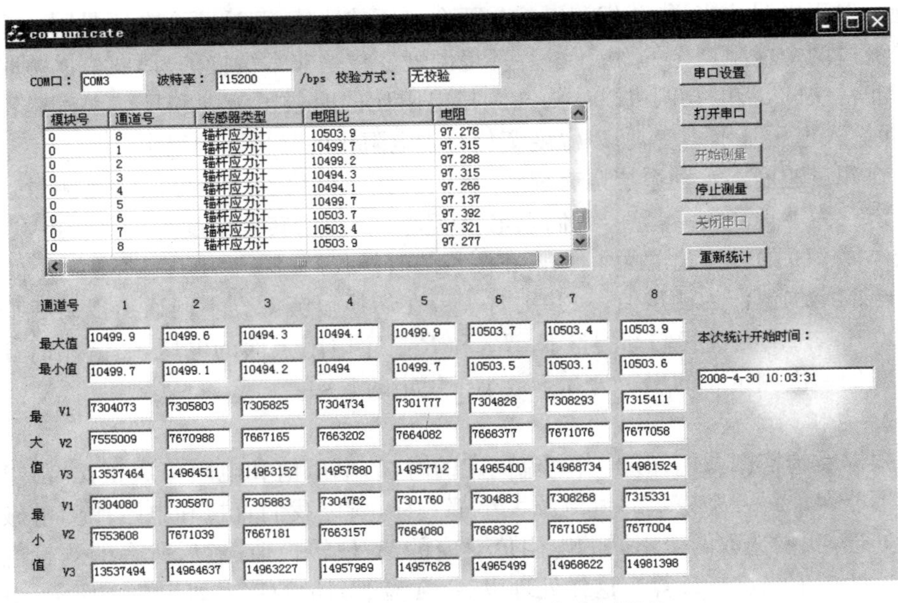

图 7.28　电阻比为 1.05 时的长期测量值

在程序中加入上述数据校准处理以后，我们再重新对电阻比进行测量，得到的数据如表 7.3 所示。

表 7.3　校准后电阻比测量数据

实际值	测量值	误　差
9500	9500.2	0.2
9600	9600	0
9700	9700.2	0.2
9800	9800.1	0.1
9900	9900.1	0.1
10000	10000.2	0.2
10100	10100.1	0.1
10200	10200.1	0.1
10300	10300.1	0.1
10400	10400.1	0.1
10500	10500	0

从表 7.3 可以看出，经过校准以后的数据已经完全可以满足测量精度的要求。

常温下的测量精度可以满足要求以后，我们来分析全温度范围内的测量精度问题。对于电阻比来说，我们测量的是两个电压的比值，而这两个电压是同一个恒流源流过两个电阻产生的，由于外界环境温度变化是非常缓慢的，而我们的测量速度是非常快的，所以我们可以认为在测量电阻比的时候恒流源和环境温度是不变的，即输入电压基本不变，所以温度变化对于电阻比的测量影响很小。

在测量速度上水利系统也有要求，我们的测量模块也完全可以满足测量速度的要求。为了提高测量精度，我们设定 AD7710 芯片的转换精度为最高精度，这个时候 AD7710 的转换速度为 10 Hz，在测量的时候我们对每个电压测量 10 次，取中间 8 个的平均值作为测量值，一共用时 1 s，在切换恒流源到不同通道以后我们延时 500 ms，每次测量我们都测量 R_1、R_2 和 R 三个电阻上面的电压，一共用时 3 s，所以我们一次测量总的用时为 3.5 s，小于规定的 5 s。

3. 电阻的测量

根据欧姆定律我们知道，当电流恒定的时候，电压值和电阻值成正比，由于我们并不能保证每一个模块的恒流源大小都一样，所以我们直接和电阻比测量做一样的处理，我们选取两个不同的电阻值对应的 A/D 转换值，然后所有的测量值都通过这两组值来进行计算。这样处理以后，常温下测量的数据如表 7.4 所示，由于要求误差小于 0.02 欧姆，所以我们取小数点后面 3 位。

表 7.4　校准后电阻测量值

实际值(Ω)	测量值(Ω)	误差(Ω)
0	0	0
10	9.999	−0.001
20	19.998	−0.002
30	29.998	0.002
40	39.998	−0.002
50	49.997	−0.003
60	60.001	0.001
70	70.004	0.004
80	80.005	−0.005
90	90.004	0.004
100	99.998	−0.002

7.4　振弦式传感器智能模块设计

7.4.1　基本原理介绍

振弦式传感器工作时由激振电路驱动电磁线圈，当信号的频率和振弦的固有频率相接近时，振弦迅速达到共振状态，振动产生的感应电动势通过检测电路滤波、放大、整形送给单片机，单片机根据接收的信号，通过软件方式反馈给激振电路驱动电磁线圈。通过反馈，弦能在电磁线圈产生的变化磁场驱动下在本振频率点振动。当激振信号撤去后，钢弦由于惯性作用仍然振动。单片机通过测量感应电动势脉冲周期，即可测得钢弦的振动频率，最后将所测数据显示出来。振弦式传感器的基本工作原理框图如图 7.29 所示。

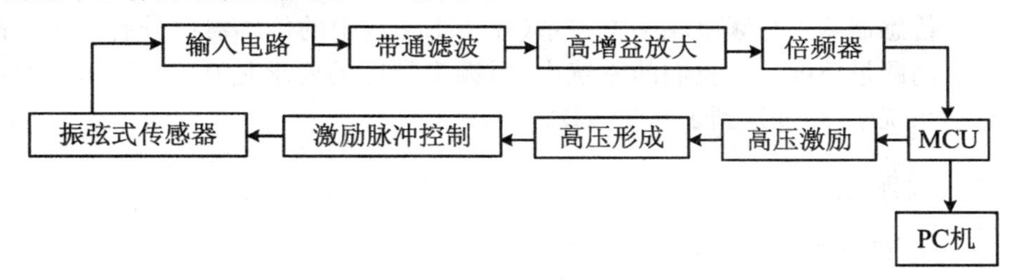

图 7.29　基本原理框图

振弦式传感器的测量过程中主要有以下的几个工程难点：

1. 边坡的要求

边坡稳定问题是水利水电工程中经常遇到的问题，边坡的稳定性直接决定着工程修建的可行性，影响着工程的建设投资和安全运行，因此对边坡的监测在工程中起着非常重要的作用。分析其对系统的影响，主要有如下方面：

(1) 地形和环境因素。高边坡的地质构造往往比较复杂，影响滑坡的因素也很多，如岩土体结构、强度，地下水，工程载荷条件，雨雪等天气状况等，这使得高边坡的监控及测试变得非常复杂，需要多种不同的传感器协调对现场进行测试。

(2) 测量距离因素。对于我们的弦式传感器而言，这个是主要的。从电路的角度分析，传感器可以用 $\omega L+R$ 等效。由于边坡测量往往传感器与测量电路相距较远，因此线路相当于给传感器增加了附加内阻，工程上大概每千米 20 欧姆左右。这样就对激励电压提出了要求：既不能太小，否则弦振动不起来，没法测试；又不能太大，因为容易损坏传感器(参见后面传感器介绍中的工作原理图)。实际检验大概有以下关系，如表 7.3 所示。

表 7.3 激励电压与测量距离关系表

激励电压 $V_{P\text{-}P}$	测量距离(单位：m)
50	<20
75	<40
100	>100

2. 小信号放大要求

在用振弦频率检测仪器检测振弦式传感器压力时，由于传输距离以及环境因素，受外界的电磁杂波、地壳震动、车辆振动、煤矿放炮等影响，加上振弦式传感器输出信号幅度太小，其值多在 300 uv～1 mv 之间，但最后我们需要峰值约 5 V 的信号，因此需要放大数千甚至数万倍。并且受不同应力影响，振弦频率有 1 到 2 倍的变化，例如无压力时频率 2000 Hz 左右；1000 kN 压力时可能只有 1200 Hz；1500 kN时 900 Hz，不同传感器也有差别。同时小信号易受干扰，这就需要滤波，如果不能很好地解决干扰问题，测量结果的准确性就很难保证。

3. 精度要求

由于传感器测力与频率成平方关系(在 7.1.4 节中的传感器部分有分析)，故应尽量提高测量精度。在我们的系统中，对频率精度的要求是 0.1～1 Hz。在我们最后的系统中，精度达到了 0.25 Hz。

7.4.2 激振电路

1. 传感器通道

由于每个测试节点有 6 个通道，分别接有不同的传感器，这些传感器可以共用同一个输入/输出电路，为了简化测试系统、节约成本，设计电路时在激振电路中用了6个可控硅来分别触发6个通道导通，在传感器输出的感应信号的控制方面也采用了6个继电器来控制6个通道输出信号的导通。如图7.30所示。

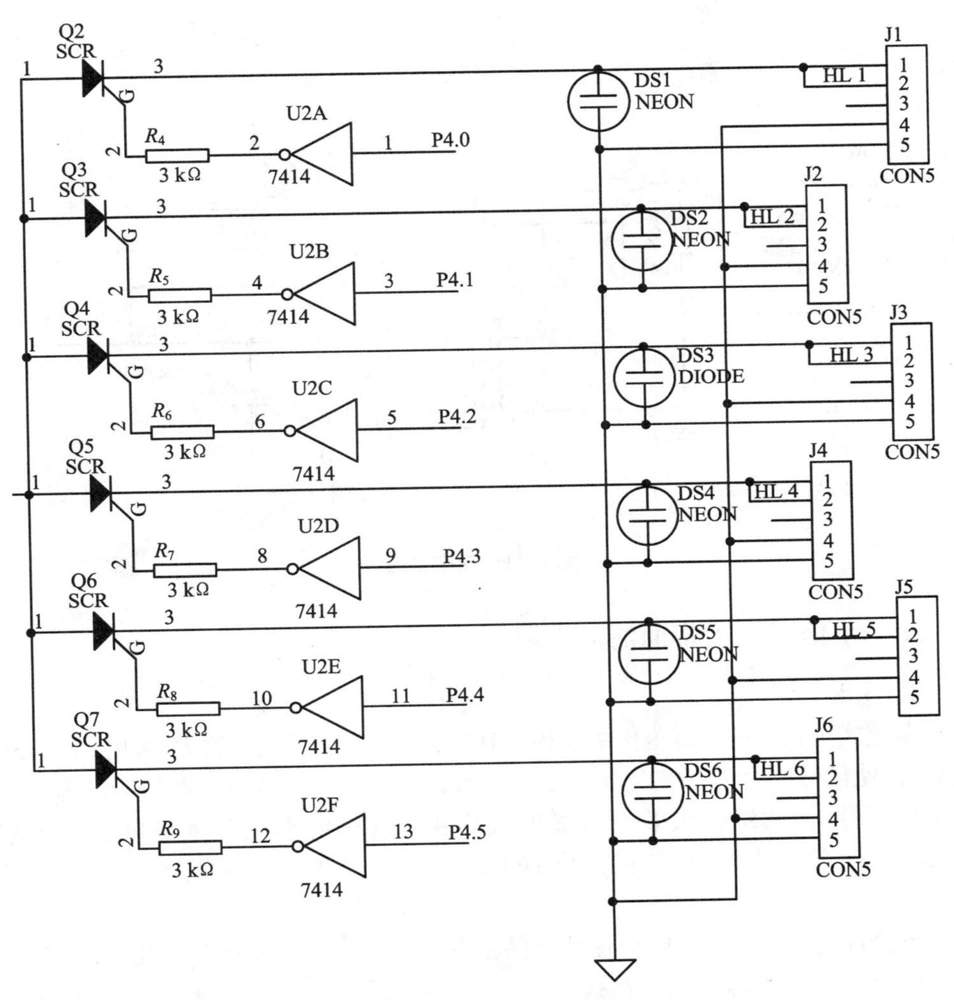

图7.30　传感器通道电路

2. 充电电路

如图7.31所示，选用9013三极管作为驱动管，利用单片机输出的交变信号升压作用于基极，推动发射极输出交变电流，再通过线圈耦合到后面的充电电路。当C_3、C_4电压达到一定幅度后，通过程序控制可控硅导通，电容迅速放电，激振电流流过传感器线圈，产生磁场激励振弦振动。经测试，当电压升至100 V左右时，即可达到很好的激励，拾取弦相应自振频率的结果。D1、C1、C2一起用来起到滤波和反峰电压保护的作用，R_1，R_2，R_3起限流的作用，R_{32}是一个上拉电阻。这里用到了异或非门 4077,它主要起到隔离作用,防止单片机的数字信号与模拟信号相互干扰,在倍频电路中还有应用,在后面进一步分析。

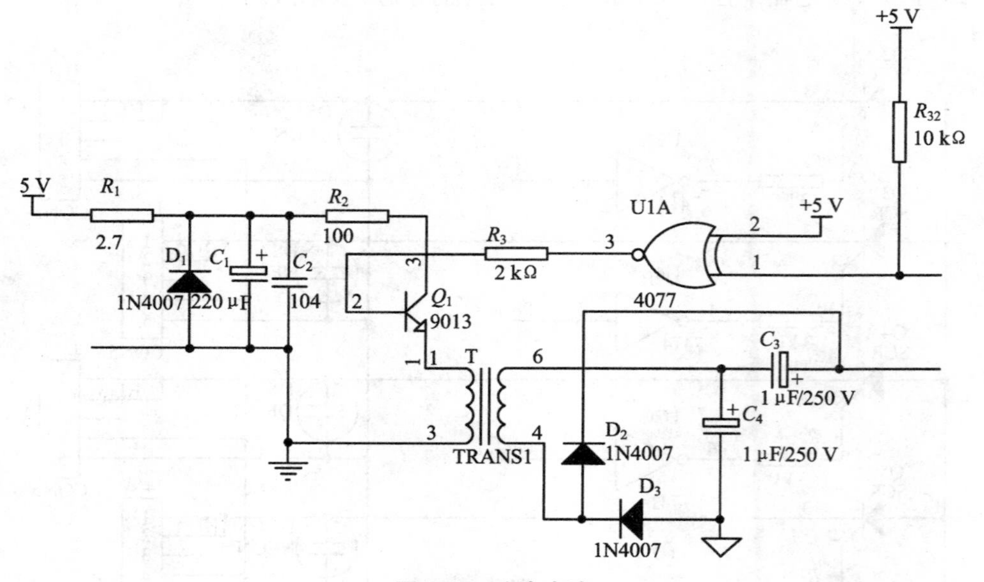

图 7.31 充电电路

7.4.3 小信号放大带通滤波电路

1. 基本思想

振弦式传感器的激振输出幅度约不到 1 mv,这里用了三级放大,采用 LM258P 运放器,使信号放大两万倍以上,以方便后面的测量,电路如图 7.32 所示。为了滤除干扰信号,前两级放大兼有带通滤波作用。这里的干扰源主要可能来源于 50 Hz 电源、激励高压、单片机输出的 11.36 kHz 方波交变信号和 CPU 的工作电源。

电路设计中为了防止电路各部分供电电压因负载变化而产生变化,在电源的输出端及负载的电源输入端都接了 10～100 uF 的电容,并在这些电容上并联了 10～100000 pF 的瓷片电容以有效地滤除这些大容量电容的感性作用而产生的高频及脉冲干扰。三级放大电路中,为了防止前后两级放大电路的静态工作点相互影响,在两个 LM258P 中间接入了 1 uF/50 V 的耦合电容。

2. 三级放大电路具体数值分析

(1) 第一级放大电路

如图 7.33 所示为一个多路负反馈带通滤波器,深入分析可知,这种滤波器传递函数的极点永远落在左半 s 平面内。也就是说,在设计这种有源滤波器时不用担心它的动态稳定性问题。

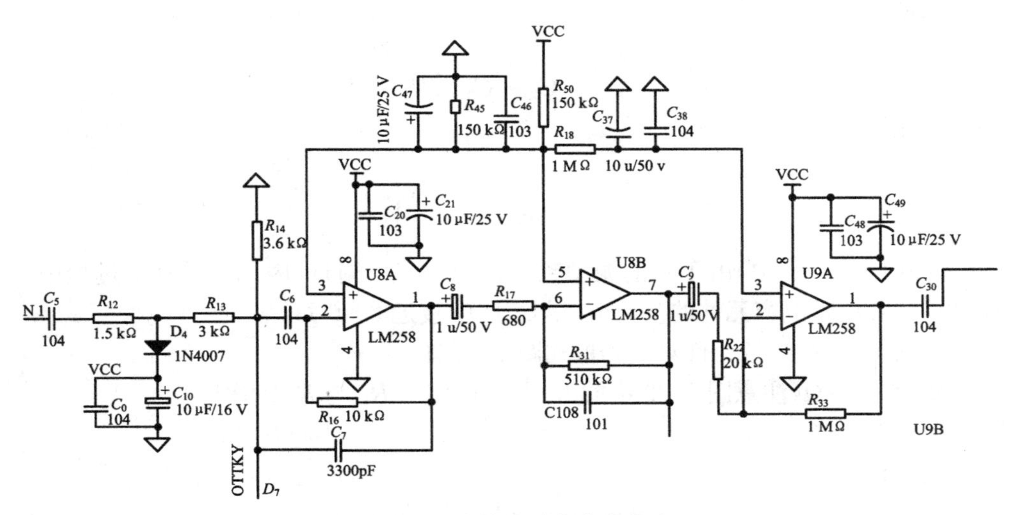

图 7.32　小信号放大滤波电路

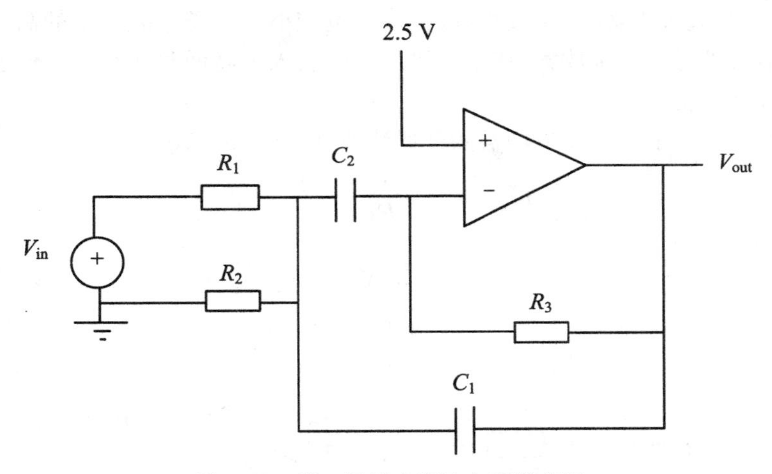

图 7.33　第一级放大滤波电路模式图

在多级放大中，第一级滤波器对性能的好坏很关键，一般放大倍数不宜过大，而且要求稳定，避免自激，所以在设计中，这里采用了以下这种滤波器传递函数：

$$H_1(s)=\frac{-s\dfrac{1}{R_1C_1}}{s^2+s\dfrac{C_1+C_2}{R_3C_1C_2}+\dfrac{R_1+R_2}{R_1R_2R_3C_1C_2}}$$

令 $s\rightarrow jw$，可得滤波器的参数如下：

谐振频率：

$$\omega_0=2\pi f_0=\frac{1}{\sqrt{(R_1 /\!/ R_2)R_3C_1C_2}}$$

品质因数：

$$Q = \frac{f_0}{\Delta f} = \frac{1}{C_1 + C_2}\sqrt{\frac{R_3 C_1 C_2}{R_1 // R_2}}$$

通频增益：

$$K_p = -\frac{R_3}{R_1\left(1 + \frac{C_1}{C_2}\right)}$$

在我们的系统中，由于弦的振动频率在 2000 Hz 附近，因此在设计的过程中，通过调整各电阻电容元件的参数值，尽量让 f_0 接近 2000 Hz。

将图 7.33 中的各元件对应到模式图中，易知：

R_1＝4.5 kΩ(注意图 7.32 中的 R_1 是原电路中 R_{12} 与 R_{13} 的串联)

R_2＝3.6 kΩ， R_3＝10 kΩ， C_1＝3300 pF， C_2＝100000 pF

代入到公式中，算得：

$$f_0 = \omega_0/2\pi = 1959 \text{ Hz},\quad Q = 0.394,\quad K_p = -2.15$$

(2) 第二级放大电路

在第一级放大中，Q 值比较小，放大倍数也较小。为避免电路中的高频干扰信号，并对信号进行进一步放大，在第二级放大中引入了高增益并有一定低通滤波功能的放大器电路。

如图 7.34 所示是一个带增益的低通滤波器，其传递函数为：

$$H_2(s) = -\frac{R_2}{R_1}\frac{1}{R_2 Cs + 1}$$

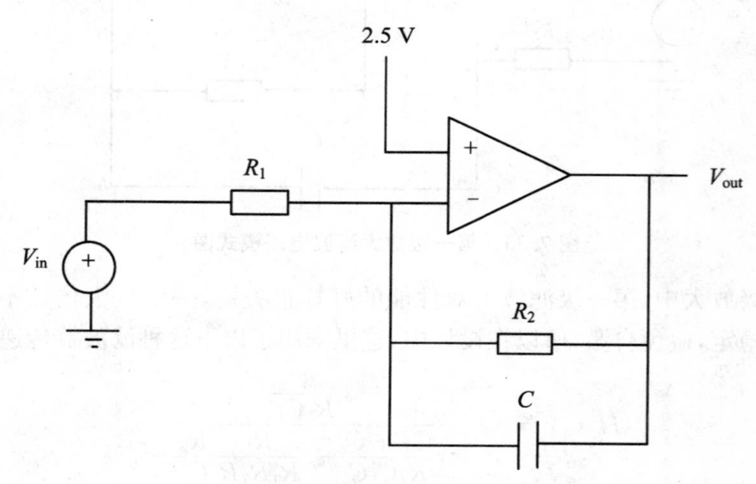

图 7.34 第二级放大滤波电路模式图

令 $s \to jw$，可将 $H(s)$表示成归一化形式：

$$H_2(jw) = -H_0\frac{1}{1 + jw/w_0}$$

有滤波器的参数如下：

$$H_0 = -\frac{R_2}{R_1}$$

$$\omega_0 = \frac{1}{R_2 C}$$

H_0 是低频增益，ω_0 是负三分贝截止频率，波特图示意如图 7.35 所示。

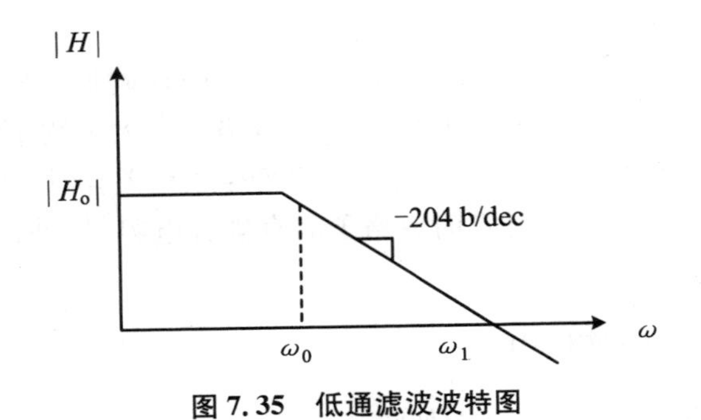

图 7.35　低通滤波波特图

根据系统的要求，在这一级，我们把信号放大了很多倍。将图 7.35 中的各元件对应到图 7.34 中，有：

$$R_1 = 680\ \Omega,\quad R_2 = 510\ \mathrm{k\Omega},\quad C = 100\ \mathrm{pF}$$

代入到公式中，算得：

$$H_0 = -750,\quad f_0 = 3121\ \mathrm{Hz}$$

若代入 $f = 2000$ Hz，计算有 $H(2000\ \mathrm{Hz}) = 631$。

(3) 第三级放大电路

图 7.36 给出了第三级放大电路的模式图。这一级放大器不需要滤波，传递函数为：

$$H(s) = -\frac{R_2}{R_1}$$

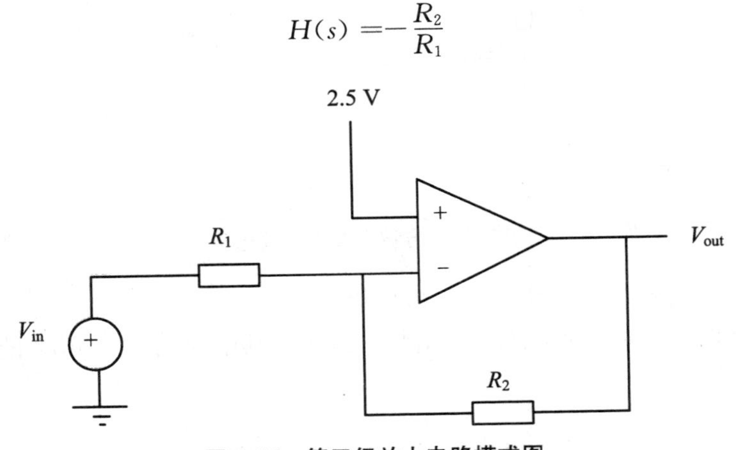

图 7.36　第三级放大电路模式图

代入 $R_2=1\ \mathrm{M\Omega}$，$R_1=20\ \mathrm{k\Omega}$，有 H(s)=50。

(4) 放大电路总结

在这三级放大滤波电路中，每一级都有自己的任务。第一级放大器构成多路负反馈带通滤波器，要求稳定，进行阻抗变换，对信号微弱放大，为后面信号的继续放大奠定基础；第二级放大器构成带增益的低通滤波器，大幅度将信号放大，同时滤除前段的高频干扰信号；第三级放大器没有滤波作用，可以根据需要通过调整与之相连的两个电阻的比值，来获得满意的波形。

根据前面的计算结果，将三级放大电路对 2000 Hz 附近信号的放大倍数相乘，可知待测信号一共放大了约 60000 倍，其中前两级共放大了约 1200 倍。实际中电路测试结果大约放大了 20000 倍，与理论计算产生了误差，原因主要是由于反馈电容比理论上大 50%～100%，计算时忽略了隔直耦合电容，另外运算放大器的输出阻抗对其也有影响。

7.4.4　方波生成与倍频电路

方波生成与倍频电路的电路图如图 7.37 所示。

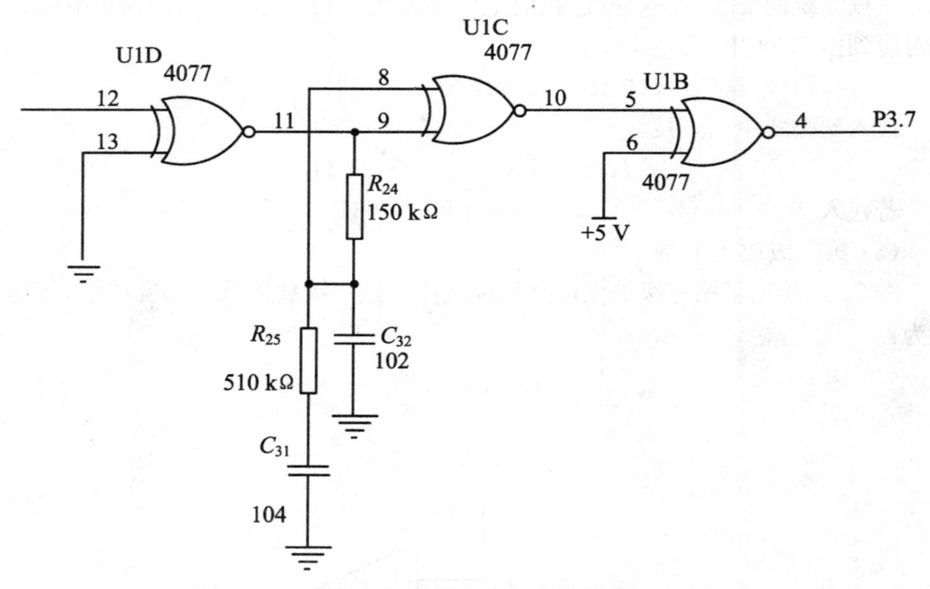

图 7.37　方波生成与倍频电路

倍频电路的时序波形图在图 7.38 中给出。

从这张时序图可以清楚地看到倍频的过程。其中异或非门 4077 的逻辑表达式为：

$$C=\overline{A\oplus B}$$

真值表如表 7.4 所示。

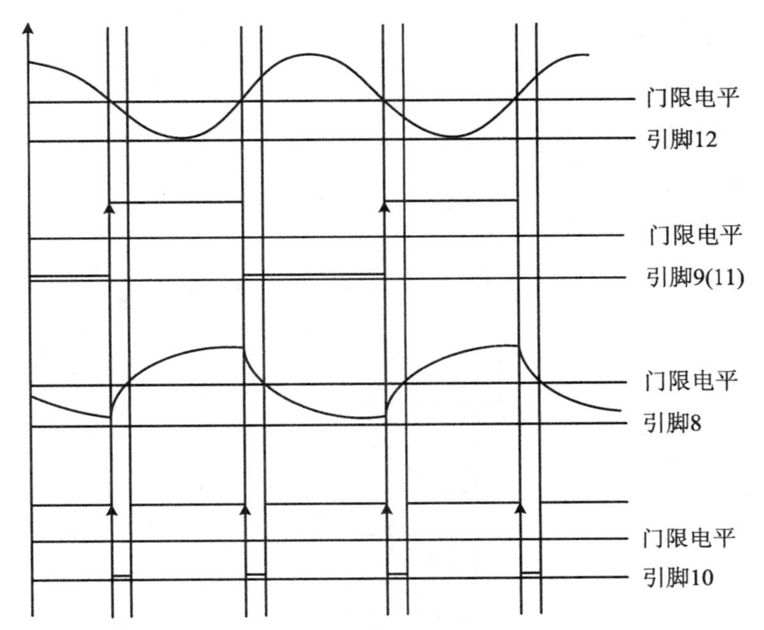

图 7.38　倍频电路时序波形示意图

表 7.4　异或非门 4077 真值表

A(in)	B(in)	C(out)
0	0	1
0	1	0
1	0	0
1	1	1

具体分析如下：

(1) 从引脚 12 进入的经过放大的待测小信号经过第一个异或非门后变成了方波(引脚 9)，因此第一级异或非门实现了信号的整形。

(2) 引脚 9 的波形通过 R_{24}、R_{25}、C_{31}、C_{32} 充放电(R_{24}、C_{32} 构成充电电路，R_{25}、C_{31}、C_{32} 构成放电电路)，就有了引脚 8 的波形。

(3) 引脚 8 与 9 通过逻辑异或非门的运算，得到引脚 10 的波形，对比引脚 9 和 10 可以明显地看到实现了信号的倍频。

(4) 最后一级异或非门的作用是隔离，将待计数的信号送入单片机中。

设计倍频电路的主要目的是为了从硬件上提高测试精度，因为频率测试的精确与否和大坝岩土所承受的压力有直接关系，根据公式 $F=K(f_i^2-f_0^2)$，微小的频率变化反应着很大的压力应变，所以考虑了从硬件和软件两方面来提高测频的精度。在下面的软件部分中，也有提高精度方法的分析。

7.4.5 程序流程图

1. 程序流程图

程序流程图如图 7.39 所示。

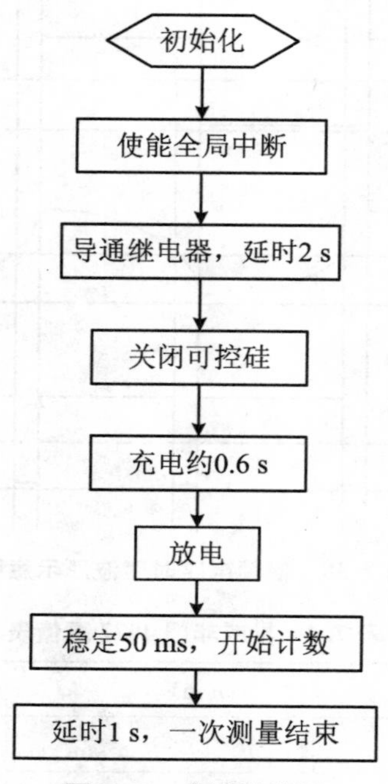

图 7.39 程序流程图

2. 程序中函数的简单介绍

(1) void t2_ini()

设置定时/计数器 2 为定时器模式，采用系统时钟 12 分频，向上计数，中断使能。

(2) void t4_ini()

设置定时/计数器 4 为计数器模式，采用系统时钟 12 分频，向上计数，中断使能。

(3) void t2_start()

定时器 2 开始工作。

(4) void t2_stop()

定时器 2 结束工作。

(5) void config()

看门狗禁止，交叉开关配置，管脚输出，配置晶振。

(6) void t2ISR() interrupt 5

通过计时器 2 引入中断，进行测频计数。其中 tf2num 是定时器中 16 位计数寄存器溢出的次数。由于 tf2num 是整数型,不能完全准确地得到 1 s 时间,因此在这里定时一个接近 1 s 的时间,然后测出这段时间内的待测脉冲的个数,再计算出准确的频率值。

7.4.6　时序波形分析

1. 充电电路

图 7.40 是图 7.30 传感器通道电路中反门 7414 的输入端 1(即 MCU 的 P4.0 脚)的时序波形,它实现了对可控硅的控制,可以看到其中的触发脉冲。

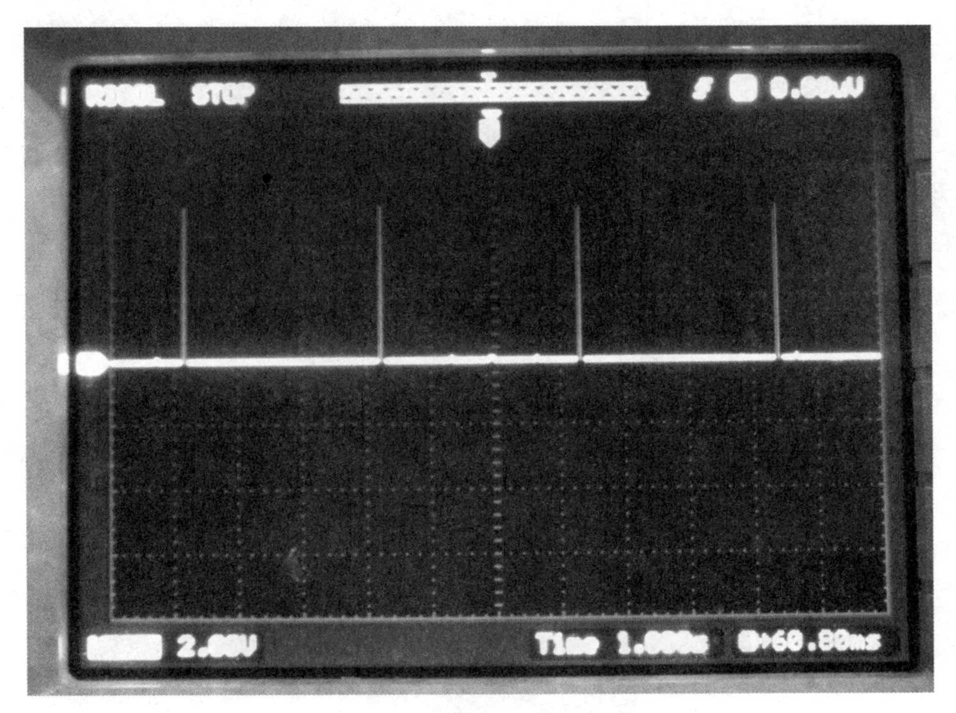

图 7.40　可控硅触发脉冲

图 7.41 是图 7.30 中充电电路异或非门管脚 1(即 MCU 的 P5.3 脚)的时序波形,这是单片机输出的数字信号。

图 7.42 是图 7.30 中充电电路 C_3 的正端的时序波形,可以看到整个充放电过程。

2. 小信号放大滤波电路

图 7.43 是图 7.31 中 LM258 放大器的管脚 7 的输出波形,可以看到小信号经过两级放大滤波后的情况,这是一个衰减的正弦波。这几张图观察波形的时间长短不同,其中后三张(从左至右,从上到下)是将波形拉开来,可以看到,随着信号的衰减,波形渐渐不规则,到了最后已经不能做测量用了。

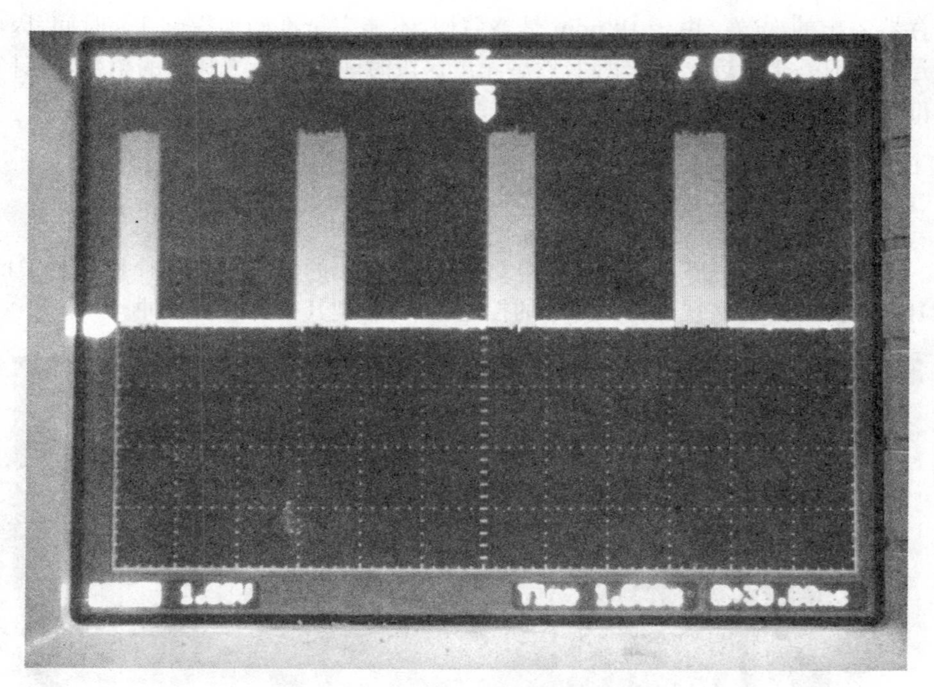

图 7.41 充电电路单片机输出波形

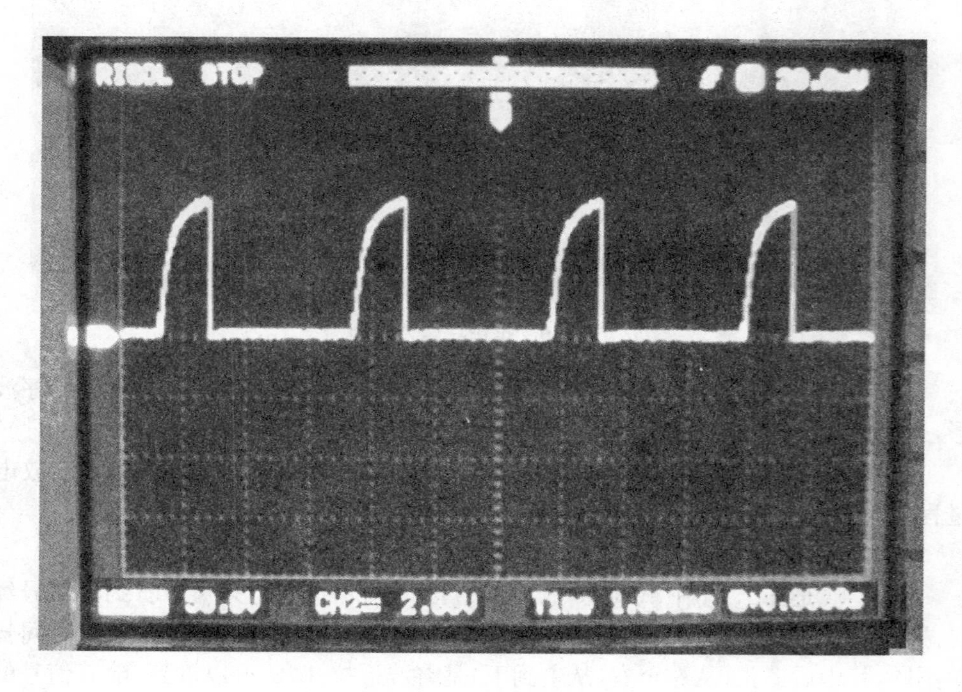

图 7.42 电容充放电波形

需要注意的是，每次冲击放电之后，需要过一小段时间才是我们需要的波形。当可控硅开启时前段充电电路会对待测量的小信号波形产生影响。因此这个时间与可控硅的导通时间有关，也要在放电后等待电路稳定。在程序中可以看到，延时了 10 ms 才开始测量，这是用示波器实际观察得到的结果。

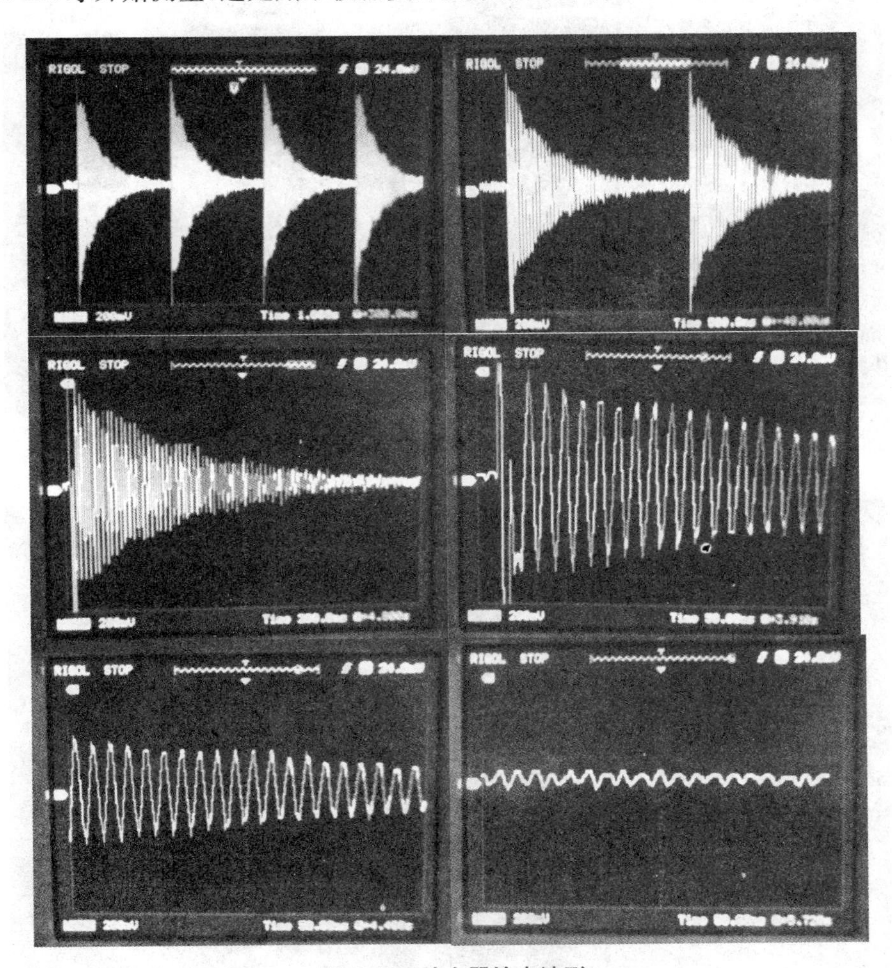

图 7.43　放大器输出波形

3. *方波生成与倍频电路*

图 7.44 是图 7.37 中异或非门 4077 的 8 脚和 9 脚的波形图，可以明显地看到 8 脚的充放电过程。

图 7.45 是图 7.37 中异或非门 4077 的 9 脚（较高的那个波形）和 10 脚（较低的那个波形）的波形图，它清楚地反映了倍频的过程。

对比易知图 7.44 与图 7.45 和前面的理论分析图 7.38 中的倍频电路时序波形示意图的结果是一致的。

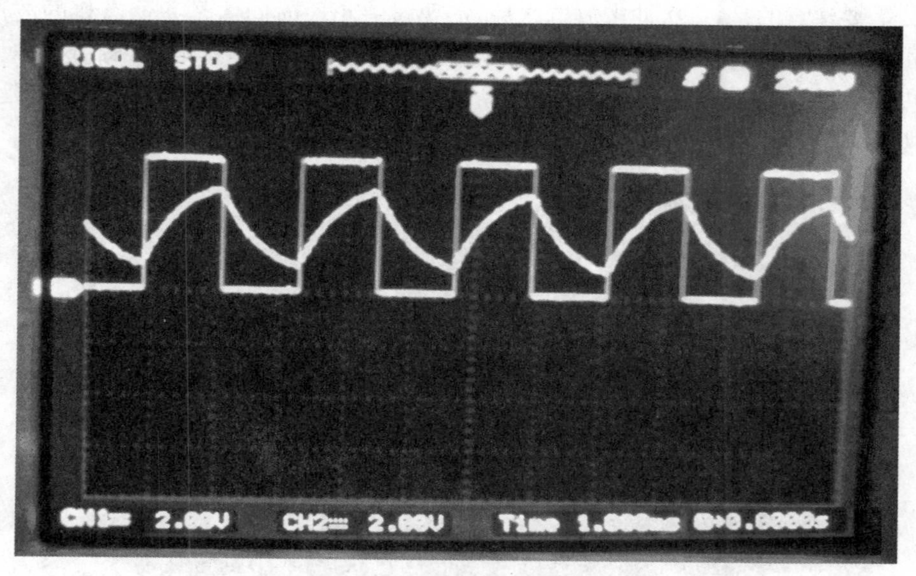

图 7.44 倍频电路输入端波形图

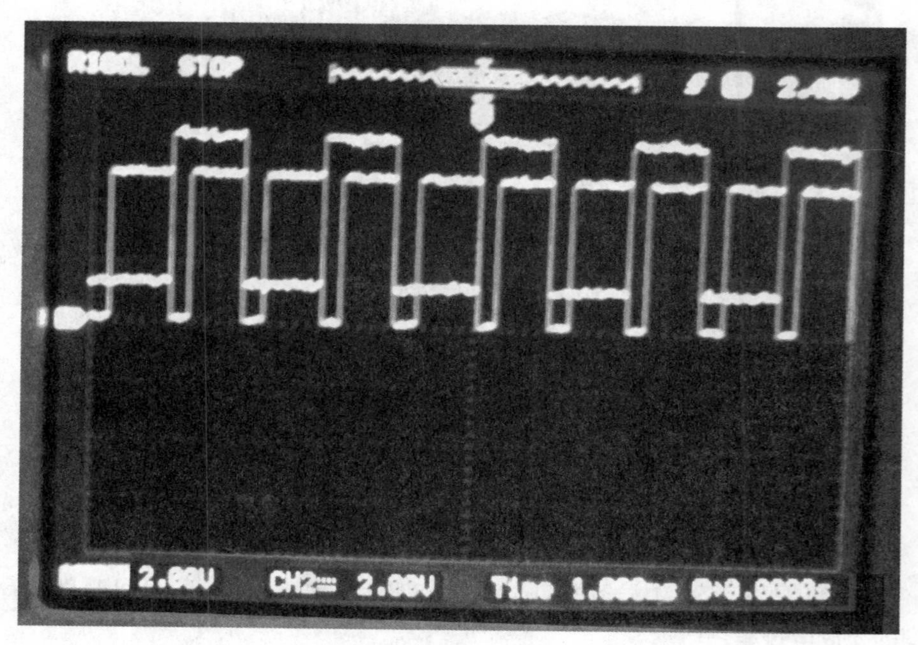

图 7.45 倍频电路输入输出波形对比

7.4.7 放大电路误差的简单分析

在我们前面的理论分析中，三级放大电路共放大了约 60000 倍，其中第一级约

2 倍，第二级约 600 倍，第三级约 50 倍。在实际的测量中，发现第一级和第三级符合得很好，而第二级放大倍数并没有这么大，只有约 180 倍，与理论值有较大误差。

具体分析，有以下三方面的原因导致了较大的误差：

（1）由于待测频率不是很高，只有 2000 Hz 左右，而且 C_8 耦合电容值不是很大，因此 C_8 不能完全忽略，图 7.34 中的 R_1 前应该加上这个电容后再进行分析。

（2）电子器件误差。国家规定电容误差可达 100%～150%，实际测量图 7.32 中 C108 有 200 pF。

（3）未考虑前后级放大电路的输入输出阻抗问题。

当对 C_8 加以考虑，并代入 2000 Hz 和 C108 实际测量值进行计算后，得出放大倍数为约 200 倍，这与理论计算基本吻合。

7.4.8　测频程序源代码

编写的测频程序源代码如下：

```
#include "Delay.h"
#include "c8051f040.h"
#define T4RUN SFRPAGE_SAVE=SFRPAGE;SFRPAGE=CONFIG_PAGE;SFRPAGE=0x02;fre[0]=0;TMR4=0x0000;TF4=0;TR4=1;SFRPAGE=SFRPAGE_SAVE
#define T4STOP SFRPAGE_SAVE=SFRPAGE;SFRPAGE=CONFIG_PAGE;SFRPAGE=0x02;TR4=0;SFRPAGE=SFRPAGE_SAVE
//#define T2STOP SFRPAGE_SAVE=SFRPAGE;SFRPAGE=0x00;TR2=0;SFRPAGE=SFRPAGE_SAVE
typedef unsigned int uint;
typedef unsigned char uchar;
typedef unsigned long ulong;
sfr16 RCAP2=0xca;
sfr16 RCAP4=0xca;
sfr16 TMR2=0xcc;
sfr16 TMR4=0xcc;
uchar data SFRPAGE_SAVE;   //用 T2 定时，T4 计数
/*标志位，其为 0 时若有 T4 中断，分频开始，同时 T2 计数；其为 1 时若有 T4 中断，分频结束，T2 同时停止*/
int tf2num=0;
//若 T2 溢出，产生中断，此数可标志中断次数，乘 65536+TMR2 为实际计数
int tf4num=0;
uint i;
```

```
uint j=0;
uint k=0;
xdata float fre[8];
xdata float frequency;        //频率
xdata float sum=0;

void t2_ini(){                //t2为定时器模式,采用系统时钟12分频
    SFRPAGE_SAVE=SFRPAGE;
    SFRPAGE=CONFIG_PAGE;
    SFRPAGE=0x00;
    TMR2CN=0X00;              //C/T2=0,T2为定时器模式
    TMR2CF=0x00;              //系统时钟12分频,向上计数
    TMR2=0x0000;
    IE|=0X20;                 //T2中断使能
    SFRPAGE=SFRPAGE_SAVE;
}

void t4_ini(){                //T4为计数模式
    SFRPAGE_SAVE=SFRPAGE;
    SFRPAGE=CONFIG_PAGE;
    SFRPAGE=0x02;             //TMR4_PAGE
    TMR4CN=0X02;              //C/T4=1,T4为计数器模式
    TMR4CF=0X00;              //系统时钟12分频,向上计数
    TMR4=0x0000;
    EIE2|=0X04;               //T4中断使能
    SFRPAGE=SFRPAGE_SAVE;
}

void t2_start(){
    SFRPAGE_SAVE=SFRPAGE;
    SFRPAGE=CONFIG_PAGE;
    SFRPAGE=0x00;
    fre[0]=0;
    TMR2=0x0000;
    TF2=0;
    TR2=1;                    //T2允许并运行/计数
```

```
    tf2num=0;
    SFRPAGE=SFRPAGE_SAVE;
}
void t2_stop(){
    SFRPAGE_SAVE=SFRPAGE;
    SFRPAGE=CONFIG_PAGE;
    SFRPAGE=0x00;
    TR2=0;                //T2停止
    SFRPAGE=SFRPAGE_SAVE;
    }
void config(){
//看门狗禁止
    WDTCN=0x07;
    WDTCN=0xDE;
    WDTCN=0xAD;
//交叉开关配置,T3=P0.0,T4=P0.1,P1控制8个200 us的脉冲,P2.0到
//P2.3控制ABCD
    SFRPAGE=0x0F;
    XBR2=0x08;            //先禁止交叉开关
    XBR0=0xF7;
    XBR1=0x7F;
    XBR3=0x0B;
//管脚输出配置,P0口为开漏输出,其中P0.0接上拉电阻,P0为数字输入口
    SFRPAGE=0x0F;
    P3MDOUT=0xFF;
    P4MDOUT=0xFF;
    P6MDOUT=0x00;                 //P6为开漏输出模式
    P7MDOUT=0xFF;
    P3MDIN=0xFF;                  //P3为数字输入模式
    P5MDOUT=0x08;                 //P5为推挽
    XBR2=0x4E;                    //使能交叉开关

    SFRPAGE=0x0F;                 //晶振配置,采用内部晶振8分频
    CLKSEL=0x00;                  //先采用内部晶振
    OSCXCN=0x67;
    //配置为外部石英晶振模式,且配置相应频率的驱动电流,标志外晶振尚
```

```
    //未使用或稳定
    for (k=0;k<256;k++);   ;   //等待1 s以上
    while (! (OSCXCN & 0x80)); //查询外部晶振是否稳定
    CLKSEL=0x01;               //选用外部晶振
    OSCICN=0x00;               //内部晶振关闭,降低能耗
    }
void main(void){
    config();
    t2_ini();
    t4_ini();
    EA=1;                      //使能全局中断
    P6=0x00;                   //让继电器1导通
    Delay_s(2);
    //停两秒再开始测,这里只测一个数据,这个停的时间可以改
    while(1){
        P4=0xFF;               //充电时关闭可控硅
        for(i=0;i<6750;i++){   //11.36 kHz方波,持续0.594秒
            P5|=0x08;
            Delay_us(44);
            P5 &=0xF7;
            Delay_us(44);
            }


        Delay_us(100);         //稳定100 us
        P4=0x00;               //放电
        Delay_us(200);
        P4=0xFF;               //输出200 us的冲击给可控硅
        Delay_ms(50);

    T4RUN;                     //开始检测频率
    t2_start();                //开始计时

    Delay_ms(250);
    Delay_ms(250);
    Delay_ms(250);
    Delay_ms(250);
```

```
    Delay_ms(250);
    }
}

void t2ISR() interrupt 5{
    SFRPAGE_SAVE=SFRPAGE;
    SFRPAGE=CONFIG_PAGE;
    SFRPAGE=0x00;
    while (tf2num<28)
    {
    if (TF2==1){
        tf2num++;
        TF2=0;
        }
    }                                       //1 秒钟计时结束
    t2_stop();
    T4STOP;
    SFRPAGE_SAVE=SFRPAGE;
    SFRPAGE=0x02;
    fre[j]=(float)((1.8432/(0.000001*65536*tf2num))*TMR4);
    sum+=fre[j];
    j++;
    if(j==8)
      {
        frequency=sum/16;
        SFRPAGE=SFRPAGE_SAVE;
        sum=0;
        j=0;
      }
     SFRPAGE=SFRPAGE_SAVE;
     tf2num=0;
     }
```

7.5　外加CAN总线控制器的智能模块设计

7.5.1　单MCU和串行CAN控制器芯片系统的结构

智能测控节点主要由测控模块和通信模块两大模块组成，如图7.46所示。测控模块负责模拟量和开关量的采集，对采集的数据进行处理运算，根据控制算法输出模拟量和开关量对相关电气设备进行控制。通信模块负责本节点和网络中其他节点的数据传输，把测控模块检测到的相关参数传往其他节点，或把其他节点传来的相关参数送往测控模块。

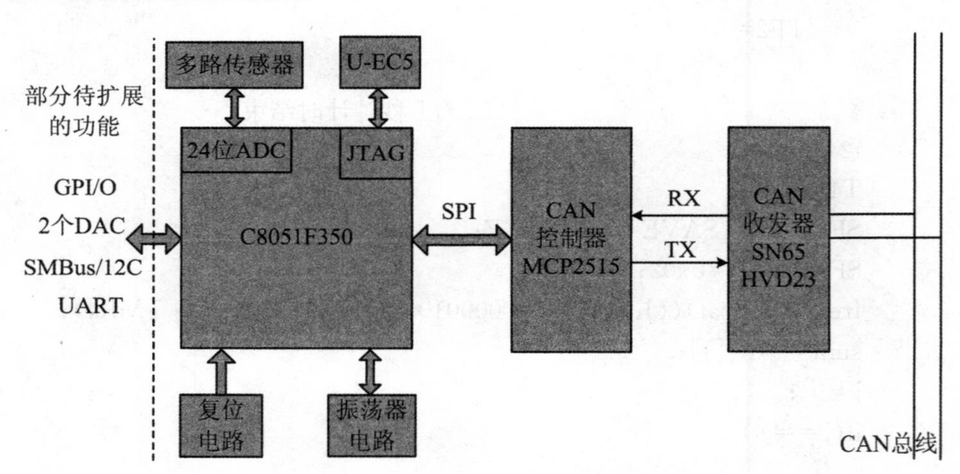

图7.46　CAN智能测控节点结构图

本设计以C8051F350为核心，实现数据的采集、处理，还有与其他节点的通信功能。之所以选择F350，是因为该芯片内部具有一个8通道全差分24位Σ—ΔADC，可以满足高精度测量的要求，还可以简化外围电路的设计。同时F350具有17个I/O端口，增强型UART、SMbus和增强型SPI接口，可以方便地实现多种通信方式，提高了灵活性。还具有JTAG接口，可以在系统调试时不用拔插芯片、不用卸下模块，使得现场的软件调试和升级都很方便。

CAN通信主要由独立的CAN控制器MCP2515和CAN收发器SN65HVD230组成。

MCP2515是一种独立的CAN总线通信控制器，是Microchip公司首批独立CAN解决方案的升级器件，最大时钟输入速度为40 MHz，并具有一个10 MHz的高速SPI接口。此外，MCP2515还具有基于头两个数据字节和11个标识符位进行信息筛选的功能。MCP2515可利用数据字节和标识符位来确定某些节点是否应该接收或处理CAN报文。

SN65HVD230作为CAN控制器与CAN总线之间的接口，由德州仪器(TI)公司生产，可以提供对总线的差动发送和接收功能，实现电平转换，最高速率可达1 Mbps，具有抗宽范围的共模干扰、电磁(EM)干扰能力，广泛应用于汽车、工业自动化、UPS控制等领域。

7.5.2　C8051F350微控制器简介

C8051F350是完全集成的混合信号片上系统型MCU，下面列出了它的一些主要特性：

- 高速、流水线结构的8051兼容的CIP-51内核(可达50 MIPS)。
- 全速、非侵入式的在系统调试接口(片内)。
- 24位单端/差分ADC，带模拟多路器。
- 两个8位电流输出DAC。
- 高精度可编程的24.5 MHz内部振荡器。
- 8 KB在片Flash存储器。
- 768字节片内RAM。
- 硬件实现的SMBus/I2C、增强型UART和SPI串行接口。
- 4个通用的16位定时器。
- 具有3个捕捉/比较模块和看门狗定时器功能的可编程计数器/定时器(PCA)。
- 片内上电复位、VDD监视器和温度传感器。
- 片内电压比较器。
- 17个端口I/O(容许5 V输入)。

具有片内上电复位、VDD监视器、看门狗定时器和时钟振荡器的C8051F350是真正能独立工作的片上系统。Flash存储器还具有在系统重新编程能力，可用于非易失性数据存储，并允许现场更新8051固件。用户软件对所有外设具有完全的控制，可以关断任何一个或所有外设以节省功耗。

片内Silicon Labs二线(C2)开发接口允许使用安装在最终应用系统上的产品MCU进行非侵入式(不占用片内资源)、全速、在系统调试。调试逻辑支持观察和修改存储器和寄存器，支持断点、单步、运行和停机命令。在使用C2进行调试时，所有的模拟和数字外设都可全功能运行。两个C2接口引脚可以与用户功能共享，使在系统调试功能不占用封装引脚。

图7.47给出了C8051F350芯片的原理框图。

7.5.3　MCP2515概述

MCP2515是一种独立的CAN控制器，可通过SPI方式与单片机接口，实现

CAN通信，最高通信速率可达1 Mbps。MCP2515能够接收和发送标准数据帧和扩展数据帧以及远程帧，通过两个接收屏蔽寄存器和6个接收过滤寄存器滤除无关报文，从而减轻主单片机负担。

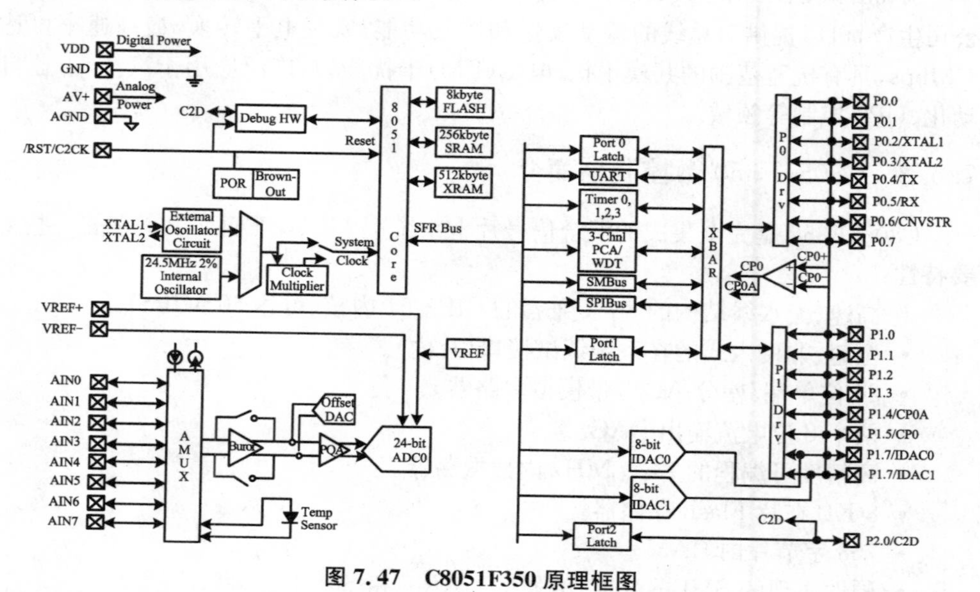

图 7.47　C8051F350原理框图

图7.48简要显示了MCP2515的结构框图。该器件主要由三个部分组成：

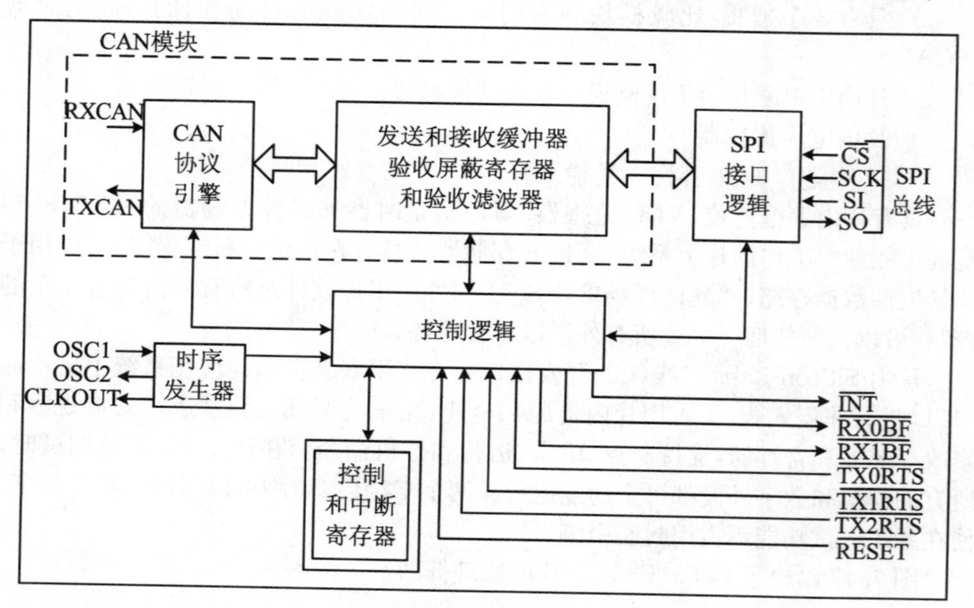

图 7.48　MCP2515结构框图

(1) CAN模块，包括CAN协议引擎、验收滤波寄存器、验收屏蔽寄存器、发送和接收缓冲器。

(2) 用于配置该器件及其运行的控制逻辑和寄存器。

(3) SPI 协议模块。

图 7.49 显示了该器件的典型系统应用。

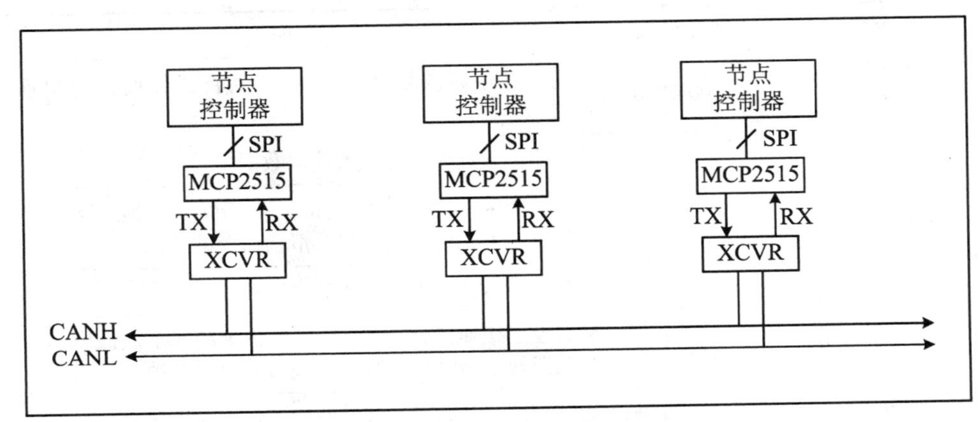

图 7.49　MCP2515 典型系统实现图

1. CAN 模块

CAN 模块的功能是处理所有 CAN 总线上的报文接收和发送。报文发送时，首先将报文装载到正确的报文缓冲器和控制寄存器中。通过 SPI 接口设置控制寄存器中的相应位或使用发送使能引脚均可启动发送操作。通过读取相应的寄存器可以检查通信状态和错误。CAN 模块会对在 CAN 总线上检测到的任何报文进行错误检查，然后与用户定义的滤波器进行对比，以确定是否将报文移到两个接收缓冲器中的一个。

2. 控制逻辑

通过与其他模块连接，控制逻辑模块控制 MCP2515 的设置和运行，以便传输信息与控制。所提供的中断引脚提高了系统的灵活性。器件上有一个多用途中断引脚及各接收缓冲器的专用中断引脚，用于指示有效报文是否被接收并载入接收缓冲器。可选择使用专用中断引脚。通用中断引脚和状态寄存器(通过 SPI 接口访问)也可用来确定何时接收了有效报文。器件还有三个引脚，用来启动将装载在三个发送缓冲器之一中的报文立即发送出去。是否使用这些引脚由用户决定。若不使用，也可利用控制寄存器(通过 SPI 接口访问)来启动报文发送。

3. SPI 接口

MCP2515 设计为可与许多单片机的串行外设接口(SPI)直接相连，支持 0,0 和 1,1 运行模式。外部数据和命令通过 SI 引脚传送到器件中，且数据在 SCK 时钟信号的上升沿传送进去。MCP2515 在 SCK 的下降沿将数据通过 SO 引脚传送出去。在进行任何操作时，CS 引脚都必须保持为低电平。值得注意的是：CS 引脚被设置为低电平后，MCP2515希望收到的第一个字节是指令/命令字节，这意味着CS引脚必须先拉升为高电平然后再降为低电平以调用另外一个命令。

表7.5列出了所有操作的指令字节。

表7.5　SPI指令集

指令名称	指令格式	说　明
复位	1100 0000	将内部寄存器恢复为缺省状态，并将器件设置为配置模式
读	0000 0011	从指定地址起始的寄存器读取数据
读RX缓冲器	1001 0nm0	读取接收缓冲器时，在“n，m”所指示的4个地址中的一个放置地址指针可以减轻一般读命令的开销
写	0000 0010	将数据写入指定地址起始的寄存器
装载TX缓冲器	0100 0abc	装载发送缓冲器时，在“a，b，c”所指示的6个地址中的一个放置地址指针可以减轻一般写命令的开销
RTS(请求发送报文)	1000 0nnn	指示控制器开始发送缓冲器中的报文发送序列
读状态	1010 0000	快速查询命令，可读取有关发送和接收功能的一些状态位
RX状态	1011 0000	快速查询命令，确定匹配的滤波器接收报文的类型(标准帧、扩展帧或远程帧)
位修改	0000 0101	允许用户将特殊寄存器中的单独位置1或者清0

下面重点介绍一下读指令与写指令：

(1) 读指令

将CS引脚置为低电平来启动读指令，随后向MCP2515依次发送读指令和8位地址码(A7至A0)。在接收到读指令和地址码之后，MCP2515会将指定地址寄存器中的数据通过SO引脚移出。每一数据字节移出后，器件内部的地址指针将自动加1以指向下一个地址。因此，通过持续提供时钟脉冲，可以对下一个连续地址寄存器进行读操作。通过该方法可以顺序读取任意个连续地址寄存器中的数据。通过拉高CS引脚电平可以结束读操作，见图7.50。

(2) 写指令

将CS引脚置为低电平来启动写操作，随后向MCP2515依次发送写指令、地址码和至少一个字节的数据。

只要CS保持低电平，通过持续移入数据字节就可以对连续地址寄存器进行顺序写操作。在SCK引脚的上升沿，数据字节从D0位开始依次写入寄存器。如果CS引脚在字节的8位数据尚未装载完毕之前就拉升到高电平，该字节的写操作将被中止，而命令中之前的字节已经写入。有关详细的字节写操作时序，可参见图7.51。

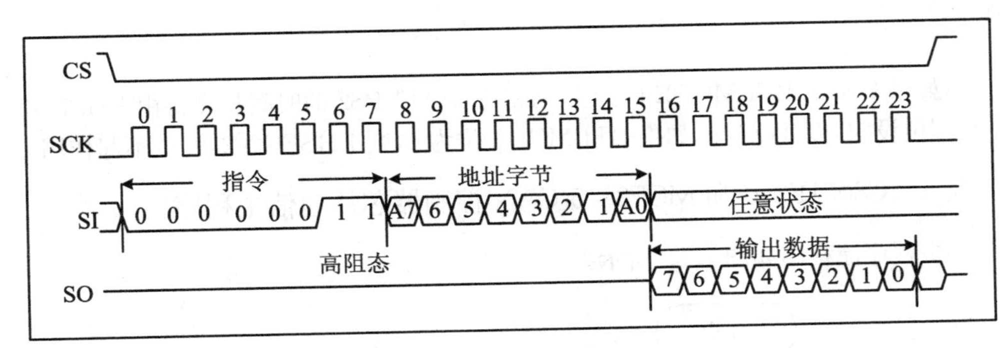

图7.50 读指令

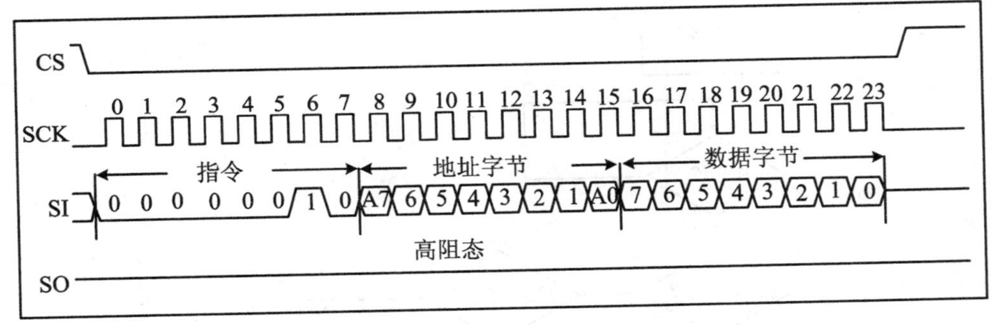

图7.51 写指令

7.5.4 位定时配置寄存器

CAN总线接口的位定时由配置寄存器(CNF1、CNF2和CNF3)控制。只有当MCP2515处于配置模式时,才能对这些寄存器进行修改。

(1) CNF1

BRP[5:0]控制波特率预分频比的设置。这些位根据OSC1输入频率设置TQ的时间长度。当BRP[5:0]=b000000时,TQ最小值取2 TOSC。通过SJW[1:0]选择以TQ计的同步跳转宽度。

(2) CNF2

PRSEG[2:0]位设定以TQ计的传播段时间长度。PHSEG1[2:0]位设定以TQ计的相位缓冲段PS1的时间长度。SAM控制RXCAN引脚的采样次数。将该位置为1将对总线采样3次,其中前两次发生在采样点前TQ/2时间点,而第三次发生在正常采样时间点(即相位缓冲段PS1的终点)。总线数值由至少两次采样的相同值确定。如果SAM位设定为0,则只在采样点对RXCAN引脚状态采样一次。BTLMODE位控制如何确定相位缓冲段PS2的时间长度。如果该位为1,PS2的时间长度由CNF3的PHSEG2[2:0]位设定。如果BTLMODE位为0,PS2的时间长度为相位缓冲段PS1和信息处理时间(MCP2515中固定为2 TQ)两者的较大值。

(3) CNF3

如果 CNF2.BTLMODE 位为 1,则相位缓冲段 PS2 的时间长度将由 PHSEG2[2:0]位设定,以 TQ 计。如果 BTLMODE 位为 0,则 PHSEG2[2:0]位不起作用。

7.5.5 C8051F350 和 MCP2515 CAN 控制器芯片通信主程序

主程序流程图如图 7.52 所示。

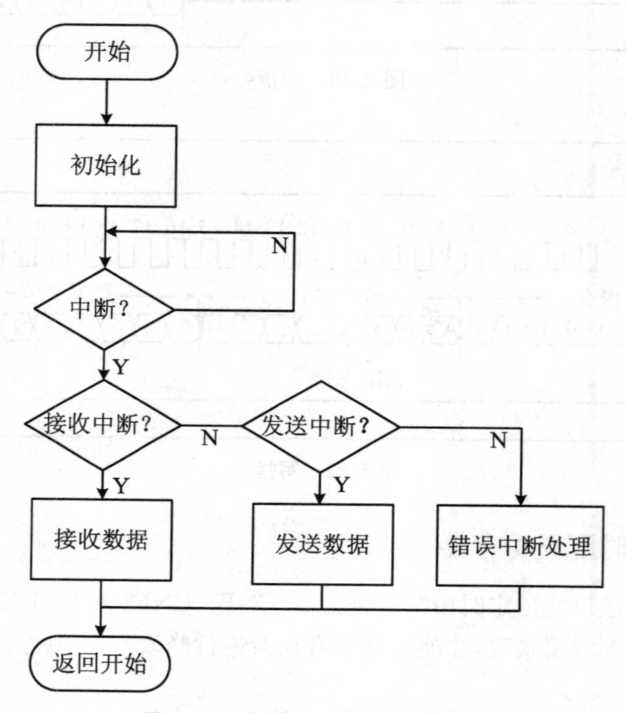

图 7.52 通信部分主程序流程图

7.5.6 C8051F350 系统检测结果与误差分析

检测电路的原理图如图 7.53 所示。

为了方便对测量结果进行评价,图 7.53 中 $I=1$ mA,R_1 用精密电阻箱代替,R_2 用 1000 Ω 的精密电阻代替。调节 R_1 的阻值,用比例测量法测得它们两端的电压比 v_1/v_2,由此得到 R_1 的测量值$=1000\times v_1/v_2$。v_1,v_2 都分别测量 12 组数据,用数字滤波的方法,取中间 8 组再取平均,得到$\overline{v_1}$、$\overline{v_2}$;取 v_1/v_2 的中间 8 个数据,取平均得到$\overline{(v_1/v_2)}$。测量结果如表 7.6 所示。

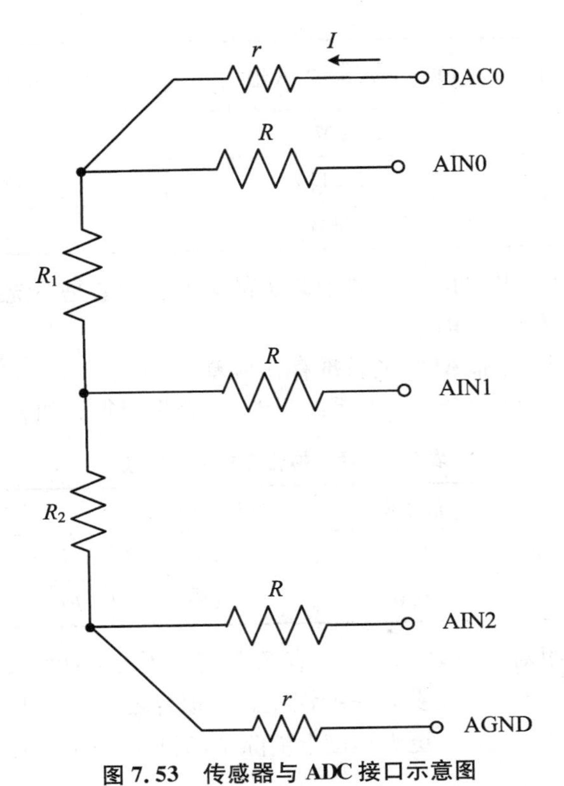

图 7.53　传感器与 ADC 接口示意图

表 7.6　测量数据(一)

R_1(Ω)	$1000\times\overline{v_1}/\overline{v_2}$(Ω)A 组	$1000\times\overline{(v_1/v_2)}$(Ω)B 组
100	100.6979	100.6877
200	201.2566	201.2526
300	301.7753	301.7682
400	402.3263	402.3235
500	502.9793	502.9514
600	603.5065	603.4702
700	704.2518	704.2146
800	804.7435	804.6738
900	905.2365	905.1857
1000	1005.857	1005.878
1100	1106.525	1106.604

续表 7.6

$R_1(\Omega)$	$1000\times\overline{v_1}/\overline{v_2}(\Omega)$A 组	$1000\times\overline{(v_1/v_2)}(\Omega)$B 组
1200	1207.07	1207.166
1300	1307.813	1307.921
1400	1408.464	1408.616

从表 7.6 可以看出，两组数据都有较大的偏差。主要是系统误差，来源有：

(1) 接触电阻和引线电阻。

(2) C8051F350 内部 ADC 的校准存在偏差。

可以由最小二乘法拟合以消除系统误差，拟合之后得到如表 7.7 所示的结果。

表 7.7　两种拟合方式偏差比较

	最大偏差	最小偏差	偏差平均值	回归公式
A 组	0.140	0.001	0.065	$F(x)=0.011+1.006x$
B 组	0.205	0.008	0.088	$F(x)=-0.057+1.006x$

其中 A 组、B 组对应于表 7.6。由表 7.7 可以看出：两组数据的线性度都很好。可以确定，误差的来源主要是系统误差。经拟合之后$\overline{v_1}/\overline{v_2}$比$\overline{(v_1/v_2)}$更接近于 v_1/v_2 的真值，这是因为$\overline{v_1}/\overline{v_2}$更大程度上消除了随机误差的干扰。

7.5.7　差阻式传感器的测量

原理参照图 7.53。其中：

$$I:1\ \text{mA},\quad R_1:20\sim50\ \Omega,\quad R_2:33\ \Omega$$

v_1、v_2 为 R_1、R_2 两端电压，都分别测量 12 组数据，用数字滤波的方法，取中间 8 组再取平均，得到$\overline{v_1}$、$\overline{v_2}$。

测量时，C 组放大倍数 PGA=1，D 组 PGA=16。测量数据及偏差比较分别如表 7.8、表 7.9 所示。

表 7.8　测量数据(二)

$R_1(\Omega)$	PGA=1，$33\times\overline{v_1}/\overline{v_2}(\Omega)$ C 组	PGA=16，$33\times\overline{v_1}/\overline{v_2}(\Omega)$ D 组
20	20.57606	21.3428
22.5	23.31337	24.10765
25	25.8567	26.65685
27.5	28.03209	28.92541
30	30.73531	31.47206

续表 7.8

$R_1(\Omega)$	PGA＝1,33×$\overline{v_1}/\overline{v_2}(\Omega)$ C组	PGA＝16,33×$\overline{v_1}/\overline{v_2}(\Omega)$ D组
32.5	33.52896	34.19878
35	36.03656	36.7082
37.5	38.25607	39.0325
40	40.92468	41.61462
42.5	43.68664	44.36861
45	46.21522	46.82947
47.5	48.50996	49.22252
50	51.05435	51.7742

表 7.9　两种放大倍数下的偏差比较

	最大偏差	最小偏差	偏差平均值	回归公式
C组(PGA＝1)	0.253	0.063	0.133	$F(x)=0.33+1.089x$
D组(PGA＝16)	0.146	0.035	0.100	$F(x)=1.227+1.012x$

由表7.7和表7.9可得：

(1) PGA＝16时，线性度和偏差比PGA＝1时要好，因为ADC本身具有非线性，尤其在电压比较小的时候。在PGA＝1时进入ADC的电压很小，不到0.1 V，而PGA＝16时，将电压放大了16倍，所以效果比放大前的好。

(2) 表7.9中两种方式拟合的线性度与表7.7中相比都要差一些，因为表7.9中R_1、R_2两端的电压小了很多，比较容易受干扰，虽然将电压放大了16倍，但同时引入了C8051F350内部放大器的非线性，所以可以选择线性好的独立的放大器将信号放大再接入C8051F350的ADC。

7.6　在线实时自编程的原理和实现方案

在大型远程控制系统中经常会遇到调整底层某个节点的补偿参数、传感器常数等要求，以及调用不同的算法程序，这样就要求上层能够通过CAN总线向下层节点MCU写新的常数数据或者新的程序。本节将对这种通过总线在线实时写闪存的方法进行简单介绍。

C8051F040 MCU所采用的CIP－51内核具有标准的8051程序和数据地址配置，包括256字节的数据RAM，一个用于存储非易失性数据的128字节Flash和一个用于存储程序代码和数据的分块的64 KB的Flash，以512字节为一个扇区。可以通过JTAG接口对Flash存储器进行在线编程或者使用MOVX指令编程。这里主要介绍一下使用MOVX指令对Flash进行实时在线自编程的原理和方法。

该系列的MCU内部集成了对Flash编程的控制模块，通过硬件对编程过程进行自动控制。在使用软件对Flash进行编程的时候，由控制模块掌控系统状态，生成高电压，并激活一个定时器。此时CIP－51内核停止取指令，不再执行MOVX之后的程序，总线状态维持不变。待定时器计时完成后，再重新启动内核，进行下一条指令。系统框图见图7.54，指令流程见图7.55。由于C8051F040 MCU的指令采用流水读取工作，实际控制比MOVX指令流程图中所描述的要复杂得多，该图只是一个示意图。

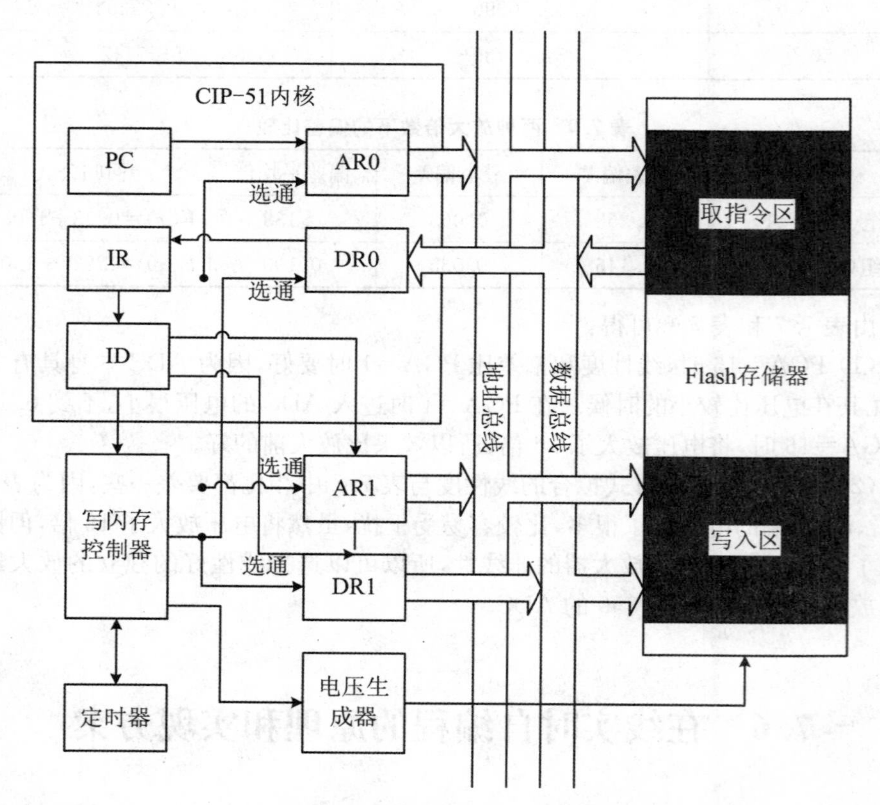

图7.54　C8051F04x Flash编程模块框图

Flash编程涉及的特殊功能寄存器(SFR)有：

- IE：中断允许寄存器。
- FLSCL：Flash存储器控制寄存器。
- PSCTL：程序存储读/写控制寄存器。

编程过程如下：

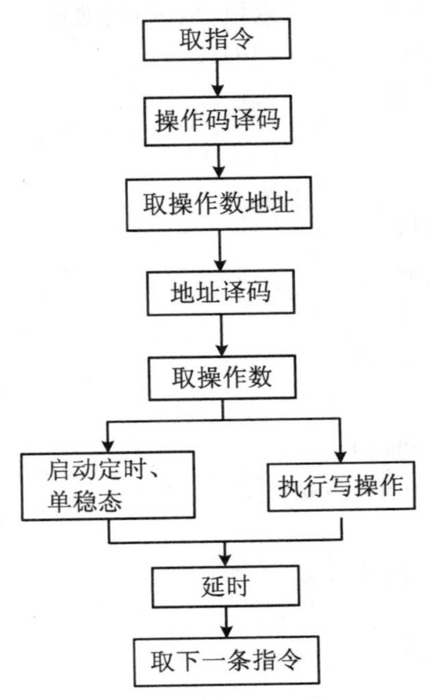

图 7.55　MOVX 指令执行流程图

(1) 清 EA(IE.0)禁止中断。

(2) 置位 FLWE(FLSCL.0),以允许通过用户软件写/擦除 Flash。

(3) 置位 PSWE(PSCTL.0)。在 CIP-51 中,MOVX 指令有三种作用:访问片内 XRAM、访问片外 XRAM 和访问片内 Flash 程序存储器,将 PSWE 置位可以使 MOVX 写指令指向片内 Flash。

(4) 置位 PSEE(PSCTL.1)。在 PSWE 位被置"1"的前提下,把该位置"1"将允许擦除 Flash 存储器中的一个页。在将该位置"1"后,用 MOVX 指令进行一次写操作将擦除包含 MOVX 指令寻址地址的那个 Flash 页。用于写操作的数据可以是任意值。

(5) 用 MOVX 指令向待擦除扇区内的任何一个地址写入一个数据字节。

(6) 清除 PSEE(PSCTL.1),以禁止 Flash 擦除。

(7) 用 MOVX 指令向被擦除页内的期望地址写入一个数据字节。重复该步,直到写完所有字节(目标页内)。

(8) 清除 PSWE 位,使 MOVX 命令指向 XRAM 数据空间。

(9) 重新允许中断(EA=1)。

代码示例如下:

```
void FlashProgram(char * input_data,   //需要写入的数据
                  char size,            //写入数据的大小
```

```
        short block)    //写入块(扇区)的地址
{unsigned char xdata * pData=block+1;
    short i;

    EA=0;
    FLSCL |=0x01;
    PSCTL |=0x03;
    * pData=1;
    PSCTL &=~(0x02);
    for (i=0;i<size;i++){
        pData=block+i;
        * pData=input_data[i];
    }
    PSCTL &=~(0x01);
    EA=1;
}
```

在提供了自编程方法的同时,CIP-51内核还提供了安全选项以保护Flash存储器不会被软件意外修改,以及防止产权程序代码和常数被读取。为此CIP-51提供了三个控制寄存器:

(1) Flash读锁定寄存器。该寄存器中每一位对应一个Flash存储器块,当某位被置"1"时,相应的存储器块被锁定,不能通过JTAG接口进行读操作。

(2) Flash写/擦除锁定寄存器。该寄存器中每一位对应一个Flash存储器块,当某位被置"1"时,相应的存储器块被锁定,不能通过JTAG接口进行写/擦除操作。

以上两个寄存器都是用于限制JTAG接口对Flash存储器的访问,以防代码被恶意读取或修改。

(3) Flash访问极限寄存器(FLACL)。该寄存器的内容作为16位软件读极限地址的高8位。16位软件读极限地址值按"0xNN00"计算,其中"NN"为复位后该寄存器的内容。该寄存器与软件自更新有密切的关系。

下面详细介绍一下使用的方法:

软件读极限(SRL)是一个16位地址,它将程序存储器空间分成两个逻辑分区。第一个是上分区,包括SRL地址之上(含该地址)的所有程序存储器地址;第二个是下分区,包括从0x0000到(但不包括)SRL的所有程序存储器地址。位于上分区的软件可以执行下分区的代码,但不能用MOVC指令读下分区中的内容(使用位于下分区的源地址从上分区执行MOVC指令将总是返回数据0x00)。运行在下分区中的软件可以不受限制地访问上分区和下分区。

需要被更新的代码应放入上分区，而自更新程序应存放在下分区。在需要更新代码时，调用自更新程序便可修改上分区的内容。更新完毕后可以将程序转入上分区中的预定位置，执行更新后的代码。

另外，如果程序入口是公开的，运行在上分区中的软件也可以执行下分区中的代码，但不能读或改写下分区中的内容。有两种方法向下分区中的程序代码传递参数：一种是通常使用的方法，即调用前将参数放在堆栈或寄存器中；另一种是将参数放在上分区中的指定位置。

C8051F040 MCU 内部还集成了一个 CAN 2.0B 控制器，结合它的这种 Flash 自编程的特性，我们可以在 MCU 内放入通信和自编程模块，开发出具有远程控制、自更新功能的安全有效的系统。一方面我们可以在远程上位机上控制该系统进行工作，完成传统 MCU 的功能。另一方面我们还可以根据需要更新 MCU 中的参数或者程序。例如，在一个 PID 控制单元中采用该系统，可以根据需要在线调整 PID 参数，这样便大大延长了这种嵌入式系统软件的生命周期。

第 8 章　CAN 总线中继器设计

控制器局域网 CAN(Controller Area Network)是在众多控制总线技术中脱颖而出的一种性能优良的新型工业总线技术,它是现场总线的一种。

CAN 中继器是 CAN 总线系统组网的关键设备之一。中继器可以将同一层的两段网络进行互联,也可以实现上、下层的不同总线互联,起到网桥和网关的作用。在大中型的 CAN 总线系统中经常会使用到中继器,尤其是那些需要进行远距离甚至超远距离数据传输的工程项目。

8.1　双 MCU 的 CAN 总线中继器概述

1. CAN 总线中继器的功能

我们可以将 CAN 总线中继器的功能分成线路中继和网络中继两种。

线路中继——CAN 总线中继器只是将通过的电信号强度增强,一般不改变本来信号的其他所有特性(一些中继器过滤噪声),即所谓的“哑设备”,具有如下特征:

(1) 中继器延伸数据传输距离是通过信号再生的方式;

(2) 中继器只用于传输协议的最底层,即物理层,高层协议不使用中继;

(3) 中继器所连接的两条线路必须使用同样的介质访问方式;

(4) 与中继器相连的两条线路成为同一网络的一部分,必须具有相同的地址;

(5) 中继器两条总线的波特率和格式可以不一致。

可见,中继器在整个网络中是处于“隐形”的状态,是不允许干扰网络两端本来的特性的。

电信号在实际应用的电缆上传播时,信号质量会随着电缆距离的增加成比例地减弱,这种客观现象称为衰减(Attenuation)。当电信号强度衰减到一定的阀值以下时,原来的数据将会受到破坏,导致数据传输的错误和失败。正因为如此,单段电缆的传输距离是非常有限的,大部分时候是不能满足远距离和超远距离数据传输任务要求的。中继器就是在整个网络中增设的节点,在不破坏整个网络结构的前提下,实现数据的转发。电信号在通过中继器后,其信号质量将还原到初始状态，而数据通信的距离随之也得以成倍地增加。

网络中继——CAN总线中继器可以用于连接两条不同的总线，除了增加通信距离外，还能够增加CAN总线所允许的节点挂接数，并且使得CAN总线的网络得以扩展，相当于网关(Gateway)的功能。与线路中继功能所不同的是，中继器两端的线路可以是不同层次的同一种网络协议，也可以是完全不同的两种网络协议。在这些情况下，中继器其实承担的是网间连接器和协议转换器的作用。

本章所研究和设计的CAN总线中继器便具有这种网络中继的功能，具备同线路的数据中继、不同总线的互联以及不同现场总线转换功能的中继器。

在控制系统中采用中继器可以得到如下的一些好处：

(1) 实现子网信息过滤。中继器记录有其所连接子网的地址表，在接收主网上节点广播的各种命令和数据时，负责识别其发送对象是否存在于其下子网，并进行正确的数据转发。

(2) 易于进行网络的扩展。中继器可以作为一个普通的底层节点接入上层网络，并拥有与其他同级节点相同的地址标示。中继器所挂接的下层节点按照网络设计的规则分配到相应的地址，进行数据传输由中继器进行地址的转换和数据的转发，从而在不改变上层总线结构的情况下实现总线扩展。

(3) 极大地增大了数据传输的距离，从而可实现超远距离的准实时控制(存在极小的数据传输延时和存储转发延时)。

(4) 增加了现场总线的节点驱动数目。

(5) 提高了控制网络的可靠性。当个别网络出现故障时，只会在局部的子网内造成影响，而不会妨碍同级的其他节点和上层网络的正常工作。

(6) 中继器两端的线路可以在一定范围内使用不同的数据传输速率。中继器拥有一定的存储空间，可以在一定的差值下进行不同速率的传输。

当然，中继器的使用也有如下的一些不足：

(1) 中继器在转发数据的时候存在一定的存储转发时间，增加了数据传输上的延时，因此在进行系统的实时控制时应加以注意。

(2) CAN总线的MAC子层并没有流量控制功能，当网络上的负荷很重时，可能因中继器中缓冲区的存储空间不够而发生溢出，以致产生数据帧丢失的现象。

2. CAN总线中继器总体设计思路

中继器的整体设计可以采用两种方案：

一种是围绕单个MCU设计中继器两端线路的收发器电路，其优点为电路简单，容易控制成本，且单个MCU的中继器一般采用多任务实时操作系统从而可使数据流的控制更加顺畅，但是在数据交换量较大的应用中容易给MCU带来巨大的负担，特别是在进行多主传输的情况下，甚至可能导致系统的不稳定，使得数据延迟时间加大。

另一种是为两端的线路各自设置一个MCU，并在两个MCU周围各自设计相应的接收器电路，用高速的现场总线来进行两个核心处理器间的数据交换。其优点在于易于控制数据传输的速率，在大数据量的情况下可以进行快速处理，从而使得系统的可靠性加强。另外，这种设计方法使得不同种类总线间的数据交换变得非常简单，因为两个 MCU 的数据格式相同，一个 MCU 也不用理会另一个的接收器类型。当然，因为涉及两个 MCU，这种中继器设计的成本也会大一些。

3. 中继器硬件整体设计要求

由于中继器需要拥有很好的可靠性，所以对其 MCU 的要求相对也较高，必须具备快速的处理速度以减少数据在 MCU 中的滞留时间；必须拥有较大的存储空间，从而在大数据量传输时进行数据的缓冲；必须拥有长期无故障运行的可靠性，从而适合广泛的工程应用；必须具备较为丰富的外设接口，满足 CAN 总线甚至扩展到其他现场总线中的使用。我们选用 Silicon Laboratories 公司的 C8051F040 作为控制核心，该 MCU 可以轻松胜任以上提到的要求并拥有其他一些良好性能和特点，C8051F040 以及外围芯片的具体介绍可参见第 3 章 CAN 总线通信设计和本章后面几节内容。

8.2 双 MCU 的 CAN 总线中继器硬件设计

我们在 8.1 节中介绍了 CAN 总线中继器的总体设计方案，即采用双 MCU 进行数据转发。由于现场总线对数据的测量、传输和处理有一定的要求，所以硬件设计上对于芯片的选型和性能需要认真地考虑，尤其是期望整个系统具有良好的可靠性和实时性时，更需要考虑到总线中的竞争和同步等核心问题，分析处理系统网络时延和数据接口瓶颈等技术课题，选择合适的控制芯片和外围芯片，提高控制系统的抗干扰能力和实用性能。

本节先对 CAN 总线中继器设计中用到的所有外围芯片进行介绍，然后分别介绍整个系统中电源模块、CAN 总线传输模块和 MCU 间 SPI 连线的设计。

8.2.1 CAN 总线中继器外围芯片介绍

任何一个良好的控制系统，强劲的核心 MCU 并不一定可以代表整个系统性能的成功，完善和匹配的外围电路也是很重要的。而在这些复杂的电路中，外围芯片的选择则显得非常关键。

1. 800 mA 低回动电压转换芯片 AS1117(3.3 V)

由 ALPHA 半导体公司生产的 800 mA 低回动电压转换芯片 AS1117，是一款将正低电压转换为标称输出电流为 800 mA 的电压转换芯片，可以提供固定的 3.3 V输出电压(并有多种其他电压可选)，完全满足业界的 SCSI－II 标准。该芯片被广泛应用在许多电池驱动产品中，如小型计算机总线的终端器和移动计算机。AS1117芯片在全负荷的状态下，可以对非常低的静态电流和回差电压(1.2 V)做出响应。

AS1117芯片具有如下的优点：

- 稳定的800 mA输出电流。
- 多种输出电压规格可选。
- 静态电流很小。
- 全负荷小，电压很小。
- 可以保持很好的线性规律。
- 在温度变化的情况下，有极强的抗干扰能力。
- 完全满足业界的SCSI-II标准。
- 拥有逻辑控制的电子关断。
- 拥有内部的过流限制和过载保护，可靠性好。
- 有多种不同的封装(SOT-223，TO-252，SOT-89，TO-263，SO-8)。

2. CAN总线收发芯片SN65HVD251

为了提高系统的远程通信距离，我们选择TI公司生产的5 V芯片SN65HVD251作为CAN总线收发器。SM65HVD251主要针对符合ISO 11898标准的CAN高速串行通信物理层等应用，能以高达1 Mbps的速度提供到总线的差动传输功能，以及到CAN控制器的差动接收功能。该收发器与PCA82C250引脚兼容，具有差分收发能力，高速率传输(1 Mbps)，高抗电磁干扰，超小封装，低功耗，并有3种不同工作模式可供选用，与C8051F040配合使用，可使外围电路更加简洁。经过实验比较，发现相对于之前实验室所使用的3.3 V芯片SN65HVD230，该款收发器可大大提高远程通信的距离。

SN65HVD251的其他特点总结如下：

- 具有高达±36 V总线错误保护。
- 性能满足并且超过了ISO 11898标准。
- 具有高输入阻抗，从而使总线上挂接的SN65HVD251节点可超过120个。
- 断电情况下将不会影响整个网络的运作。
- 待机模式下，工作电流极低，仅为200 μA(典型值)。
- 芯片过热时，具有自动关断保护功能。
- 对于热启动中因为电源开通关断时产生的短时脉冲干扰，具有特殊保护功能，芯片工作不受影响。

3. 双通道数字隔离器ADuM1201

由于现场情况十分复杂，各节点之间存在很高的共模电压，虽然CAN接口采用的是差分传输方式，具有一定的抗共模干扰的能力，但当共模电压超过CAN驱动器的极限接收电压时，CAN驱动器就无法正常工作了，严重时甚至会烧毁芯片和仪器设备，因此，为了适应强干扰环境或是高的性能要求，必须对 CAN 总线各通信节点实行电气隔离。

传统的 CAN 总线隔离方法是光耦合器技术，使用光束来隔离和保护检测电路，以及在高压和低压电气环境之间提供一个安全接口，一般使用 6N137 光电隔离器件。以 TOSHIBA 公司的 6N137 为例，其工作电压为 5 V，最高速率 10 Mbps，工作温度一般为 0～70 ℃，隔离电压为 2500 V(有效值)，以 DIP8 型封装，每个芯片仅提供一个隔离通道。这些性能已经限制了 6N137 在更高要求环境中的应用，因此，本系统采用了 ADI 公司推出的新型双通道数字隔离器 ADuM1201。ADuM1201 有诸多优于光电隔离器件性能的地方，可满足 CAN 总线的要求。

实现 CAN 总线节点之间的电气隔离，选用了隔离芯片 ADuM1201 置于系统的中间，用来隔离两条不同的 CAN 总线，或者 CAN 总线和模块，比传统的光电隔离器件具有更好的效果。ADuM1201 消除了传统光电隔离器不确定的传输速率、非线性的传输函数以及温度和寿命对器件的影响，无需其他驱动和分立元件，提供了更加稳定的转化性能，而且在相同的信号传输速率下功耗只有光电隔离器的 1/10～1/6。另外，ADuM1201 以单一芯片实现了 CAN 总线节点之间的电气隔离，并采用双转化通道、两通道方向相反的特殊结构，非常适合于 CAN 总线信号的传输，大大简化了系统的硬件结构。同时，用 1 个隔离芯片代替以往的 2 个，大大增加了通道的匹配程度，系统获得更好的隔离性能。

ADuM1201 的特点总结如下：

- 极小的 SOIC 8 封装格式。
- 工作电流很低，在 5 V 的工作电压下，波特率在 25 Mbps 时，每通道的最大电流为 8.2 mA；在 10 Mbps 速率下该数值仅为 3.7 mA；而在 0～2 Mbps 的低速传输下，通过电流的最大值更是只有 1.1 mA。
- 工作方式为双向通信模式。
- 极限工作温度为 105 ℃。
- 数据传输速率最大值为 25 Mbps。
- 具有极其精确的时间特性。脉冲宽度的失真值最大仅为 3 ns。
- 能够抵抗极端情况下的瞬时大电压冲击，该极限值大于 25 kV/μs。

ADuM1201 所隔离的两端有各自的电源和参考地，电源电压为 2.7～5.5 V，这样可以实现低电压供电，从而进一步降低系统功耗。系统中使用的电源为 5 V，电源和参考地之间接入 0.01～0.1 μF 电容，以滤除高频干扰，电容和电源之间的距离应在 20 mm 以内，这样可以达到更好的滤波效果。由于两个隔离通道高度匹配，通道间串扰很小，并且采用两通道输入/输出反向设计，非常适合 CAN 总线双向收发的特性，大大简化了隔离器与所隔离两端的硬件连接。需要注意的是：GND1 与 GND2 是两个不同的参考地，否则将达不到隔离的效果。ADuM1201 正常工作时，两端的供电源需要同时上电才能保证 ADuM1201 两通道都能正常工作，如果有一个没有上电就会导致整个芯片无法正常工作。相关电路连接如图 8.1 所示，其中 IN4148 为防雷击管，用来防止总线上的瞬变干扰。

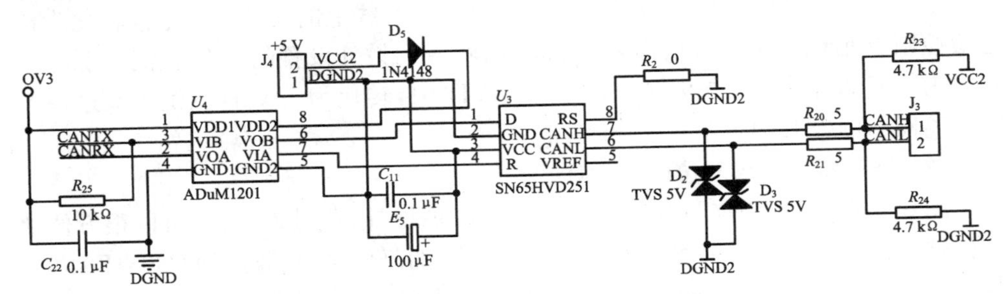

图 8.1　CAN 总线与隔离芯片电路原理图

至此，我们已经介绍了本系统设计中所使用到的所有芯片，系统的设计原理图如图 8.2 所示。

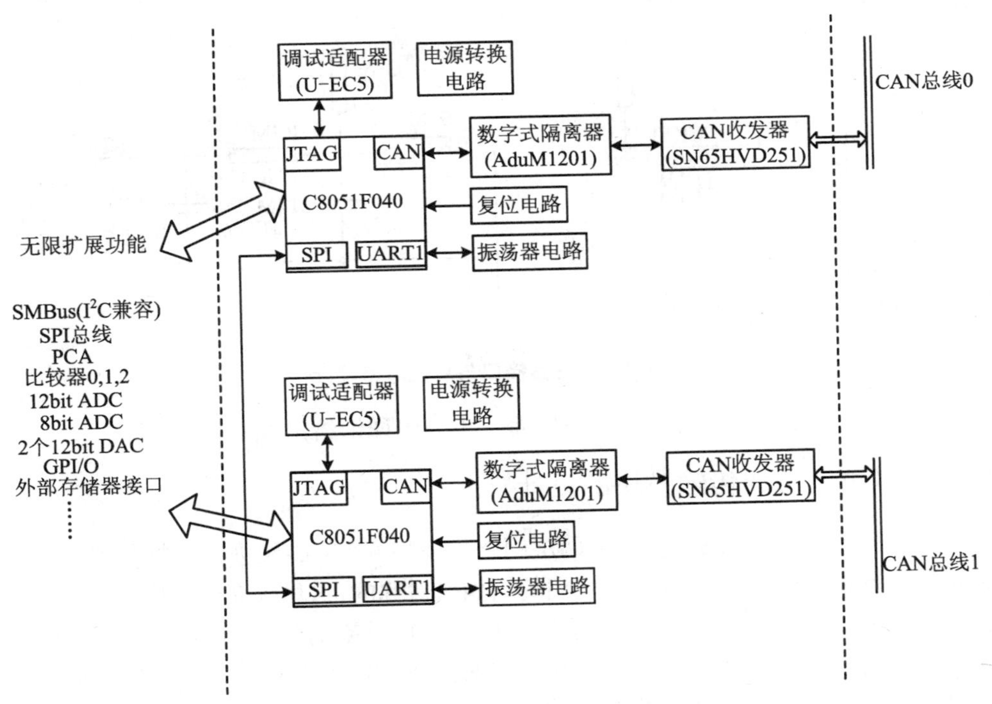

图 8.2　中继器设计原理图

接下来我们针对上图中的主要模块进行具体的硬件设计讨论：

(1) 电源模块的功能与设计。

CAN 总线中继器的设计中使用到了很多块不同的芯片，这些必不可少的芯片所需要的电源是各不相同的，尤其是涉及长距离数据传输的 CAN 收发器芯片

SN65HVD251，其电压值的准确和稳定直接影响到 CAN 总线数据传输的质量，电压值太小可能会导致传输距离不够，而电压值过高则有可能造成芯片的烧毁。可见，电源电路设计是硬件设计的核心之一。

本系统的设计中，电源电路模块需要将 CAN 总线上的 5 V 直流电源转化为核心微控制单元 C8051F040 所需要的 3.3 V；将我们另外设置的 9 V 直流电源分别转化为 6 V 直流供给 CAN 收发器 SN65HVD251，转化为 5 V 直流供给双通道数字隔离器 ADuM1201。

(2) 烧写器接口与复位电路设计。

图 8.3 中，左边为烧写调试器接口 JTAG 的设计，通过该插槽，可以很方便地进行硬件程序的实时调试和修改；右边为 MCU 的复位电路，连接到 C8051F040 的复位端口，可以在系统出现问题或死机时进行重启动，我们设计了两个复位模块，两块 MCU 各自有一个，从而方便调试时程序的烧写和使用时故障的排除。

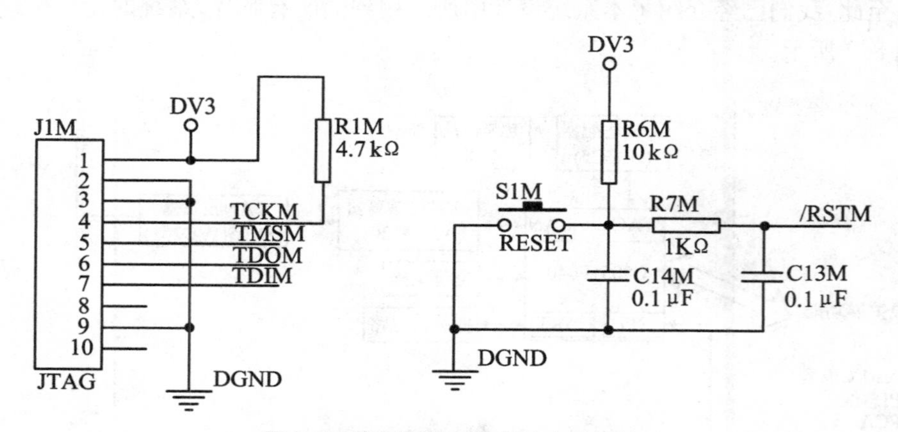

图 8.3　烧写器接口与复位电路设计

CAN 总线传输模块的设计将在后面一小节中详细给出。

8.2.2　CAN 总线传输模块的设计

由于 CAN 总线中继器对上下两层网络均使用 CAN 协议进行数据传输，所以必须为系统设计两个 CAN 模块，它们的结构是对称的，这里仅介绍其中之一。

CAN 总线传输模块负责接收单边端口所传输过来的数据，并通过 CAN 收发器的端口将这些数据正确及时地传给作为核心 MCU 的 C8051F040；还必须完成针对 C8051F040 从 SPI 接口收到的数据所进行的数据转发。中继器在 CAN 总线上数据传输的质量将取决于这部分的设计。需要考虑到的问题包括：

(1) 如何保证数据在 CAN 总线上传输的距离。

(2) 如何将上下两条总线的电源进行有效隔离，从而避免在两条总线上产生相互干扰，影响调试和系统的正常工作。

下面给出具体的硬件设计：

如图 8.4 所示，对于上文提到的第 1 个问题，我们在 CAN 的端口 CANH 和 CANL 间连接一个 R3 电阻进行总线上的阻抗匹配，具体内容我们将在后面的传输线理论中详细介绍。简单来说，这个匹配电阻可以使总线上因为长距离传输所产生的反射波干扰强度减到最小，从而使数据传输的距离延长。

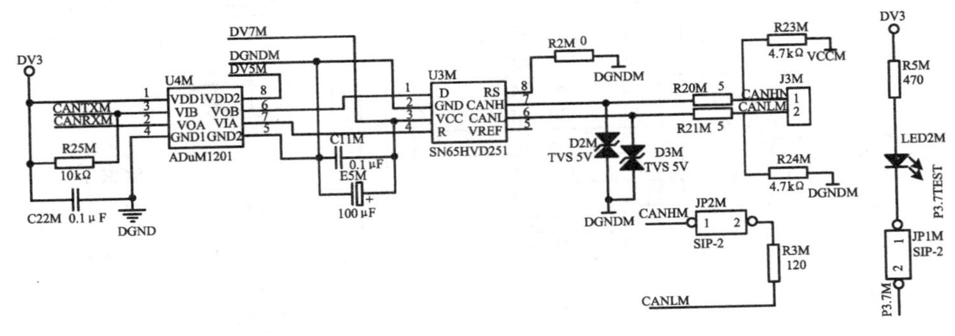

图 8.4　CAN 传输模块电路设计

对于第 2 个问题，我们选用了之前所介绍的双通道数字隔离器 ADuM1201 芯片来隔离 CAN 收发器与 C8051F040 的电源地线，在电源模块中已经采用了两组 9 V电源来负责供电，从而避免了两条不同的 CAN 总线上的互相干扰，方便了中继器在测试阶段进行波形的观测。

另外，我们在 CAN 收发器芯片和 MCU 间的通道上加了一个发光二极管 LED2，从而使得使用者能很方便地了解到 CAN 总线上数据发送的情况。

8.2.3　MCU 间 SPI 连线的设计

如图 8.5 所示，我们采用的是多主的 5 线模式，其中两块 MCU 芯片间的时钟信号 SCKM 和 SCKS 互相连接，主输入从输出接口 MISOM 和 MISOS 互相连接，主输出从输入接口 MOSIM 和 MOSIS 互相连接，片选信号与 MCU 的通用输出输入接口互相连接，即 NSSM 和 GPIOS、NSSS 和 GPIOM 互相连接。

由于是多主模式，除了片选信号和通用输出输入接口为单向信号传输外，其他连接均为双向的，所以必须要串联一个 1 kΩ 右大小的保护电阻，从而防止在启动时两边数据的冲突而导致芯片烧毁损坏。

8.3　双 MCU 的 CAN 总线中继器软件设计

本节首先对中继器所处的 CAN 网络进行简单介绍，旨在使读者对本系统的应

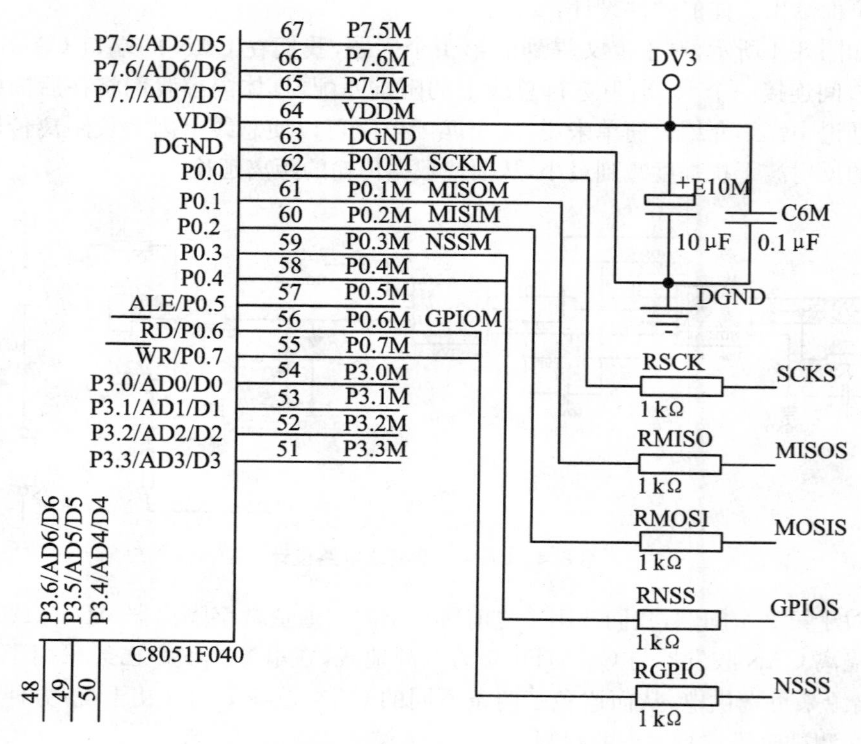

图 8.5 SPI 模块设计电路

用环境有一个初步了解，然后介绍该 CAN 网络所采用的通用通信协议。本系统的软件设计包括 CAN 中继器的 CAN 收发模块程序、SPI 收发模块程序和帧过滤模块程序三个部分，其中 CAN 收发模块程序负责接收来自 CAN 总线的数据以及发送来自 SPI 接口的转发数据；SPI 收发模块程序负责接收来自 SPI 接口的数据以及发送来自 CAN 总线过滤后的转发数据；帧过滤模块程序用来对接收到的 CAN 总线数据进行解析，从而判断 ID 是否为本机或本机子网下的模块。

8.3.1 CAN 总线中继器所在系统介绍

本中继器是一套大型大坝边坡安全监测系统中的底层转发模块，该系统在国内尚处在试验阶段，但其意义却显得非常重要。在我国有一大批正在建设的水电站，边坡石块的滚落、恶劣天气下大面积的塌方等事故不仅影响工程的正常施工和运营，还会造成人员财产的损失，在某些情况下甚至会导致整个建设的停止和失败。安全监测对大坝的设计、施工、运行有着很重要的意义。

安全监测是掌握边坡稳定状况的有效手段，但是高边坡监测和常规的大坝监测相比有其特殊性，实现自动化监测存在技术上需要克服的难题，现有 RS-485 总线根本无法满足高边坡安全监测自动化的需要。首先高边坡的安全监测和大坝安全监测相比，具有监测仪器布置比较分散和点多面广的特点，如果将仪器的信号引到几个大的监测站，一方面会导致电缆数量增加较多，增加工程投资，另外电缆加长后会造成信号的衰减增加，影响监测精度；其次，高边坡监测的重点时段是在施工期，而大坝的监测重点时段是在运行期，现有的RS-485总线根本无法在施工期就建立起自动化系统，所以到目前为止，国内水电站高边坡实现自动化监测的寥寥无几。

大坝边坡安全监测系统主要有数据采集、数据传输、数据存储和数据分析处理几个功能。图8.6为大坝边坡安全监测系统的整体结构框图。

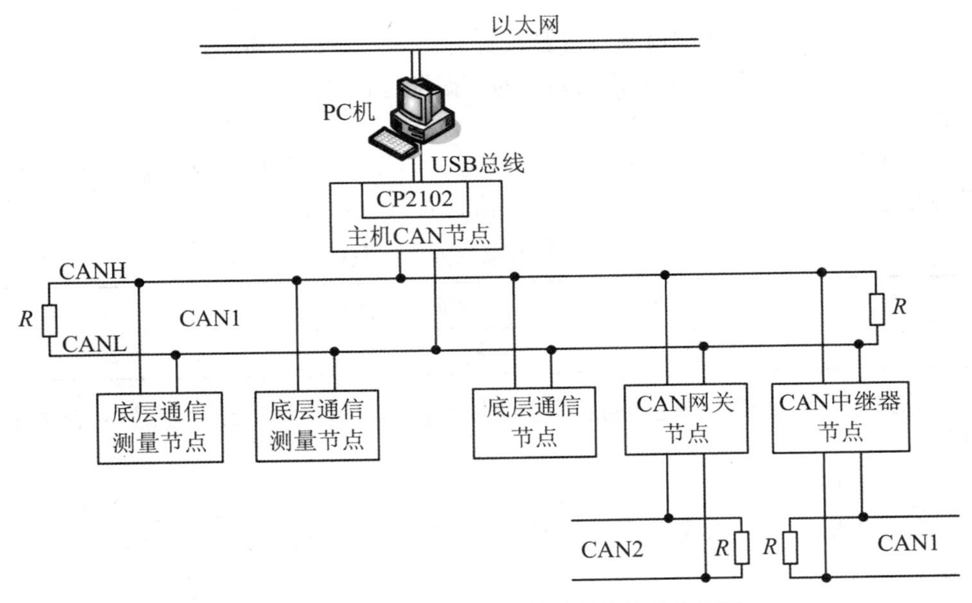

图8.6　大坝边坡安全监测系统的整体结构框图

从图中我们可以看到，系统底层是各个底层通信测量节点。底层通信测量节点用于对边坡安全监测的各种传感器进行测量，同时将检测到的数据通过CAN总线发送给上层主机节点。

主机CAN节点相当于数据中转站，一方面通过USB转UART再通过CAN总线转发上层PC机的命令到底层通信测量节点；另外一方面将底层节点的数据转发给上层PC机。

CAN总线上能够挂接的节点数为110个，为了以后的扩展需要，我们加上了CAN中继器节点和CAN网关节点，需要时在中继器节点和网关节点下面可以继续接底层通信测量节点。

上层PC机主要完成数据存储和数据分析处理的功能。由于传感器信息和传感器长期测量的大量结果都需要进行保存，为了便于管理和分析，我们选择使用一个小型数据库对数据进行存储管理。另外，人机交互界面用于实现PC机和USB

口的通信,并帮助专业人员对数据进行分析。数据的分析处理主要是通过专业人员的分析来完成,我们所需要做的工作是把专业人员需要的数据更直观地显示给他们,并绘制传感器测量物理量的长期变化曲线图。

最后,通过以太网,我们的专业人员可以和其他的专家对测量数据进行交流分析以便更好地对大坝边坡安全情况进行监测。

本书所设计的CAN总线中继器可以完成CAN网关节点和中继器节点两种功能,其采用的CAN总线协议以及ID分配的方式与上层其他节点是一致的。

8.3.2 通信协议

监测系统的各个底层检测节点各自具有监测和通信的功能,因为涉及大量节点的互相通信,因此整个大型检测系统的数据发送和ID分配需要设计一个统一的规范。

我们约定上位PC机发出的命令格式为3字节,其中前两个字节包含了10位节点信息、3位传感器类型信息以及3位信息通道号。如表8.1所示。

表8.1 CAN通信协议的设计

总线方式	总线0地址	总线1地址	传感器类型	通道号
1位	5位	4位	3位	3位

总线方式表示该数据包的目标节点是否经过中继器,1表示经过,0表示不经过。

总线0地址表示该数据包的目标节点在0总线(第一CAN总线)上的标示。

总线1地址只在总线方式为1时有效,表示在1总线(中继器下总线)上的标示。

传感器类型和通道号均为测试节点的参数,与本中继器的设计无关,故不做介绍。

因为这是上层节点往下发的指令,所以最后一个字节没有挂接数据,而当底层检测节点向PC机发送数据时,其格式同样为3字节,前两个字节如上所述,第三个字节为数据。

举个例子:操作人员需要挂接在标示为00010中继器下、二级标示为0110的监测点类型为010通道号为001的所测数据时,需要发送命令"1 00010 0110 010 001 00000000",即0x899100;测量数据为11111111,于是该节点收到指令后回复的数据为"1 00010 0110 010 001 11111111",即0x8991FF。

另外,为了区分主节点指令和下层节点数据,方便各个节点的判断,我们规定主节点在发送命令前向下发送一个"*"符号。

8.3.3　中继器源程序

1. CAN 接收模块程序

当中继器从 CAN 总线上接收到信息时，C8051F040 将会进入 CAN 中断(19 号中断)。进入中断后，中继器不是对所有的信息都做出反应，因为 CAN 总线各节点采用的是广播的方式，即所有的底层节点都将收到主节点的命令和其他节点上传的数据，因此必须在 CAN 接收模块程序中设计一系列的判断，分析收到的数据，判断得到数据的发起和目的是否与本中继器以及其下的节点匹配。接收模块程序流程图如图 8.7 所示。

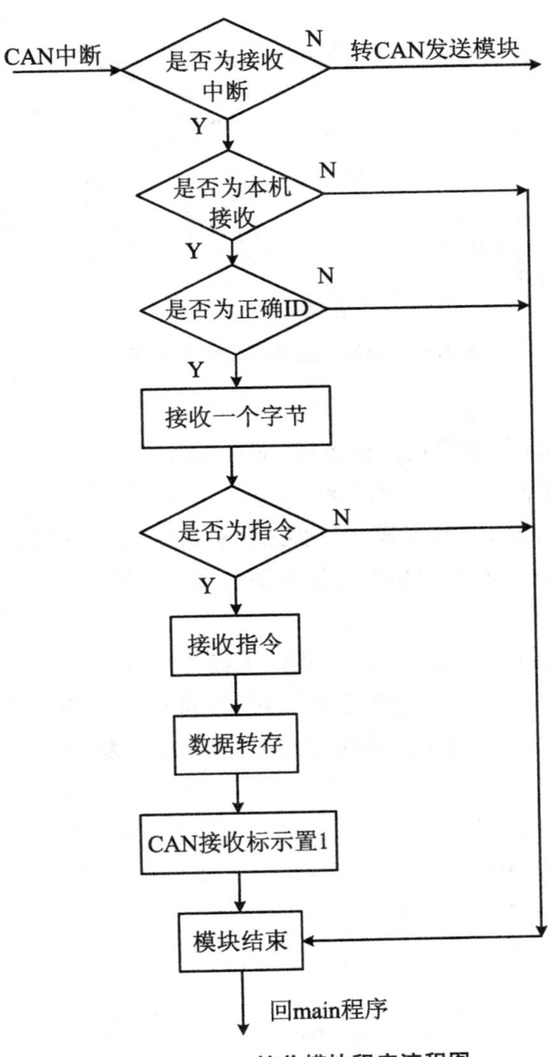

图 8.7　CAN 接收模块程序流程图

2. CAN 发送模块程序

当 MCU 收到 SPI 总线上的数据时，说明有数据需要转发，此时只要将收到的数据从 SPI 模块中转移到 CAN 发送模块即可完成转发的任务。具体流程图如图 8.8 所示。

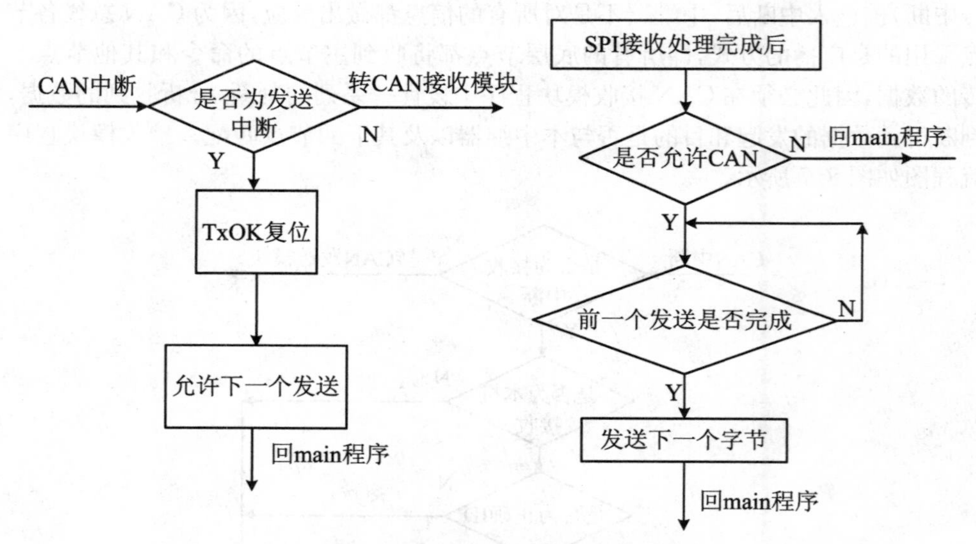

图 8.8 CAN 总线发送模块程序流程图

3. SPI 收发模块程序

MCU 完成 CAN 接收模块的任务后，下一步就是要通过 SPI 总线将数据交给另一个 MCU。由于使用了 SPI 的 5 线多主方式，在发送前需要将片选信号拉低，此时对方即转变为从机，在收发模块里必须注意对于同一个 SPI 中断的起因判断，从而进行正确的操作。收发模块程序流程图如图 8.9 所示。

4. 整体流程介绍

至此，我们已经将整个系统的功能进行了模块化的分割，流程图可见图 8.10。在主程序 main()中，只需进行整体上的调配，便可以完成整个中继器的功能。因为是一个需要不断重复完成相同功能的系统，在每次转发完成后，写入了各个参数的重置函数。

5. 程序的源代码

```
#include "c8051f040.h"
#include "Const.h"
#include "delay.h"
#define NODE0x05
char data MsgNum,status,cmd=0;
unsigned char xdata CAN_Data[QUENECAN];
```

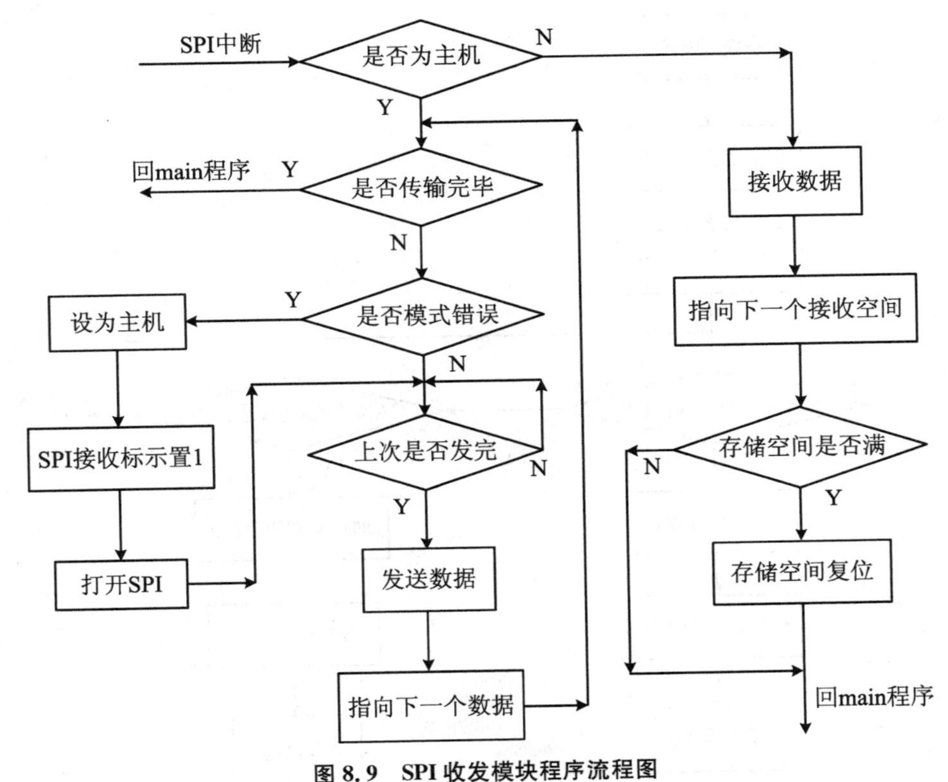

图 8.9　SPI 收发模块程序流程图

```
unsigned int data ii,jj,pcan=0,pcan1=0;
bit bdata nexten=1,permit=0,notimer=0,changecount=0,CANRE=0,
SPIRE=0;
unsigned char xdata DATA1[8]={0,0,0,0,0,0,0,0};
unsigned char xdata UART_Data[3];
unsigned long nodedata=0x0000;
sbit LED=P3^7;
sfr16 CAN0DAT=0xD8;
//Initialize Message Object
void clear_msg_objects (void);
void init_msg_object_TX (char MsgNum,ID);
void init_msg_object_RX (char MsgNum,ID);
void start_CAN (void);
void receive_data (char MsgNum);
void CAN_trans (char MsgNum);
void stop_CAN (void);
```

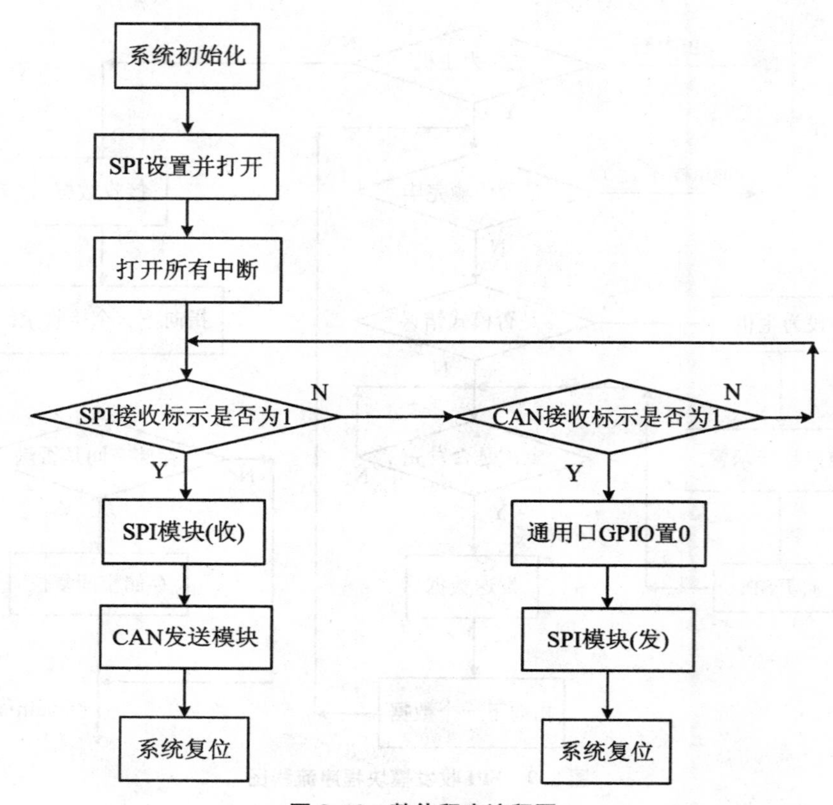

图 8.10 整体程序流程图

```
void timer2_init(unsigned char timerl, unsigned char timerh);
//SPI 变量定义
typedef unsigned char uchar;
typedef unsigned int uint;
enum {spilen=3};
xdata uchar spi[spilen]={0,0,0};
xdata uchar spirr[6]={0,0,0,0,0,0};
xdata uchar spik=0,spil=0;
xdata uchar spitt=0,slave=0;
sbit GPIO=P0^6;//GPIO 端口定义
void PORT_Init (void)  //交叉开关端口设置
{
    char data SFRPAGE_SAVE=SFRPAGE;      //Save Current SFR page
    SFRPAGE=CONFIG_PAGE;       //Port SFR's on Configuration page
    XBR0=0x02;//0x07;                    //设置 XBR0
```

```
    XBR1=0x00;//0x04;                 //设置 XBR1
    XBR2=0x40;//0x44;                 //打开交叉开关和弱上拉
    XBR3=0x80;
    //Configure CAN TX pin (CTX) as push-pull digital output
    P0MDOUT=0x0A;//0x0B;              //设置 P0 口输出
    P1MDOUT=0x01;                     //设置 P1 口输出
    P1|=0x08;
    P3MDOUT=0x83;                     //设置 P3 口输出
    SFRPAGE=SFRPAGE_SAVE;             //Restore SFR page
}
void spi_cfg(uchar spicfg,uchar spickr,uchar spicn){      //SPI 配置函数
    SFRPAGE=0x00;
    SPI0CFG=spicfg;
    SPI0CKR=spickr;
    SPI0CN=spicn;
    EIE1|=0x01;
    spik=0;
    spil=0;
    GPIO=1;
    slave=0;   //conf to be the master in experiment   0-master   1-slave
}
void reset()          //系统重置
{
    SPIRE=0;
    CANRE=0;
    slave=0;
    PORT_Init();
    spi_cfg(0x50,0x2d,0x04);
}
void spi_trans()//SPI 传输子程序
{
          GPIO=0;
          SFRPAGE=0x00;
          SPI0CFG|=0x40;       //MSTEN=1
          SPIEN=1;
          Delay_ms(10);      //wait the slave to confneed improvement
```

```
            SPI0DAT=spi[spik];
            Delay_ms(10);
            while(! TXBMT);
            return;
}
void main(void)
{
      unsigned char data i;
      SFRPAGE=CONFIG_PAGE;
      WDTCN=0xDE;      //禁止看门狗定时器
      WDTCN=0xAD;
      PORT_Init();
      SYSCLK_Init();
      timer2_init(0x07,0xEE);
      //5 ms 的延时,各个节点改变 count1 即5 ms的倍数
      count1=1;
      permit=1;
//SPI 初始化
spi_cfg(0x50,0x2d,0x04);
jj='0';
clear_msg_objects();      //这是 1 号从机节点的配置
init_msg_object_TX (0x01,1);
//1 号信箱用于发送到主机节点的消息   ID=1   第二优先级 1
init_msg_object_RX (0x0A,0);
//10 号信箱负责接收主机节点的广播消息   优先级 0
nexten=1;
EIE2 |=0x20;      //允许 CAN0 中断
EIP2 |=0x20;
//设置 CAN0 中断优先级"高",在 UART1_Init()中已设置 UART1 中断低
//优先级
start_CAN();
ET2=1;      //TIMER2 INTERRUPT ENABLE
EA=1;
SPIEN=1;
while(1)
{
```

```
    while (CANRE==0&&SPIRE==0)SPIEN=1;
    if (CANRE==1&&SPIRE==0)
{
        spi_trans();
        reset();
    }
    if (SPIRE==1&&CANRE==0)
    {
        while(slave);
        SPIEN=1;
        for (i=0;i<3;i++)
        {
            DATA1[i]=spirr[i+1];
        }
        if(permit)
        {
            if(nexten)
            {
                CAN_trans(NODE);
                //MASTER使用0x0A,SLAVE使用0x05
            }
        }
        reset();
     }
  }
  }
  void CAN_trans (char MsgNum)//CAN发送程序
  {
  unsigned char i=0;
  //固定每帧8字节,不足填充0xFF的情况
  char SFRPAGE_SAVE=SFRPAGE;        //Save SFRPAGE
  SFRPAGE=CAN0_PAGE;                //IF1 already set up for TX
  CAN0ADR=IF1CMDMSK;                //Point to Command Mask 1
  CAN0DAT=0x0087;
  //Config to WRITE to CAN RAM, write data bytes
  //set TXrqst/NewDat, Clr IntPnd
```

```
CAN0ADR=IF1DATA1;                    //Point to 1st byte of Data Field
CAN0DATH=DATA1[0];
CAN0DATL=DATA1[1];
CAN0DATH=DATA1[2];
CAN0DATL=DATA1[3];
CAN0DATH=DATA1[4];
CAN0DATL=DATA1[5];
CAN0DATH=DATA1[6];
CAN0DATL=DATA1[7];
nexten=0;        //本消息要发送,后面的数据要等我的 TxOK 中断信号
CAN0ADR=IF1CMDRQST;
CAN0DATL=MsgNum;
SFRPAGE=SFRPAGE_SAVE;
}
void receive_data (char MsgNum)      //CAN 发送程序
{
unsigned char i=1, recdata=0xFF;
int puart=0;
char SFRPAGE_SAVE=SFRPAGE;     //Save SFRPAGE
cmd=0;
//每帧 8 字节,多余补充 0xFF 的情况
SFRPAGE=CAN0_PAGE;        //IF1 already set up for RX
CAN0ADR=IF2CMDMSK;
CAN0DAT=0x000F;
CAN0ADR=IF2CMDRQST;      //Point to Command Request Reg.
CAN0DATL=MsgNum;
//Move new data for RX from Msg Obj "MsgNum"
CAN0ADR=IF2DATA1;
for(i=1;i<=4;i++)
  {
  if(i%2) recdata=CAN0DATH;
  else recdata=CAN0DATL;
  UART_Data[puart++]=recdata;
      if (puart>=3)
      {
          cmd=2;
```

```
            puart=0;
            return;
        }
    if(recdata==0xFF)break;
  }
  SFRPAGE=SFRPAGE_SAVE;
}
void ISRcan (void) interrupt 19      //CAN 中断程序
{
char data MsgNum;
unsigned char data lll;
char SFRPAGE_SAVE=SFRPAGE;      //Save SFRPAGE
SFRPAGE=CAN0_PAGE;
status=CAN0STA;
if ((status&0x10) ! =0)
  {  //RxOk is set, interrupt caused by reception
    CAN0STA=(CAN0STA&0xEF)|0x07;
    //Reset RxOk, set LEC to NoChange
    /* read message number from CAN INTREG */
    CAN0ADR=INTREG;
    MsgNum=CAN0DATL;
    if(MsgNum==0x0A)
    //本节点只有 10 号信箱用于侦听,故只响应由它引起的中断
    {
    receive_data (MsgNum);
    //Up to now, we have only one RX message
    if (cmd==2)
        {
            LED=~LED;
            //decide whether receive or not
            if (((UART_Data[0]>>7)==1)&&(((UART_Data[0]>
>2)&0x1F)==NODE))
            {
                for (lll=0;lll<3;lll++)
                    {     //命令转存到 main 中分析
                    spi[lll]=UART_Data[lll];
```

```
                }
            CANRE=1;
            }
        cmd=0;
        }
    }
}
if ((status&0x08) ! =0)
    {    //TxOk is set, interrupt caused by transmision
        CAN0STA=(CAN0STA&0xF7)|0x07;
        //Reset TxOk, set LEC to NoChange
        nexten=1;
    }
if (((status&0x07) ! =0)&&((status&0x07) ! =7))
    {                           //Error interrupt, LEC changed
        CAN0STA=CAN0STA|0x07;       //Set LEC to NoChange
    }
SFRPAGE=SFRPAGE_SAVE;
}
void ISRtimer2 (void) interrupt 5      //定时器 2 的中断处理程序
{
    //SFR 页 0
    char SFRPAGE_SAVE=SFRPAGE;      //Save SFRPAGE
    SFRPAGE=0x00;
if(TF2)
{
    TF2=0;     //DATASHEET 上说必须要软件清 0
    EXF2=0;
    count++;
    if(count>=count1)
{       /*在目前系统时钟 11.04 MHz 情况下,每次计数器响应表示
         5 ms,count1 为 5 ms 的倍数,由上位机来设定*/
        count=0;
        if(nexten){
            nodedata++;
            CAN_trans(0x01);
```

```
            }
        }
    }
    SFRPAGE=SFRPAGE_SAVE;
    }
    void spi_ISR() interrupt 6{        //SPI 中断程序
        if (slave==0)
        {
            SFRPAGE=0x00;
            if(spik>=spilen)
            {
                spik=0;
                SPIEN=0;
                return;
            }
            if(WCOL)       //写冲突处理,暂无处理
                WCOL=0;
            if(MODF)       //模式错误处理
                {
                    MODF=0;
                    slave=1;
                    SPIRE=1;
                    SPIEN=1;
                }
            if(RXOVRN){        //接收缓冲区溢出处理
                spitt=SPI0DAT;       //t 为接收数据暂存变量
                RXOVRN=0;
            }
            while(! TXBMT);
            /* 查询上次发送是否结束。因为有很多状态均可使 SPI 进入中断,
            所以要查询上次发送是否结束,以保证写发送缓冲区时不会对数据
            造成破坏 */
            Delay_ms(10);
            spik++;
            SPI0DAT=spi[spik];       //发送数据
            SPIF=0;
```

```
        }
        if (slave==1)
        {
        SFRPAGE=0x00;
        //此代码可省略,SFRPAGE 能自动跳转到中断标志位所在页
        if(WCOL)      //写冲突处理,暂无处理
            WCOL=0;
        if(MODF)      //模式错误处理
            {
                MODF=0;
            }
        if(RXOVRN){      //接收缓冲区溢出处理
            spitt=SPI0DAT;      //t 为接收数据暂存变量
            RXOVRN=0;
            }
        spirr[spil]=SPI0DAT;
        //程序中尚未考虑接收溢出等情况,对于双机通信暂无影响
        spil++;
        if(spil>=4)
        {
            slave=0;
        }
        SPIF=0;
    }
}
```

8.4 单 MCU 的 CAN 总线中继器硬件电路原理

本 CAN 中继器主要运用两颗 CAN 总线控制芯片:C8051F040(MCU,内含 CAN 总线控制器)和 SJA1000(CAN 独立控制器)。将此二 CAN 控制器设计成背靠背方式,置于中继器两端,之间通过并行口交换数据(如图 8.11 所示)。C8051F040(MCU)作为主控制器芯片,负责系统配置,实时响应从 CAN 功能模块和 SJA1000 发来的中断并做相应处理。另外,为了提高物理层传输的可靠性和增加传输距离,在中继器两端接口处采用数据收发芯片 SN65HVD230 提高驱动能力。此外,为了拓展中继器的适应性,我们在其中增加了两个 RS-485 总线接口,

作为已经成熟使用的 RS－485 总线的中继，这是应用了 C8051F040 包含的两个 UART 接口实现的。在该实际应用中，需要各 CAN 节点（包括中继器）具有计时功能，添加了日历时钟芯片 S－3530A，它采用 I2C 串行线与 MCU 通信。中继器硬件电路原理图如图 8.12 所示。

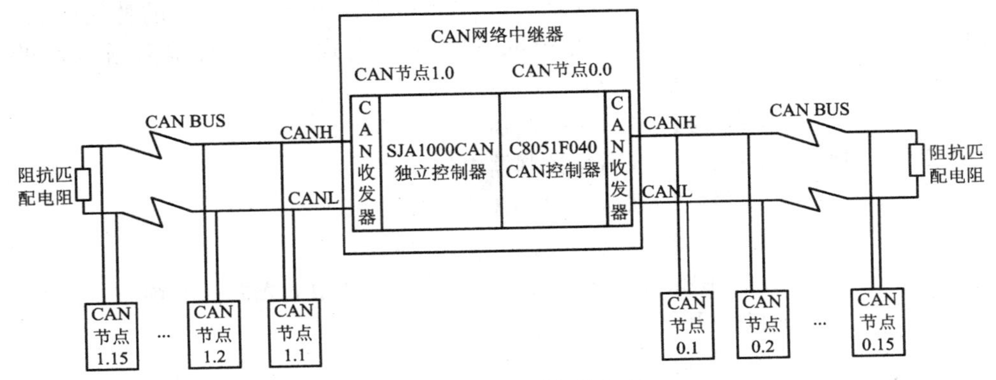

图 8.11　CAN 网络结构图

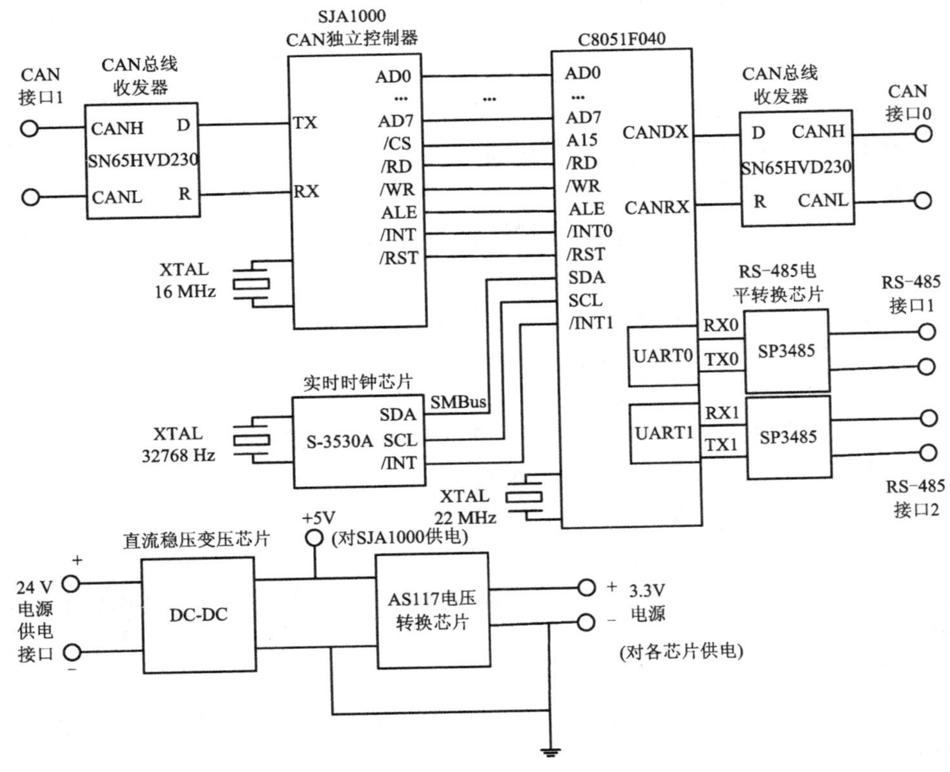

图 8.12　中继器硬件电路原理

8.4.1 SJA1000独立CAN总线控制器简介

1. SJA1000的特性

SJA1000是一种独立控制器，用于移动目标和一般工业环境中的局域网络控制(CAN)，它是Philips半导体PCA82C200 CAN控制器BasicCAN的替代产品，而且它增加了一种新的工作模式PeliCAN，这种模式支持具有很多新特性的CAN 2.0B协议。它具有如下特性：

(1) 和PCA82C200独立CAN控制器引脚兼容。

(2) 和PCA82C200独立CAN控制器电气兼容。

(3) PCA82C200模式即默认的BasicCAN模式。

(4) 扩展的接收缓冲器，64字节先进先出。

(5) 和CAN 2.0B协议兼容PCA82C200兼容模式中的无源扩展帧。

(6) 同时支持11位和29位识别码。

(7) 位速率可达1 Mbps。

(8) PeliCAN模式扩展功能：

- 可读/写访问的错误计数器；
- 可编程的错误报警限制；
- 最近一次错误代码寄存器；
- 对每一个CAN总线错误的中断；
- 具体控制位控制的仲裁丢失中断；
- 单次发送无重发；
- 只听模式无确认无活动的出错标志；
- 支持热插拔软件位速率检测；
- 验收滤波器扩展4字节代码4字节屏蔽；
- 自身信息接收自接收请求。

(9) 最大24 MHz时钟频率。

(10) 对不同微处理器的接口(Intel模式，Motorola模式)。

(11) 可编程的CAN输出驱动器配置。

(12) 增强的温度适应(−40～+125 ℃)。

2. SJA1000结构原理

图8.13是SJA1000CAN独立控制器原理框图，由图可知，它主要由以下控制模块组成：

(1) 接口管理逻辑(IML)

接口管理逻辑解释来自CPU的命令，控制CAN寄存器的寻址，向主控制器提供中断信息和状态信息。

(2) 发送缓冲器(TXB)

发送缓冲器是CPU和BSP位流处理器之间的接口，能够存储发送到CAN网络上的完整信息,缓冲器长 13 个字节,由 CPU 写入,BSP 读出。

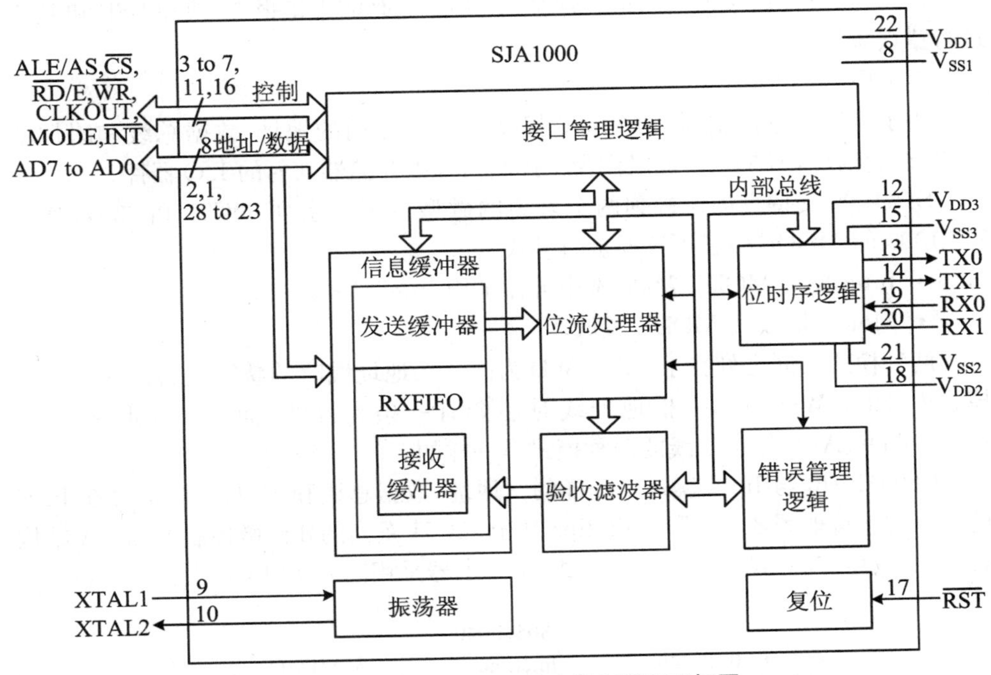

图 8.13　SJA1000 CAN 独立控制器原理框图

(3) 接收缓冲器(RXB,RXFIFO)

接收缓冲器是验收滤波器和 CPU 之间的接口,用来储存从 CAN 总线上接收的信息,接收缓冲器(RXB)13 个字节作为接收 FIFO(RXFIFO)长 64 字节的一个窗口,可被 CPU 访问,CPU 在此 FIFO 的支持下可以在处理信息的同时接收其他信息。

(4) 验收滤波器(ACF)

验收滤波器把它其中的数据和接收的识别码的内容相比较,以决定是否接收信息。在纯粹的接收测试中,所有的信息都保存在 RXFIFO 中。

(5) 位流处理器(BSP)

位流处理器是一个在发送缓冲器(RXFIFO)和 CAN 总线之间控制数据流的程序装置,它还在 CAN 总线上执行错误检测、仲裁、填充和错误处理。

(6) 位时序逻辑(BTL)

位时序逻辑监视串口的 CAN 总线和处理与总线有关的位时序,它在信息开头"弱势-支配"的总线传输时同步 CAN 总线位流(硬同步),接收信息时再次同步下一次传送(软同步)。BTL 还提供了可编程的时间段来补偿传播延迟、时间相位转换(例如振荡漂移)以及定义采样点和一位时间内的采样次数。

(7) 错误管理逻辑 EML

EML 负责传送层模块的错误管制，它接收 BSP 的出错报告，通知 BSP 和 IML 进行错误统计。

3. CPU 接口

为了连接到主控制器，SJA1000 提供了一个复用的地址/数据总线和附加的读/写控制信号，SJA1000 可以作为主控制器外围存储器映射的 I/O 器件。

SJA1000 支持直接连接到两个著名的微型控制器系列 80C51 和 68xx，通过 SJA1000 的 MODE 引脚可选择接口模式：

- Intel 模式 MODE 置高(本中继器采用 Intel 模式)；
- Motorola 模式 MODE 置低。

两种模式不同之处在于/RD、/WD 为同一根地址线时的状态是否一样。Intel 模式中/RD、/WD 为同一根地址线时还会有一条允许线，而 Motorola 模式中 AD0～AD7、ALE 等信号线的两种模式是一样的。

C8051F040 与 Intel 模式是一样的。地址/数据总线和读/写控制信号在 Intel 模式下的连接如图 8.14 所示，Philips 基于 80C51 系列的 8 位微控制器和 XA 结构的 16 位微型控制器都使用 Intel 模式，本中继器采用图 8.14 所示模式。

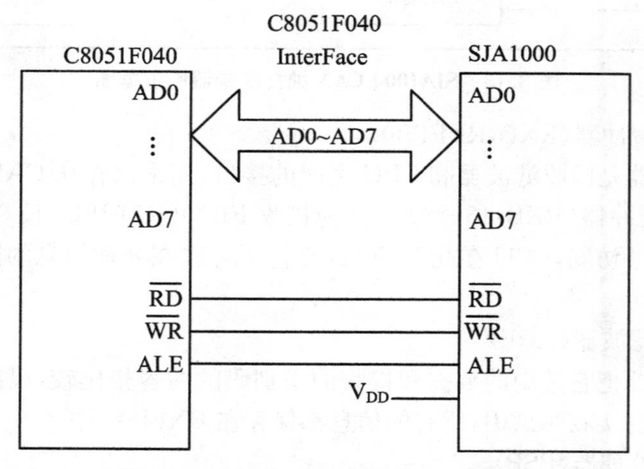

图 8.14 SJA1000 与 51 系列 CPU 的接口

8.4.2 SN65HVD230 型 CAN 总线收发器介绍

SN65HVD230 是德州仪器公司生产的 3.3 V CAN 收发器，该器件适用于较高通信速率、良好抗干扰能力和高可靠性 CAN 总线的串行通信。其引脚排列及逻辑功能如图 8.15 和表 8.2 所示。

SN65HVD230 可用于较高干扰环境下，该器件在不同的速率下均有良好的收发能力，其主要特点如下：

- 完全兼容ISO 11898标准；
- 高输入阻抗，允许120个节点；
- 低电流等待模式，典型电流为370 μA；
- 信号传输速率最高可达1 Mbps；
- 具有热保护、开路失效保护功能；
- 具有抗瞬间干扰、保护总线的功能；
- 斜率控制，降低射频干扰(RFI)；
- 差分接收器，具有抗宽范围的共模干扰、电磁干扰(EMI)能力。

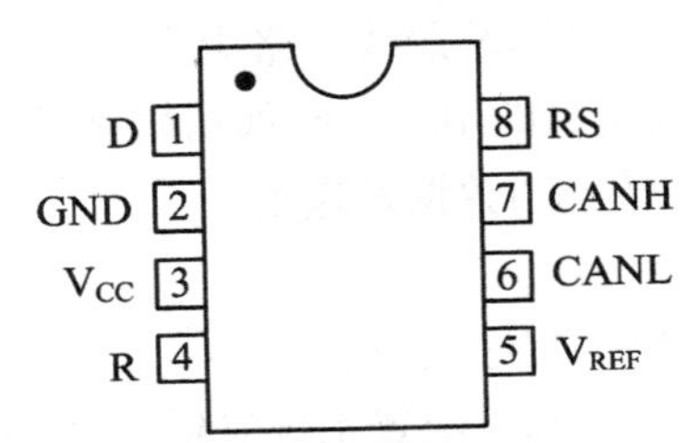

图8.15　SN65HVD230的引脚排列

表8.2　SN65HVD230引脚逻辑功能说明

引脚号	引脚名称	引脚功能描述
1	D	CAN控制器发送数据输入端
2	GND	接地
3	VCC	+3.3 V电源电压
4	R	CAN总线接收数据输出端
5	VREF	参考电压输出
6	CANL	低电平CAN电压输入/输出
7	CANH	高电平CAN电压输入/输出
8	RS	斜率电阻器输入(用于工作模式选择)

SN65HVD230具有高速、斜率和等待3种不同的工作模式，其工作模式可通过控制VRs引脚的电平实现，如表8.3所示。

表8.3　SN65HVD230工作模式选择

VRS	工作模式
VRS≥0.75 VCC	等待模式
接10～100 kΩ电阻到地	斜率控制模式
VRS≤1 V	高速模式

8.5 单 MCU 的中继器程序设计

8.5.1 程序整体设计

1. 需求分析

中继器要能够从其一端的 CAN 总线网络中实时接收数据，并对数据做解析处理(识别数据中的通信命令、消息的 IP 地址，如初始化或读日历芯片时间)，然后通过另一个 CAN 端口将需要转发的数据发送出去。

2. 程序模块设计

对需求进行分解，得出以下程序模块：

A. 初始化 MCU(C8051F040)(配置系统时钟，配置 I/O 端口)。

B. 配置 MCU(C8051F040)从其 CAN 接口接收消息。

C. 配置 MCU(C8051F040)从其 CAN 接口发送消息。

D. MCU 控制 SJA1000 并从那里接收消息。

E. MCU 控制 SJA1000 并从那里发送消息。

F. MCU 与时钟芯片 S-3530A 通信(初始化时钟，读时钟)。

G. 网络标识码配置和解析，据此(地址，命令)将信息正确转发或处理。

H. 中断处理。

8.5.2 主程序流程设计

程序流程主要包括初始化、命令解析处理和中断分支三大部分，如图 8.16、图 8.17和图 8.18 所示，其中有一个重要的全局变量状态码 Sta_Num，它指示了中继器程序运行的当前状态，命令解析函数正是基于它执行相应的任务操作，如：值为 1 说明要向某一节点发送 CAN 数据，待发送的数据从发送缓冲数组里读出，表 8.4 给出了初步的命令解析表，这样中继器形成一个具有外部输入的状态机，上位机或任何 CAN 节点都可以通过 CAN 总线发命令来控制中继器运作，用户可自行定义更多的状态码，添加更多任务，执行功能更多的操作。事实上，整个 CAN 网络的节点都可以基于此数据结构来控制，如让某节点进入复位、休眠或退出总线状态。

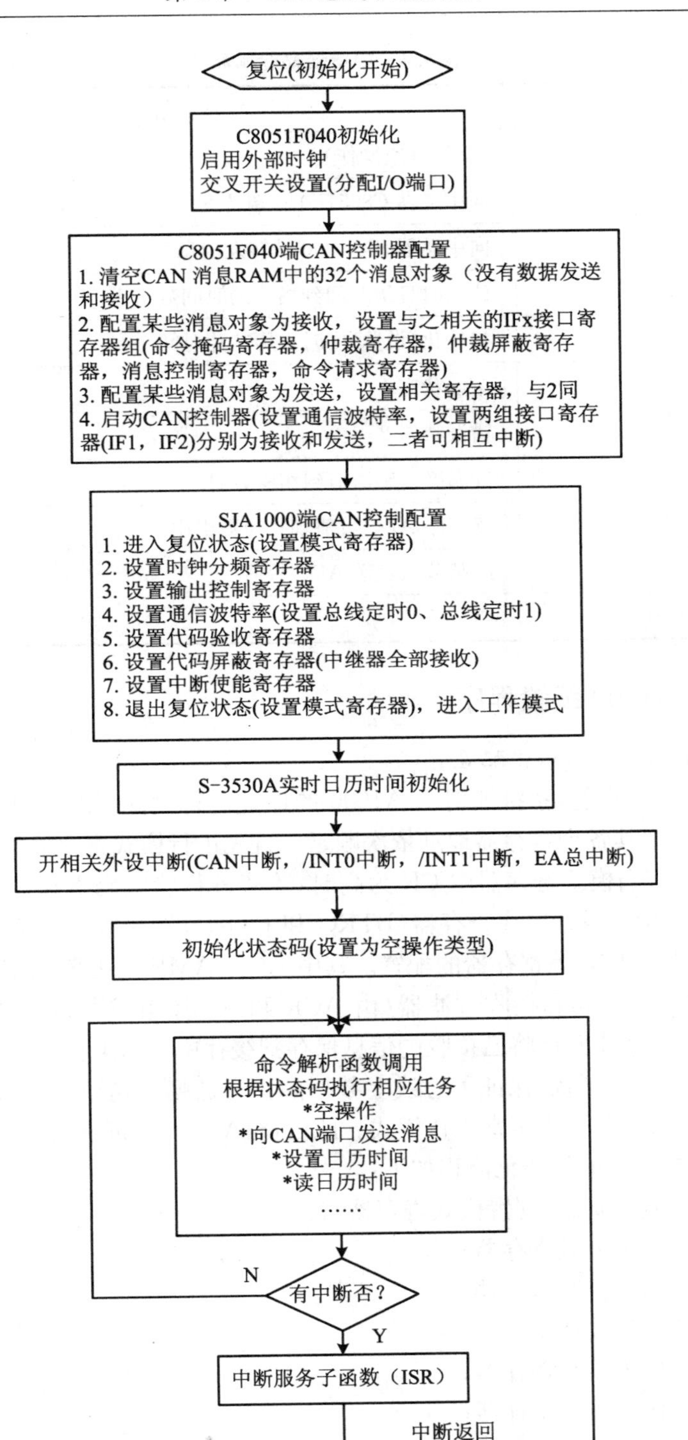

图 8.16　中继器主程序流程图

表 8.4 中继器命令解析表

状态码(Sta_Num)	任务解析
0	无任务(空操作)
1	向中继器 C8051F040 端转发消息
2	向中继器 SJA1000 端转发消息
3	读实时日历时间到指定的时间数组中
4	初始化(设置)实时日历芯片时间
5	错误状态 1
6	错误状态 2
7	读温度传感器值到相应数组中
8	读某路 ADC 数值到相应数组中
9	向某节点发送 ADC 数值
……	……

8.5.3 SJA1000 配置程序

1. SJA1000 的初始化配置

在初始化配置前,系统要对 SJA1000 的地址进行分配,如 SJA1000 的初始地址为 4000H,则其各个寄存器地址依次顺延。首先进行模式寄存器配置,使其进入复位模式,只有当模式寄存器中 CR 为高时,才能进行验收码寄存器(ACR)、屏蔽码寄存器(AMR)、总线时序寄存器(BTRO 和 BTRI)、输出控制寄存器(OCR)、时钟分频寄存器(CDR)等寄存器的配置。其中 ACR、AMR 的配置比较重要,只有当接收信息中的识别码和接收过滤器(由 ACR 和 AMR 组成)预定义的值相等时,CAN 总线控制器才允许将已接收的信息保存到缓存中。这阻止了 CAN 总线上各个节点之间的中断干扰,保证了总线上数据的正常通畅。初始化后进行模式寄存器的两次配置,使其进入正常工作模式。此后,SJA1000 便可进行信息的发送与接收。在 peli 模式下的初始化流程如下:

(1) 进入复位状态(配置模式寄存器);
(2) 设置时钟分频寄存器;
(3) 设置输出控制寄存器;
(4) 设置通信波特率;
(5) 设置代码验收寄存器;
(6) 设置代码屏蔽寄存器;
(7) 设置中断使能寄存器;
(8) 退出复位状态,设置工作模式(配置模式寄存器)。

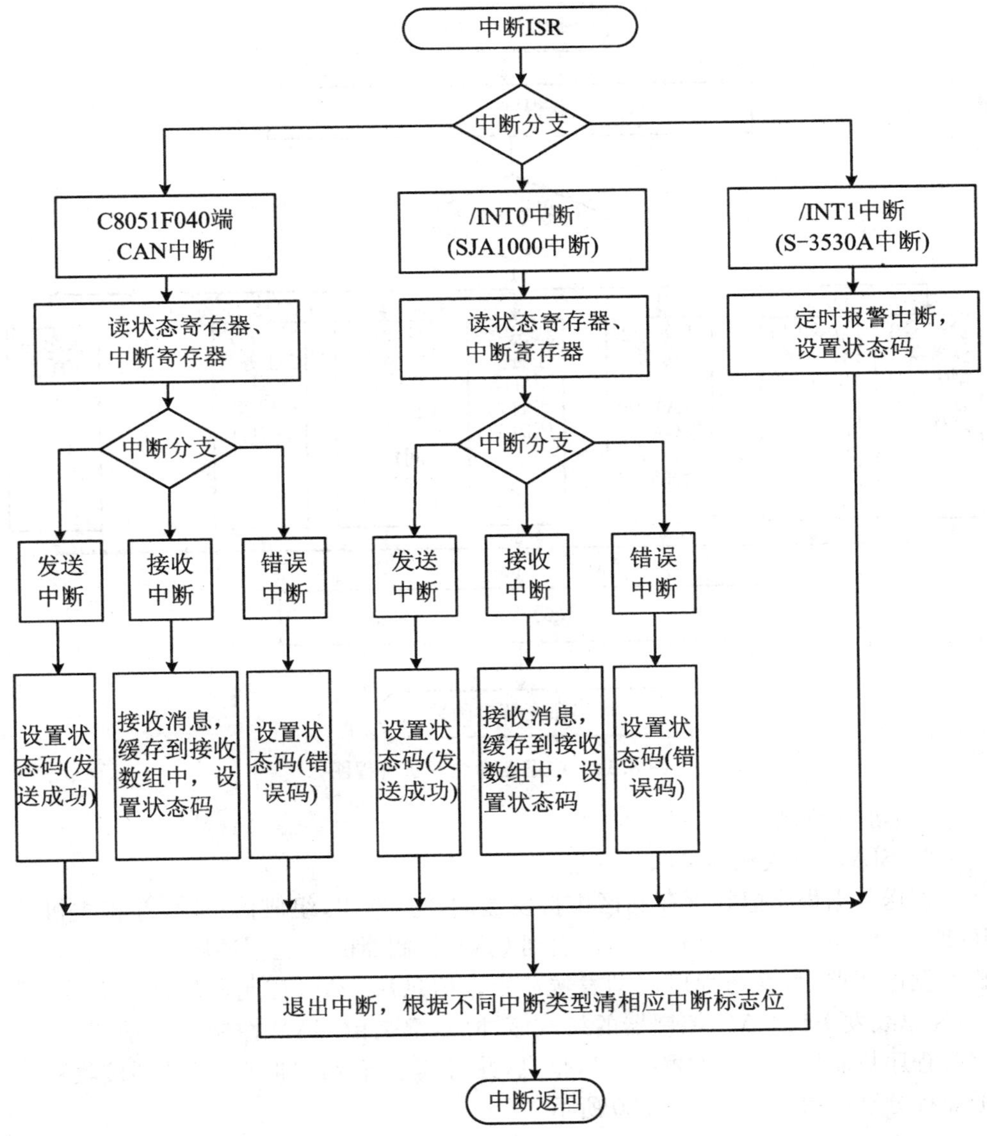

图 8.17　中继器中断分支流程图

2. SJA1000 中断 ISR

SJA1000 中断 ISR 的流程如下：

(1) 读状态寄存器；

(2) 设置相应状态码；

(3) 接收中断，从接收 FIFO 缓存中读取消息存入相应数组；

(4) 清中断标志位；

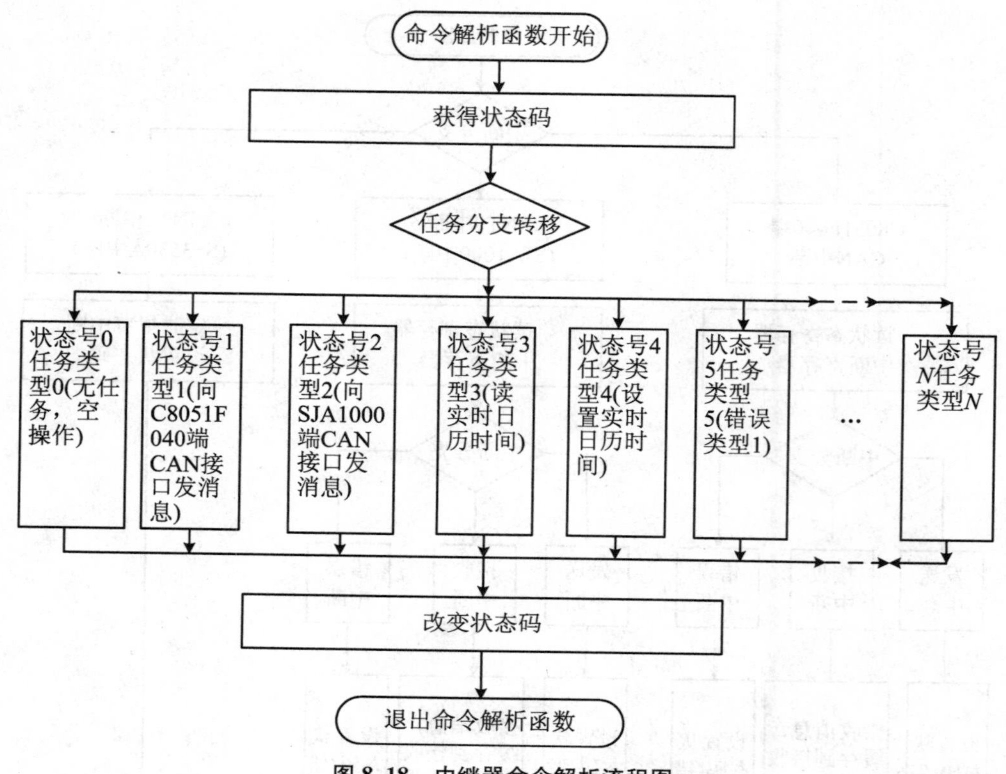

图 8.18　中继器命令解析流程图

(5) 退出中断。

3. SJA1000 *发送和接收子程序*

发送数据程序把数据存储区中待发送的数据取出，组成信息帧，并将主机的ID地址填入帧头，然后将信息帧发送到CAN控制器的发送缓冲区。在接收到主机的发送请求后，发送程序启动发送命令。信息从CAN控制器发送到总线，从CAN总线发送到CAN控制器的接收缓冲区，都是由CAN控制器自动完成的。接收程序只需从接收缓冲器中读取信息，并对其进行存储即可。发送和接收程序的流程分别如图8.19和图8.20所示。

8.5.4　部分源程序

下面给出的测试程序实现的主要功能有：

- 扩展帧(C8051F040节点发数据给中继器SJA1000端，后者正确接收到数据，改变LED状态)。

晶振22.1184 MHz，两个CAN控制器均采用2分频。

(1) C8051F040节点间歇性(50 ms)地发8字节数据给中继器SJA1000端。

(2) C8051F040网络号为0，本地节点标号可以为1～15中的任意数，命令码

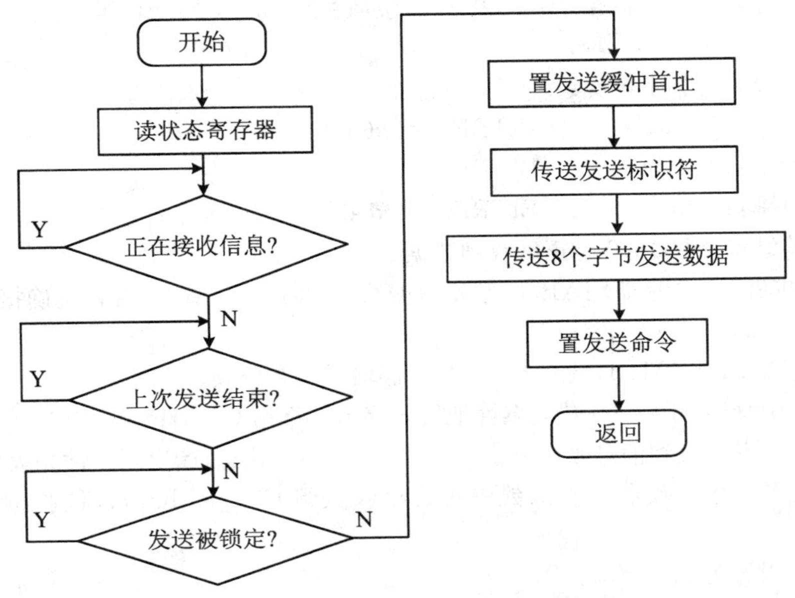

图 8.19　SJA1000 发送子程序流程图

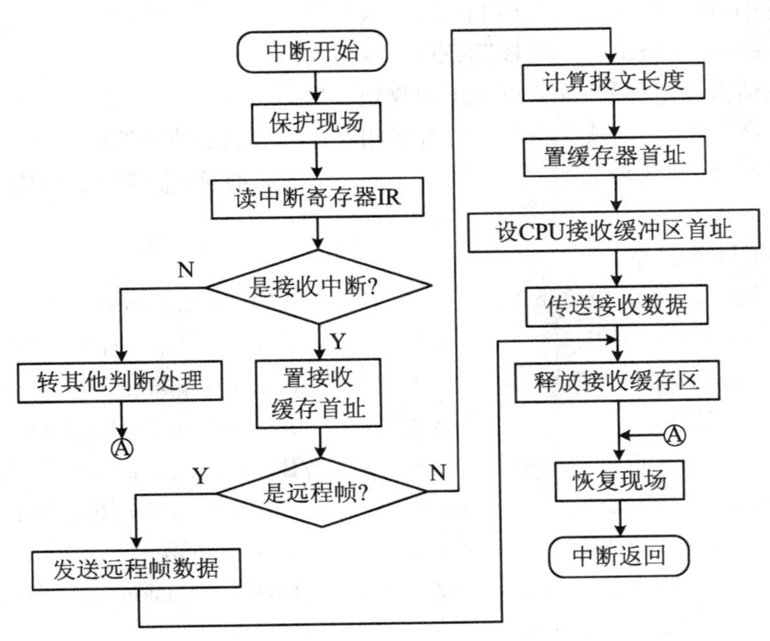

图 8.20　接收中断服务程序流程图

为空(0)//// * * 29 位 ID 定义 * * 。

(3) 中继器 SJA1000 端网络号为 0,本地节点标号为 1,命令码为空(0)/// * * 29 位 ID 定义 * * 。

(4) 可以在接收数据子函数中查看接收数组 sja_RXbuffer1，校验接收的正确性。

分别设置为如下情况：

波特率：250 Kbps　　BITREG＝0x6dc1

波特率：100 Kbps　　BITREG＝0x3907

波特率：10 Kbps　　BITREG＝0x5aff

实验结果：SJA1000能正确收到数据。

• 扩展帧(中继器SJA1000端发数据给C8051F040节点，后者正确接收到数据，改变LED状态)。

晶振22.1184 MHz，两个CAN控制器均采用2分频。

(1) 中继器SJA1000端间歇性地发8字节数据给C8051F040节点。

(2) 二者接收到消息帧后分别改变自己的LED状态，产生周期性亮灭效果。

(3) 可以在接收数据子函数中查看接收数组 C51_RXbuffer，校验接收的正确性。

分别设置为如下情况：

波特率：250 Kbps　　BITREG＝0x6dc1

波特率：100 Kbps　　BITREG＝0x3907

波特率：10 Kbps　　BITREG＝0x5aff

实验结果：C8051F040节点能正确收到数据。

结论：SJA1000测试成功!!! 二者能相互正确收发数据，C8051F040节点发送目标节点地址(仲裁码低字)分别为1～15的非全局消息，中继器分别用1～15的消息对象接收。

1. MCU端程序

```
#include<c8051f040.h>                    //SFR declarations
#define CANCTRL          0x00        //Control Register
#define CANSTAT          0x01        //Status register
#define ERRCNT           0x02        //Error Counter Register
#define BITREG           0x03        //Bit Timing Register
#define INTREG           0x04        //Interrupt Low Byte Register
#define CANTSTR          0x05        //Test register
#define BRPEXT           0x06        //BRP Extension   Register
//IF1 Interface Registers
#define IF1CMDRQST       0x08        //IF1 Command Rest   Register
#define IF1CMDMSK        0x09        //IF1 Command Mask   Register
#define IF1MSK1          0x0A        //IF1 Mask1   Register
#define IF1MSK2          0x0B        //IF1 Mask2   Register
```

```
#define IF1ARB1        0x0C    //IF1 Arbitration 1  Register
#define IF1ARB2        0x0D    //IF1 Arbitration 2  Register
#define IF1MSGC        0x0E    //IF1 Message Control  Register
#define IF1DATA1       0x0F    //IF1 Data A1  Register
#define IF1DATA2       0x10    //IF1 Data A2  Register
#define IF1DATB1       0x11    //IF1 Data B1  Register
#define IF1DATB2       0x12    //IF1 Data B2  Register
//IF2 Interface Registers
#define IF2CMDRQST     0x20    //IF2 Command Rest  Register
#define IF2CMDMSK      0x21    //IF2 Command Mask  Register
#define IF2MSK1        0x22    //IF2 Mask1  Register
#define IF2MSK2        0x23    //IF2 Mask2  Register
#define IF2ARB1        0x24    //IF2 Arbitration 1  Register
#define IF2ARB2        0x25    //IF2 Arbitration 2  Register
#define IF2MSGC        0x26    //IF2 Message Control  Register
#define IF2DATA1       0x27    //IF2 Data A1  Register
#define IF2DATA2       0x28    //IF2 Data A2  Register
#define IF2DATB1       0x29    //IF2 Data B1  Register
#define IF2DATB2       0x2A    //IF2 Data B2  Register
#define TRANSREQ1      0x40    //Transmission Rest1 Register
#define TRANSREQ2      0x41    //Transmission Rest2 Register
#define NEWDAT1        0x48    //New Data 1  Register
#define NEWDAT2        0x49    //New Data 2  Register
#define INTPEND1       0x50    //Interrupt Pending 1  Register
#define INTPEND2       0x51    //Interrupt Pending 2  Register
#define MSGVAL1        0x58    //Message Valid 1  Register
#define MSGVAL2        0x59    //Message Valid 2  Register
char MsgNum;
char status;
char ci;
int i;
int MOTwoIndex=0;
int MOOneIndex=0;
int StatusCopy;
int RXbuffer [4];
int TXbuffer [8];
```

```
int MsgIntNum;
int Temperature;
#define BUTTON ((P5 & 0x10)==0x10)
sbit LED=P3^7;
sfr16 CAN0DAT=0xD8;
int C51_RXbuffer [4];   //用于从 CAN 接收消息的数据字节
int C51_TXbuffer [4];   //用于准备向 CAN 发送消息的数据字节
//Initialize Message Object
void clear_msg_objects (void);
void init_msg_object_TX (char MsgNum);
void init_msg_object_RX (char MsgNum);
void start_CAN (void);
void transmit_turn_LED_ON (char MsgNum);
void transmit_turn_LED_OFF (char MsgNum);
void receive_data (char MsgNum);
void external_osc (void);
void config_IO (void);
void DelayMs(unsigned int n);
void main (void) {
char SFRPAGE_SAVE=SFRPAGE;   //Save SFRPAGE
SFRPAGE=CONFIG_PAGE;
//disable watchdog timer
WDTCN=0xde;
WDTCN=0xad;
//configure Port I/O
config_IO();
//switch to external oscillator
external_osc();
//Configure CAN communications
//IF1 used for procedures calles by main program
//IF2 used for interrupt service procedure receive_data
//Message Object assignments:
//0x02: Used to transmit commands to toggle its LED, arbitration number 1
//Clear CAN RAM
clear_msg_objects();
//Initialize message object to transmit data
```

```
init_msg_object_TX (0x02);
//Initialize message object to receive data
init_msg_object_RX (0x01);
//Enable CAN interrupts in CIP-51
EIE2=0x20;
//Function call to start CAN
start_CAN();
//Global enable 8051 interrupts
EA=1;
//Loop and wait for interrupts
while (1)
    {
        SFRPAGE_SAVE=SFRPAGE;
        SFRPAGE=CONFIG_PAGE;
        DelayMs(50);
//      if (BUTTON==0)
        {
        transmit_turn_LED_OFF(0x02);
      }
//      else
        DelayMs(50);
        {
        transmit_turn_LED_ON(0x02);
      }
    }
}
void DelayMs(unsigned int n)//Delay (n)MS
{
    unsigned int i;
    for(;n>0;n--)
    {
        for(i=2211;i>0;i--);
    }
}
//Set up C8051F040
//Switch to external oscillator
```

```
void external_osc (void)
{
   int n;                        //local variable used in delay FOR loop
   SFRPAGE=CONFIG_PAGE; //switch to config page to config oscillator
   OSCXCN=0x77;              //start external oscillator; 22.1 MHz Crystal
                             //system clock is 22.1 MHz/2=11.05 MHz
   for (n=0;n<255;n++);                  //delay about 1 ms
   while ((OSCXCN & 0x80)==0);   //wait for oscillator to stabilize
   CLKSEL |=0x01;                        //switch to external oscillator
}
void config_IO (void)
{
   SFRPAGE=CONFIG_PAGE;          //Port SFR's on Configuration page
   XBR3=0x80;
   //Configure CAN TX pin (CTX) as push-pull digital output
   P5MDOUT |=0x0f;
   P5=0xfe;
   P2MDOUT |=0x08;        //Configure P2.3 as push-pull to drive LED
   XBR2=0x40;                            //Enable Crossbar/low ports
}
//Clear Message Objects
void clear_msg_objects (void)
{
   SFRPAGE=CAN0_PAGE;
   CAN0ADR=IF1CMDMSK;             //Point to Command Mask Register 1
   CAN0DATL=0xFF;
   //Set direction to WRITE all IF registers to Msg Obj
   for (ci=1;ci<33;ci++)
     {
       CAN0ADR=IF1CMDRQST;
       //Write blank (reset) IF registers to each msg obj
       CAN0DATL=ci;
     }
}
//Initialize Message Object for RX
void init_msg_object_RX (char MsgNum)
```

```
{
  SFRPAGE=CAN0_PAGE;
  CAN0ADR=IF2CMDMSK;      //Point to Command Mask 1
  CAN0DAT=0x00B8;
  //Set to WRITE, and alter all Msg Obj except ID MASK
                          //and data bits
  CAN0ADR=IF2ARB1;        //Point to arbitration1 register
  CAN0DAT=0x0001;         //Set arbitration1 ID to "0"
  CAN0DAT=0xC000;   //Arb2 high byte:Set MsgVal bit, extended ID,
  //Dir=RECEIVE
  CAN0DAT=0x348F;
  //Msg Cntrl: set RXIE, remote frame function disabled
  CAN0ADR=IF2CMDRQST;     //Point to Command Request reg.
  CAN0DATL=MsgNum;
  //Select Msg Obj passed into function parameter list
  //--initiates write to Msg Obj
  //3-6 CAN clock cycles to move IF register contents to the Msg Obj in
CAN RAM
 }
 //Initialize Message Object for TX
 void init_msg_object_TX (char MsgNum)
 {
   SFRPAGE=CAN0_PAGE;
   CAN0ADR=IF1CMDMSK;     //Point to Command Mask 1
   CAN0DAT=0x00B3;
   //Set to WRITE, & alter all Msg Obj except ID MASK bits
   CAN0ADR=IF1ARB1;       //Point to arbitration1 register
   CAN0DAT=0x0005;        //Set arbitration1 ID to highest priority
   CAN0DAT=0xE000;        //Autoincrement to Arb2 high byte:
                          //Set MsgVal bit, extended ID, Dir=WRITE
   CAN0DAT=0x1088;
   //Msg Cntrl: DLC=8, remote frame function not enabled
   CAN0ADR=IF1CMDRQST;    //Point to Command Request reg.
   CAN0DAT=MsgNum;
   //Select Msg Obj passed into function parameter list
   //--initiates write to Msg Obj
```

```
    //3-6 CAN clock cycles to move IF reg contents to the Msg Obj in CAN
RAM
  }
  //Start CAN
  void start_CAN (void)
  {
    SFRPAGE=CAN0_PAGE;
    CAN0CN |=0x41;    //Configuration Change Enable CCE and INIT
    CAN0ADR=BITREG;      //Point to Bit Timing register
    CAN0DAT=0x3907;     //0x6dc1;     //see above
    CAN0ADR=IF1CMDMSK;      //Point to Command Mask 1
    CAN0DAT=0x0087;
    //Config for TX: WRITE to CAN RAM, write data bytes
    //set TXrqst/NewDat, clr IntPnd
    //RX-IF2 operation may interrupt TX-IF1 operation
    CAN0ADR=IF2CMDMSK;      //Point to Command Mask 2
    CAN0DATL=0x1F;
    //Config for RX: READ CAN RAM, read data bytes,
    //clr NewDat and IntPnd
    CAN0CN |=0x06;      //Global Int. Enable IE and SIE
    CAN0CN &=~0x41;
    //Clear CCE and INIT bits, starts CAN state machine
  }
  //Transmit CAN frame to turn other node's LED ON
  void transmit_turn_LED_ON (char MsgNum)
  {
    SFRPAGE=CAN0_PAGE;     //IF1 already set up for TX
    CAN0ADR=IF1CMDMSK;      //Point to Command Mask 1
    CAN0DAT=0x0087;
    //Config to WRITE to CAN RAM, write data bytes
    //set TXrqst/NewDat, Clr IntPnd
    CAN0ADR=IF1DATA1;      //Point to 1st byte of Data Field
    CAN0DATH='I';//0x11;
    //Ones signals to turn LED's light ON in data A1 field
    CAN0DATL='L';//0x22;
    CAN0DATH='O';//0x33;
```

```
    CAN0DATL='V';//0x44;
    CAN0DATH='E';//0x55;
    CAN0DATL='Y';//0x66;
    CAN0DATH='O';//0x77;
    CAN0DATL='U';//0x88;
    CAN0ADR=IF1CMDRQST;      //Point to Command Request Reg.
    CAN0DATL=MsgNum;
    //Move new data for TX to Msg Obj "MsgNum"
}
//Transmit CAN Frame to turn other node's LED OFF
void transmit_turn_LED_OFF (char MsgNum)
{
    SFRPAGE=CAN0_PAGE;       //IF1 already set up for TX
    CAN0ADR=IF1DATA1;        //Point to 1st byte of Data Field
    CAN0DATH='U';//0x01;
    //Zero signals to turn LED's light ON in Data A1 field
    CAN0DATL='L';//0x02;
    CAN0DATH='O';//0x03;
    CAN0DATL='V';//0x04;
    CAN0DATH='E';//0x05;
    CAN0DATL='M';//0x06;
    CAN0DATH='E';//0x07;
    CAN0DATL='E';//0x08;
    CAN0ADR=IF1CMDRQST;      //Point to Command Request Reg.
    CAN0DATL=MsgNum;
    //Move new data for TX to Msg Obj "MsgNum"
}
//Receive Data from the IF2 buffer
void receive_data (char MsgNum)
{
    SFRPAGE=CAN0_PAGE;       //IF1 already set up for RX
    CAN0ADR=IF2CMDMSK;
    CAN0DAT=0x000F;
    CAN0ADR=IF2CMDRQST;      //Point to Command Request Reg.
    CAN0DATL=MsgNum;
    //Move new data for RX from Msg Obj "MsgNum"
```

```
    //Move new data to a
    CAN0ADR=IF2DATA1;      //Point to 1st byte of Data Field
    C51_RXbuffer[0]=CAN0DAT;      //IF2 Data A1
    C51_RXbuffer[1]=CAN0DAT;      //IF2 Data A2
    C51_RXbuffer[2]=CAN0DAT;      //IF2 Data B1
    C51_RXbuffer[3]=CAN0DAT;      //IF2 Data B1
    if (C51_RXbuffer[0]==0x1234)
    //Ones is signal from other node to turn LED ON
      LED=~LED;
    else
      LED=0;
      //Otherwise turn LED OFF (message was one's)
}
void ISRname (void) interrupt 19
{
  char SFRPAGE_SAVE=SFRPAGE;      //Save SFRPAGE
  SFRPAGE=CAN0_PAGE;
  status=CAN0STA;
  if ((status&0x10) ! =0)
    {           //RxOk is set, interrupt caused by reception
      CAN0STA=(CAN0STA&0xEF)|0x07;
      //Reset RxOk, set LEC to NoChange
      /* read message number from CAN INTREG */
      receive_data (0x01);      //Up to now, we have only one RX message
    }
  if ((status&0x08) ! =0)
    {           //TxOk is set, interrupt caused by transmision
      CAN0STA=(CAN0STA&0xF7)|0x07;
      //Reset TxOk, set LEC to NoChange
    }
  if (((status&0x07) ! =0)&&((status&0x07) ! =7))
    {           //Error interrupt, LEC changed
      /* error handling? */
      CAN0STA=CAN0STA|0x07;      //Set LEC to NoChange
    }
  SFRPAGE=SFRPAGE_SAVE;
```

```
}
```

2. SJA1000 端程序

```
include<c8051f040.h>                    //SFR declarations
#include<sja1000.h>
#include<absacc.h>
//CAN Protocol Register Index for CAN0ADR，CAN 协议寄存器
#define CANCTRL         0x00        //Control Register
#define CANSTAT         0x01        //Status register
#define ERRCNT          0x02        //Error Counter Register
#define BITREG          0x03        //Bit Timing Register
#define INTREG          0x04        //Interrupt Low Byte Register
#define CANTSTR         0x05        //Test register
#define BRPEXT          0x06        //BRP Extension Register
//IF1 接口寄存器
#define IF1CMDRQST      0x08        //IF1 Command Rest    Register
#define IF1CMDMSK       0x09        //IF1 Command Mask    Register
#define IF1MSK1         0x0A        //IF1 Mask1    Register
#define IF1MSK2         0x0B        //IF1 Mask2    Register
#define IF1ARB1         0x0C        //IF1 Arbitration 1    Register
#define IF1ARB2         0x0D        //IF1 Arbitration 2    Register
#define IF1MSGC         0x0E        //IF1 Message Control    Register
#define IF1DATA1        0x0F        //IF1 Data A1    Register
#define IF1DATA2        0x10        //IF1 Data A2    Register
#define IF1DATB1        0x11        //IF1 Data B1    Register
#define IF1DATB2        0x12        //IF1 Data B2    Register
//IF2 接口寄存器
#define IF2CMDRQST      0x20        //IF2 Command Rest    Register
#define IF2CMDMSK       0x21        //IF2 Command Mask    Register
#define IF2MSK1         0x22        //IF2 Mask1    Register
#define IF2MSK2         0x23        //IF2 Mask2    Register
#define IF2ARB1         0x24        //IF2 Arbitration 1    Register
#define IF2ARB2         0x25        //IF2 Arbitration 2    Register
#define IF2MSGC         0x26        //IF2 Message Control    Register
#define IF2DATA1        0x27        //IF2 Data A1    Register
#define IF2DATA2        0x28        //IF2 Data A2    Register
#define IF2DATB1        0x29        //IF2 Data B1    Register
```

```
#define IF2DATB2        0x2A        //IF2 Data B2  Register
//Message Handler Registers 消息处理寄存器
#define TRANSREQ1       0x40        //Transmission Rest1 Register
#define TRANSREQ2       0x41        //Transmission Rest2 Register
#define NEWDAT1         0x48        //New Data 1  Register
#define NEWDAT2         0x49        //New Data 2  Register
#define INTPEND1        0x50        //Interrupt Pending 1  Register
#define INTPEND2        0x51        //Interrupt Pending 2  Register
#define MSGVAL1         0x58        //Message Valid 1  Register
#define MSGVAL2         0x59        //Message Valid 2  Register
#define OK 1
#define Fail 0
#define True 1
#define False 0
long int CAN_baud_rate=1000000;  //1MBit/s
//char MsgNum;
char status;
int i;
char ci;
char sja_st;
int C51_R_Arb1, C51_R_Arb2;
//用于从C8051F040 CAN接收消息的仲裁号
char C51_RXbuffer[8];  //用于从C8051F040 CAN接收消息的数据字节
int C51_T_Arb1, C51_T_Arb2;
//用于从C8051F040 CAN发送消息的仲裁号
int C51_TXbuffer[4];  //用于从C8051F040 CAN发送消息的数据字节
int sja_R_Arb1, sja_R_Arb2;  //用于从SJA1000 CAN接收消息的仲裁号
int sja_RXbuffer[4];  //用于从SJA1000 CAN接收消息的数据字节
char sja_RXbuffer1[8];  //用于从SJA1000 CAN接收消息的数据字节1
int sja_T_Arb1, sja_T_Arb2;  //用于从SJA1000 CAN发送消息的仲裁号
int sja_TXbuffer[4];  //用于从SJA1000 CAN发送消息的数据字节
//int MsgIntNum;
sbit LED=P4^3;
//int Temperature;
sfr16 CAN0DAT=0xD8;
void init_sja1000(void);
```

```
//Initialize Message Object
void clear_msg_objects (void);
void init_msg_object_RX (char MsgNum, int arb1, int arb2, int mask1, int
mask2);
void init_msg_object_TX (char MsgNum,int arb1, int arb2);
void start_CAN (void);
void receive_from_C51can(char iMsgNum);
void transmit_to_C51can(char MsgNum,int arb1, int arb2, int C51_TX-
buffer[]);
void receive_from_sja_can(void);
void transmit_to_sja_can(void);
void receive_data (char MsgNum);
void external_osc (void);
void config_IO (void);
void test_reg_write (char test);
void stop_CAN (void);
void DelayMs(unsigned int n);
void main (void) {
  char SFRPAGE_SAVE=SFRPAGE;      //Save SFRPAGE
  SFRPAGE=CONFIG_PAGE;
  EA=0;
  //关看门狗
  WDTCN=0xde;
  WDTCN=0xad;
  //配置 I/O 端口
  config_IO();
  //SFRPGCN=0x00;
  //switch to external oscillator
  external_osc();
 //Configure CAN communications
 //IF1 used for receive messiage
 //IF2 used for transmit messiage
 //Message Object assignments:
 //——1 号消息对象用于接收目标节点本地标识号为 1、本地全局、整网全局
的消息
 //——2 号消息对象用于接收目标节点本地标识号为 2 的消息
```

```
//——n 号消息对象用于接收目标节点本地标识号为 n 的消息(n>=2 且 n<=15)
//——16 号消息对象用于接收目标节点本地标识号为 0(即中继器)的消息
//——17 号消息对象用于发送目标节点本地标识号为 1、本地全局、整网全局的消息
//——18 号消息对象用于发送目标节点本地标识号为 2 的消息
//——n 号消息对象用于发送目标节点本地标识号为 n-16 的消息(n>=18 且 n<=31)
//——32 号消息对象用于发送目标节点本地标识号为 0(即中继器)的消息
//Clear CAN RAM
clear_msg_objects();
//Initialize message object to receive data
init_msg_object_RX (0x01,0x0001,0xC000,0x770f,0x3fff);
//1 号消息对象,空命令 0x88F0
for(ci=2;ci<=15;ci++)
init_msg_object_RX (ci,ci,0xC000,0x770f,0x3fff);
//2-15 号消息对象,空命令 0xC000,0x80F0,0xC000
init_msg_object_RX (16,0,0xC000,0x770f,0x3fff);
//16 号消息对象(到中继器),空命令
for(ci=17;ci<=31;ci++)
init_msg_object_TX (ci,ci-16, 0xE000);
//17-31 号消息对象,到节点 1-15,空命令
init_msg_object_TX (32,0, 0xE000);
//32 号消息对象,到中继器,空命令
//EIE2=0x20;      //使能 C51_CAN 中断
EX0=1;      //使能/INT0 中断,用于 sja1000 中断
//IP=0x01;      //设置外部中断 0 为高优先级
DelayMs(10);
//EX1=1;      //使能/INT1 中断,用于 s3530-A 时钟芯片中断
//Function call to start CAN
//DelayMs(10);
//start_CAN();
init_sja1000();
DelayMs(200);
EA=1;      //全局使能 C8051F040 中断
DelayMs(10);
```

```
//Loop and wait for interrupts
C51_TXbuffer [0]=1234;
C51_TXbuffer [1]=1234;
C51_TXbuffer [2]=1234;
C51_TXbuffer [3]=1234;
while (1)
    {
        DelayMs(50);
        {
//      C51_TXbuffer [0]=1234;
//      transmit_to_C51can(17,1, 0xE000, C51_TXbuffer);
        transmit_to_sja_can();
//      sja_st=SJA_MODE;
//      sja_st=SJA_SR;
        //receive_from_sja_can();
//      SFRPAGE=CONFIG_PAGE;
//      LED=0;
        DelayMs(50);
//      sja_st=SJA_ECC;
//      C51_TXbuffer [0]=4321;
//      transmit_to_C51can(17,1, 0xE000, C51_TXbuffer);
        transmit_to_sja_can();
//      sja_st=SJA_IR;
//      SFRPAGE=CONFIG_PAGE;
//      LED=1;
        }
    }
}
void DelayMs(unsigned int n)//Delay (n)MS
{
    unsigned int i;
    for(;n>0;n--)
    {
        for(i=2211;i>0;i--);
    }
}
```

```
//Set up C8051F040
//Switch to external oscillator
void external_osc (void)
{
  int n;
  unsigned char SFRPAGE_SAVE=SFRPAGE;
  //local variable used in delay FOR loop.
  SFRPAGE=CONFIG_PAGE;
  //switch to config page to config oscillator
  OSCXCN=0x77;      //start external oscillator; 22.1 MHz Crystal
                    //system clock is 22.1 MHz
  for (n=0;n<255;n++);      //delay about 1 ms
  while ((OSCXCN & 0x80)==0);      //wait for oscillator to stabilize
  CLKSEL |=0x01;      //switch to external oscillator
  SFRPAGE=SFRPAGE_SAVE;
}
void config_IO (void)
{
  unsigned char SFRPAGE_SAVE=SFRPAGE;
  EA=0;
  SFRPAGE=CONFIG_PAGE;    //Port SFR's on Configuration page
  XBR0=0x15;
  //使能:CEX0、CEX1、UART0、SMBus到端口
  XBR1=0x16;                        //使能:INT1、INT0、T0到端口
  XBR3=0x80;
  //Configure CAN TX pin (CTX) as push-pull digital output
  //P0MDOUT=0x00;
  P1MDOUT=0x01;
  //配置P1.0(T0)口为数字输出方式,P1其余口为数字输入方式
  P1=0xff;
/*配置外部存储器端口,选用高端口(P7、P6、P5和P4),推挽输出方式,复用方式,选择存储器模式为带块选择的分片模式,设置与片外存储器或外设接口的时序为:地址建立、保持均为3SYSCLK周期,/WR和/RD脉冲宽度为16个SYSCLK周期*/
  //MOVX:EMI0CF[4:2]='010',sja1000基址为4000H
  SFRPAGE=EMI0_PAGE;
```

```
    EMI0CF=0x2B;
    SFRPAGE=CONFIG_PAGE;
    P4MDOUT=0xff;
    P5MDOUT=0xff;
    P6MDOUT=0xff;
    P7MDOUT=0xff;
    XBR2=0x44;      //Enable Crossbar/low ports
    //EA=1;
    SFRPAGE=SFRPAGE_SAVE;
}
//CAN Functions
void init_sja1000(void)
{
        EA=0;
        SJA_MODE = 0x01;       /*进入复位模式,启动 CAN 初始化*/
        DelayMs(100);
        //sja_st=SJA_MODE;
/*工作于 PeliCAN 模式,允许时钟输出(f0sc/14),TX1 引脚输出不用作中
断,旁路 CAN 输入比较器作为外部收发器使用*/
        SJA_CDR=0xC6;
//设置 BTR0 和 BTR1,晶振为 22.1184 MHz,编程波特率为 1 Mbps
        SJA_BTR0=0x07;      //SJW=1,BRP=0
        SJA_BTR1=0x39;      //*TSEG1=.., TSEG2=..,采样..次
//接收滤波器,全部接收
        SJA_ACR0=0x00;
        SJA_ACR1=0x00;
        SJA_ACR2=0x00;
        SJA_ACR3=0x00;
//设定接收屏蔽寄存器的地址
        SJA_AMR0=0xFF;
        /*Bank1:与接收屏蔽寄存器 1 无关,允许任何数据通过滤波器*/
        SJA_AMR1=0xFF;
        /*Bank2:与接收屏蔽寄存器 2 无关,允许任何数据通过滤波器*/
        SJA_AMR2=0xFF;
        /*Bank3:与接收屏蔽寄存器 3 无关,允许任何数据通过滤波器*/
        SJA_AMR3=0xFF;
```

```
    /＊Bank4：与接收屏蔽寄存器 4 无关，允许任何数据通过滤波器＊/
//sja_st=SJA_IR_ABLE；
    //配置 CAN 输出 TX1 悬空，TX0 推挽，正常模式
    SJA_OCR=0x1A；
    SJA_IR_ABLE=0xff；/＊使能接收和发送中断＊/
    SJA_MODE=0x08；
    /＊设定接收滤波器模式为单滤波模式，请求进入 CAN 的工作模式＊/
    SJA_MODE=0x08；
    /＊设定接收滤波器模式为单滤波模式，请求进入 CAN 的工作模式＊/
    while (SJA_SR & 0x80)；/＊等待总线激活＊/
//  EA=1；
}
//Clear Message Objects
void clear_msg_objects (void)
{
  unsigned char SFRPAGE_SAVE=SFRPAGE；
  SFRPAGE=CAN0_PAGE；
  CAN0ADR=IF1CMDMSK；      //Point to Command Mask Register 1
  CAN0DATL=0xFF；
  //Set direction to WRITE all IF registers to Msg Obj
  for (ci=1；ci<33；ci++)
    {
      CAN0ADR=IF1CMDRQST；
      //Write blank (reset) IF registers to each msg obj
      CAN0DATL=ci；
    }
  SFRPAGE=SFRPAGE_SAVE；
}
//Initialize Message Object for RX
void init_msg_object_RX (char MsgNum, int arb1, int arb2, int mask1, int
mask2)
{
  unsigned char SFRPAGE_SAVE=SFRPAGE；
  SFRPAGE=CAN0_PAGE；
  CAN0ADR=IF1CMDMSK；      //Point to Command Mask 1
  CAN0DAT=0x00FC；      //Set to READ, and alter all Msg Obj
```

```
    CAN0ADR=IF1ARB1;       //Point to arbitration1 register
    CAN0DAT=arb1;       //Set arbitration1 ID
    CAN0DAT=arb2;       //Arb2 high byte:Set MsgVal bit, extended ID,
                        //Dir=RECEIVE
    CAN0ADR=IF1MSK1;
    CAN0DAT=mask1;       //Set mask register
    CAN0DAT=mask2;
    CAN0ADR=IF1MSGC;
    CAN0DAT=0x148F;
    //Msg Cntrl: set RXIE, remote frame function disabled
    //use mask,8 bytes,
    CAN0ADR=IF1CMDRQST;       //Point to Command Request reg.
    CAN0DATL=MsgNum;
    //Select Msg Obj passed into function parameter list
    //--initiates write to Msg Obj
    //3-6 CAN clock cycles to move IF register contents to the Msg Obj in
CAN RAM
    SFRPAGE=SFRPAGE_SAVE;
  }
  //Initialize Message Object for TX
  void init_msg_object_TX (char MsgNum, int arb1, int arb2)
  {
    unsigned char SFRPAGE_SAVE=SFRPAGE;
    SFRPAGE=CAN0_PAGE;
    CAN0ADR=IF2CMDMSK;       //Point to Command Mask 2
    CAN0DAT=0x00FB;       //Set to WRITE, & alter all Msg Obj
    CAN0ADR=IF2ARB1;       //Point to arbitration1 register
    CAN0DAT=arb1;       //Set arbitration1 ID to highest priority
    CAN0DAT=arb2;       //Autoincrement to Arb2 high byte:
                        //Set MsgVal bit, no extended ID, Dir=WRITE
    CAN0DAT=0x108F;
    //Msg Cntrl: DLC=8, use mask, remote frame function not enabled
    CAN0ADR=IF2CMDRQST;       //Point to Command Request reg.
    CAN0DAT=MsgNum;
    //Select Msg Obj passed into function parameter list
    //--initiates write to Msg Obj
```

```
    //3－6 CAN clock cycles to move IF reg contents to the Msg Obj in CAN
RAM
    SFRPAGE＝SFRPAGE_SAVE；
  }
  //Receive message from C8051F040 CAN
  void receive_from_C51can(char iMsgNum)
  {
      unsigned char SFRPAGE_SAVE＝SFRPAGE；
      SFRPAGE＝CAN0_PAGE；
      CAN0ADR＝IF1CMDMSK；
      CAN0DAT＝0x000F；
      CAN0ADR＝IF1CMDRQST；      //Point to Command Request Reg.
      CAN0DATL＝iMsgNum；
      //Move new data for RX from Msg Obj "MsgNum"
      CAN0ADR＝IF1ARB1；
      //Point to Command Mask 1  //Move new data to a
      C51_R_Arb1＝CAN0DAT；
      //用于从C8051F040 CAN接收消息的仲裁号
      C51_R_Arb2＝CAN0DAT；
      CAN0ADR＝IF1MSGC；
      CAN0DAT＝0x348F；
      //Msg Cntrl：set RXIE，remote frame function disabled
      CAN0ADR＝IF1DATA1；     //Point to 1st byte of Data Field
      C51_RXbuffer[0]＝CAN0DATH；    //IF1 Data A1
      C51_RXbuffer[1]＝CAN0DATL；    //IF1 Data A2
      C51_RXbuffer[2]＝CAN0DATH；    //IF1 Data B1
      C51_RXbuffer[3]＝CAN0DATL；    //IF1 Data B1
      C51_RXbuffer[4]＝CAN0DATH；    //IF1 Data A1
      C51_RXbuffer[5]＝CAN0DATL；    //IF1 Data A2
      C51_RXbuffer[6]＝CAN0DATH；    //IF1 Data B1
      C51_RXbuffer[7]＝CAN0DATL；    //IF1 Data B1
      SFRPAGE＝CONFIG_PAGE；
      LED＝～LED；
      SFRPAGE＝SFRPAGE_SAVE；
  }
//Transmit message from C8051F040 CAN
```

```
void transmit_to_C51can(char MsgNum, int arb1, int arb2, int C51_TX-
buffer[])
{
    unsigned char SFRPAGE_SAVE=SFRPAGE;
    SFRPAGE=CAN0_PAGE;
    CAN0ADR=IF2CMDMSK;      //Point to Command Mask 1
    CAN0DAT=0x00FF;
    //Config to WRITE to CAN RAM, write data bytes
    CAN0ADR=IF2ARB1;      //Point to arbitration1 register
    CAN0DAT=arb1;      //Set arbitration1 ID to highest priority
    CAN0DAT=arb2;      //Autoincrement to Arb2 high byte:
    CAN0ADR=IF2DATA1;      //Point to 1st byte of Data Field
    CAN0DAT=C51_TXbuffer[0];      //IF2 Data A1
    CAN0DAT=C51_TXbuffer[1];      //IF2 Data A2
    CAN0DAT=C51_TXbuffer[2];      //IF2 Data B1
    CAN0DAT=C51_TXbuffer[3];      //IF2 Data B2
    CAN0ADR=IF2CMDRQST;      //Point to Command Request Reg.
    CAN0DATL=MsgNum;
    //Move new data for RX from Msg Obj "MsgNum"
    SFRPAGE=SFRPAGE_SAVE;
}
//Start CAN
void start_CAN (void)
{
   int bdr;
   unsigned char SFRPAGE_SAVE=SFRPAGE;
   SFRPAGE=CAN0_PAGE;
   CAN0CN |=0x41;      //Configuration Change Enable CCE and INIT
     //Point to BRP Extension Register
   switch (CAN_baud_rate)
   {
   case 1000000:           //1Mbit/s
         bdr=0x2640; break;      //0x6DC0; break;
   case 500000:           //500Kbit/s
         bdr=0x6DC1; break;
   case 250000:           //250Kbit/s
```

```
            bdr=0x6DC3; break;
    case 100000:            //100Kbit/s
            bdr=0x295F; break;
    case 50000:             //50Kbit/s
            bdr=0x295F;
            CAN0ADR=BRPEXT;
            CAN0DATL=0x02;
            break;
            //BRPEXT=0x02
    case 10000:             //10Kbit/s
            bdr=0x389F;
            CAN0ADR=BRPEXT;
            CAN0DATL=0x02;
            break;
            //BRPEXT=0x02
    case 9600:              //9600bit/s
            bdr=0x14DF;
            CAN0ADR=BRPEXT;
            CAN0DATL=0x04;
            break;
            //BRPEXT=0x04
    case 9216:              //9216bit/s
            bdr=0x16EF;
            CAN0ADR=BRPEXT;
            CAN0DATL=0x03;
            break;
            //BRPEXT=0x03
    case 4800:              //4800bit/s
            bdr=0x2BDF;
            CAN0ADR=BRPEXT;
            CAN0DATL=0x04;
            break;
            //BRPEXT=0x04
    default:bdr=0x6DC3;            //250 Kbps
    }
    CAN0ADR=BITREG;       //Point to Bit Timing register
```

```
  CAN0DAT=0x5aff;//bdr;      //see above
  CAN0ADR=IF2CMDMSK;      //Point to Command Mask 1
  CAN0DAT=0x0087;
  //Config for TX: WRITE to CAN RAM, write data bytes
  //set TXrqst/NewDat, clr IntPnd
  //RX-IF2 operation may interrupt TX-IF1 operation
  CAN0ADR=IF1CMDMSK;      //Point to Command Mask 2
  CAN0DATL=0x1F;
  //Config for RX:READ CAN RAM, read data bytes,
  //clr NewDat and IntPnd
  CAN0CN |=0x06;//0x06;      //Global Int. Enable IE and SIE
  CAN0CN &=~0x41;
  //Clear CCE and INIT bits, starts CAN state machine
  SFRPAGE=SFRPAGE_SAVE;
}
void receive_from_sja_can(void)
{
//int sja_R_Arb1, sja_R_Arb2;
//用于从SJA1000 CAN接收消息的仲裁号,转换为C51格式
//int sja_RXbuffer [4];  //用于从SJA1000 CAN接收消息的数据字节
sja_R_Arb1=SJA_RxBuffer2 & 0x07;
sja_R_Arb1=sja_R_Arb1 * 0x1000;
sja_R_Arb1+=SJA_RxBuffer3 * 0x20;
sja_R_Arb1+=SJA_RxBuffer4/8;      //ID0-ID15
sja_R_Arb2=SJA_RxBuffer1 * 0x20+SJA_RxBuffer2/8;
//ID16-ID28,高位补0
//sja_RXbuffer [0]=SJA_DataBuffer2 * 256+SJA_DataBuffer1;
//sja_RXbuffer [1]=SJA_DataBuffer4 * 256+SJA_DataBuffer3;
//sja_RXbuffer [2]=SJA_DataBuffer6 * 256+SJA_DataBuffer5;
//sja_RXbuffer [3]=SJA_DataBuffer8 * 256+SJA_DataBuffer7;
    sja_RXbuffer1 [0]=SJA_DataBuffer2;
    sja_RXbuffer1 [1]=SJA_DataBuffer1;
    sja_RXbuffer1 [2]=SJA_DataBuffer4;
    sja_RXbuffer1 [3]=SJA_DataBuffer3;
    sja_RXbuffer1 [4]=SJA_DataBuffer6;
    sja_RXbuffer1 [5]=SJA_DataBuffer5;
```

```
        sja_RXbuffer1 [6]=SJA_DataBuffer8;
        sja_RXbuffer1 [7]=SJA_DataBuffer7;
        SJA_CMD |=0x04;      //请求发送并释放接收缓冲区
        SFRPAGE=CONFIG_PAGE;
        LED=~LED;
    }
    void transmit_to_sja_can(void)
    {
      char SFRPAGE_SAVE=SFRPAGE;      //Save SFRPAGE
      char sjastatus;
      while(SJA_SR & 0x14! =0);
      //判断SJA1000是否正在接收,判断发送缓冲区是否释放
      SJA_TxBuffer0=0x88;
      SJA_TxBuffer1=0x00;      //ID=0x0001,0x0000
      SJA_TxBuffer2=0x00;
      SJA_TxBuffer3=0x00;
      SJA_TxBuffer4=0x08;
      SJA_DataBuffer2=0x12;      //以下数据字节0x12
      SJA_DataBuffer1=0x34;
      SJA_DataBuffer4=0x56;
      SJA_DataBuffer3=0x78;
      SJA_DataBuffer6=0x90;
      SJA_DataBuffer5=0x11;
      SJA_DataBuffer8=0x22;
      SJA_DataBuffer7=0x33;
      SJA_CMD=0x05;      //请求发送并释放接收缓冲区
    //SFRPAGE=CONFIG_PAGE;
    //LED=~LED;
    //SFRPAGE=SFRPAGE_SAVE;
    }
    //Interrupt Service Routine
    void C51_CAN_INT (void) interrupt 19      //C51_CAN中断
    {
      char SFRPAGE_SAVE=SFRPAGE;      //Save SFRPAGE
      char MsgIntNumL,MsgIntNumH;
      SFRPAGE=CAN0_PAGE;
```

```
SFRPAGE=CAN0_PAGE;
status=CAN0STA;
if ((status&0x10) ! =0)
  {
    //接收中断,清状态寄存器中接收中断标志位 RxOk is set, interrupt
caused by reception
      CAN0STA=(CAN0STA&0xEF)|0x07;
      //Reset RxOk, set LEC to NoChange
      CAN0ADR=INTREG;      //引起中断消息号*/
      MsgIntNumL=CAN0DATL;
      MsgIntNumH=CAN0DATH;
      receive_from_C51can(MsgIntNumL);
      //从中继器 c51 端读取接收到数据,消息号为 MsgIntNumL
      status=CAN0STA;
  }
 if ((status&0x08) ! =0)
  {
    //发送中断,清发送中断位 TxOk is set, interrupt caused by transmis-
ion
      CAN0STA=(CAN0STA&0xF7)|0x07;
      //Reset TxOk, set LEC to NoChange
      CAN0ADR=INTREG;
      MsgIntNumL=CAN0DATL;
      MsgIntNumH=CAN0DATH;
      status=CAN0STA;
  }
 if (((status&0x07) ! =0)&&((status&0x07) ! =7))
  {          //错误中断 Error interrupt, LEC changed
    /*在此添加错误处理代码 error handling*/
    CAN0STA=CAN0STA|0x07;
    //清状态寄存器中错误中断标志位 Set LEC to NoChange
  }
 SFRPAGE=SFRPAGE_SAVE;
}
void sja_CAN_INT (void) interrupt 0     ///INT0 中断,SJA1000 中断 ISR
{
```

```
    char SFRPAGE_SAVE=SFRPAGE;      //Save SFRPAGE
    char sja_status=SJA_IR;    //读中断寄存器
    EA=0;
    if ((sja_status&0x01) ! =0)      //接收中断
      {
  //接收中断处理
    receive_from_sja_can();
  //释放接收缓冲器 FXFIFO 中当前信息内存，暂时清除当前消息接收中断位，若还有
  //另外的接收消息，将再次发生接收中断
  //      SJA_CMD |=0x04;
      }
    if ((sja_status&0x02) ! =0)    //发送中断
      {
      SJA_IR &=~(0x02);     //清发送中断
      }
    if ((sja_status&0x80) ! =0)     //错误中断
      {
      sja_status=SJA_IR;
  //  SJA_MODE=0x08;      /*设定接收滤波器模式为单滤波模式，请求进入 CAN 的工作模式*/
  //  init_sja1000();
  //  while (SJA_SR & 0x80);     /*等待总线激活*/
      }
    SFRPAGE=SFRPAGE_SAVE;
    EA=1;
  }
```

第9章　上层数据库和开发语言

软件要对大坝高边坡的传感器进行监控，因此需要有数据库来存储大量的信息，例如传感器信息、用户信息、各种图形线路图信息等。同时上层软件要能够存储和提取相应的数据库信息。我们选择了 SQL Server 2000 和 Visual C＋＋来开发数据库应用程序，本章将对两者进行介绍。

9.1　SQL Server 2000 数据库管理系统特点

选择 SQL Server 2000 作为数据库管理系统，是因为它具有以下特点：

(1) 丰富的图形化管理工具，使系统管理、操作更为直观方便。

SQL Server 企业管理器是一个基于图形用户界面(GUI)的集成管理工具，利用它可以配置管理 SQL Server 服务器、管理数据库和数据库对象、备份和恢复数据、调度任务和管理警报、实现数据复制和转换操作等。此外，SQL Server 2000 还提供了 SQL 事件探查器、SQL 查询分析器、SQL Server 服务管理器和多种操作向导等图形界面管理工具，大大简化了用户操作，从而增强了系统的易用性。

(2) 动态自动管理和优化功能。

即使 SQL Server 数据库管理员不做任何设置，SQL Server 也能够在运行过程中根据环境配置和用户访问情况动态自动配置，以达到最优性能，从而减轻管理员工作。

(3) 充分的 Internet 技术支持。

Internet 网络发展到今天已经成为一个重要的信息发布渠道，SQL Server 增强了对 Internet 技术的支持，它除了保留前期版本中的数据库 Web 出版工具"Web 助手"外，还增加了对 XML 和 HTTP 技术的支持，这使得电子商务系统能够通过 XML 等访问 SQL Server 数据库系统，也扩展了 SQL Server 在数据挖掘和分析服务领域的应用。

(4) 丰富的编程接口工具，使用户开发 SQL Server 数据库应用程序更加灵活。

SQL Server 提供了 Transact－SQL、DB－Library for C、嵌入式 SQL(ESQL)

等开发工具，Transact - SQL 与工业标准 SQL 语言兼容，并在其基础上加以扩充，更适合事务处理方面的需要。此外，SQL Server 2000 还支持 ODBC、OLE DB、ADO 规范，可以使用 ODBC、OLE DB、ADO 接口访问 SQL Server 数据库。

(5) 具有很好的伸缩性和可靠性。

SQL Server 2000 既能运行在 Windows 桌面操作系统下，又可运行在服务器操作系统(包括 Windows NT 和 Windows 2000)下；既能运行在单 CPU 计算机上，又能运行在对称多处理系统下，具有很好的伸缩性，能够满足从桌面应用到大型企业分布式应用等不同层次用户的需求。

(6) 简单的管理方式。

SQL Server 2000 与 Microsoft Windows 2000 有机集成，所以可以使用 Windows 2000的活动目录(Active Directory)功能对 SQL Server 进行集中管理，大大简化了大型企业中的系统管理工作。此外，与 Windows 2000 的集成还使 SQL Server 能够充分利用操作系统所提供的服务和功能(如安全管理、事件日志、性能监视器、内存管理和异步 I/O 等)，从而增强了 SQL Server 数据库系统的功能，并且只需占用很少的系统资源。

9.2 VC++数据库开发的特点

9.2.1 VC++开发数据库的优势

Visual C++提供了多种多样的数据库访问技术——ODBD API、MFC、ODBC、DAO、OLE、DB、ADO 等。这些技术各有自己的特点，它们提供了简单、灵活、访问速度快、可扩展性强的开发技术，而这些正是 Visual C++和其他开发工具相比的优势所在。归纳起来可以概括为以下几个方面：

1. 简单性

首先，Visual C++提供的 MFC 类具有强大的功能，如果能够掌握会达到事半功倍的效果；一些开发向导会简化应用程序的开发；MFC ODBC 和 ADO 数据库接口已经将一些底层的操作封装在类中，用户可以方便地使用这些接口，而无需编写数据库的底层代码。

2. 可扩展性

Visual C++提供的 OLE 技术和 Activex 技术可以让开发者利用 Visual C++中提供的各种组件、控件以及第三方开发者提供的组件来创建自己的程序，从而实现了应用程序的组件化，而组件化的应用程序则会具有良好的可扩展性。

3. 访问速度快

Visual C++为了解决利用 ODBC 开发的数据库应用程序访问数据库速度慢

的问题，提供了新的访问技术，即 OLE DB 和它的高层接口 ADO，它们是基于 COM 接口的技术，使用这种技术可以直接对数据库的驱动程序进行访问，从而提高访问速度。

4. 数据源友好

传统的 ODBC 技术只能访问关系型数据库，而在 Visual C++中，通过 OLE DB 访问技术不仅可以访问关系型数据库，还可以访问非关系型数据库。

9.2.2 VC++提供的数据库访问技术

下面来简单比较一下 Visual C++提供的几种主要数据库访问技术，包括：

- ODBC(Open DataBase Connectivity)
- MFC ODBC (Microsoft Foundation Classes ODBC)
- DAO (Data Access Objects)
- OLE DB (Object Link and Embedded DataBase)
- ADO (ActiveX Data Objects)

1. ODBC 和 MFC ODBC

ODBC 是为客户应用程序访问关系数据库提供的一个标准接口，对不同的数据库，ODBC 提供了一套统一的 API，使得应用程序可以应用所提供的 API，访问任何提供了 ODBC 驱动程序的数据库。而且，由于 ODBC 已经成为一种标准，所以现在几乎所有的关系数据库都提供了 ODBC 驱动程序，从而使得 ODBC 的应用更加广泛。

ODBC API 可以进行一些底层的数据库操作，但代码编制相对来说比较复杂；MFC ODBC 是 Visual C++对 ODBC API 进行封装而得到的，可以简化程序设计，但缺点也是不言而喻的，那就是无法对数据源进行底层的操作。

2. DAO

DAO 提供了一种通过程序代码创建和操作数据库的机制。多个 DAO 构成一个体系结构，在这个体系结构中，各个 DAO 对象协同工作。MFC DAO 是微软公司提供的用于访问 Microsoft Jet 数据库文件(*.mdb)的强有力的数据库开发工具，它通过 DAO 的封装，向程序员提供了 DAO 丰富的操作数据库的手段。

3. OLE DB 和 ADO

OLE DB 是 Visual C++开发数据库应用中提供的基于 COM 接口的新技术，OLE DB 对所有的文件系统(包括关系数据库和非关系数据库)都提供了统一的接口，这些特性使得 OLE DB 技术比传统的数据库访问技术更加优越。

直接使用 OLE DB 来设计数据库应用程序需要大量的代码。在 Visual C++中提供了 ATL 模板，用于设计 OLE DB 数据应用程序和数据提供程序。它是一个底层接口。而 ADO 技术则是基于 OLE DB 的访问接口，对 OLE DB 的接口做了封装，定义了 ADO 对象，使得程序开发得到简化，它属于数据库访问的高层接口。ADO 是最新的数据库访问技术。ADO 是使用更加简单而又更加灵活的对象模型,本工程中,使用 ADO 作为数据访问接口。

9.3 ADO 技术介绍

9.3.1 ADO 历史回顾

ADO 共发布了 1.0、1.5 和 2.0 三个版本。

第一个版本 1.0 是 RDO 的一个功能子集,它的目标是帮助开发人员在 IIS 上建立 ASP 应用。

第二个版本 1.5 是随 IIS 4.0 和 Internet Explorer 4.0 一起发布的,它也被包含在 MDAC(Microsoft Data Access Components)里。从这个版本开始,ADO 开始成为在功能和运作效率上都高出 RDO 和 DAO 一筹的数据库界面。

最新的版本 2.0 加入了别的数据库客户技术从未有过的新技术。ADO 2.0 实际上是基于 MSADO15.DLL 这个链接库的,这个库文件的名字虽然和ADO 1.5 的一样,但是它实现了更新的接口。ADO 2.0 采用的新技术有:

- 异步操作和事件模型。
- 数据集的持续性。
- 层次化的数据输运。

9.3.2 ADO 特点概述

用 ADO 访问数据源的特点可以概括为以下几点:

(1) 易于使用,可以说这是 ADO 最重要的特点之一。

ADO 是高层数据库访问技术,相对于 ODBC 来说,具有面向对象的特点。同时,在 ADO 对象结构中,对象与对象之间的层次结构不是非常明显的,这会给编写数据库程序带来很多便利,例如,在应用程序中如果要使用记录集对象,就不一定要建立连接、会话对象,可以直接构造记录集对象。总之,已经没有必要去关心对象的层次和构造顺序了。

(2) 可以访问多种数据源。

这一点和 OLE DB 是一样的,应用程序具有很好的通用性和灵活性。

(3) 访问数据源效率高。

这是由于 ADO 本身就是基于 OLE DB 的接口,自然具有 OLE DB 的特点。

(4) 方便的 Web 应用。

ADO 可以以 AcitveX 控件的形式出现,这就大大方便了 Web 应用程序的编制。

9.3.3　ADO 数据模型

1. ADO 的操作方式

(1) 连接到数据库。

(2) 指定访问数据源的命令，同时可带变量参数或优化执行，通常涉及 ADO 的 Command 对象。

(3) 执行命令，例如一个 SELECT 脚本。

(4) 如果这个命令使数据按表中行的形式返回(例如 SELECT 命令)，则将这些行存储在易于检查、操作或更改的缓存中。

(5) 适当情况下，可以把缓存中的更改内容写回数据库中，更新数据。

(6) 提供常规方法检测错误(错误常由建立连接或执行命令造成)，涉及 ADO 的 Error 对象。

2. ADO 编程模型提供的主要元素

(1) 连接

通过"连接"，可以从应用程序中访问数据源。连接时必须指定要连接到的数据源以及连接所使用的用户名和口令等信息。

(2) 命令

可以通过已建立的连接发出命令，对数据源进行指定的操作。一般情况下，可以通过命令在数据源中添加、修改或删除数据，也可以检索满足指定条件的数据。

在对象模型中用 Command 对象来体现命令的概念。

(3) 参数

在执行命令时可以指定参数，参数可以在命令发布之前进行更改。例如，可以重复发出相同的数据检索命令，但是每一次指定的检索条件不同。

对象模型中用 Parameter 对象来体现参数概念。

(4) 记录集

查询命令可以将查询结果存储在本地，这些数据以"行"(记录)为单位，返回数据的集合被称为记录集。

对象模型将记录集体现为 Recordset 记录集。

(5) 字段

一个记录集行包含一个或多个字段。如果将记录集看作二维网格，字段将排列起来构成列。每一字段(列)都分别包含有名称、数据类型和值的属性，值中包含了来自数据源的真实数据。

在对象模型中用 Field 对象体现字段。

要修改数据源中的数据，可在记录集的行中修改 Field 对象的值，对记录集的更改最终被送给数据源。

(6) 错误

错误在应用程序中可能随时发生,通常是由于无法建立连接、执行命令或对某些状态(例如,试图使用没有初始化的记录集)的对象进行操作所引起的。

在对象模型中用 Error 对象体现错误。任何发生的错误都会产生一个或多个 Error 对象。

(7) 属性

每个 ADO 对象都有一组唯一的"属性"来描述或控制对象的行为。属性有内置和动态两种类型。内置属性是 ADO 对象的一部分并且随时可用。动态属性则由特别的数据提供者添加到 ADO 对象的属性集合中,仅在提供者被使用时才能存在。

在对象模型中用 Property 对象体现属性。

(8) 集合

ADO 集合是一种可方便地包含其他特殊类型对象的对象模型。使用集合方法可按名称(文本字符串)或序号(整型数)对集合中的对象进行检索。

ADO 支持 4 种类型的集合:

- Connection 对象具有 Errors 集合,包含为响应与数据源有关的单一错误而建立的所有 Error 对象。
- Command 对象具有 Parameters 集合,包含应用于 Command 对象的所有 Parameter 对象。
- Eordset 对象具有 Fields 集合,包含 Recordset 对象中所有列的 Field 对象。
- Connection、Command、Recordset 和 Field 对象都具有 Properties 集合,它包含各个对象的 Property 对象。

9.3.4 常用 ADO 对象介绍

ADO 库包含 3 个基本接口,即_ConnectionPtr 接口、_CommandPtr 接口和_RecordsetPtr 接口。它们分别对应 Connection 对象、Command 对象和 Recordset 对象。下面分别对 ADO 数据模型中的常用对象进行介绍。

1. Connection 对象

Connection 对象代表与数据源的连接。如果是客户端/服务器数据库系统,该对象可以等价于到服务器的实际网络连接。

在访问数据库时,首先需要建立一个 Connection 对象,通过它建立到数据库的连接。通常需要在头文件中定义一个 Connection 对象,代码如下:

```
Public://添加一个指向 Connection 对象的指针
_ConnectionPtr m_pConnection;
```

创建 Connection 对象的方法如下:

```
//创建 Connection 对象
```

m_pConnection.CreateInstance("ADODB.Connection");

创建 Connection 对象后，还需要设置具体的属性，连接到指定的数据库。下面介绍常用的属性及方法。

(1) ConnectionString 属性

ConnectionString 是连接字符串，指定用于建立连接数据源的信息。可以通过直接设置数据源提供者(Provider)和数据库文件表示连接字符串，代码如下：

m_pConnection－＞ConnectionString＝"Provider＝SQLOLEDB.1;Password＝sa;UserId＝sa;InitialCatalog＝UserMan;Data Source＝localhost"

Provider 用于定义数据源提供者，使用 SQLLEDB.1 表示数据源为 SQL Server；UserID 用于定义访问数据库的用户名，Password 用于定义密码，只有给出正确的用户名和密码才能连接到指定的数据库；Initial Catalog 用于定义要访问的数据库；Data Source 用于定义数据库所在的服务器，localhost 表示数据库服务器就是本地计算机。

(2) Connection Timeout 属性

Connection Timeout 属性指示在终止尝试和产生错误之前执行命令需等待的时间，默认值为 30s。

(3) Mode 属性

Mode 属性指定 Connection 对象修改数据的权限。Mode 属性的值如表 9.1 所示。

表 9.1　Mode 属性的值

常　量	说　明
adModeUnknown	默认值。表明权限尚未设置或无法确定
adModeRead	表明权限为只读
adModeWrite	表明权限为只写
adModeReadWrite	表明权限为读/写
adModeShareDenyRead	防止其他用户使用读权限打开连接
adModeShareDenyWrite	防止其他用户使用写权限打开连接
adModeShareExclusive	防止其他用户打开连接
adModeShareDenyNone	防止其他用户使用任何权限打开连接

(4) State 属性

State 属性返回 Connection 对象的状态。State 属性的值如表 9.2 所示。

表 9.2　State 属性的值

常　量	说　明
adStateClosed	默认。指示对象是关闭的
adStateOpen	指示对象是打开的
adStateConnection	指示 Recordset 对象正在连接
adStateExecuting	指示 Recordset 对象正在执行命令
adStateFetching	指示 Recordset 对象正在被读取

（5）Open 方法

Open 方法用于打开到数据源的连接。Open 方法的语法结构如下：

Connection. Open(ConnectionString，UserID，Password，Options)

其中，ConnectionString 是连接字符串，UserID 是访问数据库的用户名，Password 是密码，Options 是连接选项。如果 ConnectionString 中包含了用户名和密码等信息，则相应的参数可以省略。如果设置了 Connection 对象的 ConnectionString 属性，Open 方法就不需要设置参数了。

（6）Close 方法

Close 方法用于关闭到数据源的连接。访问数据库完成后，为了节省资源，通常需要将数据库连接关闭。

2. Command 对象

Command 对象定义了将对数据源执行的命令。Command 对象的常用属性和方法如下：

（1）ActiveConnection 属性

通过设置 AcitveConnection 属性使打开的连接与 Command 对象关联。

（2）Command 属性

定义命令（例如 SQL 语句）的可执行文本。

（3）Execute 方法

执行在 CommandText 属性中指定的查询、SQL 语句与存储过程。如果 CommandText 属性指定按行返回查询，执行所产生的结果将存储在新的 Recordset 对象中。

此方法在程序中主要用于 SQL 语句的执行，但在执行时我们没有直接调用此函数，而是将其封装在类中，使用调用类成员函数。具体应用如下：

m_pConnection－>Execute(bstrSQL，NULL，adCmdText)

3. Recordset 对象

Recordset 对象表示来自基本表或命令执行结果的记录全集。使用 ADO 时，通过 Recordset 对象可对几乎所有数据进行操作。所有 Recordset 对象均使用记录（行）和字段（列）进行构造。Recordset 对象的常用属性如下：

(1) AbsolutePosition 属性

指定 Recordset 对象当前记录的序号位置。

(2) adoBOF、adoEOF 属性

adoBOF 指示当前记录位置位于 Recordset 对象的第一个记录之前，adoEOF 指示当前记录位置位于 Recordset 对象的最后一个记录之后。

这两个属性经常被用来判断记录指针是否越界。adoBOF 或 adoEOF 为真时，不能从结果集中读取数据，否则会产生错误。

(3) MaxRecord 属性

指定通过查询返回 Recordset 的记录的最大数目。例如只需要返回前 10 条记录时，可以将 MaxRecord 属性设置为 10。

(4) GetCollect 方法

返回当前记录集中指定的字段值。

这个方法我们在程序中经常用到。例如语句：

```
(LPCTSTR)(_bstr_t)m_pRecordset->GetCollect("用户名");
```

这一语句将记录集当前记录中名为"用户名"的字段值以 CString 类型返回。

(5) Move 方法

在记录集中移动指针。

(6) MoveFirst、MoveLast、MoveNext 和 MovePrevious 方法

在指定的 Recordset 对象中移动到第一个、最后一个、下一个或前一个记录并使该记录成为当前记录。

这些方法结合 adoBOF、adoEOF 属性在程序中经常用于记录集的查询。例如：

```
for(m_pRecordset->MoveFirst();! m_pRecordset->adoEOF;
    m_pRecordset->MoveNext())
{
…
}
```

利用上面的循环，我们可以很容易地将记录集中的所有记录行从头到尾依次访问一遍，再根据相应判断就可以找到所需的记录行。

(7) Open 方法

使用 Open 方法可打开代表基本表查询结果或者以前保存的 Recordset 中记录的游标。Open 方法的语法如下：

recordeset. Open (Source, ActiveConnection, CursorType, LockType, Options)

其中，Source 是记录源，它可以是一条 SQL 语句、一个表或一个存储过程等；ActiveConnection 指定相应的 Connection 对象；CursorType 指定打开 Recordset

时使用的游标类型，它的值如表 9.3 所示；LockType 指定打开 Recordset 时应该使用的锁定类型；Options 指定 Source 参数的类型，常用的 Options 属性值如表 9.4所示。

程序中我们将其封装，用以执行 SELECT 语句，并返回查询记录集。具体应用如下：

① 首先创建记录集对象。

m_pRecordset. CreateInstance(_uuidof(Recordset))

② 然后执行 SELECT 语句，取得表中的记录。

m_pRecordset－＞Open（bstrSQL，m_pConnection. GetInterfacePtr（），adOpenDyanmic，adLockOptimistic，adCmdText)

表 9.3　Cursor 属性的值

常　量	说　明
adOpenForwardOnly	打开仅向前类型游标
adOpenKeyset	打开键集类型游标
adOpenDynamic	打开动态类型游标
adOpenStatic	打开静态类型游标

表 9.4　常用 Options 属性的值

常　量	说　明
adCmdText	将 Source 视为命令
adCmdTable	生成 SQL 查询从在 Source 中命名的表中返回所有行
adCmdTableDirect	直接从在 Source 中命名的表中返回所有行
adCmdStoreProc	将 Source 视为存储过程
adCmdUnknown	Source 参数中的命令类型为未知
adCmdFile	从在 Source 中命名的文件中恢复保留的(保存的)Recordset

9.4　ADO 技术访问数据库在 VC＋＋中的具体实现

在 Visual C＋＋中使用 ADO 技术访问数据库，应进行合理的规划。下面着重介绍如何规划。

9.4.1　函数封装

为了方便地在 Visual C++中使用 ADO 访问数据库，需要适当进行封装。这也正是 VC++的特点。适当的封装可以简化程序的编写，提高工作效率。我们把常用的 ADO 对数据库进行操作的函数封装在类 ADOConnection 中（例如连接数据库、断开连接、执行命令），在需要的时候我们只需要调用类的成员变量和成员函数即可。具体封装如下：

```
class ADOConnection
{
    //定义变量
    public:
    //添加一个指向 Connection 对象的指针
    _ConnectionPtr myconnection;
    //添加一个指向 Recordset 对象的指针
    _RecordsetPtr myrecordset;
    //定义方法
    public:
    ADOConnection();
    virtual~ADOConnection();
    void OnInitADOConnection();
    _RecordsetPtr &GetRecordSet(_bstr_t bstrSQL);
    BOOL ExecuteSQL(_bstr_t bstrSQL);
    void ExitConnection();
};
```

说明：

- ADOConnection()为初始化连接数据库。
- GetRecordSet(_bstr_t bstrSQL)执行 SELECT 语句，返回结果集，参数 bstrSQL 表示要执行的 SELECT 语句。
- ExecuteSQL(_bstr_t bstrSQL)执行 SELECT 语句外的其他 SQL 语句，使用 INSERT 语句和 UPDATE 语句，这些 SQL 语句不返回结果集。
- ExitConnection()断开到数据库的连接。

9.4.2　ADO 的使用

在将访问数据库的函数封装之后，如果要对数据库进行操作，那我们要做的就是创建 ADOConnection 对象，调用对象的成员函数。具体步骤可参照图 9.1。

下面是程序中的一个具体的例子，从这个例子我们可以看出利用 ADO 访问数据库的基本步骤是相同的。

```
ADOConnection m_AdoConn;  //创建 ADOConnection 对象
m_AdoConn.OnInitADOConnection();  //调用数据库连接函数
//设置 SELECT 语句
_bstr_t vSQL;
vSQL="SELECT * FROM Users WHERE UserName='"+m_UserName
+"'";
//其中 Users 是数据库表
_RecordsetPtr m_pRecordset;  //创建 Recordset 对象
m_pRecordset=m_AdoConn.GetRecordSet(vSQL);  //执行 SELECT 语句
if (m_pRecordset->adoEOF)  //查询 Recordset 对象属性
    return 0;
else
    return 1;
m_AdoConn.ExitConnection();  //调用断开连接函数
```

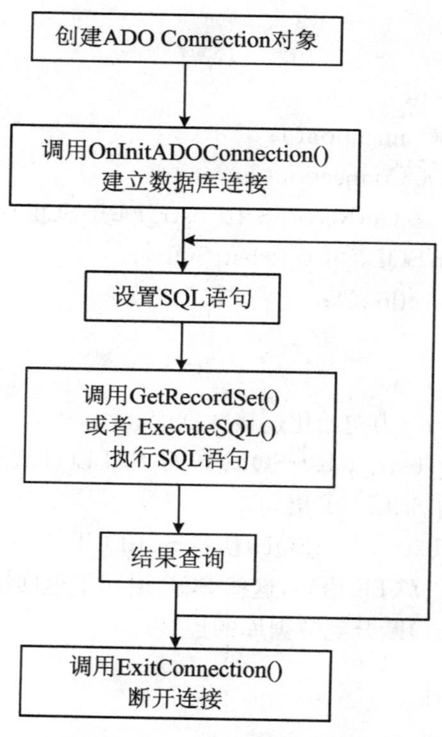

图 9.1　ADO 使用流程

9.5 数据库管理

上面几节我们着重讲述了 Visual C++如何使用 ADO 技术访问数据库以及相应技术的介绍与实现。虽然上一节中我们提到利用 ADO 技术访问数据库的步骤是基本相同的,但具体的数据库管理却有许多细节,例如更新数据库表,修改、插入或者删除数据库表中的字段值时会存在各种各样的问题。这里我们不详细说明这些问题,而是在第 10 章人机交互中讨论这些问题。因为数据库管理是与上层软件的功能息息相关的,我们在实现软件功能的同时就需要考虑如何对数据库进行管理,所以在第 10 章中讨论某项具体功能时再对其中的数据库管理加以阐述是比较合理的。

我们数据库管理的思想也是来自于 Visual C++的程序设计思想。我们为数据库中的每个表都创建一个类,类的成员变量对应表的列,类的成员函数是对成员变量的操作,这样我们把每个表都封装成了一个类。要对数据库中的表进行操作时,只需要通过类的操作进行即可。

9.6 数据库报表生成

数据库中的数据(例如传感器的检测值)在工程中需要以 Excel 报表的形式输出。主要原因是:第一,Excel 具有强大的表格功能和数据处理功能,管理人员可以轻松地管理数据、处理数据和分析数据(例如对数据进行排序、分类、制作图表等);第二,输出报表使我们可以对数据进行保存,起到保护数据的作用。数据库报表输出是软件中的重要功能之一。下面我们介绍 VC++中如何进行 Excel 报表的输出。

9.6.1 ActiveX Automation 技术

ActiveX Automation 技术是 MS 公司推出的一个技术指标,该技术是 OLE 技术的进一步扩展,允许应用程序之间相互调用。Excel 将电子表格暴露为自动化对象,并可以处理电子表格中的单元、行或列的接口。因此可利用 Excel 的 ActiveX Automation 功能,用 VC 编写 OLE Automation 客户机,而让 Excel 作为 OLE Automation服务器,通过程序接口实现输出数据到 Excel 形成报表。

1. *Excel 主要对象模型描述*

要利用 Excel 的 ActiveX Automation 功能,实现数据报表的输出,必须与

Excel对象模型提供的对象进行交互。Excel提供了数百个可能需要与之交互的对象，我们只介绍程序中用到的几个对象：

(1) Application对象：Application对象提供了大量有关正在运行的应用程序应用于该实例的选项以及在该实例中打开的当前用户的对象的信息。

(2) Workbooks对象：Workbooks对象表示应用程序的工作簿集。

(3) Workbook对象：Workbook对象表示应用程序的单个工作簿。

(4) Worksheets对象：Worksheets对象表示当前工作簿中所有的工作表集。

(5) Worksheet对象：Worksheet对象表示当前工作簿中的单个工作表。

(6) Range对象：Range对象表示一个单元格、一行、一列、包含一个或多个单元格。

2. *数据写入方式*

数据写入方式有两种：一种是直接生成新的Excel文档，将数据写入；一种是利用Excel创建的报表模板，将数据写入。第一种方式通过程序创建一个新的Excel文件，然后直接将报表数据输出到该Excel文件中，这种方法适用于简单报表的生成，遇到复杂报表程序会比较繁琐。第二种方式利用Excel的各种功能设定报表格式，生成要求的模板文件，实现各种复杂格式的报表。如需要改变表格格式，只需要将模板文件稍加修改即可。程序中调用模板进行报表输出。我们选择了第二种方式对数据进行输出。

9.6.2 报表输出实现

程序中我们是按照图9.2的流程进行报表输出的。

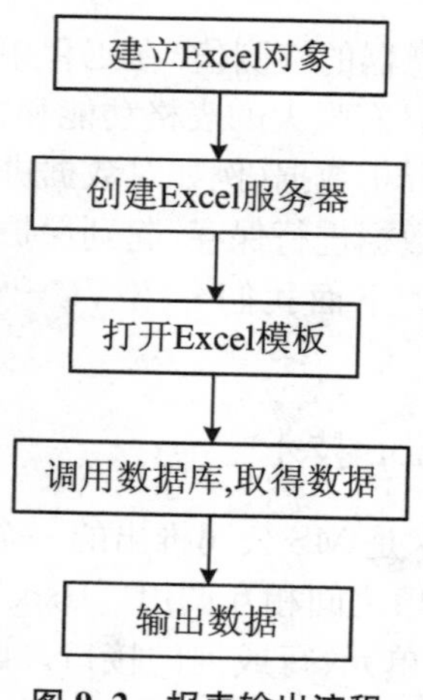

图9.2 报表输出流程

下面对每一步进行简单的介绍。

1. 建立 Excel 对象

程序中我们创建了上面描述的 Excel 的主要对象，通过它们找到输出数据的单元格。这些对象包括：

(1) _Application ExcelApp;

(2) Workbooks MyBooks;

(3) _Workbook MyBook;

(4) Worksheets MySheets;

(5) _Worksheet MySheet;

(6) Range MyRange。

2. 创建 Excel 服务器

程序代码如下：

```
//创建 Excel 2000 服务器(启动 Excel)
if (! ExcelApp. CreateDispatch("Excel. Application",NULL))
{
    AfxMessageBox("创建 Excel 服务失败!");
    exit(1);
}
```

3. 打开模板

程序代码如下：

```
//利用模板文件建立新文档
MyBooks. AttachDispatch(ExcelApp. GetWorkbooks(),true);
MyBook. AttachDispatch(MyBooks. Add(_variant_t("I:\\锚杆应力计.
xls")));
//锚杆应力计是高边坡大型监测系统中的一种传感器
```

4. 调用数据库

步骤可参考 9.4 节中的内容。

5. 输出数据

输出数据时，我们采用单元格输入，也就是说每个数据都对应一个单元格。

首先得到 Worksheets：

```
MySheets. AttachDispatch(MyBook. GetWorksheets(),true);
```

然后得到 sheet1：

```
MySheet. AttachDispatch(MySheets. GetItem(_variant_t("Sheet1")),true);
```

再得到全部单元格，此时，MyRange 是单元格的集合：

```
MyRange. AttachDispatch(MySheet. GetCells(),true);
```

在得到所有单元格之后，我们将数据输出到对应的单元格(以单元格(1,1)为例)：

```
MyRange.SetItem(_variant_t((long)1),_variant_t((long)1),_variant_t(m_SensorCode));
```

9.6.3 报表输出实例

由于数据分析时以传感器组为单位，所以我们选取同一截面的4个多点变位计(传感器名称)作为输出目标，报表输出如图9.3所示。

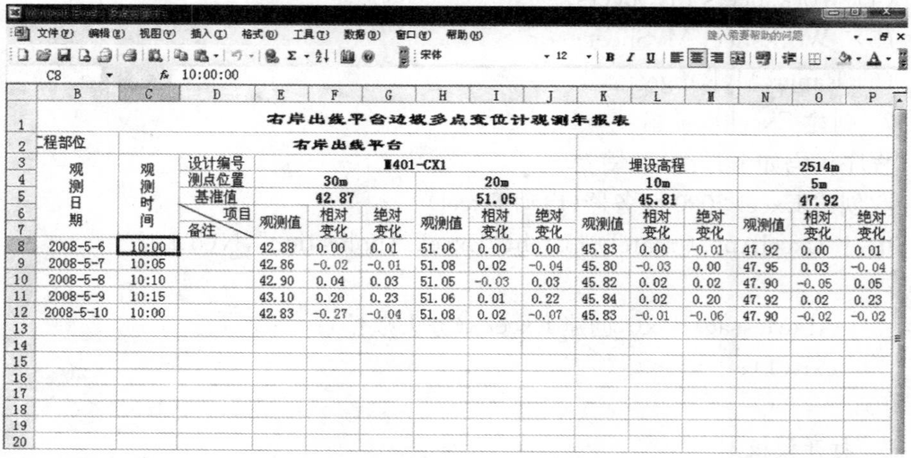

右岸出线平台边坡多点变位计观测年报表

工程部位	右岸出线平台													
观测日期	观测时间	设计编号	M401-CX1						埋设高程			2514m		
		测点位置	30m			20m			10m			5m		
		基准值	42.87			51.05			45.81			47.92		
		项目 / 备注	观测值	相对变化	绝对变化	观测值	相对变化	绝对变化	观测值	相对变化	绝对变化	观测值	相对变化	绝对变化
2008-5-6	10:00		42.88	0.00	0.01	51.06	0.00	0.00	45.83	0.00	-0.01	47.92	0.00	0.01
2008-5-7	10:05		42.86	-0.02	-0.01	51.08	0.02	-0.04	45.80	-0.03	0.00	47.95	0.03	-0.04
2008-5-8	10:10		42.90	0.04	0.03	51.05	-0.03	0.03	45.82	0.02	0.02	47.90	-0.05	0.05
2008-5-9	10:15		43.10	0.20	0.23	51.06	0.01	0.22	45.84	0.02	0.20	47.92	0.02	0.23
2008-5-10	10:00		42.83	-0.27	-0.04	51.08	0.02	-0.07	45.83	-0.01	-0.06	47.90	-0.02	-0.02

图9.3 报表输出

图中测值是从数据库中对应的传感器测值表中提取出来，然后输出到Excel模板中的。

第 10 章　上层人机交互

人机交互部分是上层软件最为重要的一部分，它不仅要给监控系统管理人员一个管理系统传感器的接口，提供简便而且完善的功能，同时还要提供维护串口管理和数据库管理的接口。它是上层软件和底层测量模块以及通信部分联系的桥梁。我们已经在前面第 9 章中对数据库和访问数据库的方式做了详细介绍，并且简单描述了数据库管理的思想，在第 6 章中对串口管理做了详细介绍，本章中我们将结合数据库管理对人机交互做详细介绍。

图 10.1 给出了拉西瓦人机交互界面的效果图。

图 10.1　拉西瓦人机交互界面图

10.1 人机交互功能描述

作为监控系统传感器管理软件，人机交互主要需要完成以下功能：

1. 底层传感器查询

包括：

(1) 传感器属性信息查询，如设计编号、埋设高程、部位、仪器名称、安装日期、总线号、位置、模块号、通道号等；

(2) 传感器测值查询，包括测值大小、测值时间等参数；

(3) 传感器测值绘图。

2. 高边坡的出线平台图管理

包括：

(1) 不同出线平台图的显示；

(2) 出线平台图的插入；

(3) 出线平台图上传感器节点的管理，包括添加、修改、删除。

3. 串口管理

包括：

(1) 串口设置，包括COM口、波特率和校验位的设置；

(2) 串口的打开、关闭；

(3) 与底层传感器通信。

4. 用户管理

包括：

(1) 用户属性的查询，包括用户名、密码和用户类型；

(2) 新用户的添加；

(3) 用户名及密码的更改。

10.2 人机交互整体设计

明确了人机交互的功能要求后，我们就可以对人机交互进行整体的设计。为了便于工作人员操作，我们将出线平台图管理、串口管理和用户管理做成下拉菜单的形式，而传感器查询则在出线图上直接操作。

人机交互的整体结构如图10.2所示。

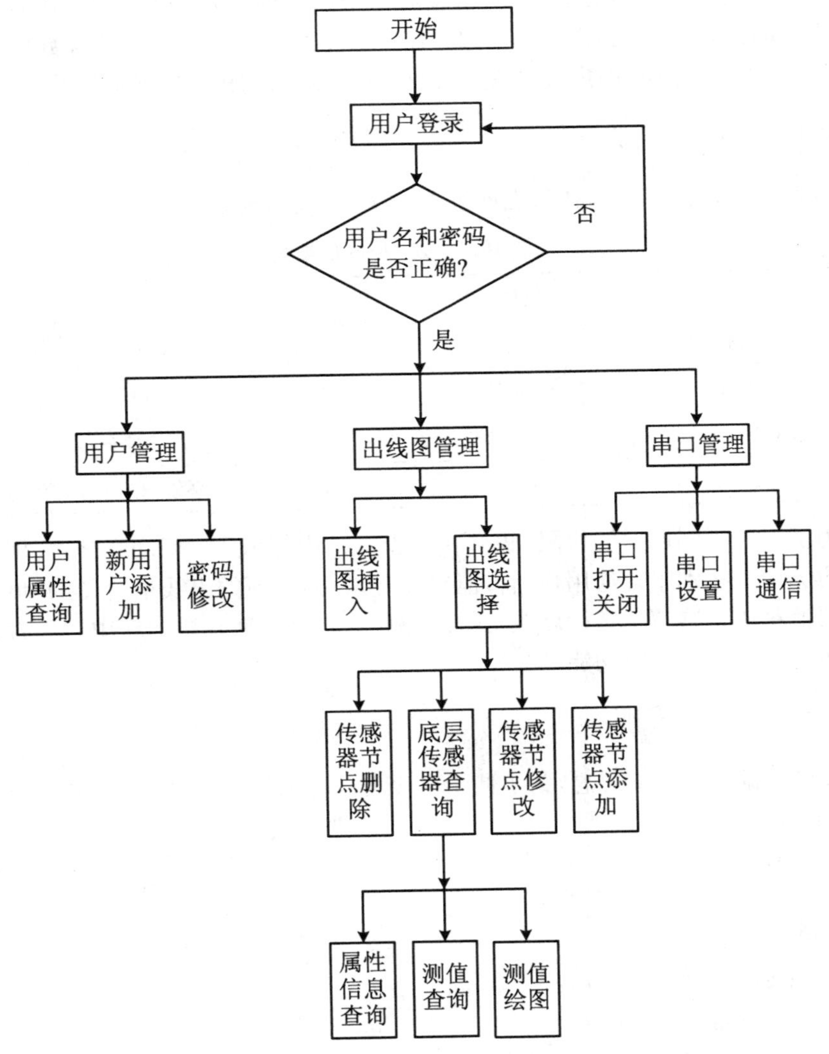

图 10.2　人机交互的整体结构

在下面的几节中我们将结合数据库管理逐一对人机交互的功能进行介绍。

10.3　用户管理设计

软件中我们加入此项功能是为了区分不同用户的操作权限，防止由于操作人员的失误造成损失。我们将用户分成两类，一类是管理用户，一类是普通用户。管理用户主要负责软件功能的维护，而普通用户则只能使用一些基本功能。我们把所有用户的信息存放在数据库中，因此需要数据库操作和管理。结合数据库管理，我们从用户信息存储、用户表管理、登录模块三部分对用户管理进行介绍。

10.3.1 用户信息的存储

我们将用户信息保存在数据库表 Users 中，表结构如表 10.1 所示。

表 10.1 表 Users 的结构

字段名称	数据类型	说 明
UserId	int	用户编号
UserName	varchar	用户名
UserPwd	varchar	用户密码
UserType	int	用户类型(1:系统管理员;2:普通用户)

为了区分不同用户的权限，我们在表 Users 中加入 UserType 字段，用以区分用户的类型。区别于普通用户，管理员用户可以插入新的出线平台图，并可在出线平台图上对传感器节点进行修改、添加和删除，同时还拥有添加新用户和查询所有用户属性等一系列系统功能。

10.3.2 用户表管理

根据数据库管理的思想，为了便于对表 Users 的操作，在主程序中为表添加类 CUsers，代码如下：

```
class CUsers
{
public:
    CString UserName;
    CString UserPwd;
    int UserType;
public:
    CUsers();
    virtual~CUsers();
    int CheckName(CString m_UserName);   //查寻用户名是否存在
    CString GetPwd(CString m_UserName);   //获得密码
    void GetData(CString m_UserName);   //获得用户信息
    void ChangePwd(CString m_UserName);   //修改密码
    //插入用户
    void InsertUser(CString m_UserName, CString m_UserPwd);
```

```
};
```

从类的定义可以看出，成员变量与数据库中表 Users 的列相同，这样便于成员函数对成员变量的操作。

在对用户表进行操作时，我们只需要定义好 CUsers 对象，再调用其相应成员函数即可。例如我们要修改密码时，要调用修改密码对话框，如图 10.3 所示。

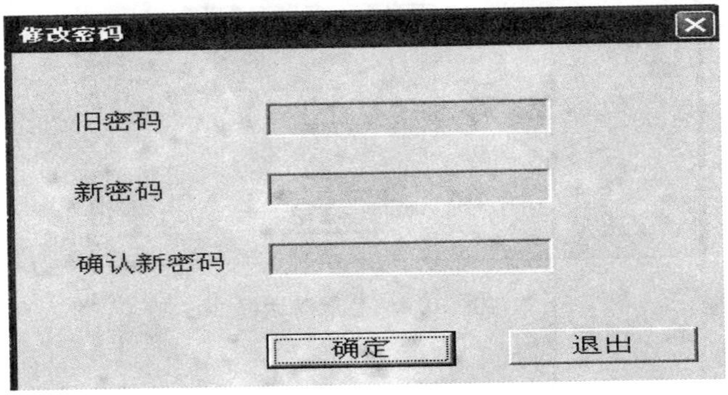

图 10.3　修改密码对话框

我们可先定义 CUsers 对象，再调用函数 ChangePwd()。当我们点击“确定”后，即可完成密码修改。当然我们需要保证旧密码的正确、新密码和确认密码的相同。具体代码如下：

```
void ChangePass::OnOK()
{
    //定义 CUsers 对象，用于从表 Users 中读取数据
    CUsers user;
    user.GetData(curUser.UserName);
    //如果读取的数据与用户输入数据不同，则返回
    user.UserPwd=m_NewPwd;
    user.ChangePwd(curUser.UserName);
    CDialog::OnOK();
}
```

当然，用户管理还有其他的功能，例如新用户的添加、用户属性的查询等，这些功能的实现与上面所述功能的实现过程类似，这里不做详述。

10.3.3　登录模块设计

为了保证系统的安全，在系统初始化时我们调用登录对话框，提示用户登录。对话框如图 10.4 所示。

用户登录时，我们需要检查用户名是否存在，若用户名存在，还要检查用户密码是否正确。在登录系统后，用户信息要保存下来，因为我们要据此来判断用户的

类型,进而知道用户的操作权限。系统将用户信息保存在全局变量 curUser 中,这样在每一个子函数中都可以根据 curUser. UserType 来判断用户类型。

图 10.4 登录对话框

10.4 出线平台图管理设计

10.4.1 出线平台图的存储

在 Visual C++中我们可以通过 insert 功能插入 bitmap 类型的图像,但却不能动态地管理出线图。所以我们同样用数据库管理出线图,这样我们可以动态地显示、插入出线图。数据库出线图表结构如表 10.2 所示。

表 10.2 出线图表结构

字段名称	数据类型	说 明
ImageId	int	出线图编号
Image	image	出线图
ImageName	varchar	出线图名称

其中数据类型 image 可以存储超过 8 KB 的二进制数据,我们将出线图存储为 image 类型。出线图编号与出线图一一对应,在程序中我们根据出线图编号来定位出线图。

10.4.2 出线平台图的显示

如上节所述,我们根据出线图编号来定位出线图,所以程序中我们用标志变量 Cxtuflag 标示出线图,显示时根据 Cxtuflag 显示不同的图片。

出线图选择对话框要将所有的出线图名称显示出来，供工作人员选择，所以调用对话框之前要先访问数据库中的出线图表，取出包含所有出线图的记录集，然后将记录集中的出线图名称字段一一显示出来。如图 10.5 所示。

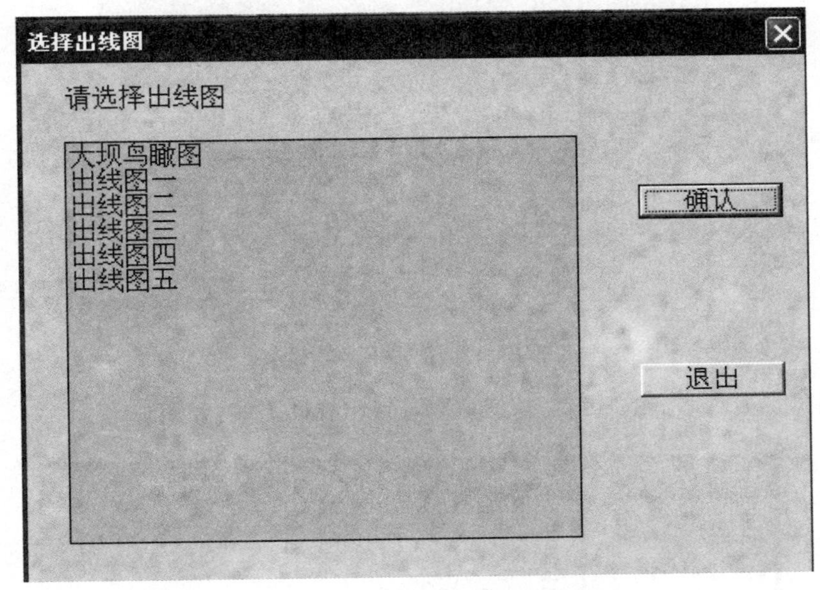

图 10.5　出线图选择对话框

不同的出线图名称对应不同的 Cxtuflag 值，而 Cxtuflag 值与数据库中的出线图编号对应。工作人员选择了不同的出线图后，程序根据 Cxtuflag 值在数据库中加载与之对应的出线图。

在选择了出线平台图以后，我们需要将其显示出来。出线平台图显示程序如下：

```
CPaintDC dc(this);  //device context for painting
if(! m_hBitmap)  //如果内存中没有 BMP 数据，则返回
return;
HBITMAP tmpBitmap;  //用于保存输出到屏幕的 BMP 数据
CDC MemDC;  //CDC 对象，用于输出到屏幕
MemDC.CreateCompatibleDC(&dc);
tmpBitmap=(HBITMAP)MemDC.SelectObject(m_hBitmap);
dc.BitBlt(30, 30, 800, 539, &MemDC, 0, 0, SRCCOPY);
MemDC.SelectObject(tmpBitmap);
```

10.4.3　出线平台图的插入

根据工程的需要，需要能够随时插入新的出线图，并将之显示出来。所以我们

添加了出线平台图插入功能。当工作人员要插入新图时，会显示出线图插入对话框，如图 10.6 所示。

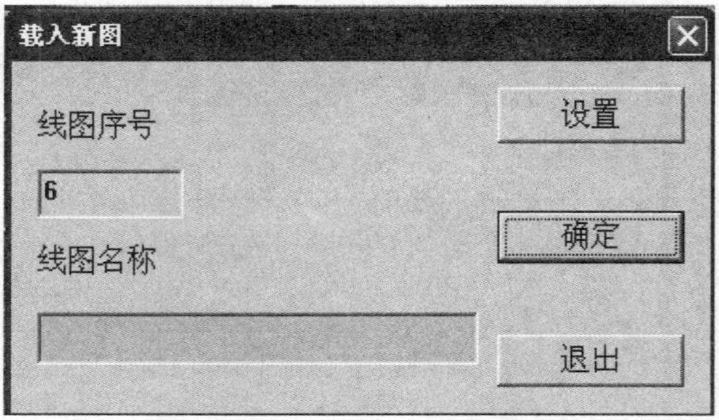

图 10.6　出线图插入对话框

通过点击对话框的"设置"按钮可以选择出线图路径，如图 10.7 所示。

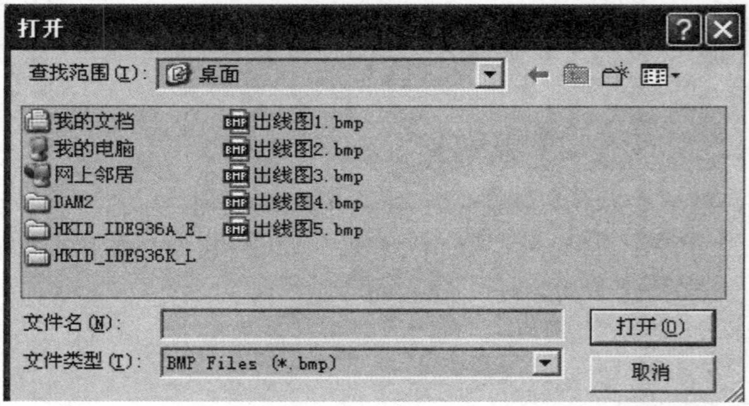

图 10.7　出线图路径选择

在图 10.7 中，指定出线图名称，然后点击"确定"按钮就可以将选择的出线图插入。我们先将图像读入图像缓冲区中，再将缓冲区中的内容读入到数组，最后将数组中的内容写入到数据库。插入程序如下：

```
char *m_pBuffer;  //从 BMP 文件中读取的数据存放在此变量中
//读取 BMP 文件到 m_pBuffer
CFile file;  //定义文件对象
if( ! file.Open(pathname, CFile::modeRead))  //以只读方式打开文件
{
    MessageBox("无法打开 BMP 文件");
    return;
```

```
}
DWORD m_filelen;   //用于保存文件长度
m_filelen=file.GetLength();  //读取文件长度
m_pBuffer=new char[m_filelen+1];  //根据文件长度分配数组空间
if(! m_pBuffer)  //如果空间不足则返回
{
    MessageBox("无法分配足够的内存空间");
    return;
}
//读取 BMP 文件到 m_pBuffer
if(file.ReadHuge(m_pBuffer, m_filelen) ! =m_filelen)
{
    MessageBox("读取 BMP 文件时出现错误");
    return;
}
VARIANT      varBLOB;
SAFEARRAY      *psa;  //定义数组
SAFEARRAYBOUND rgsabound[1];
rgsabound[0].lLbound=0;
rgsabound[0].cElements=m_filelen;
psa=SafeArrayCreate(VT_UI1,1,rgsabound);  //创建数组
//将 m_pBuffer 中的图像数据写入数组 psa
for(long i=0;i<(long)m_filelen; i++)
    SafeArrayPutElement (psa, &i, m_pBuffer++);
varBLOB.vt=VT_ARRAY | VT_UI1;
varBLOB.parray=psa;
//调用 AppendChunk()函数将图像数据写入 Photo 字段
m_pRs->GetFields()->GetItem("Image")->AppendChunk(var-
BLOB);
//更新数据库
m_pRs->Update();
//断开与数据库的连接
m_AdoConn.ExitConnection();
```

10.5　出线图上传感器节点的管理

为了方便对传感器的操作,我们把出线图上的一点作为传感器的标示,通过此点对底层传感器进行查询。为此我们将出线图上一点的 X 坐标和 Y 坐标作为传感器的标志,并将其存入数据库与传感器设计编号相对应。这样我们只需要通过 X、Y 坐标运算就可以唯一地找到传感器的信息。由于传感器管理的重要性,我们将在本节中详细讨论传感器管理。

10.5.1　传感器节点的存取与显示

上面提到传感器节点与 X、Y 坐标一一对应,所以存储传感器节点时只需要存储其 X、Y 坐标即可。但为了与出线图对应,在传感器信息中我们要将传感器节点对应的出线图编号存储起来。当我们要插入新的传感器节点时,我们也记录鼠标的 X、Y 坐标,以及当时出线图的编号即 Cxtuflag,然后将其写入数据库。

当我们要显示传感器节点时,我们将数据库中所有与出线图相对应的传感器节点的 X、Y 坐标提取出来,并以其为中心显示圆点,如图 10.8 所示。从图中我们可以看到,不同的传感器具有不同的编号。通过在圆点处鼠标左击或者鼠标右击可以显示能对传感器进行的操作。

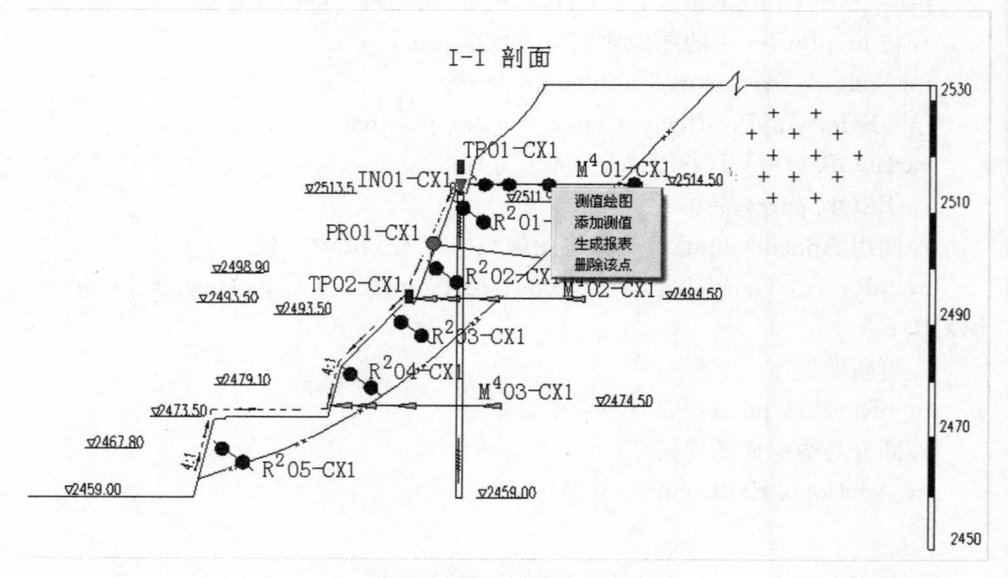

图 10.8　传感器节点显示

10.5.2 底层传感器查询设计

1. 传感器信息存储

同样，我们把传感器信息以表的形式存入数据库中。表结构如表 10.3 所示。

设计编号是唯一的，不同的传感器有不同的设计编号。例如 M401 - CX1 - 1 表示出线图一的第一组锚杆应力计的第一个传感器。由上一节可知，线图编号和 X、Y 坐标共同确定了传感器的显示位置，同样这些信息也是和设计编号一一对应的。

表 10.3 传感器信息表结构

字段名称	数据类型	说　明
线图编号	int	传感器所在的出线图
设计编号	varchar	传感器标示
埋设高程	varchar	传感器埋设高度
部位	varchar	传感器所在部位
仪器名称	varchar	传感器名称
安装日期	varchar	传感器安装时间
模块号	varchar	确定传感器物理位置
线箱号	varchar	确定传感器物理位置
X 坐标	int	与 Y 坐标一起标示传感器
Y 坐标	int	与 X 坐标一起标示传感器

2. 传感器信息表管理

为了便于对表的操作，在程序中加入类 CsensorAttr：

```
class CSensorAttr
{
public:
    int XtuId;
    CString SensorCode;
    CString High;
    CString Position;
    CString SensorName;
    CString InstallDate;
    CString Model;
    CString XianX;
    int Xpoint;
```

```
        int Ypoint;
        CString Remark;
    public:
        CSensorAttr();
        virtual~CSensorAttr();
        CString CheckName(int x, int y, int Id);
        void GetData(CString m_SensorCode);
        void InsertSensor(int x, int y);
        void ModSensor(CString m_SensorCode);
        void DelSensor(CString m_SensorCode);
    };
```

X、*Y* 坐标和出线图编号与传感器设计编号是一一对应的，我们用 CheckName() 根据 *X*、*Y* 坐标和出线图编号在数据库中找到传感器设计编号。

传感器设计编号是唯一的，我们用 GetData() 根据传感器设计编号在数据库中找到传感器的全部信息，用 ModSensor() 和 DelSensor() 分别修改和删除传感器。

InsertSensor()用来插入新的传感器节点。

3. 传感器信息的查询

从图 10.7 我们可以看到传感器节点的分布图，我们希望在用鼠标右击时能显示传感器的信息。传感器信息对话框如图 10.9 所示。

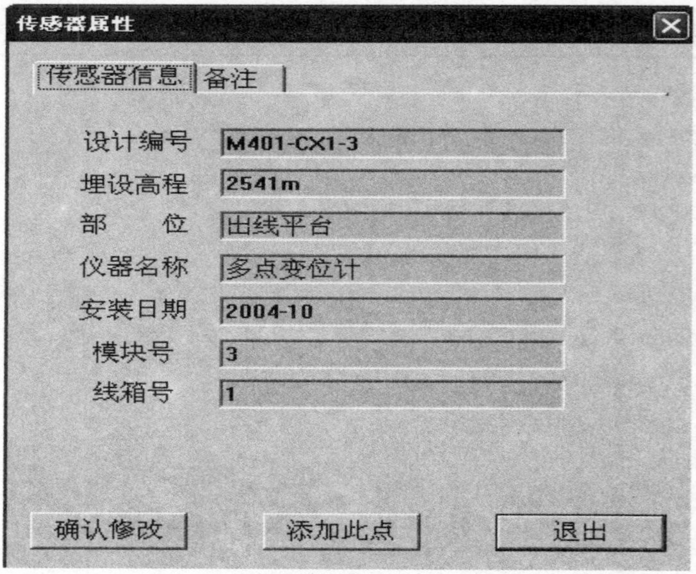

图 10.9 传感器信息对话框

从图中我们可以看到传感器的所有信息。如果是管理员用户，在界面上我们还可以选择确认修改和添加此点功能。确认修改用来修改传感器信息，点击后刷新数据库信息。添加此点用来添加新的传感器节点，在我们添加完全部传感器信息后，点击就可以添加了，然后传感器显示界面（图 10.8）就会以圆点形式显示出新添加的节点。

10.5.3　传感器测值绘图

在第 9 章中我们介绍过以 Excel 报表的形式输出传感器测值，并可以利用 Excel的绘图功能对数据进行分析。虽然 Excel 功能强大，但对所有数据都进行分析，还是略显麻烦。所以我们添加了一项测值绘图功能。在从图 10.8 中我们可以看到左击鼠标时的此功能选项。

测值绘图对话框如图 10.10 所示。界面大体分为两部分，左半部分为测值显示，右半部分为测值绘图。首先我们应选择测值的时间范围，确定起始时间和终止时间，然后点击“绘图”就会在界面的右面绘图，在左面显示时间范围内的所有测值。如果所选时间范围内没有测值，我们会给予提示。绘图后，如果想要知道图像中某点的测值大小和测值时间，我们可以将鼠标移到图上点的范围内，这样就会在图像的下面显示测值大小和测值时间。

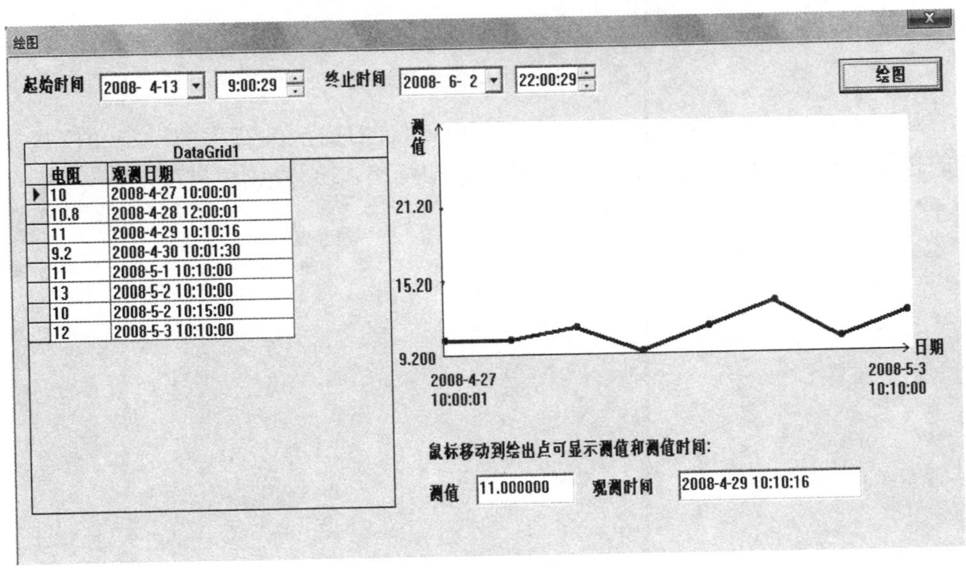

图 10.10　测值绘图对话框

10.6 串口管理设计

我们在显示界面中增加了串口管理功能，这样工作人员就可以随时方便地管理串口，通过串口传递命令和数据。在使用串口之前，我们就先设置串口参数，主要是 COM 口、波特率和校验位。具体原理我们已经在第 2 章中做过详细介绍，这里不再赘述。串口设置对话框如图 10.11 所示。

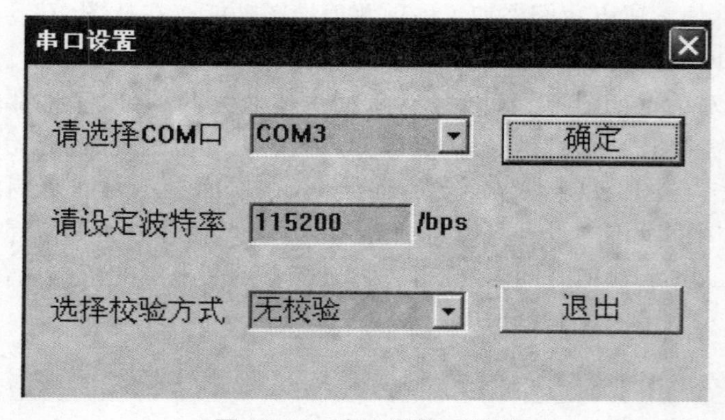

图 10.11 串口设置对话框

从图中我们可以看到，串口设置包括 COM 口的选择、波特率的设定和校验方式的选择。点击“确定”后完成串口设置，同时提示串口设置成功与否。

附录 A　C8051F040 片内特殊寄存器 SFR

表 1　特殊功能寄存器 SFR(以字母顺序排列,所有未定义的 SFR 位置保留)

寄存器	地　址	SFR 页	说　明	MCS－51 也有的注“＊”
ACC	0xE0	所有页	累加器	*
ADC0CF	0xBC	0	ADC0 配置寄存器	
ADC0CN	0xE8	0	ADC0 控制寄存器	
ADC0GTH	0xC5	0	ADC0 下限(大于)数据字(高字节)	
ADC0GTL	0xC4	0	ADC0 下限(大于)数据字(低字节)	
ADC0H	0xBF	0	ADC0 数据字(高字节)	
ADC0L	0xBE	0	ADC0 数据字(低字节)	
ADC0LTH	0xC7	0	ADC0 上限(小于)数据字(高字节)	
ADC0LTL	0xC6	0	ADC0 上限(小于)数据字(低字节)	
ADC23	0xBE	2	ADC2 数据字	
ADC2CF3	0xBC	2	ADC2 配置寄存器	
ADC2CN3	0xE8	2	ADC2 控制寄存器	
ADC2GT3	0xC4	2	ADC2 下限(大于)数据字	
ADC2LT3	0xC6	2	ADC2 上限(小于)数据字	
AMX0CF	0xBA	0	ADC0 MUX 配置寄存器	
AMX0PRT	0xBD	0	ADC0 端口 3 I/O 引脚选择寄存器	
AMX0SL	0xBB	0	ADC0 MUX 通道选择寄存器	
AMX2CF3	0xBA	2	ADC2 MUX 配置寄存器	
AMX2SL3	0xBB	2	ADC2 MUX 通道选择寄存器	
B	0xF0	所有页	B 寄存器	*
CAN0ADR	0xDA	1	CAN0 地址寄存器	
CAN0CN	0xF8	1	CAN0 控制寄存器	

续表 1

寄存器	地 址	SFR 页	说 明	MCS-51 也有的注"*"
CAN0DATH	0xD9	1	CAN0 数据寄存器高字节	
CAN0DATL	0xD8	1	CAN0 数据寄存器低字节	
CAN0STA	0xC0	1	CAN0 状态寄存器	
CAN0TST	0xDB	1	CAN0 测试寄存器	
CKCON	0x8E	0	时钟控制寄存器	
CLKSEL	0x97	F	系统时钟选择寄存器	
CPT0MD	0x89	1	比较器 0 配置寄存器	
CPT1MD	0x89	2	比较器 1 配置寄存器	
CPT2MD	0x89	3	比较器 2 配置寄存器	
CPT0CN	0x88	1	比较器 0 控制寄存器	
CPT1CN	0x88	2	比较器 1 控制寄存器	
CPT2CN	0x88	3	比较器 2 控制寄存器	
DAC0CN3	0xD4	0	DAC0 控制寄存器	
DAC0H3	0xD3	0	DAC0 数据字高字节	
DAC0L3	0xD2	0	DAC0 数据字低字节	
DAC1CN3	0xD4	1	DAC1 控制寄存器	
DAC1H3	0xD3	1	DAC1 数据字高字节	
DAC1L3	0xD2	1	DAC1 数据字低字节	
DPH	0x83	所有页	数据指针(高字节)	*
DPL	0x82	所有页	数据指针(低字节)	*
EIE1	0xE6	所有页	扩展中断允许 1	
EIE2	0xE7	所有页	扩展中断允许 2	
EIP1	0xF6	所有页	扩展中断优先级 1	
EIP2	0xF7	所有页	扩展中断优先级 2	
EMI0CF	0xA3	0	外部存储器接口配置寄存器	
EMI0CN	0xA2	0	外部存储器接口控制寄存器	
EMI0TC	0xA1	0	外部存储器接口时序控制寄存器	
FLACL	0xB7	F	Flash 访问极限寄存器	

续表 1

寄存器	地　址	SFR 页	说　明	MCS-51 也有的注“*”
FLSCL	0xB7	0	Flash 存储器定时预分频器	
HVA0CN	0xD6	0	高压差分放大器控制寄存器	
IE	0xA8	所有页	中断允许寄存器	*
IP	0xB8	所有页	中断优先级控制寄存器	*
OSCICL	0x8B	F	内部振荡器校准寄存器	
OSCICN	0x8A	F	内部振荡器控制寄存器	
OSCXCN	0x8C	F	外部振荡器控制寄存器	
P0	0x80	所有页	端口 0 锁存器	*
P0MDOUT	0xA4	F	端口 0 输出方式配置寄存器	
P1	0x90	所有页	端口 1 锁存器	*
P1MDIN	0xAD	F	端口 1 输入方式寄存器	
P1MDOUT	0xA5	F	端口 1 输出方式配置寄存器	
P2	0xA0	所有页	端口 2 锁存器	*
P2MDIN	0xAE	F	端口 2 输入方式寄存器	
P2MDOUT	0xA6	F	端口 2 输出方式配置寄存器	
P3	0xB0	所有页	端口 3 锁存器	*
P3MDIN	0xAF	F	端口 3 输入方式寄存器	
P3MDOUT	0xA7	F	端口 3 输出方式配置寄存器	
P44	0xC8	F	端口 4 锁存器	
P4MDOUT4	0x9C	F	端口 4 输出方式配置寄存器	
P54	0xD8	F	端口 5 锁存器	
P5MDOUT4	0x9D	F	端口 5 输出方式配置寄存器	
P64	0xE8	F	端口 6 锁存器	
P6MDOUT4	0x9E	F	端口 6 输出方式配置寄存器	
P74	0xF8	F	端口 7 锁存器	
P7MDOUT4	0x9F	F	端口 7 输出方式配置寄存器	
PCA0CN	0xD8	0	PCA 控制寄存器	
PCA0CPH0	0xFC	0	PCA 模块 0 捕捉/比较高字节	

续表1

寄存器	地址	SFR页	说明	MCS-51也有的注"*"
PCA0CPH1	0xFE	0	PCA模块1捕捉/比较高字节	
PCA0CPH2	0xEA	0	PCA模块2捕捉/比较高字节	
PCA0CPH3	0xEC	0	PCA模块3捕捉/比较高字节	
PCA0CPH4	0xEE	0	PCA模块4捕捉/比较高字节	
PCA0CPH5	0xE2	0	PCA模块5捕捉/比较高字节	
PCA0CPL0	0xFB	0	PCA模块0捕捉/比较低字节	
PCA0CPL1	0xFD	0	PCA模块1捕捉/比较低字节	
PCA0CPL2	0xE9	0	PCA模块2捕捉/比较低字节	
PCA0CPL3	0xEB	0	PCA模块3捕捉/比较低字节	
PCA0CPL4	0xED	0	PCA模块4捕捉/比较低字节	
PCA0CPL5	0xE1	0	PCA模块5捕捉/比较低字节	
PCA0CPM0	0xDA	0	PCA模块0方式寄存器	
PCA0CPM1	0xDB	0	PCA模块1方式寄存器	
PCA0CPM2	0xDC	0	PCA模块2方式寄存器	
PCA0CPM3	0xDD	0	PCA模块3方式寄存器	
PCA0CPM4	0xDE	0	PCA模块4方式寄存器	
PCA0CPM5	0xDF	0	PCA模块5方式寄存器	
PCA0H	0xFA	0	PCA计数器高字节	
PCA0L	0xF9	0	PCA计数器低字节	
PCA0MD	0xD9	0	PCA方式寄存器	
PCON	0x87	所有页	电源控制寄存器	*
PSCTL	0x8F	0	Flash写/擦除控制寄存器	
PSW	0xD0	所有页	程序状态字	*
RCAP2H	0xCB	0	定时器/计数器2捕捉(高字节)	
RCAP2L	0xCA	0	定时器/计数器2捕捉(低字节)	
RCAP3H	0xCB	1	定时器/计数器3捕捉(高字节)	
RCAP3L	0xCA	1	定时器/计数器3捕捉(低字节)	
RCAP4H	0xCB	2	定时器/计数器4捕捉(高字节)	

续表 1

寄存器	地　址	SFR 页	说　明	MCS-51 也有的注"*"
RCAP4L	0xCA	2	定时器/计数器 4 捕捉(低字节)	
REF0CN	0xD1	0	电压基准控制寄存器	
RSTSRC	0xEF	0	复位源寄存器	
SADDR0	0xA9	0	UART0 从地址寄存器	
SADEN0	0xB9	0	UART0 从地址允许寄存器	
SBUF0	0x99	0	UART0 数据缓冲器	*
SBUF1	0x99	1	UART1 数据缓冲器	
SCON0	0x98	0	UART0 控制寄存器	*
SCON1	0x98	1	UART1 控制寄存器	
SFRLAST	0x86	所有页	SFR 页堆栈最后字节	
SFRNEXT	0x85	所有页	SFR 页堆栈后续字节	
SFRPAGE	0x84	所有页	SFR 页选择	
SFRPGCN	0x96	F	SFR 页控制寄存器	
SMB0ADR	0xC3	0	SMBus 0 地址寄存器	
SMB0CN	0xC0	0	SMBus 0 控制寄存器	
SMB0CR	0xCF	0	SMBus 0 时钟频率寄存器	
SMB0DAT	0xC2	0	SMBus 0 数据寄存器	
SMB0STA	0xC1	0	SMBus 0 状态寄存器	
SP	0x81	所有页	堆栈指针	
SPI0CFG	0x9A	0	SPI 配置寄存器	*
SPI0CKR	0x9D	0	SPI 时钟速率寄存器	
SPI0CN	0xF8	0	SPI 控制寄存器	
SPI0DAT	0x9B	0	SPI 数据寄存器	
SSTA0	0x91	0	UART0 状态寄存器	
TCON	0x88	0	定时器/计数器控制寄存器	*
TH0	0x8C	0	定时器/计数器 0 高字节	*
TH1	0x8D	0	定时器/计数器 1 高字节	*
TL0	0x8A	0	定时器/计数器 0 低字节	*

续表 1

寄存器	地　址	SFR 页	说　明	MCS－51 也有的注“＊”
TL1	0x8B	0	定时器/计数器 1 低字节	＊
TMOD	0x89	0	定时器/计数器方式寄存器	＊
TMR2CF	0xC9	0	定时器 2 配置寄存器	
TMR2CN	0xC8	0	定时器 2 控制寄存器	
TMR2H	0xCD	0	定时器 2 高字节	
TMR2L	0xCC	0	定时器 2 低字节	
TMR3CF	0xC9	1	定时器 3 配置寄存器	
TMR3CN	0xC8	1	定时器 3 控制寄存器	
TMR3H	0xCD	1	定时器 3 高字节	
TMR3L	0xCC	1	定时器 3 低字节	
TMR4CF	0xC9	2	定时器 4 配置寄存器	
TMR4CN	0xC8	2	定时器 4 控制寄存器	
TMR4H	0xCD	2	定时器 4 高字节	
TMR4L	0xCC	2	定时器 4 低字节	
WDTCN	0xFF	所有页	看门狗定时器控制	
XBR0	0xE1	F	端口 I/O 交叉开关控制 0	
XBR1	0xE2	F	端口 I/O 交叉开关控制 1	
XBR2	0xE3	F	端口 I/O 交叉开关控制 2	
XBR3	0xE4	F	端口 I/O 交叉开关控制 3	
0x97，0xA2，0xB3，0xB4，0xCE，0xDF			保留	

附录 B　C51 库函数

库函数是由人们根据需要编制并提供给用户使用的。一个好的 C 编译系统应提供一批使用性好、功能强大的库函数。这里我们列出 Keil C51 编译系统提供的库函数，具体见表 2。

表 2　Keil C51 编译系统库函数

文件名	包含函数	功　能

数学函数
包含在头文件 math. h 中
	extern int abs(int val);
	extern char cabs(char val);
	extern float fabs(float val);
	extern flong labs(long val);
		求变量 val 的绝对值

	extern float exp(float x);
	extern float log(float x);
	extern float log10(float x);
		exp 返回以 e(e=2. 718282)为底的 x 次幂，log 返回 x 的自然对数，log10 返回 x 的以 10 为底的对数

	extern float sqrt(float x);	sqrt 返回 x 的正平方根
	extern int rand(); extern void srand(int n);	rand 返回一个 0 到 32767 之间的伪随机数，srand 用来将随机数发生器初始化成一个已知的值，使 rand 的后继调用产生相同序列的随机数

	extern float cos(float x);
	extern float sin(float x);
	extern float tan(float x);
		cos 返回 x 的余弦值，sin 返回 x 的正弦值，tan 返回 x 的正切值。其中 x 的单位为弧度

	extern float acos(float x);
	extern float asin(float x);
	extern float atan(float x);
	extern float atan2(float y,float x);
		acos 返回 x 的反余弦值，aisn 返回 x 的反正切值，atan 返回 x 的反正切。对于 acos 和 asin 函数，其参数 x 的取值范围是−1～+1

	extern float cosh(float x);
	extenr float sinh(float x);
	extern float tanh(float x);
		cosh 返回 x 的双曲余弦值，sich 返回 x 的双曲正弦值，tanh 返回 x 的双曲正切值

续表 2

文件名	包含函数	功　能
	extern void fpsave(struct FPBUF *P); extern void fprestore(struct FPBUF *P);	fpsave 保存浮点子程序的状态，fprestore 将浮点子程序的状态恢复为其原始状态，当用中断程序执行浮点运算时这两个函数是有用的
	extern float ceil(float x);	返回不小于 x 的最小整数(返回的仍然是浮点类数据)
	extern float floor(float x);	返回不大于 x 的最大整数(返回的仍然是浮点类数据)
	extern float modf(float x, float *ip);	将 x 分为整数和小数部分，二者都有 x 的相同符号，整数部分放入 *ip，小数部分作返回值
	extern float pow(float x, float y);	求 x^y 值并返回之
标准化 I/O 函数原型包含在头文件 stdio. h 中	extern char_getkey( );	_getkey()从 8051 串行口读入一个字符，然后等待下个字符输入
	extern char getchar();	getchar 使用_getkey 从串行口读入字符，除了将读入的字符马上传给 putchar 函数以作响应外，与_getkey 相同
	extern char *gets(char *s, int n);	通过 getchar 由输入设备读入字符串送字符数组
	extern char ungetchar(char);	ungetchar 将输入字符送回输入缓冲区，供下次 gets 或 getchar 使用。ungetcahr 成功时返回 char，失败时返回 EOF
	extern char_ungetkey(char);	_ungetkey 将输入的字符送回输入缓冲区，并将其值返回给调用者
	extern putchar(char);	putchar 通过 8051 串行口输出一字符
	extern int printf(const char *, …);	printf 以第一参数指向的格式字符串指定的格式从 8051 串行口输出字符串和变量值
	extern int sprintf(char s, const *, …);	sprintf 与 printf 相似，但输出不显示在控制台上，而是输出到指针指向的缓冲区

续表2

文件名	包含函数	功　能
	extern int puts(const char * s);	puts 将字符串 s 和回车换行符写入控制台设备
	extern int scanf(const char * ,…);	scanf 在作为第一个参数的格式字符串控制下,利用 getchar 函数由控制台读入字符序列并将之转换成指定的数据类型,按顺序赋予对应的指针变量
	sscanf int sscanf(char s, const char,…);	sscanf 与 scanf 相似,但是不是通过控制台获取输入值,而是从以"0"结尾的字符串获取输入值
动态存储函数原型在头文件 stdlib.h 中	void * calloc(unsigned int n, unsigned int size);	在堆中分配 n 个 size 大小的内存块,并将该块的首地址返回
	void free(void xdata * p);	释放指针 p 所指向的内存块,指针清为 NULL
	void init_mempool(void xdata * p, unsigned int size);	初始化动态分配管理的堆
	void * malloc(unsigned int size);	从堆中动态分配 size 大小的存储块,并返回该块的首地址指针
	void * realloc(unsigned xdata * p, unsigned int size);	改变 p 所指的内存块的大小,原分配块内容复制到新块中,新块较大时,多余部分也不做初始化
字符归类函数原型在头文件 ctype.h 中	extern bit isalpha(char);	检查传入的字符是否在"A"~"Z"之间,真返回 1,否则为 0
	extern bit isalnum(char);	检查变量是否位于"A"~"Z"、"a"~"z"或"0"~"9"之间,真返回 1,否则为 0
	extern bit iscntrl(char);	检查变量值是否在 0x00~0x1F 之间或等于 0x7F,真返回 1,否则为 0
	extern bit isdigit(char);	检查变量值是否在"0"~"9"之间,真返回 1,否则为 0
	extern bit isgraph(char);	检查变量是否为可打印字符,可打印字符的值域为 0x21~0x7F。若可打印,返回 1,否则为 0
	extern bit isprintf(char);	除与 isgraph 相同外,还接受空格符(0x20)

续表 2

文件名	包含函数	功　能
	extern bit ispunct(char);	检查字符变量是否为ASCII字符集中的标点符号或空格,真返回1,否则为0
	extern bit islower(char);	检查字符变量是否位于"a"～"z"之间,真返回1,否则为0
	extern bit isupper(char);	检查字符变量是否位于"A"～"Z"之间,真返回1,否则为0
	extern bit isspace(char);	检查字符变量是否为下列之一:空格,制表符,回车,换行,垂直制表符,送纸符,真返回1,否则为0
	extern bit isxdigit(char);	检查字符变量是否位于"0"～"9"、"A"～"F"及"a"～"f"之间,是返回1,否则为0
	toascii(c)((c)&0x7F);	用参数宏将任何整型的低7位取出构成有效的ASCII字符
	extern char toint(char);	将16进制数对应的ASCII字符转换为整型数0～15,并返回整型数
	_tolower(c)((c)-'A'+'a');	该宏相当于参数值加0x20
	extern cahr toupper(char);	将字符变量转换为大写字符
	_toupper(c)((c)-'a'+'A');	该宏相当于参数值减0x20
	extern char tolower(char);	将字符转换为小写字符
字符串函数原型在头文件string.h中	extern void * memchr(void * sl, char val,int len);	在串s1的前len个字符中找出字符val。成功时返回s1中的第一个指向val的指针,失败时返回NULL
	extern char memcmp(void * sl, void * s2,int len);	逐个字符比较串s1和串s2的前len个字符。相等时返回0,s1大于或小于s2,则相应返回正数或负数
	extern void * memcpy(void * dest,void * src,int len);	从由src所指向的内存中拷贝len个字符到dest中。返回指向dest最后一个字符的指针。如果src和dest相交迭,结果不可预测
	extern void * memccpy(void * dest,void * src,char val,int len);	将src中的前len个字符拷贝到dest中。拷贝完len个字符返回NULL。中途遇到字符val则拷贝停止,并返回指向dest中下个元素的指针

续表 2

文件名	包含函数	功　能
	extern void * memmove(void * dest,void * src,int len);	与 memcpy 工作方式相同,但拷贝的区域可以交叠
	extern void * memset(void * s, char val,int len);	用 val 填充指针 s 指向地址开始的前 len 个单元
	extern char * strcat(char * s1, char * s2);	将串 s2 拷贝到串 s1 末尾。假定 s1 串足以容纳两个串。返回指向 s1 串的第一个字符的指针
	extern char * strncat(char * s1, char * s2,int n);	拷贝串 s2 中 n 个字符到串 s1 末尾,如果 s2 比 n 短,则只拷贝 s2(包括结束符)
	extern char strcmp(char * s1,char * s2);	比较串 s1 和 s2,如果相等,返回 0;如果 s1<s2,返回负数;如果 s1>s2,返回正数
	extern char strncmp(char * s1, char * s2,int n);	比较串 s1 和 s2 中前 n 个字符。返回值与 strcmp 相同
	extern char * strcpy(char * s1, char * s2);	将串 s2(包括结束符)拷贝到串 s1。返回指向 s1 的第一个字符的指针
	extern char * strncpy(char * s1, char * s2,int n);	与 strcpy 相似,但只拷贝前 n 个字符,如果 s2 长度小于 n,则 s1 串以"0"补齐到长度 n
	extern int strlen(char * s1);	返回串 s1 中字符个数(包括串结束符)
	extern char * strchr(char * s1, char c); extern intstrpos (char * s1, char c);	strchr 搜索 s1 串中第一个出现的变量 C 指定的字符。如果成功,返回指向该字符的指针。搜索也包括结束符,因此搜索一个空字符串时,返回指向串结束符的指针,不是空指针。strpos 与 strchr 相似,但它返回字符在串中的位置。s1 串第一个字符位置是 0。失败返回－1
	extern char * strrchr(char * s1, char c); extern int * strrpos(char * s1, char c);	strrchr 搜索串 s1 中最后一次出现的变量 C 指定的字符。成功返回指向该字符的指针,否则返回 NULL。s1 为空串时,返回指向串结束符的指针,而不是空指针。strrpos 与 strrchr 相似,但它返回字符在串中的位置,失败返回－1

续表2

文件名	包含函数	功能

	extern int strspn(char s1, char * set);
	extern int strcspn(char * s1, char * set);
	extern char * strpbrk(char * s1, char * set);
	extern char * strrpbrk(char * s1, char * set);
		strspn在s1串中找第一次出现set串的子集,返回s1串中set子集的字符个数(不包括结束符)。如果set为空串,返回0;
		strcspn与strspn相似,但它搜索s1串中第一个包含在set里的字符;
		strpbrk与strspn很相似,但返回指向搜索到的字符的指针,而不是个数,如未找到,返回NULL;
		strrpbrk与strpbrk相似,但它返回s1中指向找到的set子集中最后一个字符的指针

字符串转换函数 原型在头文件stdlib.h中	extern double atof(char * s1);	atof将s1串转换为浮点数,并返回它。输入串必须包含与浮点数规定相符的字符数
	extern longatoll(char * s1);	将s1串转换为长整型数,并返回它
	extern int atoi(char * s1);	将串s1转换为整型数,并返回它
变参数函数 原型在头文件stdarg.h中; 它们是一些预定义的宏	va_list	这是一个自定义的数组类型,用以存放变参数信息表
	va_start(va_list ap, last_argument)	初始化变参数信息表。本参数宏有两个参数:变参数信息数组指针和函数参数表的最后一个固定参数名
	type va_arg(va_list ap, type)	本参数宏有返回类型。它是函数的缺省返回类型。实际上它是int的扩展类型,包括int、unsigned int和double。本参数宏每调用一次,返回一次变参数信息表中的下一个参数。调用时,除变参数信息表指针外,还有下一个参数的类型
	va_end(va_list ap)	变参数信息表中的参数均已用完时,调用本参数宏修改ap使之在再次调用va_start()前不被使用

续表2

文件名	包含函数	功　能
全程跳转函数原型在头文件setsmp. h中	extern int setjmp (jmp_buf jpbuf);	将当前状态信息存于jpbuf中，供函数longjmp使用。当直接调用本函数时，函数返回0，当由longjmp调用时，返回非0值。该函数只能在if语句中调用一次
	extern void longjmp (jmp_buf jpbuf,int val);	将调用setjmp()时存于jpbuf中的状态恢复，并以参数val值取代setjmp()的返回值返回给原调用setjmp的函数。这时原调用函数的自动变量和未说明为volatile的变量值均已改变，应予注意
内部函数原型在头文件intrins. H中	unsigned char _crol_ (unsigned char val, unsigned char n); unsigned int _irol_ (unsigned int val, unsigned char n); unsigned long _lrol_ (unsigned long val, unsigned char n);	_crol_、_irol_、_lrol_将val左移n位。不同函数参数类型不同
	unsigned char_cror_ (unsigned char val, unsigned char n); unsigned int _ iror _ (unsigned int val,unsigned char n); unsigned long_lrol_ (unsigned long val, unsigned char n);	这几个函数都将val右移n位
	void _nop_(void);	_nop_产生一个NOP指令
	bit_testbit_(bit x);	产生一条JBC指令。该函数测试位变量，当置位时返回1，否则返回0。如果该位置为1，还在测试后将该位复位为0

续表 2

文件名	包含函数	功　能
抽象数组 原型在头文件 absacc. h 中	＃define CBYTE((unsigned char ＊)0x50000L) ＃define CBYTE((unsigned char ＊)0x40000L) ＃define CBYTE((unsigned char ＊)0x30000L) ＃define CBYTE((unsigned char ＊)0x20000L)	这些宏定义用于对各种存储空间按 char 数据类型进行绝对地址访问。CBYTE 访问 CODE 空间，DBYTE 访问 DATA 空间，PBYTE 访问 XDATA 空间第一页，XBYTE 访问比例 XDATA 空间
	＃define CWORD((unsigned int ＊)0x50000L) ＃define DWORD((unsigned int ＊)0x40000L) ＃define PWORD((unsigned int ＊)0x30000L) ＃define XWORD((unsigned int ＊)0x20000L)	这些宏定义用于对各种存储空间按 int 数据类型进行绝对地址访问。其他与上栏同

附录C 错误信息

这里列出了编程中可能遇到的致命错误、语法错误和警告信息以及 L51 连接定位器使用错误提示。每节包括一个信息的主要说明，以及消除错误或警告条件可采取的措施。

C.1 致命错误

致命错误立即终止编译。这些错误通常是命令行指定了无效选项的结果，当编译器不能访问一个特定的源包含文件时也会产生致命错误。

致命错误显示信息采用下面的格式：

```
C51 FATAL-ERROR-
        ACTION:<current action>
        LINE:<line in which the error is detected>
        ERROR:<corresponding error message>
C51 TERMIANTED.
```

或

```
C51 FATAL-ERROR-
        ACTION:<current action>
        FILE:<file in which the error is detected>
        ERROR:<corresponding error message>
C51 TERMIANTED.
```

下面说明 Action 和 Error 中可能的内容。

C.1.1 Actions

◆ PARSING INVOKE-/#PRAGMA_LINE

在对#pragma 指明的控制行做词法分析时有错。

◆ ALLOCATING MEMORY

系统分配存储空间时出错。编译较大程序需要 512 KB 空间。

◆ OPENING INPUT_FILE

打开文件时，未找到或打不开源文件/头文件。

◆ CREATE LIST_FILE/OBJECT_FILE/WORKFILE

不能创建上述文件。可能磁盘满或文件已存在并且写保护。

◆ PARSING SOURCE_FILE/ANALYZING DECLARATIONS

分析源程序时发现外部引用名太多。

◆ GENERATING INTERMEDIATE CODE

源代码被翻译成内部伪代码，错误可能来源于函数太大超过内部极限。

◆ WRITING TO FILE

在写文件(work，list，prelist 或 object file)时发生错误。

C.1.2 Errors

◆ MEMORY SPACE EXHAUSTED

所有可用系统空间耗尽。至少需要 512 KB 空间。如果有足够空间，用户必须检查常驻内存的驱动程序是否太多。

◆ FILE DOES NOT EXIST

FILE 行定义的文本文件名未发现。

◆ CAN'T CREAT FILE

FILE 行定义的文件不能被创建。

◆ SOURCE MUST COME FROM A DISK_FILE

源文件和头文件必须存在于硬盘或软盘上。控制台：CON:、:CI:或类似设备不允许作为输入文件。

◆ MORE THAN 256 SEGMENTS/PUBLICS/EXTERNALS

受 OMF_51 的历史限制，一个源程序不能有超过 256 个各种函数的类型段、256 个全局变量、256 个公共定义或外部引用名。不使用位变量可减少使用的段数。使用 static 存储类说明符可减少全局变量的使用数。合理调整定义性说明的位置可减少外部引用名的使用数。

◆ FILE WRITE ERROR

当向 list，prelist，work 或 object 文件中写内容时，由于空间不够而发生错误。

◆ NON_NULL ARGUMENT EXPECTED

所选的控制参数需要一个括号内的变量，如一个文件名或一个数。

◆ "(" AFTER CONTROL EXPECTED

有些控制参数需要用括号括起来的变量，左括号丢失。

◆ ")" AFTER PARAMETER EXPECTED

变量的右括号丢失。

◆ RESPECIFIED OR CONFLICTING CONTROL

所选的控制参数与前面发生冲突或重复。例如 CODE 和 NOCODE。

◆ BAD DECIMAL NUMBER

控制参数的数字含有非法数，需要使用十进制数。

◆ OUT OF RANGE DECIMAL NUMBER

控制参数的数字越界，例如 OPTIMIZE 的参量为 0 到 5。

◆ IDENTIFIER EXPECTED

控制参数 DEFINE 需要一个标识符做参量，与 C 语言的规则相同。

◆ PARSE STACK OVERFLOW

分析栈溢出。可能是源程序包含特别复杂的表达式，或功能块嵌套数超过 15。

◆ PREPROCESSOR：MACRO TOO MESTED

宏扩展期间，预处理器的栈耗用太大。表明宏嵌套太多，或有递归宏定义。

◆ PREPOCESSOR：LINE TOO LONG(510)

宏扩展后行超过 510 个字符。

◆ CAN'T HAVE GENERAL CONTROL IN INVOCATION LINE

一般控制（如 EJECT）不能是命令行的一部分，应将它们放入源文件"pragma"预处理行中。

C.2 语法和语义错误

语法和语义错误一般出现在源程序中，它们确定实际的编程错误。当遇到这些错误时，编译器尝试绕过错误继续处理源文件。当遇到更多的错误时，编译器输出另外的错误信息。但是不产生 OBJ 文件。

语法和语义错误在列表文件中生成一条信息，这些错误信息采用下面的格式：

* * * ERROR *number* IN LINE *line* OF *file*：*error message*

* * * WARNING *number* IN LINE *line* OF *file*：*warning message*

这里斜体单词的含义是：

number：错误号；

line：对应源文件或包含文件的行号；

file：产生错误的源或包含文件名。

error message 或 warning message 的信息结构依赖于所遇错误的类型。对于语法错误会指明期望的语法，对于语义错误会显示出与错误有关的对象符号名。下面给出错误信息及可能发生的原因。

◆ ERROR100：unprintable charcter 0x?? skipped

源文件中发现非法字符（注意注解内的字符不做值检查）。

◆ ERROR 101：unclosed string

串未用引号结尾。

◆ ERROR 102：string too long

串不得超过 511 个字符，为了定义更长的串，用户必须使用续行符“\”逻辑地继续该串，在词汇分析时遇到以该符号结尾的行会与下行联接起来。

◆ ERROR 103：invalid character constant

试图再声明一个已定义的宏，已存在的宏可用＃undef 指令删除。预定义的宏不能删除。

编译器识别下列预定义的宏：

DATE

STDC

LINE

FILE

◆ ERROR 105：identifier expected

预处理器指令期望一个标识符，如 ifdef＜name＞。

◆ ERROR 106：unclosed comment

当注解无结束定界符（*/）时产生此错误。

◆ ERROR 107：unbalanced＃if-endif controls

endif 的数量与 if 或 ifdef 的数量不匹配。

◆ ERROR 108：include file nesting exceeds9

include 指令后的文件名无效或丢失。

◆ ERROR 110：expected string

预处理器指令期望一个串变量，如＃error 'string'。

◆ ERROR 111：＜user error text＞

由＃error 伪指令引入的错误信息以错误信号形式显示。

◆ ERROR 112：missing directive

预处理行“＃”号后缺少伪指令。

◆ ERROR 113：unknown directive

预处理行“＃”号后的量不是伪指令。

◆ ERROR 114：misplaced 'elif'

◆ ERROR 115：misplaced 'else'

◆ ERROR 116：misplaced 'endif'

指令 elif/else/endif 只有在 if、ifdef、ifndef 指令内才是合法的。

◆ ERROR 117：bad integer expression

if/elif 指令的数值表达式有语法错误。

◆ ERROR 118：missing '(' after macro identifier

宏调用中实参表或实参表的左括号丢失。

◆ ERROR 119：reuse of macro formal parameter

宏定义的形参名重复使用。

◆ ERROR 120：'C' unexpected in formal list

形参表中不允许有字符“C”，应用逗号代替。

◆ ERROR 121：missing ')' after actual parameters

宏调用实参表的右括号丢失。

◆ ERROR 122：illegal macro invocation

宏调用的实参表与宏定义中的形参表不同。

◆ ERROR 123：missing macro name after 'define'

#define 伪指令后缺欲定义的宏。

◆ ERROR 124：expected macro formal parameter

宏定义要求形参名。

◆ ERROR 125：declarater too complex(20)

说明符过于复杂。

◆ ERROR 126：type-stack underflow

对象的声明至多只能包含 20 个类型修饰符([], *, ())。错误 126 经常在错误 125 之前，两者一起发生。

◆ ERROR：127：invalid storage class

对象用无效的存储类说明。当在函数外使用 auto/register 存储类时会发生这种情况。

◆ ERROR 128：memory space ：illegal memory space，'memory space' used

函数参数的存储类由存储模式(SMALL，COMPACT，LARGE)决定，用户不能改变，使用不同于存储模式的自动变量应改为静态的存储类。

◆ ERROR 129：missing ';' before 'token'

该错误表明分号丢失，通常该错误后会引发一连串错误，因为缺少分号后，编译器不能做正确的语法分析。

◆ ERROR 130：value out of range

“using”或“interrupt”指令后数值越限。using 用的寄存器组号为 0～3，interrupt 需要 0～15 的中断号。

◆ ERROR 131：duplicate function-parameter

函数中形参名重复。形参名应彼此不同。

◆ ERROR 132：not in formal parameter list

函数内参数声明使用的名字未出现在参数表中。

◆ ERROR 133：char function(v0，v1，v2)

char *v0，*v1，v5；　/* v5 在形参表中未出现 */

```
{
    /*……*/
}
```

◆ ERROR 134:xdata/idata/pdata/data on function not permitted

函数总是驻留于0x5xxxx的CODE存储区,不能位于xdata/idata/pdata/data空间。

◆ ERROR 135:bad storage class for bit

位变量的定义可以接受static或extern存储类。使用register和alien存储类都是非法的。

◆ ERROR 136:'void' on variable

void类型只允许作为函数的返回类型或与指针类型联合使用(void *)。

◆ ERROR 137:illegal parameter type:'function'

函数参数的类型不能是函数,然而函数指针可以作为参数。

◆ ERROR 138:interrupt() may not receive or return value(s)

中断函数既不能有参数也不能有返回值。

◆ ERROR 139:illegal use of 'alien'

关键字alien将函数定义为PL/M51规定的过程与函数的结构。这意味着C函数中有变参数的缩记符号(即funct(…))时是不能使用alien的。

◆ ERROR 140:bit in illegal memory-space

位变量的定义可包含修饰符DATA,如果无修饰符,则假定为DATA。因为位变量始终位于0x4xxx的内部数据存储器中,当试图采用其他存储空间时,会产生这个错误。

◆ ERROR 141:NEAR<token>:expected<token>,……

编译器所见的单词是错误的,期望正确的单词。

◆ ERROR 142:invalid base address

sfr说明中的基址有错。有效基址为0x80～0xff。如果声明采用"base^pos"形式,则基址是8的整数倍。

◆ ERROR 143:invalid absolute bit address

sbit说明中位地址必须在0x80～0xff间。

◆ ERROR 144:base^pos:invalid bit position

sbit说明中位pos必须在0～7之间。

◆ ERROR 145:undeclared sfr

sfr未说明。

◆ ERROR 146:invalid sfr

绝对位址的说明(base^pos)包含无效的基地址。这个基地址必须与sfr名相对应。

◆ ERROR 147:object too large

对象不能超过65536(64 K)字节。

◆ ERROR 148:field not permitted in union

联合不能包含位成员,这个限制是由8051结构产生的。

◆ ERROR 149:function member in struct/union

结构或者联合不能包含函数类型的成员。但指向函数的指针是允许的。

◆ ERROR 150:bit member in struct/union

结构或者联合不能包含位类型的成员,这个限制是由8051结构决定的。

◆ ERROR 151:self relative struct/union

结构或者联合不能包含自身。

◆ ERROR 152:bit-field type too small for number of bits

位域声明中指定的位数超过所给原型中位的数量。

◆ ERROR 153:named bit-field cannot have 0 width

命名的域宽度为0错误,只有未命名的位域允许是0宽度。

◆ ERROR 154:ptr to field

无指向位域指针的类型。

◆ ERROR 155:char/int required for fields

位域基类型要求char或int类型,unsigned char或unsigned int也有效。

◆ ERROR 156:alien permitted on function only

alien只能用于函数。

◆ ERROR 157:var_parms on alien function

有变参数的函数不能用alien,因为PL/M 51函数只能用固定数量的参数。

◆ ERROR 158:function contains unnamed parameter

函数定义的参数表中包含无名参数。无名参数只允许用于函数的原型中。

◆ ERROR 159:type follows void

函数原型声明中可含一个空的参数表“f(void)”,void后不能再用其他类型定义。

◆ ERROR 160:void invalid

void类型只能与指针合用或表明函数无返回值。

◆ ERROR 161:formal parameter ignored

函数内的外部函数引用声明使用了无类型的参数表,例如“extern (a,b,c);”要求形参表。

◆ ERROR 162:duplicate function-parameter

函数内参数名重复。

◆ ERROR 163:unknown array size

一般,不管是一维数组还是多维数组或是外部数组,都需要指定数组的大小,这个大小由编译器在初始化时计算。这个错误是试图对一未定维的数组使用"sizeof"运算符的结果,或者是一个多维数组的附加元素未定义的结果。

◆ ERROR 164:ptr to null

这个错误通常是前一个错误造成的结果。

◆ ERROR 165:ptr to bit

指向位的指针是不合法的类型。

◆ ERROR 166:array of functions

数组不能包含函数,但能包含指向函数的指针。

◆ ERROR 167:array of fields

位域不能安排为数组。

◆ ERROR 168:array of bit

数组没有位类型。

◆ ERROR 169:function returns function

函数不能返回函数,但可返回一个指向函数的指针。

◆ ERROR 170:function returns array

函数不能返回数组,但可返回指向数组的指针。

◆ ERROR 171:missing enclosing swith

break 和 continue 语句只能出现在 for,while,do while 或 switch 语句中。

◆ ERROR 172:missing enclosing swith

case 语句只能出现在 switch 语句中。

◆ WARNING 173:missing return-expression

返回值类型不是 integer 的函数必须包含一条带表达式的 return 语句。由于要与老版本兼容,编译器对返回整型值的函数不做检查。

◆ ERROR 174:return-expression on void-function

void 函数不能返回值,因此不能包含带表达式的 return 语句。

◆ ERROR 175:duplicate case value:

每个 case 语句必须包含一个常量表达式做其变量,这个值不能在 switch 语句的各级中出现多次。

◆ ERROR 176:more than one 'default'

switch 语句中不能包含多于一个的 default 语句。

◆ ERROR 177:different struct/union

赋值或参数传递中使用了结构/联合的不同类型。

◆ ERROR 178:struct/union comparison illegal

根据 ANSI C 的规定,两个结构或者联合的比较是不允许的。

◆ ERROR 179:can't/cast from/to void-type

将"void"类型转换为其他类型数据或将其他类型数据转换为"void"类型都是

非法的。

◆ ERROR 180:can't cast to 'function'

转换为"function"类型是非法的,使用函数指针指向不同的函数。

◆ ERROR 181:incompatible operand

在所给的运算符中至少有一个操作符类型是无效的。

◆ WARNING 182:pointer to different objects

此报警信息告知指针使用的不一致性。

◆ ERROR 183:unmodifiable value

欲修改的对象位于CODE存储区,因而不可修改。

◆ ERROR 184:sizeof:illegal operand

sizeof运算符不能决定函数或位域大小。

◆ WARNING 185:different memory space

对象说明的存储器空间与前面的不一致。

◆ ERROR 186:invalid dereference

这条错误信息可能是由编译器内部问题产生的。

◆ ERROR 187:not an lvalue

所需参量必须是可变对象的地址。

◆ ERROR 188:unknown object size

无法计算对象的大小,因为缺少数组维数或因为是通过void指针的间接访问。

◆ ERROR 189:'&' on bit/sfr illegal

地址操作符&不允许用于位对象或sfr。

◆ ERROR 190:'&' not an lvalue

地址不是可变的对象,不能作为左值。

◆ ERROR 191:'&' on constant

试图为所列类型常数建立指针。

◆ ERROR 192/WARNING:'&' on array/function

地址操作符&不允许用于数组和函数。函数和数组本身都代表了地址。

◆ ERROR 193:illegal op-type(s)

◆ ERROR 193:illegal add/sub on ptr

◆ ERROR 193:illegal operation on bit(s)

◆ ERROR 193:bad operand type

当一个表达式使用给定运算符的非法操作类型时就会出现该错误。使用给定运算符的非法操作类型的无效的表达式如bit+bit、ptr+ptr、ptr * <any>等。错误信息包括引起错误的运算符。下列运算可使用位操作符:

赋值(=)

OR/复合 OR(|,|=)

AND/复合 AND(&,&=)

XOR/复合 XOR(^,^=)

位或常数的按位比较(==,!=)

取反(~)

位类型运算符可和其他数据类型一起在表达式中使用,这种情况下自动进行类型转换。

◆ ERROR 194:'*' indirection to object of unknown size

间接操作符"*"不能用于 void 指针(void *),因为指针所指的对象大小是未知的。

◆ ERROR 195:'*' illegal indirection

间接操作符"*"不能用于非指针变量。

◆ WARNING 196:mspace probably invalid

产生此警告是由于将某些常数值赋给指针并且常数没有形成一个有效的指针值,有效的指针常数类型为 long/unsigned long。编译器对指针对象采用 24 bits(3 字节)来描述,低 16 位表示偏移,高 8 位表示存储类的选择,在低字节中,值从 1 到 5 表明了 XDATA、PDATA、IDATA、DATA 和 CODE 存储类。

◆ ERROR 197:illegal pointer assigment

试图将一个非法对象赋给指针,只有另一个指针或指针常量可以赋给指针。

◆ WARNING 198:size of returns zero

求某些对象长度得到 0,如果对象是外部的或一个数组中不是所有维的大小都是已知时得到 0,这时候该值可能是错误的。

◆ ERROR 199:left side of '—>' requires struct/union pointer

"—>"操作符的左边变量必须是结构或联合的指针。

◆ ERROR 200:left side of '.' requires struct/union

"."操作符的左边变量必须是结构/联合类型。

◆ ERROR 201:undefined struct/union tag

所给的结构/联合标记名是未知的。

◆ ERROR 202:undefined identifier

所给的标识符未定义。

◆ ERROR 203:bad storage class(nameref)

该错误表明编译器内部有问题。

◆ ERROR 204:undefined member

所给的结构/联合成员名未定义。

◆ ERROR 205:can't call an interrupt function

中断函数不能像普通函数一样调用,因为这类函数的头端和尾段是为中断而特殊编码的。

◆ WARNING 206:missing function-prototype

调用的函数缺少原型声明。这条信息可以理解为一个警告,调用未知函数总要冒形参与实参不相符的风险,编译器对缺少或多出的参数及其类型未做检查,因而函数不能正确调用。用户应该在源程序的开头说明欲调用的函数的原型。函数的定义性说明会自动产生一个原型,所以也可以把函数的定义性说明放在源程序的开头。

◆ ERROR 207:declared with 'void' parameter list

用 void 参数说明的函数不接受调用者传来的参数。

◆ ERROR 208:too many actual parameters

函数调用包含了多余的实参。

◆ WARNING 209:too few actual parameters

函数调用时传递的实参过少。

◆ ERROR 210:too many nested calls

超过了 10 个函数嵌套调用的极限。

◆ ERROR 211:call not to a function

函数调用时没有函数的地址或未对指向函数的指针赋值。

◆ ERROR 212:indirect call with parameters

由于参数传递方法的限制,通过指针的间接函数调用不能作为实参。这种参数传递方法要求被调用的函数名已知,因为参数要被写入调用函数的数据段。然而,间接调用时被调用函数的名字是未知的。

◆ ERROR 213:left side of assign_op not an lvalue

在赋值操作符的左边要求可变的对象。

◆ ERROR 214:can't cast non_pointer to pointer

非指针不能转换为指针。

◆ ERROR 215:can't cast pointer to not_int/pointer

指针可以转换为另一个指针或整数,但不能转换为其他类型。

◆ ERROR 216:subscript on non_array or too many dimensions

对非数组使用了下标或数组维数过多。

◆ ERROR 217:non_integral index

数组的下标表达式必须是整型类型,即 char、unsigned char、int 或 unsigned int,其他类型均是非法的。

◆ ERROR 218:void_type in controlling expression

while,for 或 do while 语句中的条件表达式不能是 void 类型。

◆ WARNING 219:long constant truncated to int

企图把长整型常量截断为整型数是错误的。

◆ ERROR 220:illegal constant expression

非法常数表达式。

◆ ERROR 221:non_constant case/dim expression

case 值或下标标志([])要求用常数表达式。

◆ ERROR 222:div by zero

◆ ERROR 223:mod by zero

编译器检测到 0 除或 0 模的错误。

◆ ERROR 224:illegal operation on float/double

AND 和 NOT 一类的运算符不允许作用于 float/double 变量。

◆ ERROR 225:expression too complex ,simplify

表达式太复杂,必须简化。

◆ ERROR 226:duplicate struct/union/enum tag

结构、联合或枚举类型中有重复标记。

◆ ERROR 227:not a union tag

所给的标记名虽已定义,但不是联合的标记。

◆ ERROR 228:not a struct tag

所给的标记名虽已定义,但不是结构的标记。

◆ ERROR 229:not an enum tag

所给的标记名虽已定义,但不是枚举类型的标记。

◆ ERROR 230:unknown struct/union/enum tag

所给的结构、联合或枚举标记名未定义。

◆ ERROR 231:redefinition

所给的名字已经定义,不能再定义。

◆ ERROR 232:duplicate label

所给的标号已经定义。

◆ ERROR 233:undefined label

对函数进行分析后,编译器检查到函数有未定义的标号,发出此错误信息。

◆ ERROR 234:'{' scope stack overflow(31)

超过了最大为 31 个的功能块嵌套极限,多余的块被忽略。

◆ ERROR 235:parameter＜number＞:different types

函数实参类型与函数原型中的不同。

◆ ERROR 236:different length of parameter lists

所给的函数实参数量与函数原型中的不同。

◆ ERROR 237:function already has a body

试图定义已经定义过的函数。

◆ ERROR 238:duplicate member

◆ ERROR 239:duplicate parameter

重复定义结构成员或函数参数。

◆ ERROR 240:more than 128 local bit's

位变量定义总数不得超过 128 个。

◆ ERROR 241:auto segment too large

局部对象要求的空间超过了该模式的最大值。最大栈长定义如下：SMALL——128 字节，COMPACT——256 字节，LARGE——64 KB。

◆ ERROR 242:too many initializers

初始化对象数量超限。

◆ ERROR 243:string out of bounds

串中字符数超过了字符数组要求初始化的字符数。

◆ ERROR 244:can't initialize,bad type or class

试图初始化位或 SFR。

◆ WARNING 245:unknown pragma,line ignored

未知 pragma 语句，因此该行被忽略。

◆ ERROR 246:floating point error

本错误发生在浮点变量超过 32 位有效字长时。32 位 IEEE 格式的浮点值的取值范围是±1.175494E−38～±3.402823E+38。

◆ ERROR 247:non_addresss+/−constant initializer

有效的初始化表达式必须是非地址量+/−常量。

◆ ERROR 248:aggregate initialization needs curly braces

所有的组合变量(数组、结构和联合)初始化时要用花括号括起来。

◆ ERROR 249:segment<name>:segment too large

编译器检测到过大的数据段，最大数据段长决定于存储器空间。

◆ ERROR 250:'\esc';value exceeds 255

串常数中"\esc"转义序列的值超过有效域。

◆ ERROR 251:illegal octal digit

不是有效的八进制数字。

◆ ERROR 252:misplaced primary control ,line ignored

一次性使用的编译控制伪指令必须在 C 模块开头指定，在#INCLUDE 语句和变量说明之前。

◆ ERROR 253:internal ERROR(ASMGEN\CLASS)

这种错误在下列情况下发生：(1) 内部函数(如 testbit)被不正确激活。它发生在函数原型和实参表不存在匹配问题的时候。基于这个原因，头文件的使用要适当(intrins. h,string. h)。(2) C51 识别出存在内部一致性错误，需要向销售代理商查询。

◆ ERROR 255：switch expression has illegal type

switch语句中的case语句必须具有类型(u)char、(u)int或(u)short，其他类型不允许(如bit)。

◆ ERROR 256：conflicting memory model

“alien”属性的函数只能使用“small”模式。函数的参数必须位于内部数据存储空间中。这也适用于外部“alien”声明和“alien”函数。如：

```
alien plmstyle(char C)large{…}/*ERROR255*/
```

◆ ERROR 257：ailen function can not be reentrant

“alien”属性的函数不能同时具有“reentrant”属性。函数的参数不能通过重入栈传递，这也适用于外部“alien”声明和“alien”函数。

◆ WARNING 258：mspace illegal on struct/union member

不能为结构成员指定存储空间，但指向对象的指针可以。如：

```
struct vp{char code c;int xdata i;};    /*ERROR258*/
struct vp{char c;int xdata i;};    /*correct*/
```

◆ WARNING 259：pointer：different mspace

为指针赋值或做指针比较时，如指针未指向存储在同一存储空间的对象，会产生此警告。如：

```
char xdata *px;/*px to char in xdata memory*/
char code *pc;/*pc to char in code memory*/
void main()
{   char c;
     if(px==pc)++c ;/*warning259*/
          px=pc;/*warning259*/}
```

◆ WARNING 260：pointer truncation

指针转换时部分偏移被截断，此时指针常量(如char xdata)转换为一个具有较小偏移区的指针(如char idata)。

◆ WARNING 261：bit in reentrant function

重入函数不能包含位变量，因为位变量不能存于重入栈，而只能位于MCS-51 CPU的可位寻址存储区中。如：

```
void test()reentrant
{bit b0;/*illegal*/
static bit b1;/*legal*/}
```

◆ ERROR 262：'using/disable'：function returns bit

使用属性“using”选择寄存器组的函数或使用关中断(#pragma disable)功能的函数不能返回“bit”类型。如：

```
bit test()using 3/*ERROR261*/
```

```
{bit b0;
    return(bo);}
```

◆ ERROR 263:save-stack overflow/underflow

“#pragma save”最大嵌套深度为8级。SAVE和RESTORE指令以FIFO(先入先出)原则工作。

◆ ERROR 264:intrinsic<intrinsic_name>;declaration/activation error

内部函数定义不正确(参数数量或省略号)。

◆ WARNING 265:<name> recursive call to non_reentrant function

发现非重入函数被递归调用。直接递归用生成代码可有效查出,间接递归由L51发现。

◆ WARNING 271:Misplaced 'asm/endasm' control

asm和endasm不能嵌套。endasm要求一个以asm声明开头的汇编块。例如:

```
#pragma asm
⋮
汇编指令
⋮
#pragma endasm
```

◆ WARNING 275:Expression with possibly no effect

编译器检测到一个表达式不生成代码。例如:

```
void test(void) {
    int i1,i2,i3;
    i1,i2,i3;                 /* 死表达式 */
    i1 << i3;                 /* 结果未使用 */
}
```

◆ WARNING 276:Constant in condition expression

编译器检测到一个条件表达式有一个常数值。在大多数情况下是一个输入错误。例如:

```
void test(void) {
    int i1,i2,i3;
    if( i1 = 1) i2 = 3;       /* 常数被赋值 */
    while( i3 = 2);           /* 常数被赋值 */
}
```

◆ WARNING 277:Different mspaces to pointer

一个typedef声明的存储空间冲突。例如:

```
typedef char xdata XCC;       /* 存储空间 xdata */
```

typedef XCC idata PICC;　　/＊存储空间冲突＊/

◆ WARNING 280:Unreferenced symbol/label

一个符号或标号定义过但未使用。

◆ WARNING 307:Macro 'name': parameter count mismatch

一个宏调用的实参的数目和宏定义的参数数目不匹配。表示用了太多的参数。过剩的参数被忽略。

◆ WARNING 317:Macro 'name': invalid redefinition

一个预定义的宏不能重新定义或清除。

◆ WARNING 322:Unknown identifier

一个＃if 命令中的标识符未定义(等效为 FALSE)。

◆ WARNING 323:Newline expected, extra characters found

一个＃命令行正确,但包含多余的非注释字符。例如:

＃include <stdio.h> foo

◆ WARNING 324:Preprocessor token expected

期望一个预处理器记号,但输入的是一个新行。例如:＃line,这里缺少＃line 命令的参数。

C.3　L51连接定位器使用错误提示

L51能识别的使用错误种类如下:

◆ 警告

警告并不终止 L51 的执行,这时产生的程序模块由程序员自己斟酌使用还是不使用,但是此时的列表文件和屏幕显示可能非常有用。

◆ 错误

错误并不终止 L51 的执行,这时产生的程序模块是不能使用的,而且此时的列表文件和屏幕显示可能非常有用。

◆ 致命错误

致命错误发生时立即终止 L51 的执行。

下面分别介绍 L51 连接定位器的所有使用错误信息、原因和解决办法。

C.3.1　L51警告

◆ WARNING1:UNSOLVED EXTERNAL SYMBOLS

SYMBOLS:external_name

MODULE:ilename(modulename)

指定模块的外部符号在PUBLIC符号表中找不到。

◆ WARNING2:REFERENCE MADE TO UNSOVED EXTERNAL
SYMBOLS:external_name
MODULES:filename(modulename)
ADDRESS:code_address

访问了未能匹配的外部符号code地址。

◆ WARNING4:DATA SPACE MEMORY OVERLAP
FROM:byte. bit address
TO:byte. bit address

数据空间指定范围出现覆盖。

◆ WARNING5:CODE SPACE MEMORY OVERLAP
FROM:byte. bit address
TO:byte. bit address

程序空间指定范围出现覆盖。

◆ WARNING6:XDATA SPACE MEMORY OVERLAP
FROM:byte. bit address
TO:byte. bit address

外部数据空间指定范围出现覆盖。

◆ WARNING7:MODULE NAME NOT UNIQUE
MODULE:filename(modulename)

模块名重名。模块未处理。

◆ WARNING8: MODULE NAME EXPLICITLY REQUEDTED FROM ANOTHER FILE
MODULE:filename(modulename)

其他文件指明要求本模块名。

◆ WARNING9:EMPTY ABSOLUTE SEGMENT
MODULE:filename(modulename)

本模块包括空的绝对段,因未定位,它可能在不通知的情况下随时被覆盖。

◆ WARNING10:CANNOT DETERMINE ROOT SEGMENT

L51对输入文件要求分辨是C51还是PL/M文件,然后进行流程分析,在无法确定的时候,发出本警告。它发生在主程序被汇编调用的时候,需要程序员用OVERLAP特殊控制选项进行干预。

◆ WARNING11:CANNOT FIND SEGMENT OR FUNCTION NAME
NAME: overlap_control_name

在目标模块中找不到OVERLAP控制选项中规定的段或者函数名。

◆ WARNING12:NO REFERENCE BETWEEN SEGMENTS

SEGMENT1：segment_name

SEGMENT2：segment_name

试图用 OVERLAP 控制选项删除本来不存在的段间访问或者函数间调用。

◆ WARNING13：RECURSIVE CALL TO SEGMENT

SEGMENT：segment_name

CALLER：segment_name

CALLER 段递归调用 SEGMENT 段。PL/M51 和 C51 的非重入函数不允许递归调用。

◆ WARNING14：IMCOMPLITIBLE MEMORY MODEL

MODULE：filename(modulename)

MODEL：memory model

指定模块试图用与以前不同的存储模式编译。

◆ WARNING15：MULTICALL TO SEGMENT

SEGMENT：segment_name

CALLER1：segment_name

CALLER2：segment_name

两个函数调用同一个函数(如主函数和中断函数)，参数和局部变量将被覆盖。

◆ WARNING16：UNCALLED SEGMENT，IGNORED FOR OVERLAP PROCESS SEGMENT：segment_name

所给段未被调用(可能用于测试)，已被排除在覆盖过程之外。调用这个段占用覆盖外的空间。

C.3.2 L51 错误

◆ ERROR101：SEGMENT COMBINATION ERROR

SEGMENT：segment_name

MODULE：filename(modulename)

由于连接错误所给段未能连入类型总段，并被忽略。

◆ ERROR102：EXTERN ATTRIBUTE MISMATCH

SYMBOL：external_name

MODULE：filename(modulename)

所给外部符号名属性错，并被忽略。

◆ ERROR103：EXTERN ATTRIBUTE DO NOT MATCH PUBLIC

SYMBOL：public_name

MODULE：filename(modulename)

所给外部符号名属性与公用符号名不匹配，并被忽略。

◆ ERROR104：MUTI PUBLIC DEFINATION

SYMBOL:public_name

MODULE:filename(modulename)

所给公用符号重名。

◆ ERROR105:PUBLIC REFERS TO IGNORED SEGMENT

SYMBOL:public_name

MODULE:filename(modulename)

所给外部符号名属性错,并被忽略。

◆ ERROR106:SEGMENT OVERFLOW

SEGMENT: segment_name

所给段长度超过 64 K,未处理。

◆ ERROR107:ADDRESS SPACE OVERFLOW

SPACE: space_name

SEGMENT:segment_name

由于存储空间不够所给类型总段未能装入,已被忽略。

◆ ERROR108:SEGMENT IN LOCATING CONTROL CANNOT ALLOCATED

SEGMENT:segment_name

命令行定位控制中的段由于属性问题未能分配。

◆ ERROR109:EMPTY RELOCATABLE SEGMENT

SEGMENT:segment_name

可再定位类型总段长度为零,未定位。

◆ ERROR110:CANNOT FIND SEGMENT

SEGMENT:segment_name

命令行所给的段在输入模块中未能找到,被忽略。

◆ ERROR111:SPECIFIED BIT ADDRESS NOT ON BYTE MEMORY

SEGMENT:segment_name

位地址不在字界上,位段被忽略。

◆ ERROR112:SEGMENT TYPE NOT LEGAL FOR COMMAND

SEGMENT:segment_name

命令行所给的段类型非法,被忽略。

◆ ERROR114:SEGMENT DOES NOT FIT

SPACE:space_name

SEGMENT:segment_name

BASE:base_address

LENGTH:segment_length

由于所给段的长度或者基地址未能定位,被忽略。

◆ ERROR115：INPAGE SEGMENT IS GREATER THAN 256 BYTE
SEGMENT：segment_name

所给 INPAGE 属性的段长于 256 字节未能连入类型总段，并被忽略。

◆ ERROR116：INBLOCK SEGMENT IS GREATER THAN 2048 BYTE
SEGMENT：segment_name

所给 INBLOCK 属性的段长于 2048 字节未能连入类型总段，被忽略。

◆ ERROR117： BITADDRESSABLE SEGMENT IS GREATER THAN 16BYTES
SEGMENT：segment_name

所给 BITADDRESSABLE 属性的段长于 16 字节未能连入类型总段，被忽略。

◆ ERROR118：REFERENCE MADE TO ERRONEOUS EXTENAL
SYMBOL：symbol_name
MODULE：filename(modulename)
ASSRESS：code_address

企图访问错误的外部程序地址

◆ ERROR119：REFERENCE MADE TO ERRORNEOUS SEGMENT
SEGMENT：segment_name
MODULE：filename(modulename)
ASSRESS：code_address

企图访问错误段的程序地址。

◆ ERROR120：CONTENT BELONGS TO ERROREOUS SEGMENT
SEGMENT：segment_name
MODULE：filename(modulename)

该内容属于有错误的段。

◆ ERROR121：IMPROPER FIXUP
MODULE：filename(modulename)
SEGMENT：segment_name
OFFSET：segment_address

根据所给段和偏移地址得到的是不当的地址。

◆ ERROR122：CANNOT FIND MODULE
MODULE：filename(modulename)

命令行所给的模块未能找到。

C.3.3 L51 致命错误

◆ FATAL ERROR201：INVALID COMMAND LINE SYNTAX
Partial command line

命令行句法错。命令行显示到出错处。

◆ FATAL ERROR202: INVALID COMMAND LINE, TOKEN TOO LONG

Partial command line

非法命令行,单词太长。命令行显示到出错处。

◆ FATAL ERROR203:EXPECTED ITEM MISSING

Partial command line

缺项。命令行显示到出错处。

◆ FATAL ERROR204:INVALID KEYWORD

Partial command line

非法关键字。

◆ FATAL ERROR205:CONSTANT TOO LONG

Partial command line

常量大于 0XFFFF。命令行显示到出错处。

◆ FATAL ERROR206:INVALID CONSTANT

Partial command line

命令行常量无效(如十六进制数以字母开头)。命令行显示到出错处。

◆ FATAL ERROR207:INVALID NAME

Partial command line

模块或段名无效。命令行显示到出错处。

◆ FATAL ERROR208:INVALID FILENAME

Partial command line

文件名无效。命令行显示到出错处。

◆ FATAL ERROR209:FILE USED IN CONFLICTING CONTEXTS

FILE:filename

所给文件名用于有矛盾之处。命令行显示到出错处。

◆ FATAL ERROR210:I/O ERROR ON INPUT FILE

System error message

FILE:filename

访问输入文件时检测到有错,并由后面的 EXCEPTION 给出具体的错误描述。

◆ FATAL ERROR211:I/O ERROR ON OUTPUT FILE

System error message

FILE:filename

访问输出文件时检测到有错,并由后面的 EXCEPTION 给出具体的错误描述。

◆ FATAL ERROR212:I/O ERROR ON LISTING FILE

System error message

FILE:filename

访问列表文件时检测到有错,并由后面的 EXCEPTION 给出具体的错误描述。

◆ FATAL ERROR213:I/O ERROR ON WORK FILE

System error message

FILE:filename

访问工作文件时检测到有错,并由后面的 EXCEPTION 给出具体的错误描述。

◆ FATAL ERROR214:INPUT PHASE ERROR

MODULE:filename(modulename)

L51 在进行第二次扫描时遇到不同的数据发生该错误,可能因汇编错误引起。

◆ FATAL ERROR215:CHECK SUM ERROR

MODULE:filename(modulename)

校验和与文件内容不一致。

◆ FATAL ERROR216:INSUFFICIENT MEMORY

执行 L51 的内存空间不够。

◆ FATAL ERROR217:NO MODULE TO BE PROCESSED

缺少应该被处理的模块。

◆ FATAL ERROR218:NOT AN OBJECT FILE

FILE:filename

所给文件非目标文件。

◆ FATAL ERROR219:NOT AN 8051 OBJECT FILE

FILE:filename

所给文件非 8051 目标文件。

◆ FATAL ERROR220:INVALID INPUT MODULE

FILE:filename

所给输入模块无效,可能因汇编错误引起。

◆ FATAL ERROR221:MODULE SPECIFIED MORE THAN ONCE

Partial command line

命令行上多次包含同一模块。命令行显示到出错处。

◆ FATAL ERROR222:SEGMENT SPECIFIED MORE THAN ONCE

Partial command line

命令行上多次包含同一段。命令行显示到出错处。

◆ FATAL ERROR224: DUPLICATE KEYWORD OR

CONFLICATING CONTROL

Partial command line

命令行上多次包含同一关键字或者存在相互矛盾的控制选项。命令行显示到出错处。

◆ FATAL ERROR225:SEGMENT ADDRESS ARE NOT IN ASCENDING ORDER

Partial command line

定位控制时段地址未按照升序显示。命令行显示到出错处。

◆ FATAL ERROR226:SEGMENT ADDRESS INVALID FOR CONTROL

Partial command line

定位控制的段地址无效。命令行显示到出错处。

◆ FATAL ERROR227:PARAMETER OUT RANGE

Partial command line

所给 PAGEWIDTH 和 PAGELENGTH 的参数越界。命令行显示到出错处。

◆ FATAL ERROR228:PARAMETER OUT RANGE

Partial command line

命令行上 RAMSIZE 的参数越界。命令行显示到出错处。

◆ FATAL ERROR229:INTERAL PROCESS ERROR

L51 检测到内部处理错。需向销售代理商询问。

◆ FATAL ERROR230: STATRT ADDRESS SPECIFIED MORE THAN ONCE

Partial command line

命令行包含多个未命名段组的起始地址。命令行显示到出错处。

◆ FATAL ERROR233:ILLEGEL USE OF * IN OVERLAY CONTROL

Partial command line

命令行 OVERLAY 定位选项非法使用了“*”号(如“*! *”或“*～*”)。命令行显示到出错处。

C. 3. 4 例外信息

L51 的某些错误的原因由系统的 EXCEPTION 给出,这些信息如下:

◆ EXCEPTION 0021H:PATH OR FILE NOT FOUND

路径名或文件名未找到。

◆ EXCEPTION 0026H:ILLEGAL FILE ACCESS

试图写或者删除写保护文件。

◆ EXCEPTION 0029H:ACCESS FILE DENIED

所给文件实际是目录。

◆ EXCEPTION 002AH：I/O ERROR

欲写的驱动器已满或未准备好。

◆ EXCEPTION 0101H：ILLEGAL CONTEXT

命令行的语义非法。如对打印机进行读操作。

参 考 文 献

[1] 张培仁,孙力.基于C语言C8051F系列微控制器原理与应用[M].北京:清华大学出版社,2007.

[2] 张培仁,朱东杰,马云,史久根.自动控制技术和应用:监控网络设计[M].合肥:中国科学技术大学出版社,2001.

[3] 张培仁.嵌入式微处理器原理、系统设计与应用[M].北京:清华大学出版社,2007.

[4] 史久根,张培仁,陈真勇.CAN现场总线系统设计技术[M].北京:国防工业出版社,2004.

[5] 饶运涛,邹继军,郑勇.现场总线CAN原理与应用技术[M].北京:北京航空航天大学出版社,2003.

[6] 阳宪惠.现场总线技术及其应用[M].北京:清华大学出版,1999.

[7] 杨庆柏.现场总线仪表[M].北京:国防工业出版社,2005.

[8] 甘永梅.现场总线技术及其应用[M].北京:机械工业出版社,2004.

[9] 夏继强,邢春香.现场总线工业控制网络技术[M].北京:北京航空航天大学出版社,2005.

[10] 邬宽明.CAN总线原理和应用系统设计[M].北京:北京航空航天大学出版社,1996.

[11] 邹益仁,马增良,蒲维.现场总线控制系统的设计和开发[M].北京:国防工业出版社,2003.

[12] 鲍可进.C8051F单片机原理及应用[M].北京:中国电力出版社,2006.

[13] 刘浩.Visual C++＋SQL Server数据库应用实例完全解析[M].北京:人民邮电出版社,2006.

[14] 辛长安,梅林.VC++编程技术与难点剖析[M].北京:清华大学出版社,2002.

[15] BILL JELEN,TRACY SYRSTAD.巧学巧用Excel 2003 VBA与宏[M].北京:电子工业出版社,2005.

[16] 孙明丽,王斌,刘莹.SQL Server 2005数据库系统开发完全手册[M].北京:人民邮电出版社 2007.

[17] 黄德才.数据库原理及其应用教程[M].北京:科学出版社,2006.

[18] PETER ROB, CARLOS CORONEL.数据库系统设计、实现与管理[M].北京:清华大学出版社,2005.

[19] 宋坤,李伟明,刘锐宁.Visual C++数据库系统开发案例精选[M].北京:人民邮电出版社,2006.

[20] 李长林,高浩.Visual C++串口通信技术与典型实例[M].北京:清华大学出版社,2006.

[21] 谭思亮,邹超群,等.Visual C++串口通信工程开发实例导航[M].北京:人民邮电出版社,2003.

[22] KRUGLINSKI D J. Visual C++技术内幕[M].北京:清华大学出版社,1999.

[23] JEFF PROSISE. MFC Windows程序设计[M].北京:清华大学出版社,2001.

[24] 赛尔吉偶·佛朗哥.基于运算放大器和模拟集成电路的电路设计[M].西安:西安交通大

学出版社，2004.
[25]　张郁宏，庄灿涛. 晶体管运算放大器及其应用[M]. 北京：国防工业大学出版社，1978.
[26]　潘琢金. C8051F040/1/2/3/4/5/6/7 混合信号 ISP Flash 微控制器数据手册[R]. 新华龙电子有限公司，Rev 1.4，2004-12.
[27]　王为青，程国钢. 单片机 Keil Cx51 应用开发技术[M]. 北京：人民邮电出版社，2007.
[28]　张俊谟. SoC 单片机原理与应用：基于 C8051F 系列[M]. 北京：北京航空航天大学出版社，2007.
[29]　童长飞. C8051F 系列单片机开发与 C 语言编程[M]. 北京：北京航空航天大学出版社，2005.
[30]　徐科军. 传感器与检测技术[M]. 2 版. 北京：电子工业出版社，2008.
[31]　PETER ELGAR. 测控传感器[M]. 北京：机械工业出版社，2008.
[32]　张洪润. 传感器技术大全[M]. 北京：北京航空航天大学出版社，2007.
[33]　王俊峰，孟令启，等. 现代传感器应用技术[M]. 北京：机械工业出版社，2006.
[34]　胡向东，刘京诚. 传感技术[M]. 北京：重庆大学出版社，2006.
[35]　王先培. 测控总线与仪器通信技术[M]. 北京：机械工业出版社，2007.
[36]　朱定华，黄松，蔡苗. Protel 99 SE 原理图和印制板设计[M]. 北京：清华大学出版社，2007.
[37]　刘瑞新. Protel DXP 实用教程[M]. 北京：机械工业出版社，2003.